酒花与啤酒酿造

聂 聪 编著

中国轻工业出版社

图书在版编目（CIP）数据

酒花与啤酒酿造/聂聪编著．—北京：中国轻工业出版社，2020.10
ISBN 978 - 7 - 5184 - 2079 - 7

Ⅰ．①酒…　Ⅱ．①聂…　Ⅲ．①啤酒酿造
Ⅳ．①TS262.5

中国版本图书馆 CIP 数据核字（2018）第 196445 号

责任编辑：江　娟　靳雅帅　秦　功
策划编辑：江　娟　秦　功　责任终审：唐是雯　封面设计：锋尚设计
版式设计：王超男　　　　　责任校对：吴大鹏　责任监印：张　可

出版发行：中国轻工业出版社（北京东长安街 6 号，邮编：100740）
印　　刷：三河市万龙印装有限公司
经　　销：各地新华书店
版　　次：2020 年 10 月第 1 版第 2 次印刷
开　　本：720 × 1000　1/16　印张：23
字　　数：480 千字　　　　插页：1
书　　号：ISBN 978-7-5184-2079-7　　定价：68.00 元
邮购电话：010 - 65241695
发行电话：010 - 85119835　传真：85113293
网　　址：http://www.chlip.com.cn
Email：club@chlip.com.cn
如发现图书残缺请与我社邮购联系调换
201228K1C102ZBW

前　　言

酒花是啤酒酿造的四种最主要原料之一，素有“啤酒的灵魂”之称。与啤酒酿造中所需的大量麦芽相比，酒花使用量相对较小，却能神奇地改变啤酒的口感和风味特征。因此，酒花对啤酒酿造有着极为重要的影响。特别是近50年来，科学家对酒花在苦味、香气、抑菌性、啤酒泡沫稳定性、对啤酒风味稳定性和健康方面做了大量的研究。酒花研究涵盖了从酒花种植到收获，从酿造到酒花化学的各个领域。这极大地推动了酒花和酿造工业的发展进程。

为了让酿酒工程专业的学生对酒花的特性有更详细的了解，2006年齐鲁工业大学从新疆和甘肃引种了青岛大花和卡斯卡特等5个酒花品种，用于酿酒实验和应用研究，经过十多年的耕耘，对酒花种植和风味研究有了更深的感悟。真正引导笔者进入酒花世界的是美国酒花专家丁泸平（Patrick Ting）博士，丁博士在米勒库尔斯啤酒有限公司任职的34年中，获得美国17项有关酒花制品的专利，获得多项酒花研究领域的大奖，开发了多款啤酒品种，在米勒康盛公司有“丁氏王朝”之昵称。丁博士被我校聘为客座教授，多次为在校学生授课并指导酒花研究工作，我校师生都从中受益匪浅。经世界著名麦芽专家尹象胜博士的引荐，编者作为访问学者，2015年到美国俄勒冈州立大学食品科学和技术系跟随Thomas Shellhammer教授学习酒花风味的研究，他是该校啤酒酿造科学教育和研究的学科带头人，在酒花风味研究方面颇有建树。在美国访学期间，到华盛顿州著名的酒花产区——雅基玛山谷（Yakima Valley）和多家精酿啤酒厂调研学习，进一步加深了对酒花及其应用技术的认知。

《酒花与啤酒酿造》全面介绍了酒花的发展历程，涵盖了从酒花种植、酒花化学、酒花品种、酒花苦味和香气到啤酒酿造技术等内容。本书系统、重点收录了近10年全球酒花种植、酒花加工、酒花研究的最新成果和应用技术，可作为啤酒酿造工程人员、精酿啤酒爱好者、酿酒工程及相关专业本科生的参考书。本书共分为11章，包括酒花概述、酒花植物学特征及成分、酒花种植技术、酒花加工及贮存、酒花制品及应用技术、世界主要酒花品种及特征、酒花苦味、酒花香气和风味、酒花干投技术、经典IPA啤酒酿造技术、酒花的抑菌及对啤酒泡沫的影响、附录（酒花的常规分析方法和酒花品种汇总）。考虑到酒花名称在翻译上的差异，本书特别将原文和中文对照列出。

在本书的编写过程中得到了丁泸平博士的悉心指导以及甘肃亚盛绿鑫啤酒原料集团有限责任公司酒花培育专家丁志成的大力支持；北京理博兆禾酒花有限公司提供了新西兰酒花品种信息；研究生关雪芹、郭彦伟、张洁在书稿整理中付出了辛勤的工作；感谢美国雅基玛联合酒花有限公司庄仲荫和秦峰提供的酒花品种资料；感谢德国巴特哈斯集团和斯丹纳酒花集团提供的酒花资讯和支持。感谢所有在本书编写中给予帮助的各位同仁和家人。

由于编者水平有限，错误之处在所难免，恳请各位专家和读者指正，以便在今后的再版工作中加以更正。

聂聪
于山东济南齐鲁工业大学长清校区
2018 年 7 月

目　　录

第一章　酒花概述

酒花被誉为“啤酒的灵魂”，是啤酒酿造的重要原料之一（水、麦芽、酒花和酵母），其学名为蛇麻花（*Humulus lupulus*），又称忽布（Hop）野酒花、酵母花、香蛇麻、唐草花等。酒花的植物学分类：植物界（Plantae）荨麻目（Rosales）、大麻科（Cannabaceae）、葎草属（*Humulus*），为桑科草属多年生宿根蔓性攀援草本植物。酒花根深入土壤1～3m，可生存20～30年之久，其地上茎每年更替一次，茎长可达6～10m，摘花后逐渐枯萎。酒花雌雄异株，雄花花苞较小［图1－1（1）］，为白色，无酿造价值。酿造工业所用的均为雌花，雌花花苞为绿色或黄绿色，呈松果状，长3～6cm，有30～50个花片被覆花轴上［图1－1（2）］。在花片基部的正反面，披有很多金黄色的颗粒，称为蛇麻腺，俗称“花粉”（实际上并不是真正的花粉，而是花腺体）。蛇麻腺由众多细胞组成，呈杯状，当酒花发育成熟时，蛇麻腺所分泌的黏稠性胶状物逐渐积累在蛇麻腺杯状体内侧，直至形成高高隆起的外形，该分泌物正是啤酒酿造所需要的重要成分（主要是酒花树脂及酒花油）。

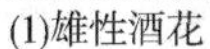
(1)雄性酒花

(2)雌性酒花花苞

图1－1　酒花

酒花成熟后，采收的新鲜酒花经干燥压榨，以整酒花片或加工成颗粒酒花和酒花浸膏等酒花制品使用，酒花制品通常在低温仓库中保存，其有效成分为酒花树脂和酒花油。根据啤酒类型的不同，每千升啤酒的酒花用量为0.5～3kg。近年来，随着精酿啤酒的迅猛发展，酒花用量快速增长，酿酒师对风味独特的香型酒花的需求量不断攀升，我国酿造啤酒使用的香型酒花主要依靠进口来满足市场的需求。我国有丰富的酒花资源，然而除全酒花、颗粒酒花和部分酒花制品外，其他深度加工的酒花制品国内目前仍未规模化生产。充分利用我国丰富的酒花资源开发生产优质的各类酒花制品，替代昂贵的进口产品，使酒花这一农产品资源得以大幅增值，不仅能填补我国在酒花深加工方面的空白、促进我国酒花业的发展、推进我国中西部的经济建设和社会进步，同时还能有效地促进我国啤酒工业的发展，产生较大的经济效益和社会效益。

酒花原产欧洲及亚洲西部，现一般有蛇麻品种五种，分别如下：*H. lupulus* var. *lupulus*，在西亚及欧洲生长；*H. lupulus* var. *cordifolius*，在东亚生长；*H. lupulus* var. *lupuloides*（同*H. americanus*），在北美洲东部生长；*H. lupulus* var. *neomexicanus*，在北美洲西部生长；*H. lupulus* var. *pubescens*，在北美洲的中西部生长。

酒花用于啤酒的酿造有一千多年的历史。酒花中的苦味可以改善啤酒的口感，为啤酒增加特有的酒花香气，并对微生物的活动有一定的抑制作用，且有澄清麦汁的能力。

虽然有人认为酒花种植及应用到啤酒中是13世纪开始的事，但事实上自公元822年起，酒花就已经在德国威斯特法利亚的科威修道院酒厂被使用。在13～16世纪酒花成为主要植物添加剂期间，啤酒中也会添加其他植物，如连钱草。啤酒酿造中使用不同的芳香型草本植物如莓果，甚至苦艾草，这些植物被大家统称为“gruit”，一直沿用至今。

酒花赋予啤酒苦味的同时还平衡了麦芽中的甜味。啤酒的苦味可通过国际苦味单位（IBU，International Bitterness Unit）来衡量。酒花给啤酒带来花香、柑橘香、草药香及其他风味。酒花具有抗菌作用且有助于维持酵母的活性。酒花中的物质还有助于提高啤酒的泡持性和挂杯性。

图1－2　《科勒药用植物》(1897)

古代欧洲最先用炒焦的豆子作香料，后来用生姜、苦艾和龙胆根等来调味。酒花和蔷薇等在过去是作为一种观赏和庭院装饰植物种植的，人们并不知道其中的奥妙。1897年，德国人科勒在《科勒药用植物》（Köhler's Medizinal Pflanzen）中对酒花进行了全面的药物学研究（图1－2）。真正的啤酒起始于采用酒花作为其主要的苦味和香味添加剂，正是酒花赋予啤酒这种特有的苦味和香味，才使得啤酒变得爽口怡人。

第一节　酒花历史溯源

一、酒花的历史沿革

据史料记载，公元448年，斯洛伐克人用来款待拜占廷国王使节的啤酒就添加了酒花。公元624年，西班牙塞维利亚城的啤酒坊开始使用酒花酿造啤酒。公元8世纪，一位德国修道士酿酒时发现了酒花的妙用。

第一次关于酒花种植的记载是在公元736年的德国哈拉道地区，但德国啤酒酿造中使用酒花的记载最早是公元1079年。

公元822年，来自法国北部科尔比的本笃会修道院的阿博特·亚达尔海德（Abbot Adalhard）编写了一系列管理修道院的法规条例，其中就有提到要收集充足的酒花制作啤酒，这是第一次有文字记载酒与啤酒的联系。

在1150年左右，莱茵河畔的宾根附近的本笃会修道院的女院长希尔德加德熟悉酒花的酿造工艺，并且知道煮沸麦汁后添加酒花可以远离“腐败”。1100—1200年，在德国北部，开始了商业酒花的种植，随后开始了酒花的出口。

大约在1400年，荷兰进口酒花，但是直到1519年，酒花才被判为“邪恶和有害的杂草”。1412年，英国本土出现了第一个使用酒花的酿造者。

在1471年，英国诺威治禁止在啤酒酿造中使用酒花植物。直到1524年，酒花第一次种植在英格兰东南部肯特郡时，荷兰农民将其作为一种农作物引进。因此，在啤酒业中有许多原本是荷兰语的词。

英国和荷兰的农民于1629年在美国开始种植酒花。在美国实行禁酒令之前，种植地主要集中在纽约州、加利福尼亚州和华盛顿州一带。

1710年，英格兰国会为了确保酒花税的征收，禁止人们使用苦味剂来代替酒花。因此，在西方国家，酒花成为啤酒唯一的苦味剂。

在20世纪，人们发现了酒花中树脂的作用，即包含α-酸的部分。这改变了1888年以来酒花种植者和酿造者挑选酒花的方法。

二、欧洲“贵族”酒花的生物危机

在过去几百年的历史中，以德国和捷克为代表的欧洲酒花的繁殖方式主要是扦插繁殖——将母体上的茎枝剪下后直接插入土壤中培育的一种繁殖方法。

这种方法可以较好地传递植物的生物特性，但是，长时间的繁殖后，这些品种也已经丧失了早期种子繁殖所具备的杂交优势，其品质、抗病能力和产量都开始退化。为了维持欧洲酒花的高品质和高产量，科学家们采用“混合选择”方法，即在上一代植物中选择最高品质酒花的最健康的种子，然后将这些种子混合播种，以期获得最佳状态的新一代产品。

由于这些酒花在原产地的产量就已经很低了，无论怎么选择，产量也无法获得明显提高。1993 年，有报道指出，捷克共和国酒花的平均产量只有每公顷 924kg。捷克共和国境内只种植单一的萨兹酒花（Saaz）和改良选择后的萨兹酒花。这个单位产量可以说明萨兹酒花在经历品种衰退。前捷克斯洛伐克的科学家们通过大规模的混合选择繁殖法也没能使萨兹酒花的产量超过传统的每公顷 900～1000kg。这个产量对于很多酒花种植者来说很不经济。在德国的一些地区，黄萎病也严重地减少了哈拉道中早熟（Hallertauer Mittelfrüh）酒花的产量。从 20 世纪 60 年代开始，德国哈拉道中早熟酒花的产量开始稳步减产，到了 1992 年，其种植面积减少了 64 公顷。其他的德国传统酒花，如斯派尔特（Spalter）、泰特南（Tettnanger）也好不到哪里去，平均每公顷产量甚至低于哈拉道中早熟酒花。就这样，潜在的危机终于爆发了。

三、美国“新世界”酒花对欧洲“贵族”酒花的挑战

20 世纪 70 年代初期，德国的哈拉道中早熟酒花因为黄萎病减产，而导致全球酒花供应危机。许多靠进口酒花维持的美国啤酒公司对这场危机措手不及，开始寻找酒花替代品。1972 年 1 月，位于美国科罗拉多州戈登市的库尔斯啤酒公司向美国农业部提出，如果大面积商业种植，他们愿意以每磅 1 美元的合同价格收购当年产的 USDA56013 酒花。这个价格比当年大多数酒花的价格都要高出很多，可以说库尔斯啤酒公司决定孤注一掷地保证酒花的供应源。于是，1972 年美国农业部将 USDA56013 命名为卡斯卡特（Cascade），正式大面积种植并上市。这场危机的到来，为美国酒花创造了绝好的机会，也大大地缩短了美国酒花新品种上市的周期。

危机到来后，美国最大的百威啤酒公司也开始寻找新品种来替代英国版本的法格尔酒花（Fuggle）。他们很快地选择了一款美国农业部于 1967 年完成培育，1974 年首次大面积试验种植成功的新品种——威廉麦特（Willamette）。这个品种从出世到上市只经过了 7 年时间，比卡斯卡特的研发周期少用了 9 年。在百威公司等用户的大力提携下，威廉麦特酒花的产量目前已占据美国酒花总产量的 19%，被誉为“美国酒花之王”。

虽然美国的大型啤酒厂都开始选择使用美国的新品种酒花，美国人撼动欧洲酒花统治的步伐并没有任何停滞。育种专家们也显得更加自信。如果说前期

是欧洲酒花的危机为他们创造了条件，到了20世纪80年代，他们已经可以主动出击了。此时，他们又盯上了德国的酒花。美国农业部的育种专家豪诺德和他的研究小组向人们展示：通过多倍体培育的方法可以获得一款高产量，而且在大多数方面性能与母体明显类似的杂交品种。他们使用这种方法培育出了一款高产量的欧洲香型酒花来代替诸如赫斯布鲁克（Hersbrucker）等欧洲酒花。

自1987年起，科学家们用这款新酒花开始一场为期3年，主要针对德国赫斯布鲁克和哈拉道中早熟酒花的一系列的酿造对比评估研究。最后，在1989年，一款以俯瞰着胡德河的火山口“胡德峰”命名的新品种宣布上市。美国种子科学协会将胡德峰（Mt. Hood）注册为新型香型酒花种。随着生物技术的不断发展，捷克萨兹的替代品也呼之欲出。1990年，美国农业部的科学家们通过1/2萨兹，1/4卡斯卡特，1/8的64－35M（一种德国香花），1/16酿造者金牌（Brewers Gold），1/32早绿（Early Green），1/32无名酒花杂交而成，培育出了斯特林酒花。它最早作为萨兹酒花的替代品出现，替代那些低产且容易被病虫害和真菌侵害的萨兹酒花。斯特林酒花可以有效地抵抗病虫害和真菌的影响，而且还具有很高的抗霜霉菌和白粉菌的能力。斯特林酒花融合了北美洲和欧洲的血液，就像美国IPA遇见了波希米亚拉格一样富有传奇。它在1998年正式宣布上市。就这样，以欧洲酒花危机为机遇，美国酒花逐渐形成了自己的品种体系，随后又形成了自己的独特风味。

四、美国酒花产业的转机

美国酒花产量占世界酒花总量的三分之一，其主要种植区域集中在西北部地区的华盛顿州、俄勒冈州和爱达荷州。

1622年，美国开始酒花人工种植。像最初的移民一样，酒花从美国东海岸登陆繁殖，接着又随着马车队和横跨美国的铁路逐步向西迁移，直到找到了它们最后的也是最好的归宿——美国西北部紧邻太平洋的群山绿地中。美国华盛顿州、俄勒冈州、爱达荷州遍布着73家酒花种植农场，平均每个农场有447英亩（1.809km^2）的酒花种植面积，种植着40余种酒花，总产量占全美国的99%，占世界酒花产量的大约30%。美国酒花产量目前居世界第一位，其中66%的酒花都供出口，为世界重要的酒花产地之一。

美国酒花种植地区是第一批移民定居到美国东北部的新英格兰州。早期的美国酿酒师们使用野生酒花。在欧洲人工种植酒花的产业影响下，新世界的人也开始了农场式的酒花种植。在新英格兰和弗吉尼亚州之后，19世纪中期，酒花的生产中心转移到纽约州。大约在1909年，白粉菌让纽约的酒花绝产。到了1920年，由于含硫的灭菌农药的发现，该地区的酒花种植又起死回生。但好景不长，几年之后，该地区又遭到霜霉菌的灭顶之灾。1850 年，美国西部的华盛顿州、俄勒冈州和加利福尼亚州开始种植酒花，并最终成为了主要的酒花产区。

欧洲“贵族”酒花魔术般地占据着酿酒师们的大脑。与此同时，处处想当老大的美国人开始琢磨：为什么不能培育出一种类似于这些“完美酒花”香型和品质，而且更加廉价的酒花新品种来取代这些欧洲酒花呢？这些 100 多年前就生长在欧洲的传统酒花，在被酿酒师们选择的时候，根本没有通过复杂的仪器检测，也没有通过评审委员会或者酿造评估，凭什么就被认为是行业老大？就这样，美国人开始动手培育自己的新品种了。1956 年，以美国农业部为首的科研机构，首先确认了一款代号为 USDA56013 的新品种。化学的定性试验显示 USDA56013 中所含有的 α－酸与 β－酸的比例与德国的“贵族”酒花哈拉道中早熟相吻合。哈拉道中早熟酒花正是美国当年很多大型啤酒厂进口的主要品种。但是，USDA56013 可以说生不逢时。在那个年代，没有人对新的酒花品种感兴趣，大型啤酒厂对当时能够获得的种类和数量很满足。1967 年，美国酒花育种专家豪诺德与他在美国农业部下属的农业研究服务中心的同事们在俄勒冈州的塞勒姆（Selem）地区种植了一块 2 英亩（8093. 7m^2）的实验地，并于 1968 年第一次收获酒花。随后他们向感兴趣的酿酒师们提供了样品，但是几乎没有什么令人振奋的回应。这种情况维持了好几年，直到 1972 年才发生了转机。

五、中国酒花的历史足迹

中国是野生酒花的原产地之一，野生酒花集中分布于陕、甘、宁、新、滇五省区。中国人工栽培酒花最早开始于 1921 年，栽植于黑龙江尚志市一面坡酒花农场。1921—1949 年中国种植酒花仅属于试验性质。酒花在国内东北、华北、江南、西北大范围试种。1949 年随着新中国的崛起，啤酒工业也迎来了发展的春天。作为啤酒灵魂的酒花，也开始了大面积的种植。

1. 青岛大花的早期历史

根据史料记载，1949 年新中国成立之前，我国尚无正规的酒花生产基地，工厂所有酒花全部依赖进口。仅 1950 年一年，青岛啤酒厂从美国进口酒花的费用占全年产量净酒成本的 21%。

1950 年，为了摆脱啤酒花原料依赖外国进口的被动局面，青岛啤酒在青岛市郊崂山县李村创建了酒花生产试验场 49 亩（32666. 7m^2），引进、培育了适合于工厂生产的优良品种“青岛酒花”，分青岛大花和青岛小花两个品种，每年七八月收获。其特点是，花体整齐，碎片少，花梗花叶等夹杂物含量少。当年试种 32 亩（21333. 3m^2），植花 6284 株，生产酒花 250kg 多，同时还在李村建立酒花基地 700 亩（0. 467km^2），由工厂派出技术人员对花农予以技术指导，获得成功。自此，结束了我国无种植和生产酒花的历史。

1952 年，在青岛市政府和崂山县政府的关怀支持下，青岛啤酒厂协助农业社建立了李村酒花生产基地（即由农民联合组成酒花生产合作社）。从此，啤酒生产所用的酒花达到了自产自给而且有余，并支援了兄弟厂。

李村酒花试验场：位于崂山区，东南西向，被崂山区杨戈庄环绕，北面为崂山区九水路，占地面积 32646.6m^2。1952 年在此试验酒花成功，并推广种植，酒花种植面积由 27 亩（18000m^2）扩大到 720 亩（0.48km^2）。

胶县酒花场：为了扩大酒花种植面积，1971 年 4 月 21 日青岛啤酒与原胶县沽河公社后辛疃大队订立协议，经原胶县革委会（现在胶州市人民政府）1971 年 5 月 27 日批准，购买该大队一块土地用于种植酒花，并建立了一座烘干加工厂，占地 3300m^2，其中建筑用地 1156.66m^2。

1978 年以后，农村联产承包责任制的实施，使粮食价格发生了大的变化，而酒花价格受市场影响，出现了下降，农民种植酒花的积极性受到影响，纷纷弃花种粮，市郊李村一带的酒花种植面积逐步减少。此时，新疆、甘肃和宁夏的酒花种植基地迅速扩大，因地理位置和土壤环境适合酒花的种植，且酒花品种尚佳，所以价格适中。1988 年青岛结束酒花种植历史，工厂的酒花采购渠道转向新疆、甘肃和宁夏三省。

2. 其他年代的酒花种植状况

20 世纪 60 ~ 70 年代，新疆开始大面积种植酒花，国产酒花曾一度走出国门，出口欧洲国家。20 世纪 80 年代初，甘肃紧跟新疆，也开始了酒花的大面积种植。至 1995 年，全国酒花面积达到了 10 万亩（66.7km^2），产量接近 2 万 t，供过于求，酒花价格跌破成本价格。1996 年新疆、甘肃大面积砍伐酒花。酒花面积产量同步缩减。

1981—1990 年，原轻工业部把西北作为酒花的重点发展区域。新疆、甘肃、宁夏、内蒙古种植面积迅速增长。东北、山东、安徽等省区种植面积逐步萎缩。甘肃酒花开始崛起，1990 年，甘肃酒花面积达到了 1.52 万亩（10.1km^2），产量 3409t 仅次于新疆。全中国酒花种植面积达到了 6.64 万亩（44.3km^2），产量达到了 10174t。

1991—2006 年，发展调整期，随着市场经济的逐步深入，国内酒花发展根据市场需求变化，种植面积逐步调整。宁夏、内蒙古酒花退出比赛，新疆、甘肃两强相争。

1994 年后，啤酒行业开始大量使用颗粒酒花。1994—2000 年，国内颗粒酒花建厂数量最多。颗粒酒花的使用，使酒花贮存方式前进了一步。

1995 年后，随着外资不断渗透国内啤酒企业，进口酒花及制品量逐年上升。2003 年，进口酒花及制品量相当于 2000t 国内颗粒酒花。

2000—2001 年，新疆、甘肃为了实现农业产业结构调整，大力倡导农民种植酒花。两年间新上酒花面积达3万亩（$20km^2$）。

2003年，全国酒花面积为8万亩（$53.3km^2$），酒花产量为1.5万t。2001—2002年度过剩9000t酒花，酒花总量达2.4万t；加之啤酒工业对酒花添加量的不断减少及2003年的非典影响，酒花再度过剩，严重供过于求，价格达到了历史最低价格2000～7000元/t。

2004年春，种植户再度砍花3万亩（$20km^2$），酒花面积下降至5万亩（$33.3km^2$），当年产量跌至9000t。

2005年，甘肃酒花面积超过新疆，位居全中国第一。2006年，全中国酒花面积6.2万亩（$41.3km^2$），产量11000t。甘肃面积达到了3.7万亩（$24.7km^2$），产量5800t。同时，在这15年间，国内酒花加工方式，完成了由压缩酒花—颗粒酒花—酒花浸膏及深加工制品的历程。

2004—2006年，甘肃利用“日协”风沙治理项目的资金，在地方或国营农场新上了有限的酒花面积。2006年度，国内酒花面积为5.8万亩（$38.7km^2$），产量为1.12万t。啤酒工业需求强劲，酒花缺口达3000t。酒花价格达到历史最高价格2.5万～4.0万元/t。

1992—2004年14年间，中国啤酒飞速发展的同时，由于淡爽型啤酒成为主流消费产品，每吨啤酒的酒花添加量由1.5kg逐年下降到0.5kg。1992年啤酒产量为1021万t，酒花需求量为1.532万t；2004年啤酒产量为2910万t，酒花需求量为1.534万t。

1987—2006年，中国酒花发展经历了三次发展顶峰，分别是1989年、1994年、2002年；经历了三次低谷，分别是1991年、1997年、2004年。维持酒花供给量与需求量平衡，只有“砍花—种花—砍花”一种方式。这与国外实行休耕制度，以深加工制品贮存α-酸等方式协调供求关系有显著的不同。在历次酒花作物砍伐与再次种植的过程中，学费和成本总是由种植者来掏腰包。

第二节　世界主要酒花产区及品种

世界上的酒花种类繁多，仅就品种来说，德国是传统酒花的主产区，而美国是新型酒花的主产区。

根据国际酒花种植者协会（International Hop Growers Convention - IHGC）统计，全世界大约有270多种酒花品种（表1-1），每年各产区还会培育出众多的新型酒花品种，以满足消费者对啤酒口味多样化的需求。

表1-1　世界主要酒花生产国及酒花品种数量（数据源于IHGC 2017年统计数据）

国家	酒花品种/个	国家	酒花品种/个
美国	68	澳大利亚	12
德国	32	捷克	12
英国	27	斯洛文尼亚	9
新西兰	20	南非	10
日本	18	中国	11
奥地利	15	罗马尼亚	6
乌克兰	15	西班牙	4
法国	15	塞尔维亚	3
波兰	12	比利时	5

因为同一种酒花可能会有很多种译名，为了避免因为翻译带来的不便，所有的酒花品种都用英文名字加中文译名标示，以方便大家更快地了解世界各地的酒花品种。世界酒花的种植品种主要根据市场需求进行变化，酒花种植者会根据啤酒厂和市场需求不断调整酒花的种植数量和品种，以求获得最大的经济利益。表1-2是1990年和2017年美国和德国最重要的酒花品种变化对比表。

表1-2　1990年和2017年美国和德国最重要的酒花品种变化*

美国1990年	德国1990年	美国2017年	德国2017年
Cluster（克劳斯特）	Hallertauer（哈拉道）	Cascade（卡斯卡特）	Saaz（萨兹）
Cascade（卡斯卡特）	Hersbrucker（赫斯布鲁克）	Chinook（奇努克）	Perle（珍珠）
High alpha（高α-酸）	Spalter（斯派尔特）	Simcoe（西姆科）	Hersbrucker（赫斯布鲁克）
Willamette（威廉麦特）	Hüller（胡乐）	Citra（西楚）	Hallertauer Tradition（哈拉道传统）
Tettnanger（泰特南）	Perle（珍珠）	Centennial（世纪）	
Fuggle（法格尔）	Northern Brewer（北酿）	Mosaic（摩西）	
Perle（珍珠）	Orion（奥瑞昂）	Summit（顶峰）	
	Tettnanger（泰特南）	CTZ（哥伦布/战斧/宙斯）	

注：*数据源于2017年美国酒花种植者协会HGA酒花统计报告。

一、美洲酒花品种

美国：Ahtanum（阿塔纳姆），Amarillo（亚麻黄），Apollo（阿波罗），Azacca（尔扎卡），Aquila（天鹰座），Banner（班纳），Bitter Gold（苦金），Bravo（喝彩），Brewer's Gold（酿造者金牌），Cascade（卡斯卡特），Centennial（世纪），Chelan（奇兰），Chinook（奇努克），Citra（西楚），Cluster（克劳斯特），Columbus（哥伦布），Comet（彗星），Crystal（水晶），Equinox（春秋），Eroica（爱柔卡），Fuggle（法格尔），Falconer's Flight（凤凰飞舞），Galena（格丽娜），Glacier（冰川），Golding US（美国金牌），Hallertauer（哈拉道），Horizon（地平线），Liberty（自由），Magnum（马格努门），Millennium（千禧），Mosaic（摩西），Mt. Hood（胡德峰），Newport（纽波特），Northern Brewer（北酿），Nugget（拿格特），Palisade（芭乐西），Perle（珍珠），Saaz（萨兹），Santiam（圣西姆），Satus（地位），Simcoe（西姆科），Sterling（斯特林），Strissel Spalter（斯垂瑟斯派尔特），Summit（顶峰），Super Galena（超级格丽娜），Tettnanger（泰特南），Tomawhawk（战斧），Ultra（超级金），Vanguard（先锋），Warrior（勇士），Willamette（威廉麦特），Zeus（宙斯）。

二、欧洲酒花品种

德国：Brewer's Gold（酿造者金牌），Columbus（哥伦布），Golden Princess（金公主），Hallertauer Magnum（哈拉道马格努门），Pure（纯），Hersbrucker Spalt（赫斯布鲁克晚熟），Hüller Bitter（胡乐苦），Northern Brewer（北酿），Nugget（拿格特），Opal（蛋白石），Orion（奥瑞昂），Perle（珍珠），Record（记录），Relax（放松），Saaz（萨兹），Saphir（蓝宝石），Smaragd（祖母绿），Spalter（斯派尔特），Select（精选），Tettnanger（泰特南），Wye Target（威目标），Zeus（宙斯），Polaris（北极星），Comet（彗星），Hallertauer Blanc（哈拉道布朗），Hüll Melon（胡乐香瓜），Mandarina Bavaria（巴伐利亚橘香），Hallertauer Merkur（哈拉道默克），Hallertauer Mittelfrüh（哈拉道中早熟），Hallertauer Taurus（哈拉道淘若斯），Hallertauer Tradition（哈拉道传统），Herkules（海库勒斯），Hersbruck（赫斯布鲁克）。

英国：Admiral（海军上将），Boadicea（博阿迪西亚），Bramling Cross（布拉姆林十字），Brewer's Gold（酿造者金牌），Bullion（布林），Cobbs（科布斯），Early Choice（早期选择），East Kent Golding（东肯特金），First Gold（首金），Fuggle（法格尔），Herald（先驱），Mathon（玛颂），Northern Brewer（北酿），Phoenix（菲尼克斯），Pilgrim（皮尔格林），Pilot（飞行员），Pioneer（拓荒者），Progress（程序），Sovereign（索夫林），White Breads Golding（白面包金），Wye Challenger（威挑战者），Wye Northdown（威北丘），Wye Target（威目标）。

捷克：Agnus（阿格努斯），Bor（博尔），Bohemi（波西米），Harmonie（阿

尔莫尼），Kazbbek（卡兹贝克），Premiant（普莱米特），Rubín（罗宾），Sládek（斯拉德克），Saaz（萨兹），Saaz Late（萨兹晚熟），Vital（维塔尔）。

法国：Brewer's Gold（酿造者金牌），Columbus（哥伦布），Hallertauer Magnum（哈拉道马格努门），Hallertauer（哈拉道），Tradition（传统），Nugget（拿格特），Strissel spalter（斯垂瑟斯派尔特），Wye Target（威目标）。

波兰：Lunga（露娜），Izabella（伊莎贝拉），Limbus（丽慕巴斯），Lomik（劳米科），Lubelski（鲁贝尔斯克），Lublin（卢布林），Oktawia（奥克塔瓦），Sybilla（西比拉），Zbyszko（扎伊兹克），Zula（祖拉），Marynka（马燕卡），Nadwilański（那威兰斯克），Aurora（曙神星），Super Styrian（超级施蒂利亚），Bobek（博贝克），Aramis（阿拉米斯），Triskel（特瑞斯可），Fuggle（法格尔），Challenger（挑战者），Barbe - Rouge（巴伯 - 鲁日），Mistral（米斯特拉尔）。

西班牙：Columbus（哥伦布），Hallertauer Magnum（哈拉道马格努门），Nugget（拿格特），Perle（珍珠）。

奥地利：Celeja（色乐嘉），Perle（珍珠），Aurora（曙神星），Malling（麦林），Spalter Select（斯派尔特精选），Tradition（传统），Magnum/Taurus（马格努门/淘若斯）。

比利时：Golding（金牌），Challenger（挑战者），Cascade（卡斯卡特），Magnum（马格努门），Target（目标），Malling（麦岭）。

罗马尼亚：Perle（珍珠），Hüller Bitterer（胡乐苦），Tradition（传统），Magnum（马格努门），Merkur（默克），Brewer's Gold（酿造者金牌）。

斯洛文尼亚：Aurora（曙神星），Styrian Golding（施蒂利亚金牌），Bobek（博贝克），Styrian Wolf（施蒂利亚狼），Styrian Cardinal（施蒂利亚红衣教堂），Hall Magnum（霍尔马格努门），Extra Styrian Dana（超级施蒂利亚丹娜）。

塞尔维亚：Aroma（芳香），Baka（巴卡），Robusta（罗巴斯塔）。

三、大洋洲酒花品种

澳大利亚：Cascade（卡斯卡特），Cluster（克劳斯特），Galaxy（银河），Meteor（流星），Millennium（千禧），Nova（诺瓦），Pride of Ringwood（林伍德的骄傲），Super Pride（超级自尊），Tasmanian Hallertauer（塔斯马尼亚哈拉道），Tasmanian Saazer（塔斯马尼亚萨兹），Topaz（陶佩兹），Victoria（维多利亚），Willamette（威廉麦特）。

新西兰：Alph Aroma（阿尔法香），Hallertauer Aroma（哈拉道芳香），Nelson Sauvin（尼尔森苏维），New Zealand Hallertauer（新西兰哈拉道），Pacific Gem（太平洋金），Pacifica（帕西菲卡），Pacific Jade（太平洋翡翠），Pacific Sunrise（太平洋的日出），Pride of Ring Wood（林伍德的骄傲），Rakau（拉考），

Riwaka（瑞瓦卡），Southern Cross（南部穿越），Stick lebract（史迪克大宝），Super Alpha（超级阿尔法），Wai - Iti（味之道），Waimea（味美），Wye Challenger（威挑战者），Green Bullet（绿色子弹），Motueka（莫图依卡），Mouture（蒙特雷）。

四、非洲酒花品种

南非：Outeniqua（奥坦尼瓜），Southern Promise（南部承诺），Southern Star（南方之星），Southern Brewer（南部酿造者），Southern Aroma（南部芳香），African Queen（非洲女皇），Southern Dawn（南部黎明）。

五、亚洲酒花品种

中国：Tsingdao Flower（青岛大花），Marco Polo（马可波罗），Sapporo - 1（扎一香花），Kirin Flower（麒麟花）。

日本：Eastern Gold（东部黄金），Eastern Green（东部绿），Fukuyutaka（福丰），Furano 18（富良野 18），Furano 6（富良野 6），Furano Ace（富良野王牌），Furano Beta（富良野贝塔），Furano Laura（富良野劳拉），Furano Special（特种富良野），Golden Star（王牌明星），Kaikogane（甲斐黄金），Kitamidori（北绿），Little Star（小星），Nanbuwase（南部早生），SA - 1（救世军 - 1），Shinsyu Wase（新种早生），Sorachi Ace（空知王牌），Toyomidori（丰绿）。

第三节　世界酒花种植面积及产量概况

一、全球酒花种植概况

根据国际酒花种植协会（IHGC）统计，2017 年世界最大 α - 酸生产国中，美国和德国达到了 84%，其中美国占 46%，德国占 38%，其他国家只占 16%。

1. 1880—2013 年全球酒花市场数据

根据国际酒花种植协会（IHGC）统计，1880—2013 年全球酒花市场酒花种植面积、酒花产量和 α - 酸产量详细数据如表 1 - 3 所示。

表 1-3 1880—2013 年全球酒花种植面积、酒花产量和 α-酸产量(数据源于 IHGC 2017 年统计数据)

收获年份	酒花栽培面积/hm²[a]	酒花产量/t[b]	收获年份	酒花栽培面积/hm²	酒花产量/t	收获年份	酒花栽培面积/hm²	酒花产量/t	酒花 α-酸产量/t
1880	89000	68600	1924	50482	67975	1969	67291	94876	5276
1881	89000	68800	1925	55322	58755	1970	70666	102589	6038
1882	89063	43000	1926	64199	58115	1971	75042	96050	5377
1883	103641	81200	1927	78639	72190	1972	78015	105013	6170
1884	115402	80400	1928	81122	67815	1973	81329	118301	7469
1885	119513	87950	1929	78558	83425	1974	82037	111176	6631
1886	120798	86850	1930	57788	61215	1975	80584	113503	7234
1887	115800	77750	1931	50397	48485	1976	78197	107533	6012
1888	116900	69250	1932	41816	41960	1977	78563	116892	7049
1889	114000	103400	1933	47806	51870	1978	77599	109440	6456
1890	114730	65000	1934	52548	55400	1979	79733	121867	7142
1891	115739	79300	1935	55391	61610	1980	86926	120611	7269
1892	114958	80850	1936	53945	59116	1981	94739	131017	8049
1893	117411	73050	1937	53792	63358	1982	97462	146115	8471
1894	117000	112400	1938	53017	59846	1983	95665	132742	7540
1895	115000	106800	1939	—	—	1984	92821	128728	8175
1896	112589	89750	1940	—	—	1985	86855	124050	7056
1897	105685	83650	1941	—	—	1986	84220	112466	7199
1898	100461	74300	1942	—	—	1987	87393	118341	8080
1899	110415	107650	1943	—	—	1988	89875	117363	7276
1900	106758	77400	1944	—	—	1989	90177	118551	7290
1901	107684	91300	1945	—	—	1990	91271	114416	6864
1902	108240	75550	1946	—	—	1991	91409	130060	8612

续表

收获年份	酒花栽培面积/hm^2 [a]	酒花产量/t [b]	收获年份	酒花栽培面积/hm^2	酒花产量/t	收获年份	酒花栽培面积/hm^2	酒花产量/t	酒花 α－酸产量/t
1903	107241	77900	1947	—	—	1992	91835	122379	7537
1904	113304	77750	1948	41749	49481	1993	91121	137275	9099
1905	115401	123900	1949	44569	53449	1994	86786	121323	6907
1906	116176	80300	1950	48272	68157	1995	81466	126686	7831
1907	115978	95800	1951	50110	73297	1996	76967	124379	9300
1908	115106	101350	1952	50257	67141	1997	70290	112192	8773
1909	97379	46200	1953	47742	68921	1998	60111	94610	7245
1910	94761	79850	1954	48194	64605	1999	57427	95450	7393
1911	93832	67400	1955	45818	63394	2000	58991	96715	8294
1912	98026	98650	1956	52200	58049	2001	58903	99214	8646
1913	101103	75400	1957	54522	66693	2002	56237	100932	8749
1914	89397	97250	1958	63346	81196	2003	53500	87056	6722
1915	78492	67300	1959	65258	83356	2004	50693	92266	8103
1916	66414	57800	1960	63956	81333	2005	50273	94385	7903
1917	46546	42550	1961	62494	68458	2006	49466	85585	7103
1918	40516	20800	1962	66410	80943	2007	50455	91584	7663
1919	40516	37700	1963	96790	91834	2008	57297	111175	10242
1920	48312	56200	1964	70967	93066	2009	56747	113669	10952
1921	52955	40750	1965	71494	92001	2010	52156	99879	9475
1922	51277	53700	1966	71600	94371	2011	48528	100604	10348
1923	47842	35400	1967	70895	94127	2012	46971	89090	9139
			1968	68203	91909	2013 [c]	46300	81300	8000

注：a，$1hm^2=10000m^2$；b，t＝1000kg；c，2013 年为估算数值。

2. 2017 年全球主要生产国酒花统计数据

根据国际酒花种植协会（IHGC）统计，2017 年全球主要酒花生产国酒花种植面积、酒花产量和 α－酸产量详细数据如表 1－4 所示。

表 1－4　2017 年全球主要酒花生产国酒花种植面积、酒花产量和 α－酸产量
（数据源于 IHGC 2017 年统计数据）

国家	2017 年酒花种植面积/hm^2					2017 年酒花产量/t			α－酸产量/t
	香花面积	苦花面积	酒花面积	新种植面积	总面积	香花产量	苦花产量	总产量	
澳大利亚	100	446	546	85	631	238	1200	1438	211
奥地利	186	58	243	7	250	325	114	439	35
比利时	114	54	169	20	189	126	79	205	18
中国	200	1800	2000	0	2000	400	5100	5500	400
捷克	4583	46	4629	316	4945	6555	95	6650	245
法国	401	36	437	44	481	676	87	763	27
德国	10492	7574	18066	1477	19543	20250	21050	41300	4200
新西兰	371	71	442	30	442	620	140	760	72
波兰	632	843	1475	140	1615	800	1700	2500	169
罗马尼亚	73	192	265	5	270	65	140	205	20
俄罗斯	220	200	420	50	470	250	250	500	40
塞尔维亚	34	33	67	12	79	58	76	134	11
斯洛伐克	137	0	137	0	137	104	0	104	5
斯洛文尼亚	1400	20	1420	170	1590	2676	60	2736	150
南非	34	390	424	0	424	46	658	710	85
西班牙	0	537	537	1	537	0	550	550	70
乌克兰	309	60	369	0	369	400	80	480	30
英国	809	158	967	103	967	1281	500	1781	132
美国	17908	5012	22920	1487	22920	35008	13059	48067	5114
总量	38003	17530	55533	3947	57839	69878	44938	114822	11034

注：书中涉及的国际单位和英制换算：1 公顷（hectare－hm^2）＝2.4711 英亩（acres）；1 英亩（acre）＝0.405 公顷（hectares）；1 千克（kilogram－kg）＝2.2046 磅（pounds）；1 磅 pound＝0.454 千克（kilograms－kg）；1 吨（tonne－t）＝2204.6 磅（pounds）＝1000 千克（kilogram－kg），1 百升（hectoliter－hL）＝21.997 加仑（gallons）。

2017 年，全球酒花种植总面积为 57839hm^2，全球酒花总产量为 114822t，全球 α－酸产量为 11034t。2017 年，美国酒花种植面积、美国酒花产量、α－酸产量均排名世界第一。其次是德国。这两个国家的酒花产量大约占全世界酒花产量的77.83%。2017年，塞尔维亚的酒花种植面积最少，为79hm²。塞尔维亚酒花产量为134t，塞尔维亚α-酸产量为11t。

2017年全球香花种植面积为38003hm²，香花产量为69878t。2017年全球苦花种植面积为17530hm²，苦花产量为44938t。

精酿产业因高酒花用量成为酒花需求的主要推动力。酒花产业，尤其是美国种植者，对风味酒花的需求做了强有力的回应，他们根本上扩大了香花品种的种植面积，当然，这是以牺牲高α-酸品种为代价的。

3. 2003—2017年全球酒花统计数据

国际酒花种植者协会（IHGC）统计显示2003—2017全球酒花种植面积、酒花产量和α-酸产量如图1-3所示。

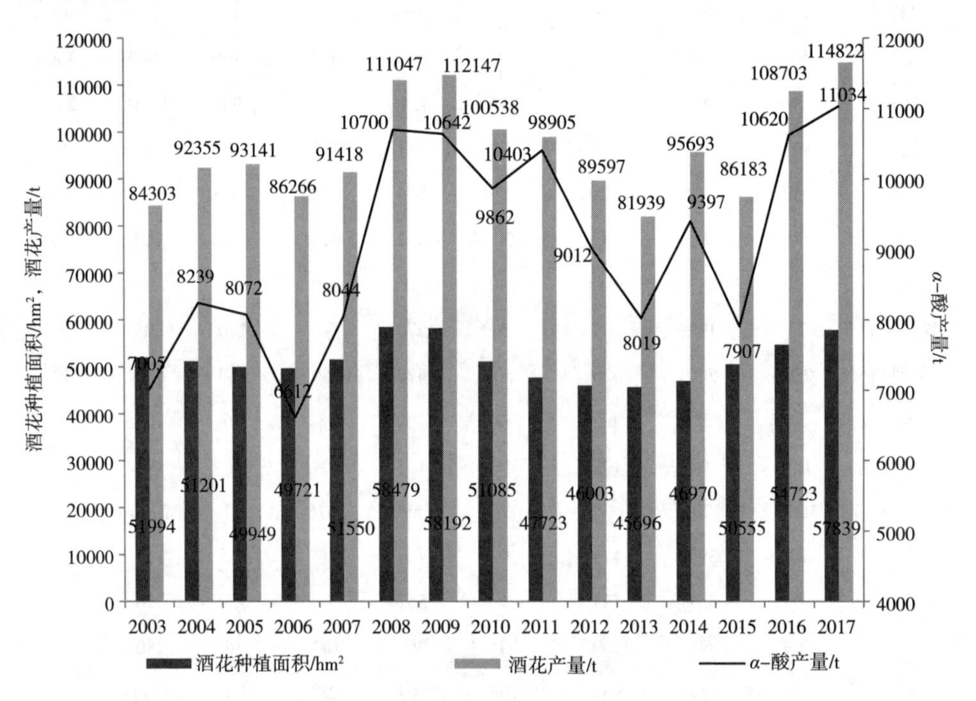

图1-3　2003—2017全球酒花种植面积、酒花产量和α-酸产量变化

（数据源于IHGC 2017年统计数据）

2003—2008年酒花产量呈整体上升趋势，到2008年和2009年达到了高峰，随后开始下降，到2014年开始回升，2017年酒花产量为历史最高点。在2003—2017年期间，全球酒花种植面积在45000~60000hm²，2008年全球酒花种植面积达到最大，为58479hm²。随后全球酒花种植面积开始下降，2013年最少，为45696hm²。2013年以后，全球酒花种植面积逐渐上升。2017年为57839hm²。

随着全球酒花种植面积的变化，全球酒花产量也发生相应的变化。受气候、虫害和疾病等因素的影响，2003年、2006和2015年，全球酒花产量分别为

84303t、86266t、86183t，与种植面积不相对应。

随着全球酒花种植面积的变化，全球酒花 α - 酸产量也发生相应的变化，受市场需求与酒花品种等因素的影响，2006 年，全球酒花 α - 酸产量偏低，为 6612t。2011 和 2014 年，全球酒花 α - 酸产量偏高，分别为 10403t、9397t，与种植面积不相对应。

随着精酿产业的发展，酒花用量会越来越多，预计今后全球酒花种植面积、酒花产量、α - 酸产量会继续增加，最终达到供求平衡。

4. 1992 与 2017 年全球苦型和香型酒花对比数据

全球啤酒花种植面积组成呈递减的趋势（图 1 -4），α - 酸酒花从 1992 年的 $264km^2$ 减少为 2017 年的 $161km^2$。芳香型酒花也是如此，从 1992 年的 $455km^2$ 减少为 2017 年的 $380km^2$。

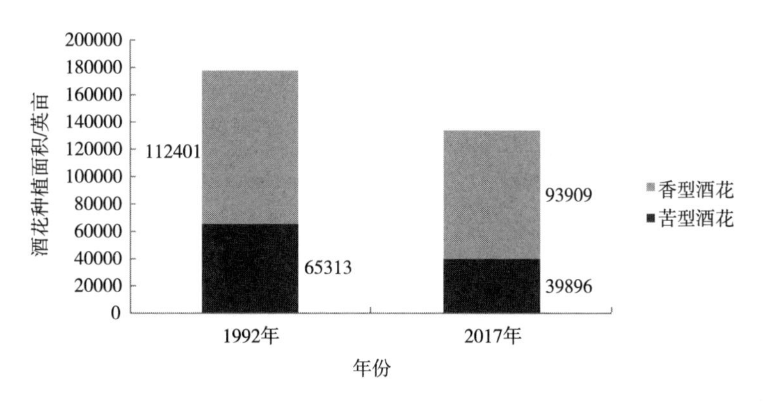

图 1 -4 1992 与 2017 年全球苦型和香型酒花种植面积对比
（据 IHGC 2017 年统计数据）

5. 2013—2017 世界各国香型酒花种植面积

2013—2017 年，全球香花的种植总面积逐年增加，2017 年达到 93909 英亩（$380km^2$）。2016—2017 年，全球香花种植面积的增长率为 4. 39% 。其中种植香花面积最多的国家为捷克、德国和美国，占全球香花种植总面积的 80% 以上。2016—2017 年，香花面积增长率最高的国家是俄罗斯，除了奥地利的增长率为 -0. 53% ，其他国家的香花种植面积增长率无负增长（表 1 -5）。

表 1 -5 2013—2017 年世界香型酒花种植面积

［数据源于 2017 年国际酒花种植者协会（IHGC）统计报告］

国家	香型酒花面积/英亩					2016—2017 年变化率/%
	2013	2014	2015	2016	2017	
澳大利亚	158	158	217	247	247	0. 00%
奥地利	462	460	462	462	460	-0. 53%

续表

国家	香型酒花面积/英亩					2016—2017年变化率/%
	2013	2014	2015	2016	2017	
比利时	173	190	205	220	282	28.09%
中国	494	741	618	494	494	—
捷克	10045	9902	10253	10826	11325	4.61%
法国	741	808	899	941	991	5.25%
德国	21733	22732	23908	24867	25927	4.26%
新西兰	712	712	811	877	917	4.51%
波兰	1132	1253	1391	1530	1562	2.10%
罗马尼亚	151	156	156	168	180	7.35%
俄罗斯	208	208	08	208	544	161.90%
塞尔维亚	84	84	84	84	84	—
斯洛伐克	430	339	339	339	339	—
斯洛文尼亚	2535	2728	2973	3242	3460	6.71%
南非	0	0	0	0	84	—
西班牙	0	0	0	0	0	—
乌克兰	932	764	764	764	764	—
英国	1965	1740	1690	1693	1999	18.10%
美国	19996	24711	33738	43000	44252	2.91%
全球总量	61950	67683	78714	89960	93909	4.39%

6. 2013—2017世界各国苦型酒花种植面积

2013—2017年，全球苦花种植的总面积先下降后上升，2013年面积最大，为47168英亩（190.9km²），2016年面积最小，为39896英亩（161.5km²）。2016—2017年，全球苦花种植面积的增长率为8.58%。其中苦花种植面积最多的国家为中国、德国和美国，占全球香花种植总面积的75%以上。2016—2017年，苦花面积增长率最高的国家是俄罗斯，其他国家增长率较低，甚至负增长。随着市场的发展，香花受到追捧，香花的种植面积逐年增加，苦花种植面积在波动中下降，逐渐趋于平稳，达到供求平衡（表1-6）。

表 1-6　　2013—2017 年世界各国苦型酒花种植面积
[数据源于 2017 年国际酒花种植者协会（IHGC）统计报告]

国家	苦型酒花面积/英亩					2016—2017 年变化率/%
	2013	2014	2015	2016	2017	
澳大利亚	951	850	988	1100	1102	0.22%
奥地利	106	143	143	143	143	—
比利时	217	175	161	148	133	-10.00%
中国	6919	5807	5066	4448	4448	—
捷克	133	116	106	114	114	—
法国	146	131	121	82	89	9.09%
德国	17162	17051	17345	17925	18716	4.41%
新西兰	222	203	148	141	175	24.56%
波兰	2093	1972	1940	2039	2083	2.18%
罗马尼亚	445	450	462	474	474	—
俄罗斯	133	133	133	133	494	270.37%
塞尔维亚	82	82	82	82	82	—
斯洛伐克	0	0	0	0	0	—
斯洛文尼亚	86	89	62	57	49	-13.04%
南非	1216	1038	1038	1038	964	-7.14%
西班牙	1194	1285	1320	1325	1327	0.19%
乌克兰	203	148	148	148	148	—
英国	633	551	519	519	390	-24.76%
美国	15227	13299	11500	9981	12385	24.09%
总计	47168	43523	41282	39896	43318	8.58%

7. 2013—2017 世界各国酒花种植面积

2013—2017 年，全球酒花的总种植面积逐年增加，2017 年达到 142926 英亩（578.4km^2）。2016—2017 年，全球酒花种植面积的增长率为 5.69%。其中酒花种植总面积最多的国家为捷克、德国和美国，占全球香花种植总面积的 80% 以上。2016—2017 年，酒花种植总面积增长率最高的国家是澳大利亚。增长率为 15.57%。酒花种植总面积没有负增长，各个国家的酒花种植面积都在逐渐增加（表 1-7）。

表 1-7　　2008—2017 年世界各国酒花总种植面积
[数据源于 2017 年国际酒花种植者协会（IHGC）统计报告]

国家	总酒花面积/英亩					2016—2017 年变化率/%
	2013	2014	2015	2016	2017	
澳大利亚	1110	1008	1206	1349	1559	15.57%
奥地利	568	603	605	615	618	0.40%

续表

国家	总酒花面积/英亩					2016—2017年变化率/%
	2013	2014	2015	2016	2017	
比利时	390	366	366	368	418	13.42%
中国	7413	6548	5684	4942	4942	—
捷克	10178	10018	10359	11800	12220	3.56%
法国	887	939	1021	1134	1189	4.79%
德国	38895	39782	41253	45958	48293	5.08%
新西兰	934	914	959	1018	1092	7.28%
波兰	3225	3225	3329	3645	3991	9.49%
罗马尼亚	596	605	618	667	667	—
俄罗斯	341	341	341	1038	1161	11.90%
塞尔维亚	166	166	166	195	195	—
斯洛伐克	430	339	339	339	339	—
斯洛文尼亚	2622	2817	3035	3667	3929	7.14%
南非	1216	1038	1038	1021	1048	2.66%
西班牙	1194	1285	1320	1325	1327	0.19%
乌克兰	1134	912	912	912	912	—
英国	2597	2291	2209	2271	2390	5.22%
美国	35223	38010	45238	52963	56638	6.94%
全球总量	109119	111207	119994	135226	142926	5.69%

8. 2013—2017美国和德国酒花和α-酸产量对比

2008—2017年，美国和德国酒花产量都有波动，美国酒花产量最高是2017年，为106241000磅（48190t）。德国酒花产量最高是2016年，为94304000磅（42775t）。随着酒花产量的波动，酒花α-酸的产量也会出现相应波动。但酒花α-酸的产量还与酒花平均α-酸含量有关，酒花平均α-酸含量的多少会对酒花α-酸产量有影响。相比较而言，美国酒花平均α-酸含量较高，在10.2%～14.6%。德国酒花平均α-酸含量稍低，在8.9%～12.8%（表1-8）。

表 1－8　　2008—2017 年美国和德国酒花和 α－酸产量对比
［数据源于 2017 年国际酒花种植者协会（IHGC）统计报告］

年份	美国				德国			
	酒花产量/（磅，×1000）	酒花/t	α－酸/t	平均 α－酸/%	酒花产量/（磅，×1000）	酒花/t	α－酸/t	平均 α－酸/%
2008	80630	36574	4150	11.3%	70854	32139	4100	12.8%
2009	91491	41500	4690	11.3%	87104	39510	3520	8.9%
2010	64954	29463	3517	11.9%	75177	34100	3600	10.6%
2011	64992	29480	4308	14.6%	82673	37500	4400	11.7%
2012	61249	27782	3500	12.6%	76059	34500	3850	11.2%
2013	69246	31410	3680	11.7%	60746	27554	2680	9.7%
2014	70996	32204	3541	11.0%	74956	38500	4104	10.7%
2015	80351	36447	3856	10.6%	62170	28200	2700	9.6%
2016	88640	40207	4082	10.2%	94304	42776	4775	11.2%
2017	106241	48191	5114	10.6%	91050	41300	4200	10.2%

9. 2008—2017 年世界各国种植面积及占比

2008—2017 年，世界酒花种植总面积先下降后上升，2012 年酒花种植面积最小，为 109109 英亩（442km^2），2017 年酒花种植面积最大，为 138934 英亩（562km^2）。德国、捷克和英国的酒花种植面积维持稳定，全球占比变化也较小。美国的酒花种植面积逐渐增加，全球占比也逐年增加。中国的酒花种植面积逐年减少，全球占比也逐年减少。2008 年德国的酒花种植面积在全球占比最大，为 33%。到 2017 年美国的酒花种植面积占比最大，为 40%（表 1－9）。

表 1－9　　2008—2017 年世界各国酒花种植面积及占比
（数据源于 2017 年 IHGC 统计报告）　　单位：英亩

国家	2008	2009	2010	2011	2012	2013	2014	2015	2016	2017
德国	43269	43902	44749	43818	40887	38895	39782	41253	45958	45424
	33%	33%	36%	38%	37%	35%	34%	34%	34%	33%
英国	2718	2669	2669	2750	2597	2597	2291	2209	2212	2402
	2%	2%	2%	2%	2%	2%	2%	2%	2%	2%
捷克	12664	12479	12398	10952	10564	10178	10018	10359	11800	12220
	10%	9%	10%	10%	10%	9%	9%	9%	9%	9%
欧洲其他国家	17236	16222	16186	13178	11842	11897	14881	11711	13015	13606
	13%	12%	13%	12%	11%	11%	13%	10%	10%	10%

续表

国家	2008	2009	2010	2011	2012	2013	2014	2015	2016	2017
美国	39263	40126	31247	28787	29683	35288	38892	45238	52980	55415
	29%	30%	25%	25%	27%	32%	34%	38%	39%	40%
中国	14322	14322	14322	11016	9961	7413	6548	5684	4942	4942
	11%	11%	11%	10%	9%	7%	6%	5%	4%	4%
全球其他国家	3633	3991	3941	3620	3575	3650	3508	3544	3793	4934
	3%	3%	3%	3%	3%	3%	3%	3%	3%	4%
总计	133105	133711	125512	114121	109109	109918	115920	119994	134700	138943

10. 2008—2017 年世界各国酒花产量及占比

2008—2017 年，世界酒花总产量整体是先下降后上升，2013 年酒花产量最少，为 178438000 磅（80938t），2017 年酒花产量最多，为 253396000 磅（114938t）。德国、捷克和英国的酒花产量在波动中维持稳定，全球占比变化也较小。美国的酒花产量先降低后逐渐增加，全球占比也随之变化。中国的酒花产量逐年减少，全球占比整体上也逐渐减少。2008 年德国的酒花产量在全球占比最大为 36%。到 2017 年美国的产量占比最大为 42%（表 1－10）。

表 1－10　2008—2017 年世界各国酒花产量及占比
（数据源于 2017 年 IHGC 统计报告）　单位：磅 ×1000

国家	2008	2009	2010	2011	2012	2013	2014	2015	2016	2017
德国	87104	68894	75177	82673	76059	60746	84657	62170	94136	91050
	36%	28%	34%	38%	39%	34%	41%	33%	40%	36%
英国	2976	3197	3197	3351	3217	2723	2205	2866	3197	3926
	1%	1%	1%	2%	2%	2%	1%	2%	1%	2%
捷克	14771	14109	16204	13779	9480	11750	13007	10582	15653	14661
	6%	6%	7%	6%	5%	7%	6%	6%	7%	6%
欧洲其他国家	23115	22780	21398	17077	14777	14202	17791	14874	18466	17893
	9%	9%	10%	8%	7%	8%	9%	8%	8%	7%
美国	76235	91491	64954	64992	61316	69343	70997	80203	88616	106241
	31%	38%	29%	30%	31%	39%	34%	42%	37%	42%
中国	35494	35494	35494	29982	26334	13228	13228	13228	9921	12125
	14%	15%	16%	14%	13%	7%	6%	7%	4%	5%
全球其他国家	5324	6927	7068	5939	6309	6446	6231	6444	6351	7500
	2%	3%	3%	3%	3%	4%	3%	3%	3%	3%
总计	245019	242892	223492	217793	197492	178438	208116	190367	236340	253396

二、美国酒花概况

美国酒花种植地区具有得天独厚的种植条件和地理优势。华盛顿州的酒花产业主要集中在卡斯卡特山脉的雅基玛山谷，是世界上最肥沃、最高产的酒花种植地之一。沙漠化的干燥土壤和雅基玛河的充足水源为酒花提供了绝佳的地理环境。凭借长时间的日晒，雅基玛山谷也是世界上少数当年生酒花的产地，大多数酒花在种植的当年就可以达到成年酒花产量的80%，所以该地区酒花的产量特别高。它每年生产约占美国酒花总产量的70%～75%。该地区生产威廉麦特、卡斯卡特、胡德峰等香花，拿格特、哥伦布、宙斯等苦花。爱达荷州酒花的产量占全美国的8%，世界产量的2%。该地区北部气候寒冷、潮湿，适合很多欧洲种类的酒花，比如萨兹、哈拉道等品种的生产。而南部珍宝山谷地区的气候干燥、日照时间长，有充足的河流水源进行灌溉，可以种植类似雅基玛山谷中的各种香型和苦型酒花。1932年俄勒冈州是美国最大的酒花种植区，目前排名第二。它的酒花农场全部集中在威廉麦特山谷地区。该地区位于神奇的北纬45°上，雨水充足、土地肥沃、气候温和，具有同德国境内传统种植地同样的气候条件。在这里种植了大量的可以与欧洲酒花相媲美的香型酒花。拿格特和威廉麦特酒花是该地区的主要品种，产量占俄勒冈州的76%。与欧洲的酒花种植区相比，美国的酒花产区大多数具有干燥、日照时间长等特点，这些特点也阻止了很多有害的霉菌的生长，孕育出许多带有柚子柠檬香味的特殊酒花，以及很多一年生高苦味酸的酒花，具有世界其他地区无法比拟的优势和特点。

根据国际酒花种植者协会统计数据，2003—2017美国酒花种植面积、酒花产量和α－酸产量如图1－5所示。

在2003—2017年期间，美国酒花种植面积为11000～23000hm^2，2017年美国酒花种植面积达到最大，为22920hm^2。2003—2011年，美国酒花种植面积波动后，从2012年开始持续上升。

随着美国酒花种植面积的变化，美国酒花产量也发生相应的变化。受气候、虫害和疾病等因素的影响，2005年和2012年，美国酒花产量偏低，分别为23494t、27782t。与种植面积不相对应。2017年美国酒花产量最大，为48067t。

美国α－酸产量的变化与美国酒花产量的变化基本一致。2005年，美国α－酸产量最低，为2584t。2017年，美国α－酸产量最高，为5114t。

美国精酿运动的发展，对酒花的品质提出了更高的要求，特别是对香型酒花品种的需求日益剧增，导致酒花业主纷纷调整酒花种植品种以最大限度地满足市场需求。

随着酿酒商对香型啤酒花要求的持续增长，2017年美国的种植面积再次增加，但增长速度放缓到4.77%。由于每年有新酒花品种推向市场，并得益于良

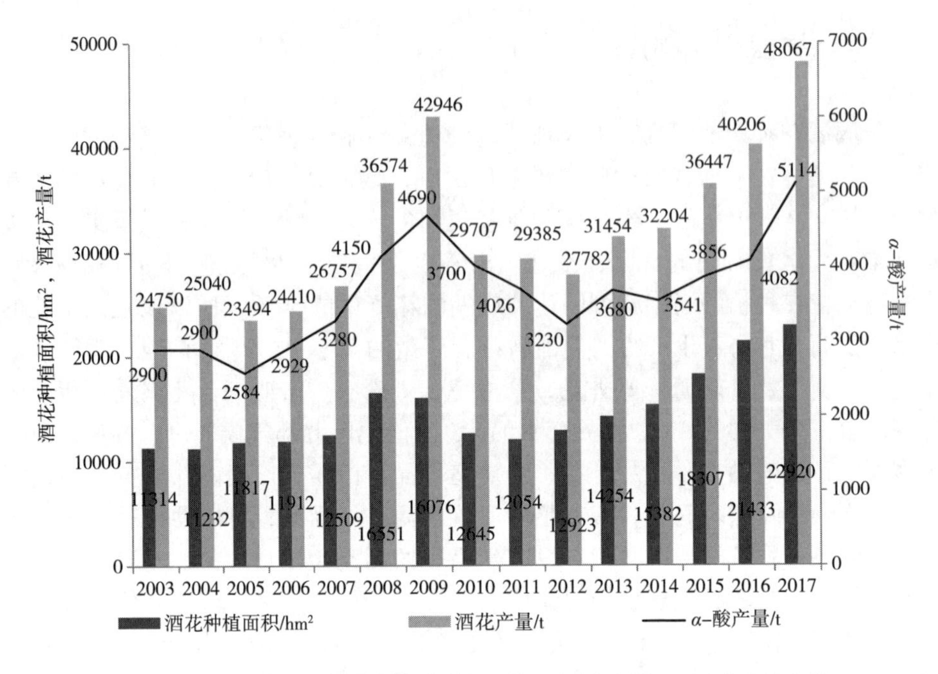

图 1－5　2003—2017 年美国酒花种植面积、酒花产量、α－酸产量变化

（数据源于 IHGC 2017 年统计数据）

好的天气条件，平均产量跃升到每英亩 1959 磅，比 2016 年提高了 14%。由此导致 2017 年美国啤酒花收成比 2016 年增长了 20%，历史上首次突破 100000000 磅（45359t）大关。

2012—2017 年，美国的酒花种植面积增加了 79.5%。在此期间，酒花品种的种植比例已从 2012 年的苦型和香型/苦香兼优型酒花各占大约 50%，到 2017 变为香型/苦香兼优型酒花达到 80%。2013—2017 年期间最受美国酿酒师青睐的酒花品种排名如表 1－11 所示。

表 1－11　　2013—2017 年美国最受欢迎的酒花品种排名*

排名	2013	2014	2015	2016	2017
1	Cascade（卡斯卡特）	Cascade（卡斯卡特）	Cascade（卡斯卡特）	Cascade（卡斯卡特）	Cascade（卡斯卡特）
2	Zeus（宙斯）	Zeus（宙斯）	Centennial（世纪）	Centennial（世纪）	Centennial（世纪）
3	Summit（顶峰）	Centennial（世纪）	Zeus（宙斯）	Citra（西楚）	Citra（西楚）

续表

排名	2013	2014	2015	2016	2017
4	Columbus/Tomahawk（哥伦布/战斧）	Summit（顶峰）	Simcoe（西姆科）	Simcoe（西姆科）	Simcoe（西姆科）
5	Centennial（世纪）	Simcoe（西姆科）	Citra（西楚）	Zeus（宙斯）	Zeus（宙斯）
6	Nugget（拿格特）	Citra（西楚）	Mosaic（摩西）	Mosaic（摩西）	Mosaic（摩西）
7	Chinook（奇努克）	Columbus/Tomahawk（哥伦布/战斧）	Chinook（奇努克）	Chinook（奇努克）	Chinook（奇努克）
8	Citra（西楚）	Chinook（奇努克）	Columbus/Tomahawk（哥伦布/战斧）	Summit（顶峰）	Willamette（威廉麦特）
9	Simcoe（西姆科）	Nugget（拿格特）	Summit（顶峰）	Willamette（威廉麦特）	Summit（顶峰）
10	Super Galena（超级格丽娜）	Willamette（威廉麦特）	Willamette（威廉麦特）	Columbus/Tomahawk（哥伦布/战斧）	Columbus/Tomahawk（哥伦布/战斧）

注：*数据源于2017年美国酒花种植者协会（HGA）酒花统计报告。

随着精酿产业的发展，近几年美国酒花发展较快，预计今后美国酒花种植面积、酒花产量和α-酸产量会继续增加，并越来越受酿酒师的欢迎。

三、德国酒花种植面积和产量

自1990年以来，德国酒花总耕植面积保持在16000～23000hm^2。最大的酒花种植面积（大于22500hm^2）在1991—1993年。相反，在2003—2007年没有耕地面积超过18000hm^2。在图1-6中显示了德国不同类型酒花种植面积变化情况。香型酒花类的总种植面积仍保持在相当的数量，占德国总耕地面积的50%和60%。传统的苦型酒花的种植面积显著下降。在20世纪90年代，总种植面积30%的是苦型酒花。目前，苦型酒花种植面积小于2%。传统苦型酒花种植面积的减少是由于引进了高α-酸含量的酒花品种（例如哈拉道马格努门）。苦型酒花种植面积的下降与高α-酸值酒花种植面积的增加相平衡。目前，大约55%面积种植的是香型酒花，40%面积用来种植高α-酸值的品种，剩下的5%分配种植苦型酒花品种。

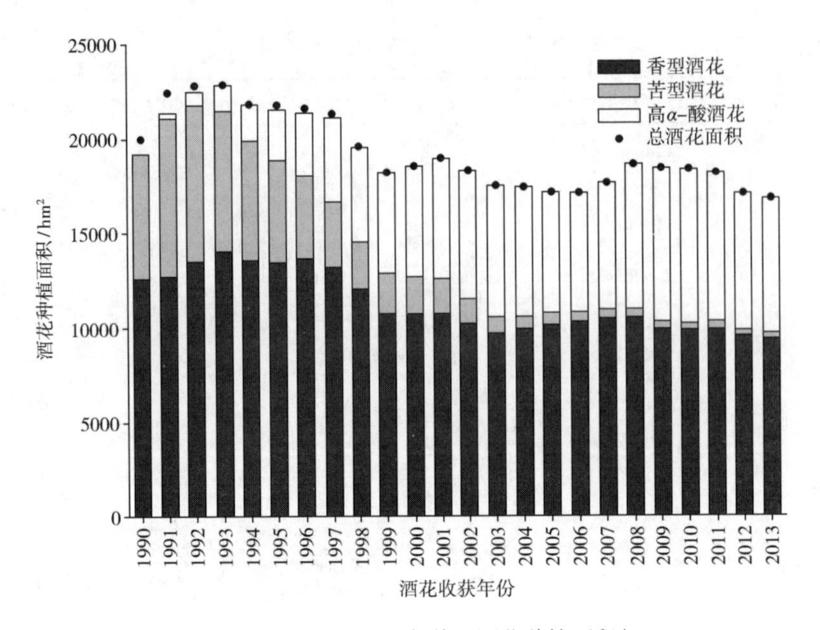

图 1－6　1990—2013 年德国酒花种植面积*

注：*小众酒花品种种植面积没有包括在图中。2013 年的数据是估计值 19195hm²。

根据国际酒花种植者协会统计数据，2003—2017 年德国酒花种植面积、酒花产量和 α－酸产量如图 1－7 所示。

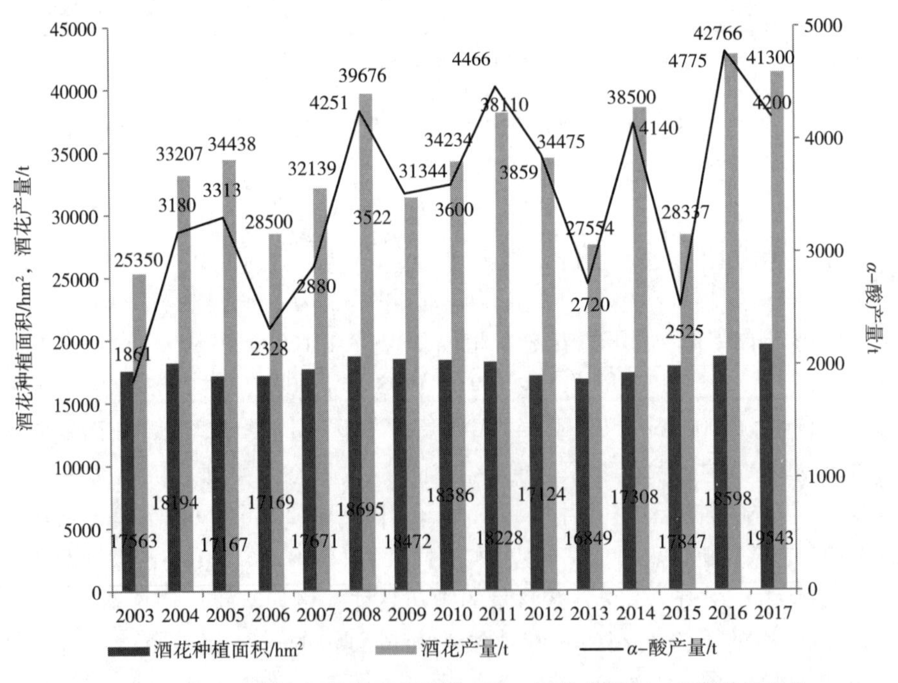

图 1－7　2003—2017 年德国酒花种植面积、酒花产量和 α－酸产量变化

（数据源于 IHGC 2017 年统计数据）

2003—2017 年，德国酒花种植面积在 15000 ~ 20000hm^2，种植面积波动趋于平稳。2017 年德国酒花种植面积最大，为 19543hm^2。由于德国地理位置及气候的优势，德国酒花种植面积可能会稳中上升。

随着德国酒花种植面积的变化，德国酒花产量也发生相应的变化。受气候、虫害和疾病等因素的影响，2005 年和 2016 年，德国酒花产量偏高，分别为 34438t、43766t。2009 年、2010 年、2013 年和 2015 年，德国酒花产量偏低，分别为 31344t、34234t、27554t、28337t，与种植面积不相对应。

德国 α－酸产量的变化与德国酒花产量的变化基本一致。德国 α－酸产量受市场需求与酒花品种等因素的影响不大，可能受气候、虫害和疾病等因素的影响较大。

随着精酿产业的发展，酒花用量会越来越多，预计今后德国酒花种植面积、酒花产量和 α－酸产量会稳中上升。

四、捷克酒花种植面积和产量

根据国际酒花种植者协会统计数据，2003—2017 捷克酒花种植面积、酒花产量、α－酸产量如图 1－8 所示。

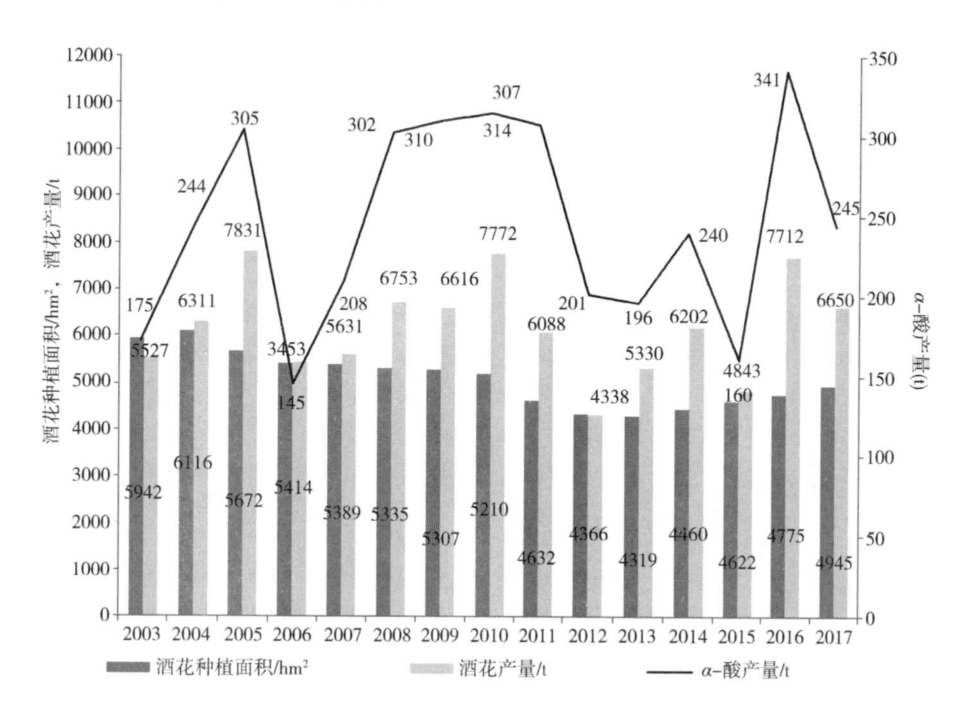

图 1－8　2003—2017 年捷克酒花种植面积、酒花产量和 α－酸产量变化
（数据源于 IHGC 2017 年统计数据）

2003—2017 年，捷克酒花种植面积在 4300 ~ 6200hm^2，2004 年捷克酒花种

植面积最大，为 6116hm^2。随后捷克酒花种植面积逐渐下降，2013 年最少，为 4319hm^2。2013 年以后，捷克酒花种植面积逐渐上升。2017 年为 4945hm^2。2003—2017 年，捷克酒花种植面积总体波动较小。

随着捷克酒花种植面积的变化，捷克酒花产量也发生相应的变化。受气候、虫害和疾病等因素的影响，2005 年，捷克酒花产量最高，为 7831t，2012 年，捷克酒花产量最低，为 4338t。相对全球酒花产量而言，捷克酒花的平均产量偏低。

捷克 α - 酸产量的变化与捷克酒花产量的变化基本一致。受市场需求与酒花品种等因素的影响，2006 年，捷克 α - 酸产量最低，为 145t。2016 年，捷克α - 酸产量最高，为 341t。

随着精酿产业的发展，酒花用量会越来越多，预计今后捷克酒花种植面积、酒花产量和 α - 酸产量会稳中有变。

五、斯洛文尼亚酒花种植面积和产量

根据国际酒花种植者协会统计数据，2003—2017 年斯洛文尼亚酒花种植面积、酒花产量、α - 酸产量如图 1 - 9 所示。

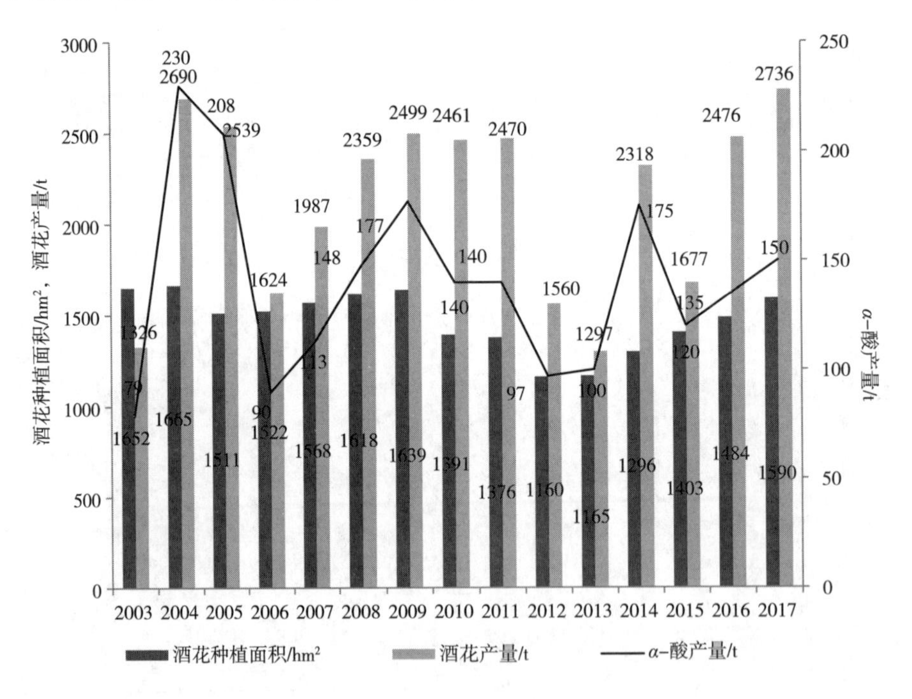

图 1 - 9　2003—2017 年斯洛文尼亚酒花种植面积、酒花产量和 α - 酸产量变化
（数据源于 IHGC 2017 年统计数据）

2003—2017 年，斯洛文尼亚酒花种植面积在 1100 ~ 1700hm^2，2004 年斯洛

文尼亚酒花种植面积最大，为1665hm^2。2012年，斯洛文尼亚酒花种植面积最小，为1160hm^2。斯洛文尼亚酒花种植面积波动较小。

随着斯洛文尼亚酒花种植面积的变化，斯洛文尼亚酒花产量也发生相应的变化。受气候、虫害和疾病等因素的影响，2003年，斯洛文尼亚酒花产量最少，为1326t。每公顷的产量仅为0.80t。2017年，斯洛文尼亚酒花产量最多，为2736t。

斯洛文尼亚α-酸产量的变化与斯洛文尼亚酒花产量的变化基本一致。斯洛文尼亚酒花品种趋于稳定。2004年，斯洛文尼亚α-酸产量最高，为230t。2003年，斯洛文尼亚α-酸产量最低，为79t。2006年，斯洛文尼亚α-酸产量偏低，与酒花产量不相对应。

随着精酿产业的发展，酒花用量会越来越多，预计今后斯洛文尼亚酒花种植面积、酒花产量和α-酸产量会逐渐增加，以满足市场需求。

六、中国酒花种植面积和产量

由于我国没有官方的酒花统计数据，部分年度的酒花统计数据源于德国巴特哈斯集团的年度报告，报告中的数据根据其调查、渠道统计和估算所得，可能存在不准确的地方。

1. 2004—2005年我国酒花统计数据

企业结构：2005年我国生产酒花的企业大约有46个农场、农户。其中新疆地区有27个农场，甘肃有19个。每个农场平均种植的面积从2004年度的83hm^{2}减少到76hm^2。

2005年度的种植面积比2004年度减少7%，主要涉及的品种是“青岛大花”。虽然南疆的酒花种植者在5月遭遇了严重的霜冻，北疆同期也遭受冰雹的袭击，但是酒花的产量和质量还都可以。甘肃地区在4月底到5月初遭受严重的沙尘暴，酒花生长期间气温有时很高，所以产量比往年平均值低。“青岛大花”α-酸的平均含量在6%左右（表1-12）。

表1-12　2004—2005年我国酒花统计数据*

种植面积	品种	种植面积的发展			产量发展			
		种植面积/hm^2			平均产量/（t/hm^2）		总产量/t	
		2004	+/-	2005	2004	2005	2004	2005
新疆	青岛大花	1200	-163	1037	2.80	2.99	3360.0	3100.0
	马可波罗	287	13	300	2.61	3.33	750.0	1000.0
	札一	281	-1	280	2.06	2.86	580.0	800.0
	麒麟丰绿	160	-27	133	2.50	3.01	400.0	400.0
	其他	128	-48	80	1.33	2.50	170.0	200.0
	新疆总量	2056	-226	1830	2.56	3.01	5260.0	5500.0

续表

种植面积	品种	种植面积的发展			产量发展			
		种植面积/hm^2			平均产量/（t/hm^2）		总产量/t	
		2004	+/-	2005	2004	2005	2004	2005
甘肃	青岛大花	1378	-40	1338	2.87	2.94	3960.0	3933.0
	拿格特	206	0	206	0.87	0.67	179.2	139.0
	麒麟丰绿	72	0	72	2.70	1.71	194.1	123.0
	其他	40	0	40	1.63	1.94	65.1	77.5
	甘肃总量	1696	-40	1656	2.59	2.58	4398.4	4272.5
香花总量		449	-49	400	1.82	2.69	815.1	1077.5
苦花总量		2810	-230	2580	2.82	2.93	7914.1	7556.0
高α-酸品种总量		493	13	506	1.88	2.25	929.2	1139.0
中国总量		3752	-266	3486	2.57	2.80	9658.4	9772.5

注：*据巴特哈斯2005/2006年度酒花报告，由巴特哈斯非官方统计的酒花种植面积和产量数据，数据基于估计和内部统计，仅供参考。

市场行情："青岛大花"的采购价平均是15元/kg，比2004年涨了15%~20%，明显超过生产成本。2005年没有剩货，2004年度和以前年度的存货也都基本卖光，只剩下极少的量。从2004年以来，中国国内酒花供不应求的情况将导致酒厂不得不放松对酒花质量的重视，特别是90型颗粒酒花的加工质量。据非官方统计，2006年酒花种植面积将增加约200hm^2。截至2006年4月底，2006年的酒花已有30%~40%的产量预售给国内的啤酒厂。

2. 2013—2014年我国酒花统计数据

种植结构：由于种植酒花所带来的收入过低，很多种植者已从种植酒花改为其他农产品。

在新疆酒花种植区，2013年，33个种植企业中有9个不再种植酒花，其余24个的平均种植面积为70hm^2；2012年平均每个种植企业的面积为77hm^2。

在甘肃酒花种植区，有一个农场已不再种植酒花。其余18个种植园中，平均每个酒花种植面积为64hm^2，而2012年为76hm^2。

种植面积/产量/α-酸含量：随着中国酒花种植企业数量在下降，酒花的种植面积也下降了29%。新疆酒花种植区种植面积减少了34%，甘肃减少了21%。

在这两个地区，酒花生长的不利因素大都来自天气状况：或者太冷，或者太热。在新疆种植区，红蜘蛛的侵扰减少了酒花的收成。不过和上一年度一样，酒花的收成与长期平均水平相当。

各个酒花品种的α－酸含量自2012年以来基本没有变化，平均为6.7%，而青岛大花的含量为5.6%（α－酸产量同比下降31%，主要是由于酒花种植面积的下降造成的）。

市场情况：中国的酒花市场无法与欧洲或美国的酒花市场相比较。通常做法是，种植企业和卖方签订采购协议。这些协议仅对酒花的数量和质量做出约定。实际价格会随后协商而定。

在新疆酒花种植区，2013年的酒花中仅有30%签订了采购协议。最终价格取决于酒花的品种和质量，平均为25.00元/kg。2013年的酒花没有剩余存货，但2012年还有大约1000t存货。

在甘肃种植区，2013年酒花中，有95%已签订了采购协议。青岛大花干花价格定在23.00元/kg，其它品种价格最高达25.00元/kg。2013年的酒花很快就已售完。未出售的酒花是之前年份的存货，主要是2010年和2011年，数量估计在1100t左右（表1－13）。

表1－13　2012—2013年度我国酒花统计数据*

地区	品种	种植面积变化			产量变化			
		种植面积/hm^2			平均单产/（t/hm^2）		总产/t	
		2012	+/-	2013	2012	2013	2012	2013
新疆	青岛大花	1573	-584	989	2.38	2.59	3740.0	2560.0
	麒麟丰绿	363	-123	240	2.92	1.65	1060.0	395.0
	马可波罗	247	0	247	3.20	3.00	790.0	740.0
	札一	233	-33	200	2.58	2.50	600.0	500.0
	其他香花	120	-111	9	2.78	0.56	333.0	5.0
	新疆总量	2536	-851	1685	2.57	2.49	6523.0	4200.0
甘肃	青岛大花	863	-11	852	2.89	2.82	2490.6	2404.0
	拿格特	175	-73	102	0.89	1.19	156.0	121.0
	其他高α－酸花	397	-222	175	2.46	2.50	974.9	437.0
	其他香花	18	-1	17	2.42	1.88	43.6	32.0
	甘肃总量	1453	-307	1146	2.52	2.61	3665.1	2994.0
香花小计		371	-145	226	2.63	2.38	976.6	537.0
苦花小计		2799	-718	2081	2.60	2.58	7290.6	5359.0
高α－酸花		819	-295	524	2.35	2.48	1920.9	1298.0
中国总计		3989	-1158	2831	2.55	2.54	10188.1	7194.0

注：*据巴特哈斯2013/2014年度酒花报告，由巴特哈斯非官方统计的酒花种植面积和产量数据，数据基于估计和内部统计，仅供参考。

3. 2015—2016 年我国酒花统计数据

种植结构：2016 年，我国的酒花种植园数量从 33 家下降到 25 家。每个种植园的平均种植面积从 2015 年的 $70hm^2$ 增加到 2016 年的 $106hm^2$。

在新疆种植区，还有 15 个种植园在继续生产酒花（2015 年为 20 个）。每个种植园的平均种植面积为 $110hm^2$（2015 年为 $65hm^2$）。在甘肃种植区，酒花种植园只剩下 10 个（2015 年为 13 个）。尽管总种植面积出现了下降，但每个种植园的酒花平均种植面积却增加到 $99hm^2$（2015 年为 $79hm^2$）。

种植面积/产量/α－酸含量：自 2009 年以来，我国的酒花种植面积首次出现增长。种植面积的同比增幅达到 14%，从而达到了 2014 年的水平。在起初阶段，人们预计我国的酒花种植面积会出现进一步下降。札一（SA－1）酒花的种植面积扩大可以被看作是为了抵消近年来日益增长的捷克萨兹（Sazz）酒花的进口量。青岛大花（Tsingtao Flower）酒花的种植面积也扩大了。这是为了弥补不超过 30% 的产量损失，其原因在于，一方面，使用了机械采摘，另一方面，酒花颗粒工厂的产能利用率不足。在新疆种植区，种植面积增加了 28%。但在甘肃种植园，种植面积却下降了 4%，这与预期是一致的。

上述两个种植区的天气状况并不相同。新疆的气候对酒花种植是有利的，从而导致酒花产量高于平均值，而在甘肃，7 月出现了高温，而收获季期间的雨季又拖长了，从而对酒花产量造成不利影响。

我国 2016 年收获的酒花，其 α－酸平均含量为 6.5%，而上年为 6.9%。青岛大花的 α－酸平均含量为 5.7%，而 2015 年度则为 5.9%。但是，较高的收成量导致我国的 α－酸产量增长了 11%。

表 1－14　2015—2016 年度我国酒花统计数据*

地区	品种	种植面积变化			产量变化			
		种植面积/hm^2			平均单产/（t/hm^2）		总产/t	
		2015	+/－	2016	2015	2016	2015	2016
新疆	青岛大花	688	166	854	2.51	3.18	1725.0	2716.0
	札一（SA－1）	200	267	467	2.50	1.80	500.0	840.0
	麒麟丰绿	145	48	193	2.38	3.61	345.0	696.0
	马可波罗	233	－100	133	3.09	3.76	720.0	500.0
	其他香花	24	－24	0	2.29	0.00	55.0	0.0
	新疆总量	1290	357	1647	2.59	2.89	3345.0	4752.0

续表

地区	品种	种植面积变化			产量变化			
		种植面积/hm²			平均单产/（t/hm²）		总产/t	
		2015	+/-	2016	2015	2016	2015	2016
甘肃	青岛大花	735	-53	682	2.71	2.41	1994.0	1642.0
	其他高 α-酸花	191	-16	175	2.58	3.03	492.0	530. 0
	拿格特	87	19	106	1.03	1.37	90.0	145.0
	香花	17	12	29	1.94	1.12	33.0	32.4
	甘肃总量	1030	-38	992	2.53	2.37	2609.0	2349.4
香花小计		241	255	496	2.44	1.76	588.0	872.4
苦花小计		1568	161	1729	2.59	2.92	4064.0	5054.0
高 α-酸酒花		511	-97	414	2.55	2.84	1302.0	1175.0
中国总计		2320	319	2639	2.57	2.69	5954.0	7101.4

注：* 据巴特哈斯 2016/2017 年度酒花报告，由巴特哈斯非官方统计的酒花种植面积和产量数据，数据基于估计和内部统计，仅供参考。

4. 2003—2017 年中国酒花概况

根据国际酒花种植者协会统计数据，2003—2017 中国酒花种植面积、酒花产量和 α-酸产量如图 1-10 所示。

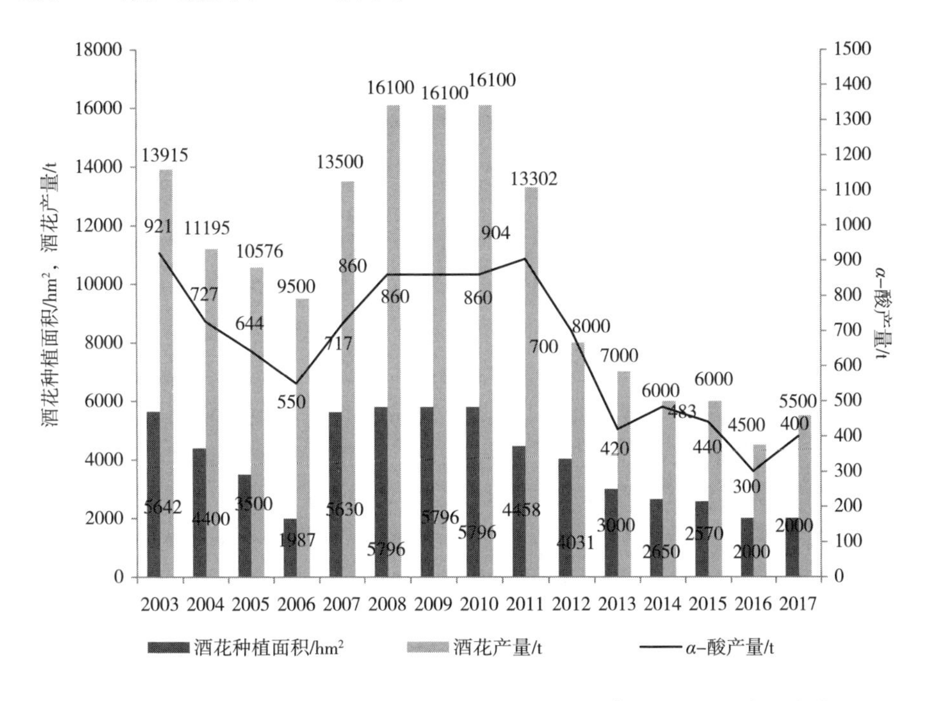

图 1-10　2003—2017 年中国酒花种植面积、酒花产量和 α-酸产量变化

（数据源于 IHGC 2017 年统计数据）

2003—2017 年，中国酒花种植面积在 1900 ~ 6000hm^2，占全球酒花种植面积的 4.2% ~ 10%。2003—2006 年，中国酒花种植面积逐年下降。2006 年中国酒花种植面积最小，为 1987hm^2。2007 年，中国酒花种植面积突然上升，达到 5630hm^2。2007—2010 年，中国酒花种植面积变化不大。2010 年后，中国酒花种植面积逐年下降，2016 年和 2017 年均为 2000hm^2。

随着中国酒花种植面积的变化，中国酒花产量也发生相应的变化。2016 年中国酒花产量最低，为 4500t。酒花产量最低受气候、虫害和疾病等因素的影响，2012—2017 年，中国酒花产量偏低，与种植面积不相对应。

中国 α - 酸产量的变化与中国酒花产量的变化基本一致。2003 年，中国 α - 酸产量最高，为 921t。

随着精酿产业的发展，受中国酒花本身质量和进口酒花的影响，中国酒花种植面积、酒花产量和 α - 酸产量逐渐减少，中国酒花市场不容乐观。

第四节　酒花与啤酒酿造

酿造科学是致力于啤酒酿造的各个方面及其生产工艺的一个研究领域。对酿酒师来说酿造科学需要多学科的通力合作。最简单地来说，它包括对麦芽、酵母和酒花的研究。通过研究与合作，在酿造领域取得了许多重大突破。酿造方面的研究在酿造业起主导作用，很大一部分是酿造研究能够提供关于酿造所用原料的性质和化合物的各方面信息。将酿造科学的研究以及把研究成果应用于实践，酿酒师可以根据增强或抑制某一具体参数来生产不同属性的新品种。

与啤酒生产中所需的大量麦芽相比，酒花所需量明显较小。然而这些次要成分在啤酒生产中有重要影响，因此，酒花对啤酒酿造有着极为重要的影响。近一个世纪以来，科学家对酒花成分中的各类物质以及它们在发酵过程中的作用机理进行了广泛研究。即使如此，进一步了解酒花中化合物的化学成分仍然十分必要。最新的研究不仅对先前的研究进行了完善，同时也让人们更加了解了酒花。酒花研究涵盖了从种植到收获，从酿造到酒花化学的各个领域。正是因为这些分析方面的研究和关于酒花先进技术，才使酒花和酿造工业得以发展。虽然关于酒花以及它们在发酵中的作用已被大量研究，但是，在酒花香气以及酒花多酚对啤酒感官的影响方面仍存在很大争议。酿造师和酒花化学家都知道酒花成分在酿造中起到重要作用，然而，它们是如何作用的还尚不明了。

一、酒花种植和市场需求的变化

酒花种植者知道每种酒花种植的季节是独特的，每年的波动也是正常的。

世界酒花种植区域很大程度反映了酿造者的需求及酒花收获时的市场需求情况（图1－11）。一个具体的例子，在1905年世界酒花产量很大，这导致了很多的剩余，在价格上下降到低于实际生产成本。这样，1908—1910年间自然导致种植面积减少和随后价格恢复，这样的周期循环对于啤酒工业并不是新鲜事并且经历了好多次。另外一个迫使酒花种植者减少种植面积的因素是种植配额的限制。直到1930年，减少的耕地面积明显大于以前酒花种植总量。除了1963年的酒花种植量减少，1948年开始有明显的上升趋势，以较小的种植面积获得了较高的酒花产量。这种变化可能归因于引种了更高α－酸含量的酒花品种。2013年，酒花种植面积大约为46000hm²，是1955年以来最小。尽管种植面积不断缩小，但种植的品种在数量和α－酸含量持续增加。2013年，酒花生产的总量估计为81300t，估计α－酸产量8000t。自2008年以来高α－酸收益率达到了创纪录的水平，超过10000t。2009年，酒花种植达到了新的高度，α－酸产量达到10952t。

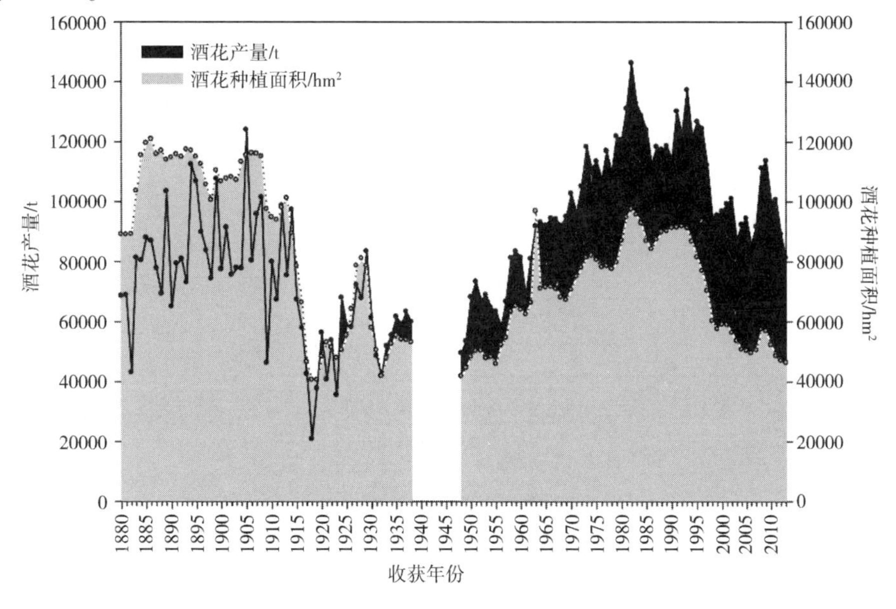

图1－11　1880—2013年世界酒花产量

注：黑色区域代表了酒花总产量。灰色区域显示种植面积。由于当时的政治局势，失踪的数据无法获得。

在酒花市场，一个关键指标是平均酒花使用量，不幸的是自1970年以来酒花使用量下降了将近60%。1970—2010年，啤酒中平均α－酸添加量从9.6g/hL减少到4.1g/hL。1970—1980年，酒花使用量几乎下降了2g α－酸/hL，从9.6g α－酸/hL减少到7.8g α－酸/hL。目前中国是世界上最大的啤酒生产国，但酒花使用量很少。随着当今世界啤酒消费者口味的变化，啤酒的苦味呈下降趋势。

这些新趋势导致酒花使用量的减少，除了降低主流啤酒的苦味水平，酒花使用量减少与使用高 α - 酸水平含量的酒花，以及种类繁多酒花制品有直接关系。另一个因素是全球的酿造工业现代化水平的提高。1980—1990 年酒花使用量减少并不像其前 10 年和后 20 年那么剧烈。在 1990 年酒花添加量是 6.9g α - 酸/hL，比 1980 年几乎减少 1g α - 酸/hL。到 2000 年，酒花添加量为 5.6g α - 酸/hL，到 2010 年是 4.1g α - 酸/hL。减少量分别是 1.3g α - 酸/hL 和 1.5g α - 酸/hL。在 2012 年，酒花添加量增加到 4.3g α - 酸/hL。目前酒花使用量继续增长主要是与精酿啤酒产量的增长和啤酒品种有关（图 1 - 12）。

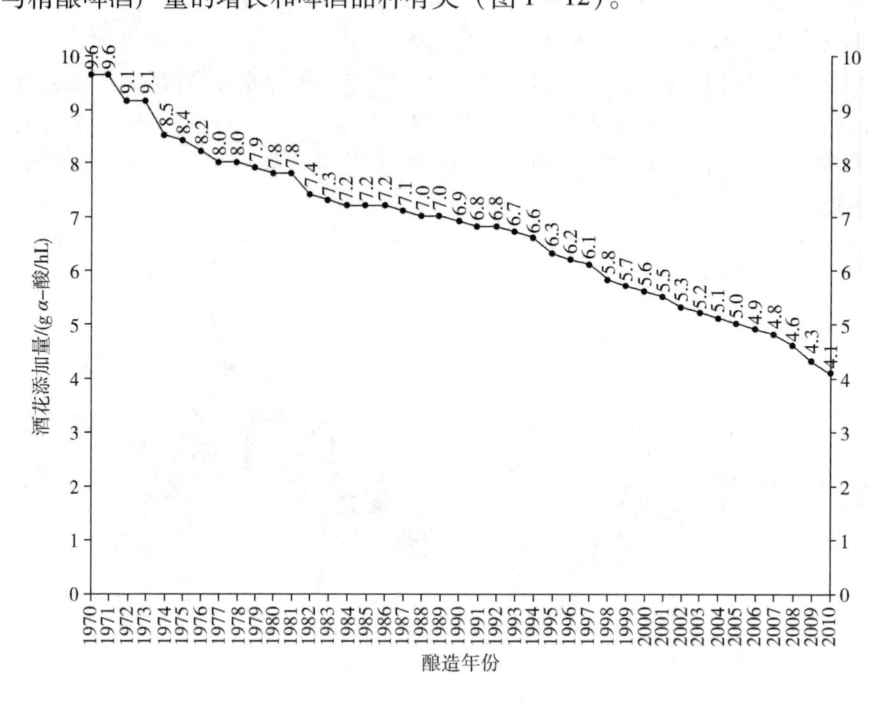

图 1 - 12　1970—2010 年世界平均酒花添加量

二、酒花新品种促进了精酿啤酒的迅猛发展

美国具有世界上发展最快的精酿啤酒市场。精酿啤酒之所以能在美国大行其道，这与美国的酒花种类繁多、优质高产、价格低廉等特点是分不开的。比如，目前风靡世界的美国 IPA 啤酒，一般都是使用美国培育的具有强烈橘柚香型的各种酒花酿制。精酿啤酒中酒花的用量也是一般淡啤酒的 3 ~ 50 倍。由于用量大幅度提高，美国一些酒花品种往往刚上市即告脱销。在这种市场的推动下，美国酒花农的种植面积、种植种类、数量和质量都在不断地提高。市场形成了良性循环。

美国酒花种类繁多，特别是香型酒花的风味独特，现在是国际酿造界的宠儿。在中国的精酿啤酒行业中，多数啤酒厂大多使用美国的酒花或酒花浸膏来增加啤酒的风味和口感，取得了很好的市场效益。使用美国酒花，可以酿造出各种高端啤酒，打造全新啤酒口感，增加啤酒的品牌效益。2012 年，美国农业部、华盛顿州农业部都拨出专款，由美国酒花农产协会（HGA）帮助美国酒花加大对中国啤酒行业的扶持力度。美国酒花农产协会有雅基玛、巴特哈斯、斯丹纳等主要成员在中国设立了销售部，常年为中国的啤酒行业提供产品和服务。

第五节　酒花对啤酒酿造的贡献

1891 年，Moritz and Morris 给出了啤酒酿造中添加酒花的原因：赋予啤酒独特的香味、苦味；可使麦汁澄清；提高啤酒风味和口味稳定性；酒花具有抗菌性。一个世纪之后，Hughes and Simpson 扩展列出了另外两个好处：提高和稳定啤酒泡沫、增加泡持性。综上所述，酒花的酿造价值首先得益于酒花树脂、精油和多酚的存在（图 1－13）。

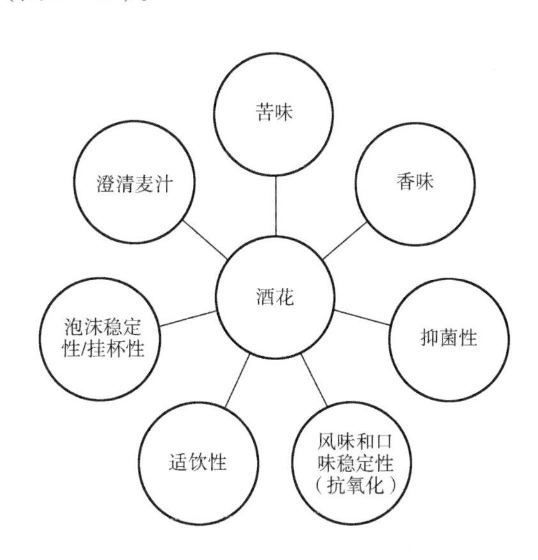

图 1－13　酒花在啤酒酿造中的作用

酒花在啤酒酿造中的传统使用方法是在麦汁煮沸时以全酒花（酒花花苞的干燥压缩品）添加，每个国家甚至每个厂又往往有各不相同的具体添加方法。由于目前对酒花在麦汁煮沸过程中的变化远未彻底掌握，各厂多根据酒花的香味和苦味凭经验添加。将酒花添加于煮沸的麦汁中可促使酒花中的 α－酸发生异构化生成异 α－酸，啤酒的苦味主要来自异 α－酸。因此酒花的利用效果是指对

酒花中 α－酸的利用效果，常用酒花利用率来表示，它是指生成的异 α－酸的量与所使用的酒花中 α－酸的量的比值。

酒花的添加量根据啤酒的类型、酒花本身的质量（主要指 α－酸含量的高低）和消费者的爱好的不同，且有较大的变化，通常用每 1000L 麦汁或啤酒所需添加的酒花质量（g）来表示，一般在 400～3000g/kL 的范围内。目前国际上多以 α－酸为计算基础来表示酒花添加量，其目的是保证使用不同的酒花时仍可达到基本相似的酒花苦味度。

一、赋予啤酒爽口的苦味

啤酒的爽口苦味来自酒花软树脂，主要成分是 α－酸经异构化后形成的异 α－酸。β－酸的氧化物希鲁酮（Hulupone）也是苦味的成分。酒花树脂在麦汁煮沸过程中的变化很复杂，只有掌握了独特的工艺，才能使啤酒具有理想的苦味。

在啤酒酿造过程中，麦汁和酒花煮沸过程发生复杂的反应。除了包括碳水化合物、蛋白质、多酚和各种高分子物质的转换，酒花的苦味素被提取出来，因此经历了复杂的转换和与其他成分的反应。对于消费者而言苦味是啤酒中容易识别的。多年来，酒花树脂在麦汁煮沸的化学变化已经彻底研究并且充分描述。因为在麦汁煮沸过程中酒花提取物很大程度上决定了最终啤酒的质量。到目前为止，在麦汁煮沸过程中最重要的化学转化是 α－酸的热异构化作用转变为更多的可溶解的苦味更强的异 α－酸，一个 α－酸产出两个非对映异构体顺式和反式异 α－酸，顺式结构组分比反式结构组分具有更显著的苦味。也被证明异葎草烯比异辅葎草酮更苦，在啤酒中出现的 6 种主要的异 α－酸中，最苦的化合物是顺式异葎草烯，苦味最低的是反式异辅葎草酮。像先前提到的，啤酒的特征苦味归因于麦汁煮沸过程中来自酒花树脂组分的形成，主要是异 α－酸。啤酒中超过 85% 的可以感知到的愉快的苦味是由异 α－酸提供的。其他的酒花组分，比如酒花多酚和 β－酸的氧化产物也对啤酒苦味有贡献。

二、赋予啤酒特有的香味

酒花除了给予啤酒愉快的苦味外，也赋予了啤酒典型的蛇麻草香味。啤酒中典型的蛇麻草味道的酒花化学是非常复杂的。由于气相色谱仪的出现和使用，有关酒花精油部分和其对啤酒的贡献已经被探明很多。众所周知，酒花在煮沸锅中经剧烈的煮沸后，很少的酒花油成分可以保留在原来的形式。大部分的精油成分高度不稳定且难溶于麦汁，但是，它们在啤酒中的存在取决于特殊的酒花油化学组分和酒花添加技术的使用。沸腾 90min 后，85%～95% 的酒花精油已经从煮沸锅中蒸发，剩下聚合树脂类物质。结果就是，酒花油组分在麦汁中几乎不存在其天然形式。此外，在发酵过程中，麦汁中剩下的酒花油有大量的损失和转化。这些酒花油组分消失很大程度上是被酵母吸附和过滤器过滤。有关酒花香味组分在酵母发酵过程中的生物转化被 Praet 等人在 2012 年报道。一些酒花油成分保存下来直到啤酒成熟。1960 年，Harold 等人第一次证实了啤酒中酒花油的存在。通过检测不稳定部分，Harold 等人能够清晰地证明 β -月桂烯、甲基壬基酮、α -葎草烯以及一些不能确定的酒花油组分的存在。

没有单一的酒花油组分能够负担起啤酒中酒花香味特性。对于酒花香味特性来说许多组分的结合是必要的。1963 年，Guadagni 等人证明这种贡献是由于添加剂或许多组分的协同作用。1966 年，Hashimoto 等证明有很好水溶性的不稳定酒花组分，在麦汁煮沸中保留，可能在啤酒中产生酒花香味。他们进一步证明，酒花香味不是从酒花油自身直接获得，而是从某些酒花树脂分解产生的不稳定的水溶性化合物。后来表明，萜烯和倍半萜烯碳氢化合物是酒花油的主要部分，在啤酒中很少发现。另一方面，这些烃类的氧化产物在啤酒中被发现并被证明有助于体现酒花香味特征。酒花精油的香味通常被描述为水果味、花香味、柑橘味、青草味和辛辣味。对于酿造者来说，这些酒花香气特征的不同是很重要的，因为它们可以酿造出很多不同风格的啤酒。

啤酒酿造时，将酒花添加进煮沸麦汁中，此时酒花所含酒花油中的一些香气绝大部分随水蒸气而逸出，存留的酒花油成分以及酒花树脂在经过复杂变化后，均能赋予啤酒独特的香味。但是目前酒花干投技术的应用赋予了啤酒更多原酒花复杂的香气，更受广大消费者的喜爱。

三、增加啤酒的防腐能力

酒花软树脂对某些细菌类（如革兰阳性菌）具有杀灭和抑制作用，故可增加啤酒的防腐能力。酒花的苦味物质对细菌有抑制作用，因此，它们在提高啤酒的防腐性能中扮演重要的角色。

四、提高啤酒的非生物稳定性和泡沫稳定性

在麦汁煮沸过程中，麦汁中的某些蛋白质能够和酒花中溶出的多酚物质缩合形成一些复杂的复合物而沉淀出来，使麦汁变得澄清。这种缩合作用贯穿于整个酿造过程中，热麦汁中会有热凝固物析出，冷麦汁中会有冷凝固物析出，在发酵和贮酒过程中，冷浑浊物和永久性浑浊物还会继续形成和析出。在每一步工序中，设法使这些缩合物析出并清除，便可达到提高啤酒非生物稳定性的目的。

酒花酸不仅有助于啤酒苦味，在实现啤酒泡沫的形成及其稳定中也有重要

作用。酒花对啤酒泡沫的作用是稳定泡沫复合物，泡沫是啤酒生产过程中重要的质量指标。啤酒泡沫是酒花中的异葎草酮和来自麦芽的起泡蛋白的复合体。酒花是提高啤酒泡沫稳定性的主要贡献者。使用优良的酒花和麦芽才能酿造出泡沫洁白、细腻、丰富且挂杯持久的啤酒。

第六节　酒花与健康

酒花，《本草纲目》上称为蛇麻花，是一种多年生草本蔓性植物，古人取为药材。桑科葎草属植物酒花，以未成熟的绿色果穗入药。8～9月（夏秋季雌花成熟时），果穗呈绿色而略带黄色时摘下，晒干或烘干（烘烤温度开始为28℃，6h后升至45℃为止。一般16～24h即可干燥）。性平，味苦。0.5～1.5钱（1钱=5g），水煎服，或水煎当茶饮，健胃消食，化痰止咳，抗痨，安神利尿。用于食欲不振、腹胀、肺结核、胸膜炎、失眠、癔病、浮肿、膀胱炎。

1. 抗菌作用

酒花浸膏、蛇麻酮、葎草酮在体外能抑制革兰阳性细菌的生长，如炭疽芽孢杆菌、蜡样芽孢杆菌、白喉杆菌、肺炎双球菌、金黄色葡萄球菌等；对革兰阴性细菌无抑制作用，对结核菌亦能抑制，对致病性及非致病性真菌及放线状菌抑制效力极弱或无效。

2. 镇静作用

国外民间将蛇麻用于癔病、不安、失眠，蛇麻提取液对中枢神经系统小量镇静、中量催眠、大量麻痹，蛇麻酮、葎草酮具镇静作用。亦有称此项作用是所含异缬草酸所致。

3. 雌性激素样作用

采集蛇麻花的妇女，大多于接触蛇麻花2～3日后即月经来潮，并能解除痛经，树脂中的β-酸具有较强的雌性激素样作用，每克为15000单位（以子宫称重法测定，每单位相当于0.1μg求偶素），α-酸这部分无作用。

酒花还是植物雌激素的来源。8-异戊二烯基三羟黄烷酮是目前所知的最主要的植物雌激素（Milligan，1999）。植物雌激素是从植物中提取出来的具有雌激素效用的物质。它们被认为可以预防许多慢性疾病，如乳腺癌和前列腺癌（Walker，2000）。异戊二烯基类黄酮的成分在很大程度上决定于酒花的种类。酒花的成熟程度和贮藏条件决定了异戊二烯基类黄酮90%以上的混合物。在啤酒酿造过程中，黄腐酚异构化成异黄腐酚，因此异黄腐酚是啤酒中最主要的异戊二烯基类黄酮。异黄腐酚的生物活性通常比黄腐酚的低。但是异黄腐酚在啤酒中的浓度高并且容易得到，这在一定程度上可以补偿其生物活性低的缺点。

类似的，去甲黄腐酚在啤酒中会转化成6－异戊二烯基三羟黄烷酮和8－异戊二烯基三羟黄烷酮。在人类饮食中，啤酒是异戊二烯基类黄酮最重要的来源（Stevens等1999）。

4. 酒花的生物活性

酒花作为一种草药已有很长的历史了。它被用来治疗很多疾病。酒花作为一种中草药抗生素和抗炎药物，一直被用来减轻失眠症状。酒花在治疗月经不调方面也有着不错的效果。最近在生物活性影响方面的研究揭示了酒花中所含的许多化合物的众多显著特点。制药公司一直对中草药药物深感兴趣，而酒花则被认为是获得中草药的潜在新植物来源。在实践中，所有酒花的次级代谢物都或多或少地显示出了明确的生物活性。

酒花苦味酸和它们的类似物的抗氧化性能具有预防癌症的作用。因为它们可以清除人体内引起DNA氧化的自由基，进而避免了由此而导致的基因缺陷（Tagashira，1995）。葎草酮（α－酸）以具有抗骨质疏松症的作用而著称。葎草酮能够阻碍某些白血病细胞的生长，尤其是在结合了维生素D的情况下。在啤酒中检测到的葎草酮浓度为150～200 μg/L，却检测不到β－酸的存在（Hofte，1998）。一项最近的研究结果证实啤酒成分对致癌物质杂环胺有预防作用（Arimoto－Kobayashi，2005）。其中异合葎草酮能够预防非胰岛素依赖性糖尿病和高血脂的恶化。从理论上讲，异合葎草酮可能具有提高二型糖尿病病人对胰岛素的敏感度的作用（Kondo，2003）。抗生素活性不仅在酒花树脂中能够找到，在酒花油中也有。尽管酒花油的生物活性不如传统的防腐剂，但是其中的成分却能够特定地杀死酒花外壳上的某些不良微生物、病原体或是具有恶臭的腐生物（Chaumont，1997）。最近，人们对酒花异戊二烯基类黄酮表现出了极大的关注，这种植物次级代谢物在酒花中的含量显著（Stevens，1997）。最重要的酒花异戊二烯基类黄酮是黄腐酚（X）、去甲基黄腐酚（DMX）、异黄腐酚（IX）、6－异戊二烯基三羟黄烷酮（6－PN）和8－异戊二烯基三羟黄烷酮（8－PN）。异戊二烯基类黄酮的重要性在于它的广泛的生物学作用（Stevens，1999a；Miranda，1999）。黄腐酚能够进入许多寄主共栖生物的生物化学反应途径，有利于把寄生生物从寄主体内排出。例如微摩尔水平的黄腐酚可以刺激解毒性酶——苯醌还原酶的活动。对一些酶的刺激效用有利于预防癌症（Miranda，2000）。

5. 酒花中黄腐酚的功效　黄腐酚属于酒花中的多酚物质，是一种目前仅发现于酒花中的多酚。酒花是人类摄取黄腐酚的唯一途径。酒花中含有黄腐酚0.2%～1.0%。黄腐酚主要存在于蛇麻腺中，其他多酚主要存在于锥形花苞中。科学家对黄腐酚的生理特性进行了大量的研究，文献指出黄腐酚对健康具有积极意义。黄腐酚除了具有一定的防癌抗氧化功效外，还有降低胆固醇、预防动脉硬化和防止骨质疏松等功效（图1－14）。

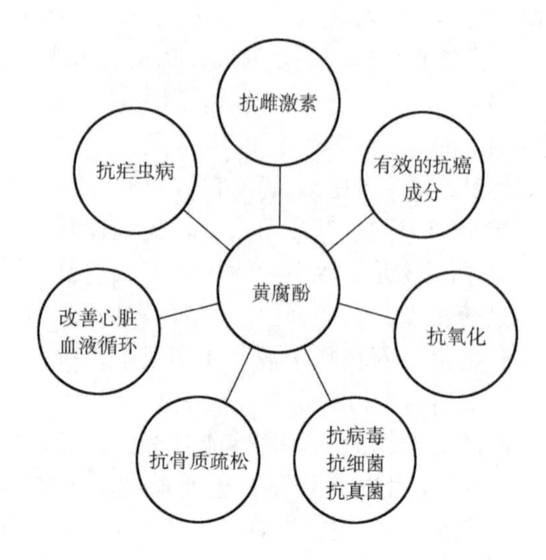

图 1－14　酒花中黄腐酚的特性及作用

酒花中的抗癌物质主要源自黄腐酚、异黄腐酚和 8－异戊烯基柚皮素（尽管酒花酸中也含有抗癌物质）。异戊烯基黄酮类化合物可以激活癌细胞解毒酶，抑制癌细胞促发酶，限制癌细胞的生长，这些效果已经在体外实验得到证实，其对于人类本身和作为营养物质的积极作用毋庸置疑。动物试验证明，高剂量的黄腐酚的耐受性良好，但其活性剂量仍未可知，最新研究表明，黄腐酚的生物利用率很低，大部分在发挥药力之前就被代谢掉了。

通常情况下，苦型酒花比香型酒花含有更多的黄腐酚，在麦汁煮沸过程中，黄腐酚会异构化成异黄腐酚。异黄腐酚也有类似黄腐酚的功效，但是效果却无法和黄腐酚相比，所以酒花干投会在一定程度上提高黄腐酚在啤酒中的含量。研究发现，烘烤大麦和烘烤大麦芽中的特定物质，能够抑制黄腐酚的异构化，所以在深色啤酒，如波特和世涛中，黄腐酚含量非常高。

对酿酒师而言，提高黄腐酚的含量并不容易实现，从原料到成品啤酒的生产过程中，大多数的黄腐酚损失了（如，开始时向麦汁中加入 80mg/L，最后啤酒中只有 1mg/L）。常规的酒花产品不能提高黄腐酚含量，对未过滤啤酒而言，黄腐酚含量会提高，但胶体稳定性却会降低。通过对 30 种不同啤酒中黄腐酚的含量进行检测，成品啤酒及啤酒酿造过程中黄腐酚的含量最高值为 0.15mg/L、异黄腐酚为 1.26mg/L，其平均值分别为 0.03mg/L 和 0.63mg/L。

显而易见，添加更多的酒花，啤酒中黄腐酚的含量就会增加，啤酒将成为健康饮品，啤酒中黄腐酚的溶解度是有限的（拉格啤酒中为 1～3mg/L，黑啤酒中大约为 10mg/L），其在酒精中的溶解度良好。因此，使用高黄腐酚含量的酒花，采用酒花干投可以显著提高黄腐酚含量。黄腐酚作为一种从酒花中产生的物质，对人类健康十分有利。

6. 其他作用　酿造啤酒时加入蛇麻花，不仅由于其挥发油具有香味，而且有防腐作用。蛇麻花的乙醇提取液，对离体兔空肠、豚鼠十二指肠、大鼠子宫平滑肌有强大的解痉作用，并能拮抗乙酰胆碱、氯化钡的致痉作用。

虽然人们近50年来对酒花合物的结构及其对啤酒质量的影响，进行了大量的研究和探索，但是对酒花的更广泛认知和研究工作依然需要在很长的时间里继续开展。酒花科学已经给酿造者提供了科学的了解酒花本质的主要方法。然而，酒花研究将会随着时间的改变和新技术的不断应用，为人们全面地诠释酒花的秘密提供更多的研究空间。

第二章　酒花的植物学特征及成分

第一节　酒花的植物学特性

一、酒花的植物学分类

酒花属于荨麻目、大麻科、葎草属，是多年生、雌雄异株、攀爬类植物。2003 年被罗萨莱斯（Rosales）物种名册列为大麻科属（Bremer 等，2003）。酒花的植物学分类如图 2－1 所示。这一科属中以 C. 苜蓿大麻为代表。多少年来人们一直认为这一种属仅有两种代表植物，一种是“普通酒花”即 L 型酒花，另一种是“日本酒花”即 H 型酒花。1936 年胡博士猜想云南也存在 H 型酒花品种，但是这一观点在当时仍有待证实。随后有小规模的调查证实，云南酒花品

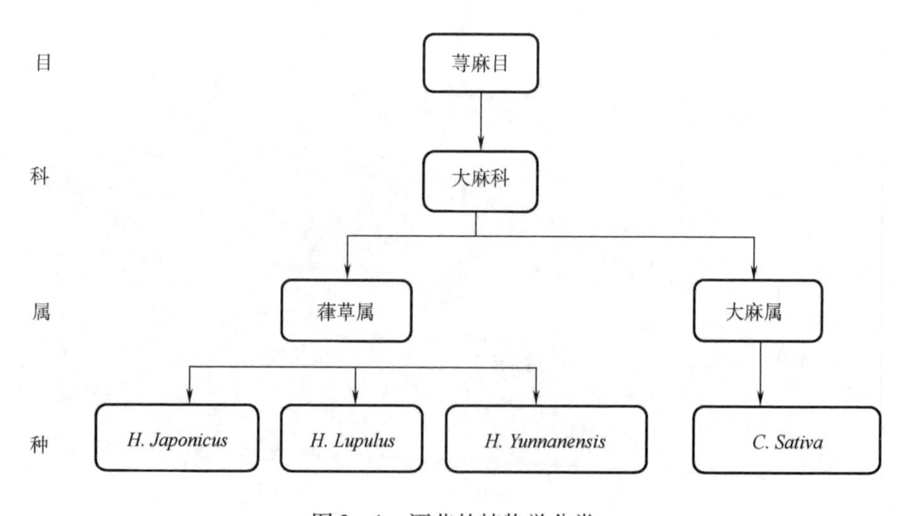

图 2－1　酒花的植物学分类

种也属于H型酒花，该酒花于1978年被确定为云南特有的酒花品种（Small，1978）。目前已知的大多数H型酒花都生长在日本，而云南酒花却生长在中国。但是就酿造而言，云南酒花毫无价值，因为它缺少蛇麻腺腺体。日本H型酒花因其强大的攀爬能力而被作为景观植物广泛种植。

二、酒花的植物性状

酒花一般可连续高产20年左右，雌雄异株（图2-2和图2-3），啤酒酿造中使用的酒花是未受精的雌花。雌花花体为绿色或黄绿色，呈松果状，由30~50个花片覆盖在花轴上，花轴上有8~10个曲节，每个曲节上有4个分枝轴，每个分枝轴上生一片前叶，前叶下面有两片托叶状的苞叶。花片的基部有许多蛇麻腺，而成熟酒花的蛇麻腺分泌的树脂和酒花油是啤酒酿造所需的重要成分。雄花花体小，呈白色，无酿造价值，正因如此，酒花种植区应排除雄花。

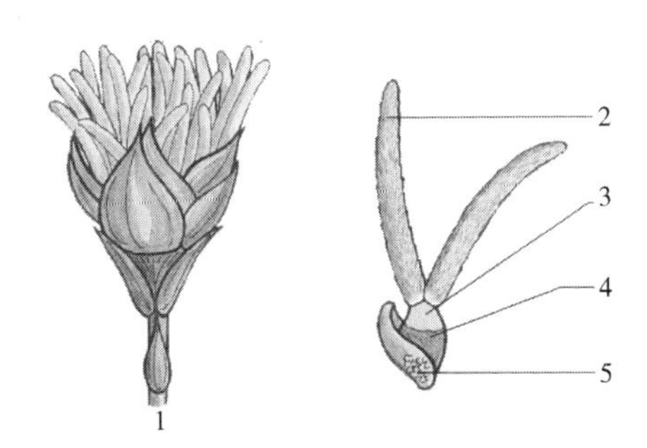

图2-2　酒花雌花

1—花序　2—柱头　3—子房　4—花苞　5—蛇麻腺

图2-3　酒花雄花图片

1—花序　2—单花　3—蛇麻腺　4—花粉　5—萼片

1. 根

酒花的根为宿根，深入土壤1~3m，可生存10~15年之久，是营养物质的贮存库。它在地面上的部分，每年秋后被割掉，仅保留地下母根，待明年春季发出新芽，继续繁殖。

2. 茎

酒花的茎可长至10m，其颜色分为紫、绿、白三类品种，用来吸收土壤中的营养物质和水分。在酒花架杆通常为7米的情况下，茎蔓的长度为25~35m，其切面呈六棱形，上面生有引蔓，可自行缠绕到架杆上，一般情况下茎蔓右旋生长。

3. 叶

酒花的叶对生，边缘呈锯齿状，叶面生有小刺毛，叶背光滑。在酒花植株下部多为五掌裂片，中部为三掌裂片，上部的嫩叶不分裂，呈心脏形。不同的酒花品种，其叶的形状也不同。

4. 花

6月末或7月初，当酒花长至架杆高度时，开始开花，花期一般为15~30d，因品种和生长条件而有所不同。花期之后逐渐形成花苞。

5. 果实

雌性花主要由萼片、柱头和子房几部分组成。通过风媒的传播授粉，酒花逐渐形成酒花花苞，花轴变成果轴，托叶形成花苞的前苞叶，萼片成为花苞的前叶，受精的子房形成种子，未受精的子房则枯萎。

三、酒花花苞

酒花雌花的果实被广泛用于酿造啤酒，酒花花苞是由被称为“苞片”和“小苞片”的瓣状结构绕中轴生长而形成的球状结构。人们根据酒花花苞根部的蛇麻腺形成与否来判断酒花是否成熟。只有雌株细胞能够分泌黄色树脂粉末，分泌腺体被称为蛇麻腺腺体（图2-4，图2-5）黄色粉末由Ives命名为“蛇麻

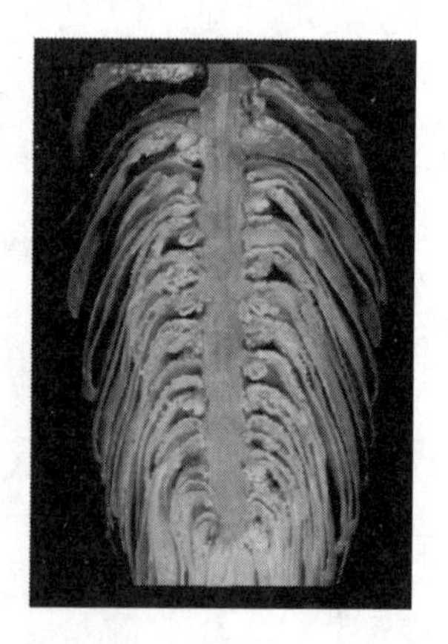

图2-4 酒花花苞、叶片和花苞剖面图

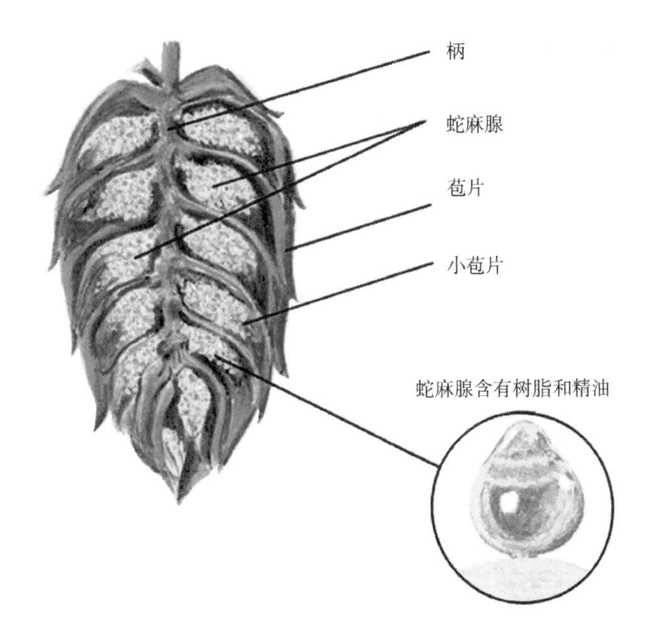

图 2-5 酒花花苞的结构

素”。酒花中用于酿造的树脂和酒花精油正是因为这些蛇麻腺腺体的存在才得以合成和积累。Ives 是最先研究啤酒苦味和芳香物质的来源与蛇麻腺关系的人。蛇麻腺腺体极易脱落，因此，在处理酒花的过程中应十分小心，以免无法获得这一有用成分，在全世界商用酒花产区，会对酒花的种子进行标定。人们需要用物理方法除去雄性酒花，以免受精产生种子。酒花种子被认为是一种对啤酒极不利的物质。通常认为，种子中的脂肪酸氧化会使啤酒产生异味。此外，经验证：无籽酒花比有籽酒花所含的香精油和树脂更丰富（即较高的酿造价值）。然而，在杂交育种过程中，雄株又显得尤为重要。

第二节 酒花化学

一、酒花中的化学成分

完整的酒花中包含很多物质，如树脂、香精油、蛋白质、多酚、脂质、蜡、纤维素及氨基酸。烘干后的酒花中的成分见表 2-1。酒花花瓣的绿叶能够提供多种物质，如蛋白质、碳水化合物和多酚。酒花具有酿造价值主要归因于由蛇麻腺腺体分泌的树脂中的风味和苦味物质的前体。对酿酒师来说，酒花精油也十分重要，因为它们也能提供给啤酒特殊的风味和香气。

表 2 – 1　　干酒花中的化学成分

物质构成	比例/%
总树脂	15 ~ 30
精油	0.5 ~ 3
蛋白质	15
单糖	2
多酚（单宁）	4
果胶	2
氨基酸	0.1
蜡和类固醇	微量 ~ 25
灰分	8
水分	10
纤维素，等	43

二、酒花树脂的命名

雌性酒花的蛇麻腺腺体为酿造提供了树脂和酒花精油等物质。酒花的特性树脂包括许多物质，酒花树脂根据其在不同溶剂中的溶解度以及形成醋酸铅沉淀的能力分为 α –，β – 和 γ – 三类，多年来，酒花树脂命名不断改变，1897 年的命名方法已经变得过时，γ – 类酒花树脂已经被普遍称为硬树脂（Briant, 1897）。1957 年，欧洲酿酒协会（EBC）和美国酿造化学家协会（ASBC）联合提案并规范了命名方法（ASBC and EBC，1957）。1969 年，酒花联络委员会命名小组委员会修改（Nomenclature Sub – Committee，1969），自此之后，该命名方法一直沿用至今。

三、酒花总树脂

虽然萃取树脂的方法多种多样，但是，就目前看来这些萃取方法仍有不足，因此进一步研究所有树脂纯化比较有难度，目前最常用的酒花树脂分馏的方法是 Wöllmer′s 方法修改后的版本，酒花成分组成及其最新命名如图 2 – 6 所示（Anger，2006；Wöllmer，1916，1925）。因为酒花品种和生长环境的不同，干酒花中的酒花总脂占总重的比例一般在 15% ~ 30%。总脂是指溶于乙醚和冷甲醇的树脂的体积分数。但是总脂不包含会慢慢析出的酒花蜡，在树脂提取时，按规定应采用冷处理方法，因为热溶剂会溶解其他成分。

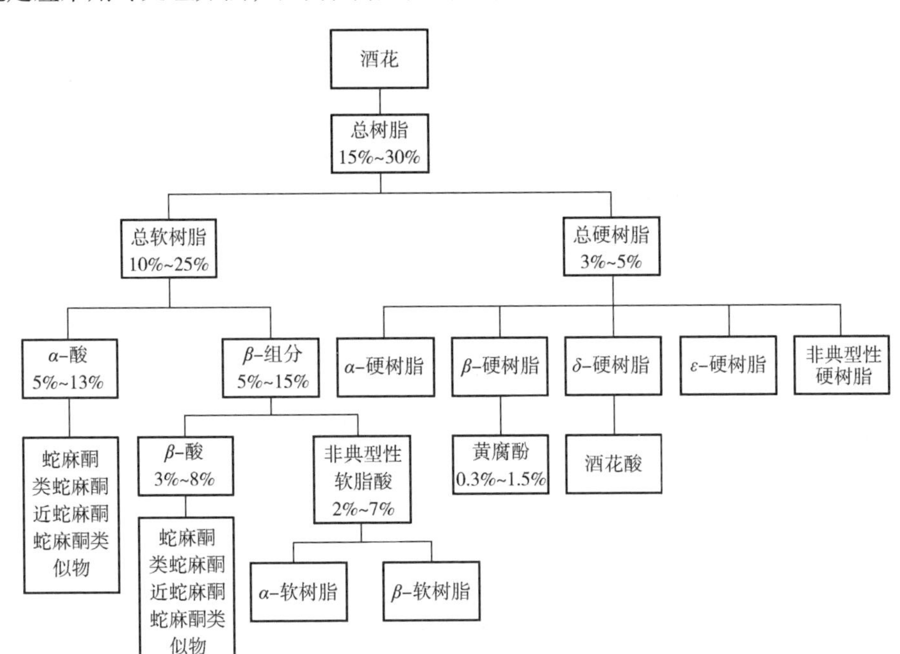

图 2-6 酒花树脂的分类和命名

根据其在正己烷中的溶解性，酒花总脂可以进一步分为软树脂（溶于正己烷）和硬树脂（不溶于正己烷）两种。与软树脂相比，硬树脂在整个酒花中含量较低；占酒花总重的3% ~5%，而软树脂占10% ~25%。软硬树脂经进一步分馏后回收率分别为90%和10%。根据酒花品种和加工工艺的不同，结果会略有偏差。软、硬树脂是两种化学性质不同的物质，软树脂浸膏通常为鲜明的黄色。软树脂能够产生像蜂蜜一样厚重、有黏性、密集的流体。根据酒花品种和酒花制品的不同，纯化浸膏的颜色可能会发生变化。当制备树脂含量丰富的浸膏时可以通过提取物的颜色来判断品种特性。然而，酒花浸膏的一致性却不受酒花品种或是否使用酒花产品的影响。

四、酒花软树脂

到目前为止，人们普遍认为，所有的软树脂都溶于正己烷，而酒花之所以能用于酿造以及赋予啤酒苦味也是与该组分有关。软树脂是由α-酸和β-组分组成（包括β-酸和非典型性软树脂）。人们普遍认为酒花中的“树脂”由两部分组成（α-酸和β-酸），它是一种透明状液体，而非存在于自然界中的树脂。α-酸可以通过树脂在碱式醋酸甲醇溶液中形成的不溶性的铅盐而分离出来。在1952年之前，酒花中的α-酸分子被认为是由葎草酮分子组成（Rigby，1958）。

Rigby 和 Bethune 使用逆流分布确立了 α－酸的存在，证实了该物质是由葎草酮同系物及类似物组成。α－酸中除了葎草酮以外，其他两种大量存在的物质是合葎草酮和辅葎草酮（Rigby 等，1952，1958）。α－酸中也含有其他两种微量物质前葎草酮和后葎草酮。不同酒花中 α－酸的具体组成也是不同的。

1. α－酸

α－酸是目前公认的在酒花树脂中最重要的成分（表 2－2），在煮沸时加入酒花，α－酸在热环境下进行异构化变为水溶性苦味物质异 α－酸。只有微量的 α－酸会保留到成品啤酒中；酒花添加到麦汁煮沸锅时，α－酸的损失最为严重。α－酸分子都会经过异构化产生异 α－酸。异 α－酸的主要成分包括葎草酮、类葎草酮、近葎草酮。实际上，每一个 α－酸都会产生顺反异构的两个异 α－酸。虽然自 1920 年后，异构化过程已被许多研究小组研究多年，但其结构仍然不明确。最新的研究通过 X 射线晶体学确定了绝对构型的顺式和反式结构（图 2－7）。葎草酮的结构被普遍认为是 6S，但立体异构却是 C4，顺式和反式异 α－酸在 C5 处的立体化学不同。人们在进一步研究 α－酸的过程中还发现了其他结构的 α－酸。1955 年，通过分区色谱法确定了一种由四种结构组成的物质——葎草酮前体。通过洗脱色谱分离等方法确定了该 α－酸是后葎草酮（Verzele，1955，1958）。如前文所述，α－酸的组成因酒花品种的不同而不同，但是，这种不同也与收获时间有关。该实验确定了不同的酒花当收获时间较晚时，酒花中后葎草酮和前葎草酮含量也较高（Verzele，1991）。

表 2－2　α－酸及其同系物

α－酸	羰基	相对分子质量	同系物在 α－酸中占比（%）
正葎草酮（humulone）	$COCH_2CH(CH_3)_2$	362	35～70
合葎草酮（cohumulone）	$COCH(CH_3)_2$	348	20～65
加葎草酮（adhumulone）	$COCH(CH_3)CH_2CH_3$	362	10～15
前葎草酮（prehumulone）	$COCH_2CH_2CH(CH_3)_2$	376	1～10
后葎草酮（posthumulone）	$COCH_2CH_3$	334	1～3

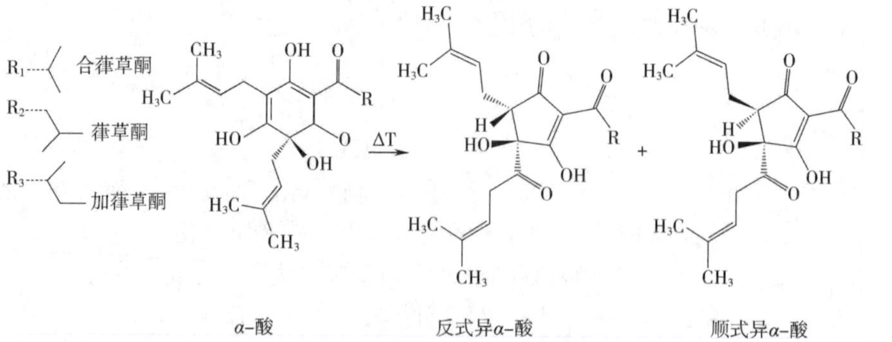

图 2－7　酒花中 α－酸的化学结构

注：麦汁煮沸过程中高温将导致 α－酸及其同系物转化为反式和顺式异 α－酸，这些都是啤酒中的主要苦味物质。

2. β－组分

软树脂β－组分可以进一步分为β－酸和细胞型软树脂。醋酸铅能除去酒花中酸性较强的α－酸以及酸性较弱的β－酸。蛇麻酮是β－酸的一种成分，在1863年第一次从酒花中分离出来的（Lermer，1863）。与α－酸相比，β－酸的研究更为广泛。20世纪50年代，酒花酸中唯一被确定的物质只有葎草酮和蛇麻酮。像α－酸，β－酸的类似物（表2－3）以及混合物都是后来才被确定的。因β－酸系列化合物与α－酸成分相同，人们才类推得出这一结论。β－酸是由蛇麻酮和其他四个同系物组成，分别是合蛇麻酮、加蛇麻酮、前蛇麻酮和后蛇麻酮（图2－8）。

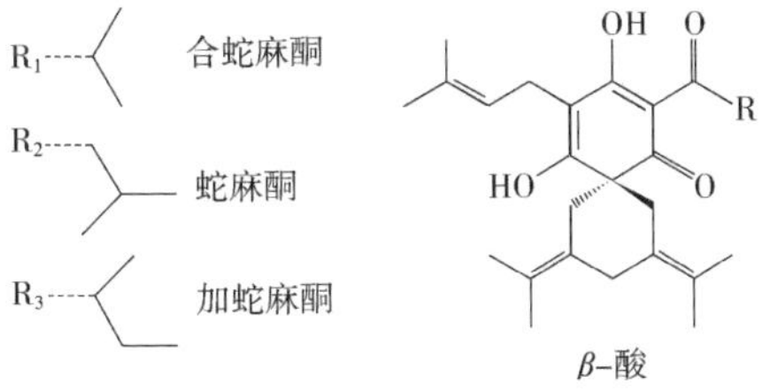

图2－8　酒花β－酸化学结构

表2－3　**β－酸及其同系物**

β－酸	支链－R	同系物在β－酸中占比（%）
正蛇麻酮（lupulone）	$CH_2CH(CH_3)_2$	30～55
合蛇麻酮（colupulone）	$CH(CH_3)_2$	20～55
加蛇麻酮（adlupulone）	$CH(CH_3)CH_2CH_3$	10～15
前蛇麻酮（prelupulone）	$CH_2CH_2CH(CH_3)_2$	1～3
后蛇麻酮（postlupulone）	CH_2CH_3	?

1956年，研究发现合蛇麻酮在β－酸中的含量总是高于在α－酸中的含量（Howard等，1956）。在沸水中α－酸进行异构化，但是β－酸水溶性比较差，因此β－酸在沸水中无法发生异构化。麦汁属性（即低pH）不利于β－酸溶解，因此只有极微量β－酸被转移到啤酒。之前研究表示β－酸在酿造的过程中会自行除去，因此对啤酒的苦涩并无作用。通过研究发现在麦汁煮沸过程中生成的苦涩口感是β－酸转化后的产物，从而证明除了α－酸以外，β－酸也是酒花软树脂中的潜在苦味前体物质。

细胞型软树脂被认为是非典型性酒花部分。该部分包括总的软树脂中α－酸沉淀和β－酸结晶析出后剩余的物质。到目前为止，人们还不认为细胞型软树脂的成分是特定的化合物。挥发油成分和酒花蜡也在这一部分中被发现。该假设确实成立，因为酒花油能溶于乙醚和轻质石油。虽然大部分的酒花蜡会被除去，但是酒花蜡从冷甲醇溶液中分离的过程缓慢而且通常获得的酒花蜡不完全；因此，会在这一部分出现酒花蜡。细胞型软树脂可以进一步分为 α - 软树脂和 β - 软树脂。人们认为这些物质分别来自 α - 酸和 β - 酸。对于酿造来说，细胞型软树脂仍然是一个未知领域。

五、硬树脂

通过定义可知，硬树脂即溶于甲醇、乙醚，不溶于正己烷和低沸点烷烃的部分。但是公认的硬树脂是指氧化后的软树脂；可是这一观点既不明确也没确凿证明硬树脂的组成。1956 年，发现了硬树脂是酒花中最早产生的物质（Schild 等，1956）；因此有必要区分酒花自身树脂和烘焙或贮藏中自然氧化过程中所产生的树脂。然而到目前为止，人们并不能对其进行区分。软树脂易被氧化，这一情况会导致该研究更具挑战性。在酒花贮存过程中，软树脂的百分比下降而硬树脂百分比会增大。

1964 年，这一问题并没有解决——当 α - 酸转变为其他物质时，酒花苦味物质是什么（Ashurst 等，1965）。在这一点上，人们一直认为在酒花贮存过程中树脂经历了以下几个变化：α - 酸和 β - 酸氧化，产品中仍能分解出软树脂，同时进一步氧化逐步转变为硬树脂。因此，α - 酸和 β - 酸在贮存过程中不断降低，而非典型性的软树脂的量先增大，然后随着硬树脂增加而减小。一些学者认为，软树脂氧化为硬树脂，而其他人认为硬树脂是由陈酒花中的非典型性软树脂蜕变和 α - 酸或 β - 酸的进一步氧化形成的。人们普遍认为这些中间蜕变的产品具有酿造价值，但其氧化产物在酿造过程中的确切作用尚不完全清楚。

1. α - 硬树脂和 β - 硬树脂

到目前为止，总硬树脂的特性仍然是复杂的、不确定的。在 20 世纪 60 年代早期，总硬树脂被分为两个部分：α - 硬树脂和 β - 硬树脂（Burton 等，1965）。α - 硬树脂是指当醋酸铅溶液处理过后能够形成不溶性铅盐的那一小部分。用离子交换色谱法能对 α - 硬树脂进行进一步分离。收集到的一些馏分中的 α - 硬树脂被认为是 α - 酸在分馏物中的不完全沉淀。然而，α - 硬树脂这一词并不意味着所有的产物均来自 α - 酸，而是指像 α - 酸一样能使铅盐不溶的物质。β - 硬树脂是总硬树脂的主要组成部分；与 α - 硬树脂不同的是，该成分能使铅盐溶解。黄腐酚占 β - 硬脂的绝大部分。除了黄腐酚以外，其他化学成分均未得到较好的验证。

2. 黄腐酚

黄腐酚是酒花蛇麻腺腺体和天然硬树脂中最为丰富的异戊烯基查耳酮。自然界中的许多硬树脂都是雌激素的前类黄酮素类物质。1913 年，黄腐酚由

Power、Tutin 和 Rogerson 最早分离得到（Power 等，1913）。黄腐酚是酒花中唯一已知的在自然环境下能发生甲基化的物质。在过去的十年间，因为黄腐酚对健康潜在的益处，而被广泛研究。虽然黄腐酚是酒花树脂中的主要化合物，但是它在传统的酿造过程中大量丢失了，因此在啤酒中发现的黄腐酚极微量的。在酿造的过程中，查耳酮发生热异构化反应生成黄酮，同时，黄腐酚环化生成异黄腐酚（图2－9）。在酿造过程中增加成品啤酒中的黄腐酚含量的方法已由几个酿造科学家试验成功。他们在酿造试验中使用了浓缩的黄腐酚浸膏来增加黄腐酚的含量。

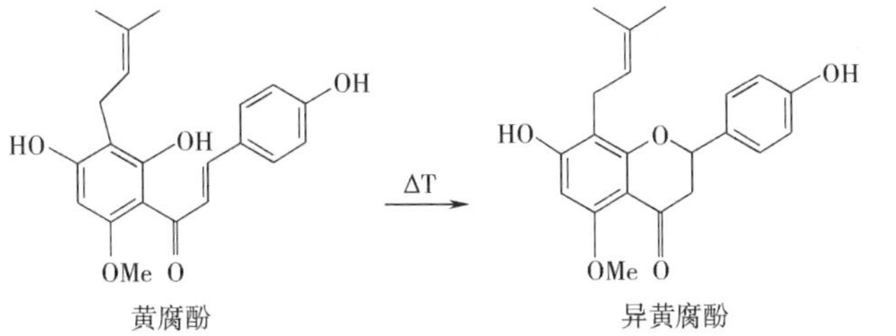

图2－9 黄腐酚（查耳酮）和异黄腐酚（黄酮）的化学结构

3. δ－硬树脂

1952年，有人发现硬树脂的水溶性部分也能造成苦涩的口感（Walker 等，1952）。而这一成分是总硬脂中被称为δ－树脂。δ－树脂的水溶液具有强烈的苦味，味道却令人愉快。Walker 等人确定δ－树脂是由酒花中非水溶性成分氧化得到。此外，色谱分析数据表明，δ－树脂不是均质的。在实验中观察到这一成分含量随酒花贮存时间而增加。然而，他们找不到任何α－软树脂（即α－酸）减少的百分比与贮存过程中δ－树脂含量增加的直接关系。可以推断出δ－树脂不是α－软树脂发生反应的唯一产物。他们在分析酒花样品时，发现δ－树脂含量从0.6%变为4%左右。δ－树脂含量与其他物质有着千丝万缕的联系。进一步说明，δ－树脂的形成因酒花品种而异。

总δ－树脂被分成几个非结晶部分（Jackson 等，1959）。在δ－树脂柱层析法的初步分离实验中，他们将其分离组分为六组（δⅠ～δⅥ）。小规模的实验表明，这些组分并非单一的物质。此外，他们收集的证据也表明，从化学反应角度分析馏分的性质是类似的。所有部分都表现出相同的化学性质：不饱和度、烯醇/酚醛酸度、羰基（酮）的活跃度。原δ－树脂中两个主要组分被还原，分别是δⅡ（66.3%）和δⅢ（22.5%）。为了完整地描述这两个部分，还需进一步进行色谱分析。基于其在苯和轻质石油中的溶解度，δⅡ被广泛认为是软树脂残留物。与δⅡ相比，δⅢ则表现出硬树脂溶解性特征。用分馏的方法可以区分δⅢ产生的四个亚组分（δⅢA、δⅢEA、δⅢB 和δⅢE）。另外，总δ－树脂和分离出的原酒花油中的δ-树脂都不完全溶于水。Jackson 和 Walker 没能鉴别出δ-树脂中的纯组分。然而，通过对观察记录分析发现各组分的化学特性有相似性，δ-树脂中一些基本的结构类型占主导地位的结论很可能成立。

有关δ-树脂的研究发现，其中有 11 种组分，可以根据这些组分的物理属性将其区分。大部分极性组分被认为是硬树脂，而非极性组分是具有脆性的粉状材料。可以根据其苦味的潜力以及其抗菌性能，对其进一步细分。而实验证实大多数非极性组分（即$\delta 9 \sim \delta 11$）比极性组分还活跃。分馏的组分中无法回收纯净的化合物。

另一项有关酒花中δ-树脂的研究（Bausch 等，1966），对新鲜酒花中的δ-树脂进行了量化。但是他们发现在老化的酒花中不存在新鲜酒花中存在的δ-树脂。所有的酒花中都存在δ-树脂。在试验中，用人工方法将酒花老化，当生α-酸和纯α-酸分别在70℃下加热8h（90%的水分层次），δ-树脂分别增加到32%和40.6%。

酒花中β-类物质的δ-树脂含量为1.15%，经强化老化后可上升至8.3%。β-分子经老化后，δ-树脂略有增加，与α-酸相反，能够产生大量的δ-树脂。在酒花的硬树脂中，δ-树脂含量为22.3%；当它的百分比上升到23%时，酒花加速老化，因此硬树脂中的δ-树脂是相对稳定的。此外，δ-树脂无其他氧化产物。

4. 希鲁酮

希鲁酮是由 Spetsig 等人在 20 世纪 50 年代后期发现的一种新的酒花苦味物质。人们发现，β-酸很容易被氧化成具有强烈苦味的希鲁酮（Hulupones）。他们也发现，β-酸要想转为希鲁酮，必须有氧化剂的参与。使用反相液相色谱法检测时，在检测出α-酸之前会出现三个峰（Spetsig 等，1957，1960）。像葎草酮类和蛇麻酮类一样，希鲁酮同样包括一系列的类似物，包括合希鲁酮、希鲁酮和加希鲁酮，前缀与葎草酮和蛇麻酮表示的意义一样。希鲁酮浓度为酒花干重的0.5%~3.0%。与硬树脂相比，新鲜的酒花中并没有希鲁酮被检测到。当在酿造过程中对希鲁酮进行监测时发现大部分的希鲁酮经麦汁煮沸后仍保留在酒花中。酒花中的相当一部分物质转换到麦汁中时其形式并未发生改变，但是希鲁酮转换到麦汁中时却以盐的形式存在。20 世纪 60 年代，希鲁酮通常使啤酒的苦度略高于当时的5%的标准。虽然，希鲁酮是β-酸的氧化产物，但酒花中的这些物质溶于所有的有机酸，因此希鲁酮及其氧化产物也是软树脂的组成成分。

5. 希鲁酸

希鲁酮是β-酸的降解产物，但希鲁酮只是中间的氧化态。希鲁酮进一步氧化会产生没有苦味的希鲁酸（图 2-10）。在 1964 年，从α-硬树脂中分离出该结晶产物，并将这种化合物命名为希鲁酸（Burton 等，1964，1965）。当在氧气回流环境中将合希鲁酮在乙醇溶液加热，3 天后可能会分离出希鲁酸。出人意料的是，酸性含氧化合物和合希鲁酮在乙醇溶液中的自氧化作用同样能得到希鲁酸；使用完全相同的方法也能从加希鲁酮得到希鲁酸。从收集的证据看来，在氧化过程中，酰基侧链（即 R 组）必须被移除或者由羟基官能团将其取代。数据还表明，希鲁酸的量随酒花种植时间而增加。然而，在当时，酒花酸性溶液中能检测到的希鲁酸的最大浓度也小于 0.05%。希鲁酸是在水中溶解度的测试实验中，pH 上升时，溶解度会从 1g/L（pH4.0）增加到 2g/L（pH5.0）。基于这一原因，希鲁酸浓度才会如此低。虽然希鲁酸是 β－酸的最终氧化产物，同时这种化合物被 α－硬树脂所隔绝，但是由于其在水中的溶解性，希鲁酸被列为 δ－硬树脂的一个组分。

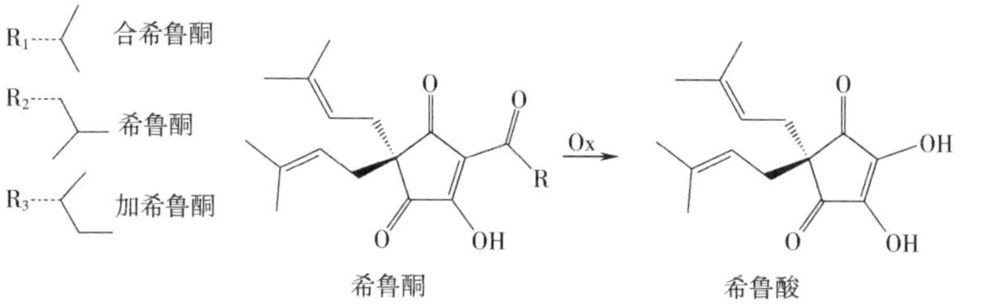

R_1 合希鲁酮
R_2 希鲁酮
R_3 加希鲁酮
O O R OH O Ox O OH O OH
希鲁酮　希鲁酸

图 2－10　希鲁酮和希鲁酸的化学结构式

6. ε－硬树脂

研究发现，一部分硬树脂虽然不溶于水，但却具有苦味。这一部分树脂便被称为 ε－树脂。研究发现，ε－树脂占树脂中总硬脂的 80%，当然不同品种间的比例也是不同的。像总 δ－树脂一样，ε－树脂也不是均质的。当对 ε－树脂进行进一步分馏时，11 种物质的馏分将被覆盖掉。就目前的研究而言，已经有一种 ε－树脂的提取方法已经投入规模化生产。在 ε－树脂提取物的富集过程中，通常可以根据商业用黄腐酚提取物中发现的化合物确定生产提取物。ε－提取物中并未检测出强极性化合物；此外，发现 ε－提取物中的黄腐酚和异黄腐酚含量极低。该实验还发现 ε－树脂化合物因品种而异，这也是某些化合物仅存在于某些酒花品种中的原因。

对 δ－树脂、ε－树脂和总硬树脂的苦味强度进行了测试和比较。由 ε－树脂赋予的苦味可以媲美由总硬脂赋予啤酒的苦味。从品酒实验收集的结果表明，ε－树脂可以赋予啤酒可以感知的苦味。

根据不同的物理性能和溶解度，将总 ε－树脂分离出的 11 种成分加以区分。与个别 δ－树脂形态不同，总 ε－分子以粉末状形式存在。在原油 ε－树脂中有两个主要组分被收集到：ε10（31.3%）和 ε11（22.9%）。该实验对 11 种 ε－分子的苦味潜力和抗菌性能进行了评估。从收集的数据看来，根据其活跃度将其分类是可行的。极性较高的组分 ε1 和 ε2 并无活性。一般来说，ε－分子的苦味潜力和抑菌性之间有着较好的联系。当分子趋于非极性时，其苦涩强度以及抗菌性均增加。

通过对 ε - 树脂纯化和分级，收集到了大约 100 种组分。此外，从 ε - 树脂中有可能分离超过 20 种纯净的化合物。通过对酒花和酒花分子进行筛选，就可以定制一款符合消费者的要求但不会影响啤酒微生物稳定性的啤酒。

六、酒花精油

与酒花树脂一样，酒花精油是蛇麻类植物的蛇麻腺腺体的次生代谢产物。酒花精油是酒花中挥发性物质的一部分。这些挥发性香气化合物被认为是酒花的“基本物质”，因为它们赋予酒花特有的香味。酒花树脂赋予啤酒苦涩的口感，而精油赋予啤酒香气和风味。酒花含有 0.5% ~3.0% 的精油（以干重计）；这部分相对较少的挥发物质其实是包含有 200 种以上物质的混合物。虽然毛细管气相色谱法分析结果显示有高达 400 个峰值，但是到 20 世纪 90 年代后期，人们才确定了 200 种物质。到 21 世纪初，酒花中被检测出和被确定化学特征的化合物的总数为 440 种。在最近的研究中，人们通常利用综合多维气相色谱（GC × GC）与火焰电离进行检测；从收集到的数据可以看出，酒花油馏分中有超过 1000 多种不同的化合物。

大约 200 年前，酒花被认为奇香无比（Loiseleur - Deslongchamps，1819；Hanin，1819），他们认为酒花香气与大蒜香气相似。几年以后，第一次对酒花油的特性进行了研究。这也是第一次从酒花中蒸馏出挥发油，并且馏出物进一步可以被分为两个组分（Bullis 等，1962）。然而第一次系统地对酒花精油进行研究，却是在 1895 年到 1929 年间（Chapman，1895，1898，1903，1928，1929）。现在人们已经清楚，酒花精油的含量和成分，受多种因素如酒花品种、生长条件、采摘（成熟）时间、干燥条件、氧化、老化程度和贮存条件影响。还有证据表明，其含量也可能受季节轻微影响。

到 1980 年，酒花精油的化学成分还是按照以下三种分类进行描述：碳氢化合物、含氧化合物和含硫化合物。研究发现酒花精油成分取决于酒花的种类。尤其是其中碳氢化合物和含氧的化合物的含量因酒花品种和种植的时间而不同。1950 年以后发现，一些生长在独立地区的酒花，其品种中的烃成分的均匀性为一般常见模式（Howard 等，1957）。十年后，Likens、Nickerson、Buttery 和 Ling 证实，有几种酒花品种中精油的化学成分显示出良好的均匀性（Likens 等，1965，1967；Buttery 等，1967）。Likens 和 Nickerson 确定了多个酒花品种中的某些组分或酒花精油中成分的占比。1990 年，Kenny 基于对酒花精油中的 10 种成分的计算了解了酒花品种的特性（Kenny，1990）。其他酒花品种的分析是在酒花仅有的组分和分析的基础上建立起来的（Kralj 等，1991；Kovačević，M 等，

2001），从他们收集的数据可以确定酒花品种，发现不同酒花品种间存在差异。某些品种也受生长环境和地区以及原产地的影响，会出现精油过多或者没有精油的现象。另外，随着时间的推移，同一酒花品种中的酒花精油也会发生变化。Van Opstaele 等人研究了酒花的花香和辛辣特性。研究发现，不同酒花的相同分子赋予啤酒相同的特性：香气和辛辣口感。但是，酒花中的各种成分之间又是相互联系的。

1. 碳氢化合物

酒花精油主要是由碳氢化合物（图2-11）和含氧化合物组成。研究人员对一些已知精油的成分进行了分析，其中大部分的物质的作用未得到证实（Sharpe 等，1981）。碳氢化合物可以分为以下三类：脂肪烃、单萜和倍半萜。碳氢化合物非常不稳定（低沸点组分），容易氧化和聚合。碳氢化合物在水、麦汁和啤酒中的溶解度非常低；而且，碳氢化合物会随蒸汽蒸发，所以，该类物质在酒中含量极少。

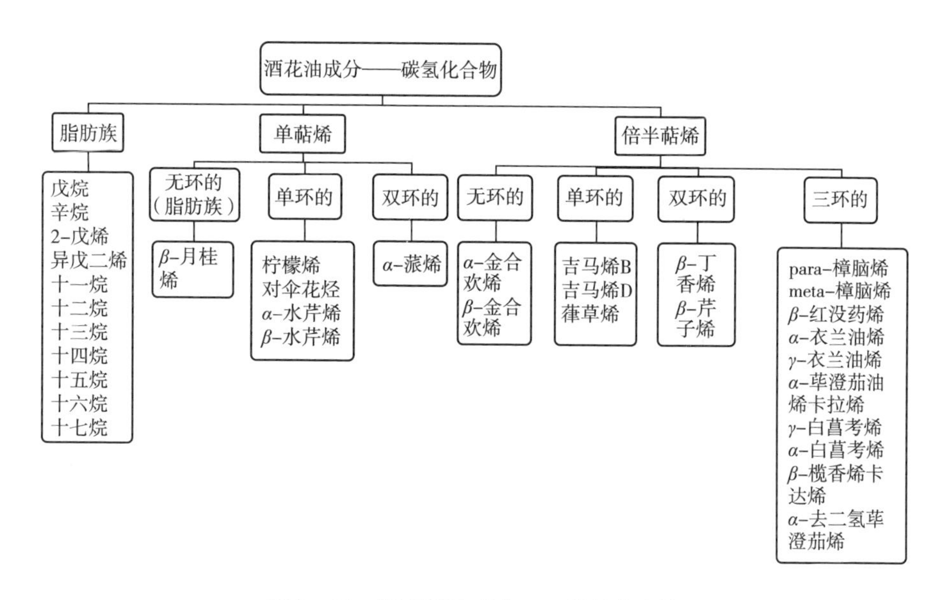

图2-11 酒花精油成分——碳氢化合物

（1）β-月桂烯 碳氢化合物中最重要和最丰富的单萜是β-月桂烯（图2-12A）；约占油类物质总含量的30%～60%（Biendl 等，2012；Thompson 等，2010；Barth-Haas Group 等，2014）。1895 年，Power 和 Kleber 第一次从海湾原油中提取出该物质。1903 年，查普曼认为某种酒花中个别酒花精油与石油中的物质一样，都是环萜烯，β-月桂烯。通过直接将该位置化合物与海湾石油中提取的β-月桂烯的属性进行比较就能得出结论，在酒花精油的分馏物中也能找到β-月桂烯。β-月桂烯是新鲜酒花中刺鼻气味的主要来源。罗勒烯、β-蒎烯、柠檬烯和ρ-异丙基苯等单萜类物质在酒花精油中的含量却极低。

(2) 倍半萜 在碳氢化合物中的倍半萜是由α-丁香烯、β-石竹烯和β-沉香组成。这些倍半萜的沸点比单萜类物质高。沸点高的原因主要是因为β-石竹烯和α-丁香烯的存在。酒花精油中80% ~90%的挥发性物质是由β-月桂烯加上这两类碳氢化合物组成的。α-葎草烯（图2-12B）是酒花中最丰富的倍半萜类物质，也是酒花中最早发现的物质。在蛇麻草中发现的第二重要的倍半萜是β-石竹烯（图2-12C）。虽然早在1895年人们就怀疑酒花精油中可能存在β-石竹烯，但是直到1949年这一猜想才被证实（Šorm等，1949）。当观察常见酒花的色谱图时，可以发现很多材料有三个洗脱带。第一个峰是β-月桂烯；β-石竹烯洗脱的时间比较久，洗脱完后不久，出现的峰为α-葎草烯。β-沉香（图2-12D）是一种无环倍半萜的化学结构。这种化合物最早是从Žatec（扎泰茨）酒花中分离出来的（Šorm等，1949）。与β-月桂烯、α-葎草烯和β-石竹烯不同，β-沉香只是存在于某些特定品种中，而且含量极低。

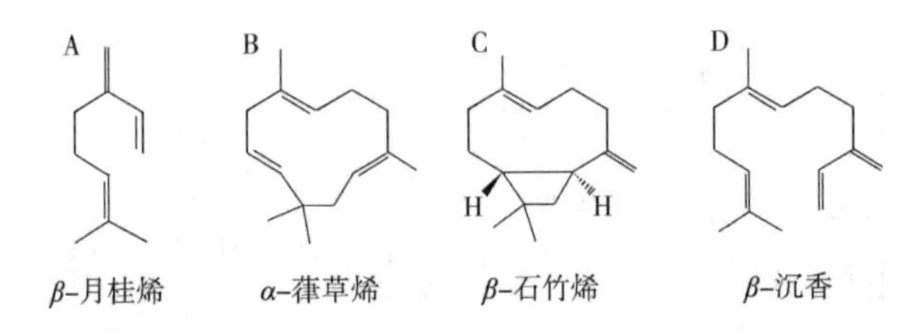

图2-12 酒花精油中萜类化合物的结构

Howard和Slater在酒花成熟期对酒花精油进行了研究。为了达到实验目的，分别选取了不同时期的酒花对其精油进行了研究（Howard等，1958）。采用水蒸气蒸馏法将精油从样品中分离出来并用气相色谱进行分析。用吸附色谱法将获得的酒花精油分成两部分，然后分别用气相色谱法分析。从他们的研究结果得出的结论是在成熟过程中总含油量稳步上升。有人指出，大多数酒花的精油比树脂发育的晚。Stevens等人把水蒸气蒸馏获得的精油用气相色谱法进行了分析（Stevens等，1961）。他们是第一个得出酒花精油在酒花成熟后仍然在合成的科学家。他们还通过观察发现，在酒花中树脂成熟后，酒花精油也没有产生。因为以前许多酒花是在树脂成熟的时候而非酒花精油成熟的时候被收获，所以，古今酒花的质量是无法比较的。从试验可以看出，β-月桂烯的比例在成熟期迅速上升。β-月桂烯含量从零增加到36%。β-石竹烯和β-沉香的比例保持相对稳定。出乎意料的是，酒花的α-葎草烯的含量从79%显著下降到42%。从收集到的数据也可以看出，酒花树脂中β-月桂烯含量与葎草酮和合蛇麻酮的含量成正比。在另一项研究，Rigby和Bethune采用水蒸气蒸馏法分离酒花精油并通过逆流将他们的不同成分分开。通过色谱条和镀锡技术以及气相色谱法收集的数据表明，酒花中合葎草酮含量高的时候β-月桂烯含量也会比较高；相反，葎草酮含量高的时候 α - 葎草烯的含量也会升高。Howard 和 Slater 的研究表明 β - 月桂烯在 α - 葎草烯含量较低的时候就开始积累。基于这些结论，也有足够的证据表明，β - 月桂烯、α - 酸和 β - 酸之间可能存在着某种生物合成中间体。

Murphey 和 Probasco 的研究也证实了 Howard 和 Slater 的理论（Murphey 等，1996）。这进一步证明了酒花收获的时间点也可以大大影响酒花香气质量。对所有酒花品种的研究都表明，酒花中挥发油的成分在整个采样期间是增加的。总挥发油量如此之高，主要是归功于 β - 月桂烯的合成。β - 月桂烯在最晚收获样品中的含量从微不足道增加到几乎总含油量的 50%。β - 石竹烯和 α - 葎草烯所有后期收获样品浓度比早期阶段的内容下降了超过一半。Sharp 和 Shellhammer 对两种美国香花品种在收获时间和地点对酒花精油成分的影响进行了对比，（Sharp，2013）总油含量的增加主要是由于 β - 月桂烯合成。酒花化合物数量的增加，与 α - 蒎烯，β - 蒎烯、柠檬烯、甲基庚酸盐和里那醇密切相关。

2. 含氧化合物

利用轻质石油制成的硅胶对酒花油的碳氢化合物组分进行了多次洗脱（Jahnsen，1962）；再对含氧化合物进行二次洗脱，发现含氧化合物组分含量较低大约占总酒花油的 30%（图 2 - 13），在含氧化合物中发现了大量的组分，这部分的成分比碳氢化合物更复杂。然而，大多数都低于它们的气味阈值浓度。通常，酒花油的含氧化合物包括两个主要部分，“挥发性”和“非挥发性”部分。这些含氧化合物的沸点低于 α - 葎草烯。非挥发性部分的沸点高于 α - 葎草烯。然而，这些高沸点的物质对酿酒者来说是很有趣的，因为它们很可能在煮沸后保留在麦汁中，最终会进入成品啤酒。含氧化合物主要是由醇类、醛类、酸类、酮类、环氧类和酯类组成的复杂混合物。在 1981 年报道了酒花油中有 60 种醛或酮，70 种酯，50 种醇，25 种酸和 30 种含氧杂环化合物（Sharpe 等，1981）；最新的研究发现了更多的含氧化合物组分。

随着酒花的老化，酒花油中的含氧化合物变得越来越丰富，而碳水化合物的消耗也在增加（Howard 和 Slate，1957）。此外，氧化导致非挥发性含氧化合物的形成同样以碳氢化合物的损失为代价，因此 β - 月桂烯的比例下降。最后，非挥发的含氧化合物的产生导致了一些挥发性化合物损失。Dieckmann 等研究了 β - 月桂烯自氧化的影响。自氧化过程中有四种反应类型：环化、氧化、歧化和聚合（Dieckmann 等，1974）。在 β - 月桂烯自然氧化的过程中，发现了 40 种以上的化合物。

（1）里那醇　酒花油的醇类可分为三组：萜烯醇类、倍半萜烯醇类和脂肪族/芳香醇类。这些醇类的主要组成是 2 - 甲基丁醇和大量低级的里那醇、香叶醇、橙花叔醇、橙花醇、松油醇。最丰富的萜烯醇是里那醇（又称为芳樟醇、沉香醇），它是在 1903 年被首次发现的（Chapman，1903）。里那醇被认为是啤酒中酒花香气的重要指标物质。里那醇对啤酒中酒花香气的贡献取决于酒花的添加方式。如果采用传统的酒花添加方法，里那醇在啤酒中将产生不了太大的香气。如果晚点加酒花，里那醇在啤酒中更加可以感知到。在干投酒花的啤酒中只有少量的里那醇可以检测到。里那醇是β-月桂烯的一种水化产物，也是一种手性化合物，因此，有两种立体异构体：（*R*）-（-）里那醇（图2-14A）和（*S*）-（+）里那醇（图2-14B）。在酒花精油中发现了两种对映异构体形式。研究表明，（*R*）-里那醇更有有效的香味，在里那醇中，（*R*）-里那醇含量通常占92%~94%。

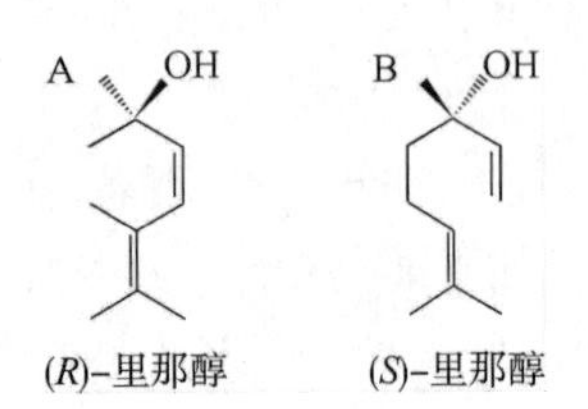

图2-14　在酒花精油中里那醇的结构

注：（A）是（*R*）-里那醇，里那醇的立体异构体。在（B）中显示（*R*）-里那醇的镜像，（*S*）-里那醇的气味活性较低，在里那醇中所占的比例也较小。

通常认为，里那醇是酒花的特征香气。里那醇的气味阈值浓度在水中被首次报道为6μg/L；但在啤酒中，这个值增加到10μg/L。感觉阈值高度依赖于嗅觉特性和分子结构，但也依赖于被测试的模型。啤酒基质（即低pH和糖苷）的组成在确定阈值时起着关键作用，因为它对酒花化合物的存在或缺乏感觉产生影响。除了测试矩阵外，其他的风味活性物质也可以相互作用并引起这些化合物的气味阈值的强烈变化。在现有文献中发现，啤酒中里那醇的风味阈值差异显著。1975年，研究发现了一种风味阈值为80μg/L的组分，并将其描述为有一种茴香和萜类的味道（Meilgaard，1975）。研究又发现了一种风味阈值为27μg/L的组分，并将其描述为花香和柑橘香（Peacock等，1981）。最近，Kaltner等人报道了风味阈值仅为8μg/L的组分（Kaltner等，2000）。里那醇是酒花油中几个不受阈值支配，且能在啤酒中被广大消费者接受的风味活性物质之一。

（2）其他含氧化合物　Jahnsen认为在酒花香精油中有一些醛类物质存在（Jahnsen，1963）。结果表明，一些乙醛和乙烯醛会造成啤酒的生青味。据报道，只有少数游离酸存在于酒花油中。酒花中的脂肪酸，比如2-甲基丁酸就与奶酪芳香味有关。1947年，第一次将十一（碳）烷-2-醇描述为具有酮类性质的物质（Šorm等，1949），它在1928年首次被鉴定并命名为卢粑酮，该命名已不再使用（Chapman，1928）。这种化合物，也称为甲基壬酮，是在20世纪50年代末发现的在大多数酒花油最丰富的含氧化合物。除此之外，很多其他酮类随后被报道出现在酒花油中（Jahnsen，1962；Guadagni，1966）。

含氧酒花倍半萜类化合物，特别是环氧葎草烯Ⅱ具有辛辣和草药的酒花特

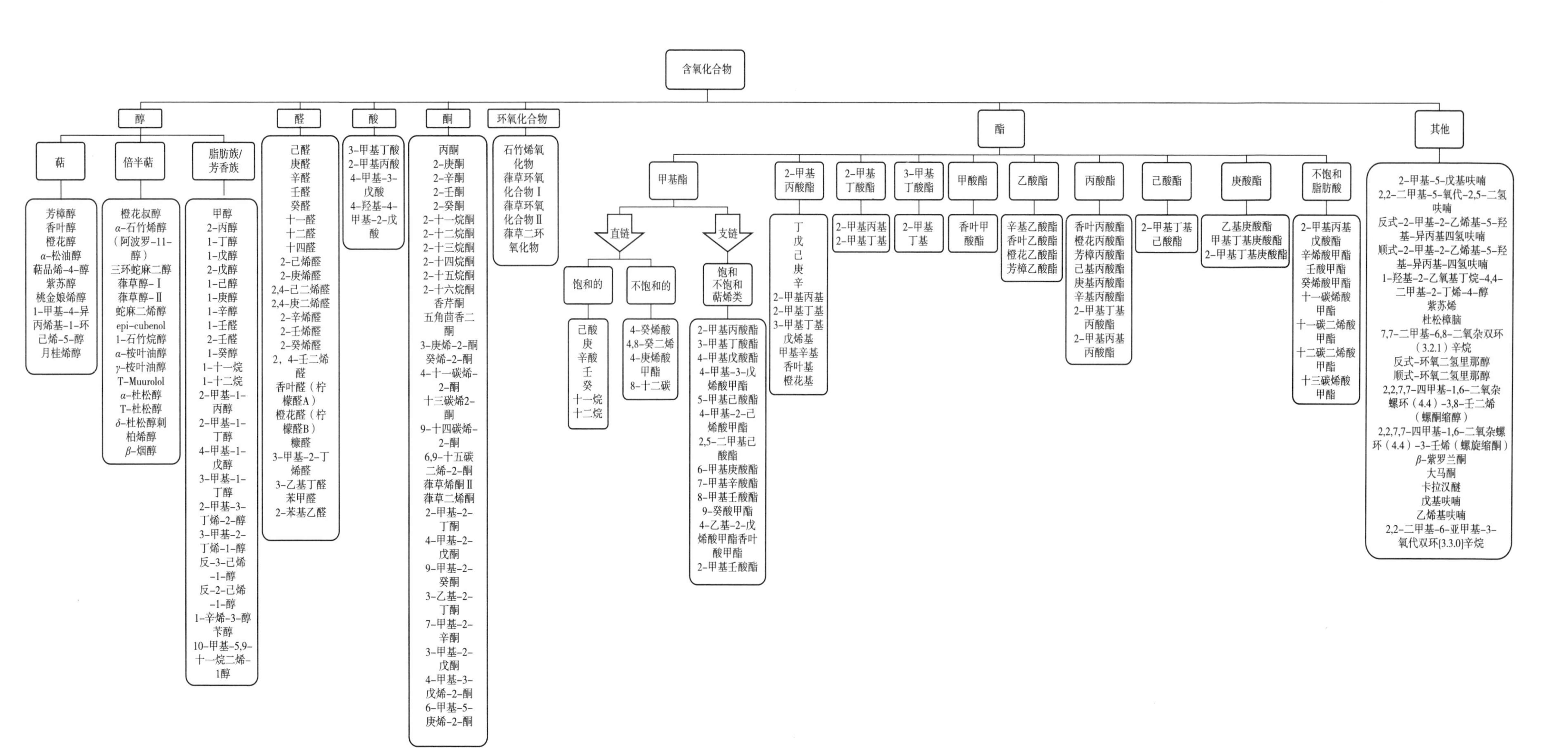

图2-13 酒花精油成分——含氧化合物

性。人们一直在努力解开这种辣味的本质。然而，由于这种辛辣特性物质具有非常复杂的化学组成成分并缺乏参考化合物来验证分析数据，许多有这种特性的化合物仍不为人知。实验证明，14 - 羟基 - β - 石竹烯和氧化石竹烯（Eyres等，2007；Nielsen，2009），上述两种物质在酒花中呈现辛辣味。研究人员找到了与酒花辛辣成分有关的22种含氧化合物的组分（Van Opstaele等，2013）。在这22种成分中，八种化合物被实验确定为 α - 葎草烯与 β - 石竹烯的氧化产物，另有10种化合物的准确成分仍旧不明。在这12种试验确定的酒花倍半萜类氧化化合物中，环二氧葎草烯（葎草烯环含氧化合物 Ⅱ）是主要组成成分，其次是石竹烯含氧化合物。其他试验确定的与辛辣或草药味有关的酒花成分，有蛇麻二烯酮，石竹烷醇，篮桉醇，白千层醇，10 - 环氧氯丙烷 - α - 杜松醇和 τ - 杜松醇。检测到浓缩的类倍半萜烯在啤酒中的风味阈值是5μg/L（Goiris等，2002）。

酒花中总酯组分作为一个复杂的混合物具有较宽的沸腾范围，酒花油中的酯是形成酒花香味和风味的最重要的组分。研究发现，酒花油中的酯类数量是十分接近的，有些酯的含量高。低酸、低挥发性还原能力的酒花油拥有更好的愉快香味（Wright等，1951）。比如2 - 甲基丙异丁酸盐因果香和花香味而闻名（Naya等，1971）。

3. 含硫化合物

酒花精油只含有微量的硫化合物（图2 - 15）。然而，这些具有强烈的香气和低气味阈值的化合物容易影响啤酒的整体风味。可挥发性的有机硫化物会给啤酒带来不好的酒花风味。这些化合物的风味阈值非常低，可以低至0.1μg/L。一般来说，这些组分带给啤酒一些不良的风味，如：硫臭味、煮蔬菜味、霉臭味、烂白菜味和洋葱味。甲基硫化物造成啤酒不愉快的奶酪味、煮蔬菜味和硫臭味。除了这些味道，甲基硫化物也给予啤酒洋葱和大蒜的味道。橡胶和大蒜的味道分别来自2，3，5 - 羟基己烷和3，3 - 二甲基烯丙基甲基硫。许多研究表明，硫化合物可以产生不愉快的气味。产生松香味的硫酯是 S - 甲基 - 2 - 硫代丁酸甲酯。生青味和水果味与己酸甲硫醇酯（硫代己酸甲酯）有关，这种物质也被报道产生菠萝香味（Berger等，1999）。2 - 甲基 - 3 - 呋喃硫醇的香味是烤肉的味道，它是一种 S - 3（1 - 羟乙基）半胱氨酸的结合体，第一次在酒花中被识别出来，该化合物的确切香气特征尚未确定。

啤酒酿造者和酿造化学家特别感兴趣的是在啤酒中发现该化合物具有强烈的葡萄香特点，该风味归因于4 - 巯基 - 4 - 甲基 - 2 - 戊酮（4MMP）。这种化合物只能在特殊的酒花品种中找到，而且被证明在啤酒中的口味阈值极低，仅为1.5ng/L。据记载，4MMP产生的香气让人联想到黑醋栗和猫尿。酒花种植的地理位置和条件对硫酯和含硫化合物的水平有最显著的影响。有趣的是，在美国、澳大利亚和新西兰种植的酒花品种中发现了4MMP。然而，这种化合物在欧洲生

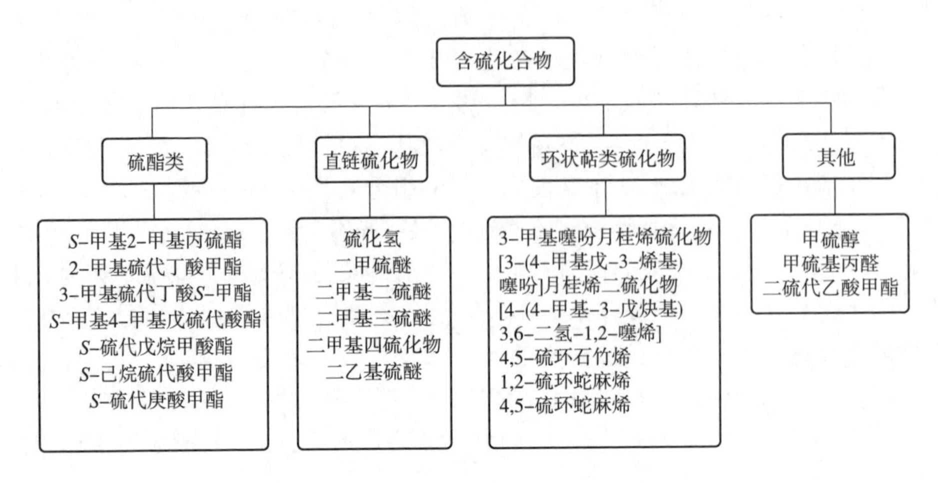

图 2 - 15　酒花精油成分——含硫化合物

长的同一品种中没有发现（Kishimoto 等，2008）。

七、酒花多酚

多酚是酒花植物的另一次生代谢产物；酒花多酚占干酒花总重量的 4%。与大多数酒花成分类似，多酚含量在酒花的不同部位上是不同的。多酚主要是在酒花的花瓣、小苞片和花柄中发现的，除了类似的类黄酮类化合物，如黄腐酚。多酚是具有广泛变化的结构特征的一类化合物。化学上，这些是由多个苯酚单位组成的物质。虽然它们不属于同一类物质，但具有共同的结构元素，至少有两个羟基的芳香环。多酚的组成取决于酒花品种、栽培面积、收获技术和老化程度。据报道，陈年酒花的多酚含量比新鲜多酚含量高。也有研究表明，某些多酚类物质是只在特定的酒花品种中存在。

通过高效液相色谱 - 二极管阵列检测分析酒花样品，在酒花的多酚分数中发现了 100 多种化合物（Forster 等，1995）。酒花多酚可以分为黄酮醇（如槲皮素）、黄烷醇（如儿茶素、儿茶素等）、酚类羧酸（如阿魏酸）和其他的多酚类化合物（如：异戊二烯基黄酮类化合物和多倍体糖苷）（图 2 - 16）。黄酮醇（图 2 - 17C）和黄烷 - 3 - 醇（图 2 - 17D）来源于黄酮的结构（图 2 - 17B），因此被归类为黄酮类化合物（图 2 - 17A），一种多酚的子群。一些多酚是酒花独有的；也就是说，它们还没有在任何其他自然资源中被发现。迄今为止发现的多酚类物质中，有一些是多酚类的多倍体糖苷和异戊二烯基黄酮类化合物，如黄腐酚、脱甲基黄腐酚、6 - 甘草黄酮提取物和 8 - 甘草黄酮提取物。

一般来说，香型酒花比苦型酒花含有较多的小分子量的酚类。原因是高 α - 酸含量的获得只能以牺牲酚类含量为代价。很多酚类在麦汁中来源于麦芽，但

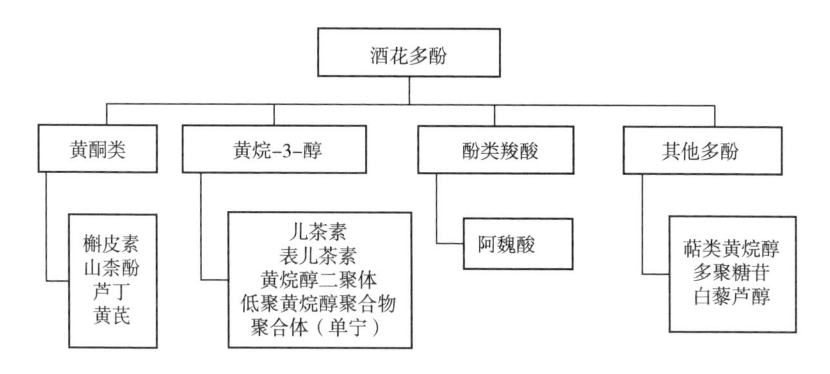

图 2－16　酒花多酚的组成

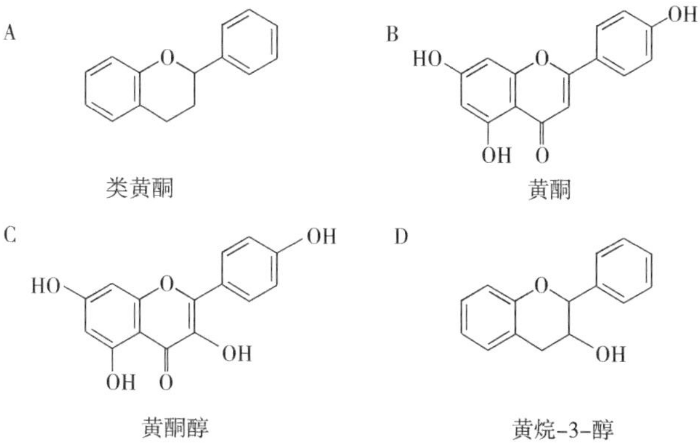

A 类黄酮　　B 黄酮

C 黄酮醇　　D 黄烷-3-醇

图 2－17　酒花黄酮类物质的化学结构

注：（A）是所有其他结构的黄酮类化合物的主干。黄酮醇和黄烷－3－醇（C 和 D）分别是由黄酮类化合物（B）衍生而来的两种类黄酮。

是，麦汁中 20% ~30% 的酚类来源于酒花原料。酒花多酚的重要性不只是在酿造过程中贡献香味，还有在生产中的作用。蛋白质与酚类结合会产生非生物絮凝，这限制了瓶装啤酒的贮存寿命。由于酒花的多酚很容易被氧化，它们可以起到强抗氧化剂的作用。它们通过抑制脂合酶或以金属螯合剂作为自由基清除剂来进行反应。低分子量的多酚是天然的抗氧化剂，在很大程度上可以降低麦汁中氧的含量，从而保护啤酒免受氧化，提高口感的稳定性。高分子量多酚会造成啤酒的失光和浑浊的形成。

1. 黄酮类物质

（1）黄酮醇　大约 20% 的酒花多酚由低分子量物质或单体物质组成，如酚羧酸以及类黄酮及其糖苷（表 2－4）。酒花类黄酮主要由儿茶素及其聚合物、原花青素、槲皮素（图 2－18A）和堪非醇（图 2－18B）组成。其他酚类成分具有不同品种特异性。

表 2－4　酒花多酚的组成和在酒花中的含量

多酚组分	含量
酚基羧酸	
苯酚酸衍生物	<0.01
肉桂酸衍生物	0.01～0.03
黄酮类	
黄腐酚	0.20～1.70
8－，6－异戊二烯基柚皮素	<0.01
槲皮素	0.05～0.23
山柰酚	0.02～0.24
儿茶素和表儿茶素	0.03～0.30
寡聚原花青素	0.20～1.30
酰基间苯三酚衍生物	0.05～0.50
高分子组分	
儿茶素单宁制剂和单宁	2.00～7.00

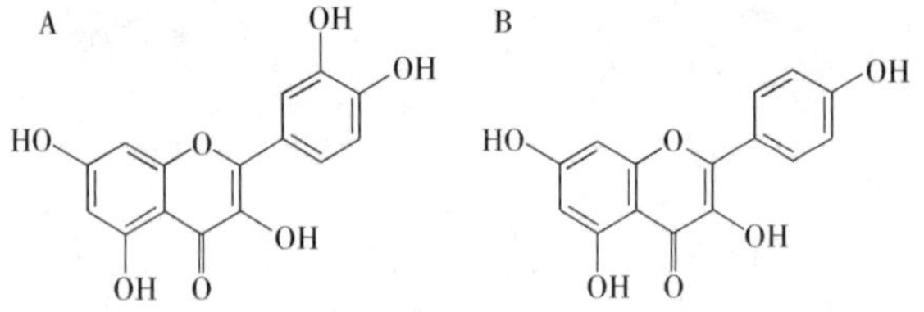

A　槲皮素　　B　堪非醇

图 2－18　两个质子化的糖苷配基的化学结构

注：槲皮素（A）和堪非醇（B）在结构上非常相似；槲皮素在黄酮类化合物上有一个额外的羟基。

（2）黄烷－3－醇　酚类在麦汁和啤酒中的溶解度对所有的化合物是不一样的。含有亲水基团的物质比如水杨酸，对羟基肉桂酸，黄烷－3－醇和原花青素的溶解度高。含异戊二烯基类黄酮很难溶解，然而，黄酮类化合物有一个中间溶解度。酒花的一部分多酚物质有水溶性物质如儿茶素和表儿茶黄烷－3－醇（图 2－19）。这些都是单体的二聚体、三聚体和更高的聚合物结构。这些聚合物称为原花青素或浓缩单宁。化学上来说，分子由八个单体组成的低聚物被称为原花青素。单宁所含的单体数量较高。原花青素是由黄烷－3－醇低聚物和高聚物的花青素酸解聚反应产生。原花青素是多酚中活性最大的物质。酒花花青素在酿造工业中受到特别的关注是由于它们有助于凝聚物的形成。正如前面所提到的，原花青素和单宁是一类水溶性多酚化合物。在啤酒中这些原花青素会慢慢与蛋白质发生反应形成非生物凝聚。这些不溶性沉淀最终会限制瓶装啤酒的保质期。

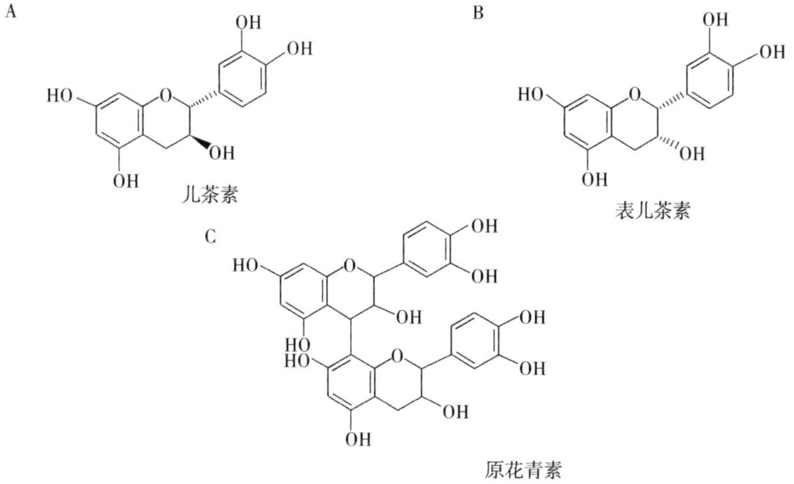

图2－19　儿茶素（A）、表儿茶素（B）和原花青素（C）的化学结构

2. 其他酚类化合物

（1）含异戊二烯基类黄酮　新鲜的酒花的含异戊二烯基类黄酮的主要组成成分是查耳酮黄腐酚。少量的脱甲黄腐酚在酒花的蛇麻腺中也有发现。异戊二烯基查耳酮、黄腐酚、含异戊二烯基类黄酮在酒花中是自然存在的，它们是黄烷酮类的同分异构体。在酿造过程中，这些异戊二烯基查耳酮大多转化为黄烷酮类的同分异构体分别是异黄腐酚和脱甲黄腐酚。然而，黄腐酚只能环化成异黄腐酚，脱甲基黄腐酚分解为比例1：1的6－甘草黄酮提取物和8－甘草黄酮提取物的混合物（图2－20）。8－异戊二烯基－4，5，7－三羟黄烷酮的雌激素外消旋体通常被称为8－异戊二烯基－4，5，7－三羟黄烷酮或“hopein”。这个术语是De Keukeleire在2001年创造的。甘草黄酮提取物中最重要的是8－甘草黄酮提取物。这种化合物为植物界最有名的、最有活性的植物雌激素。植物雌激素是一种植物雌激素形态荷尔蒙，可以帮助预防心血管疾病和癌症。很久以前人们就知道了酒花的雌激素性质（Hänsel等，1988）。然而，Milligan等人的报道发现酒花雌激素还具有体外活性（Milligan等，1999）。在酒花中发现的其他含异戊二烯基类黄酮，6－甘草黄酮提取物只有很弱的雌激素活性。酒花中有更多的有健康效益的雌激素被Chadwick等人报道（Chadwick等，2006）。

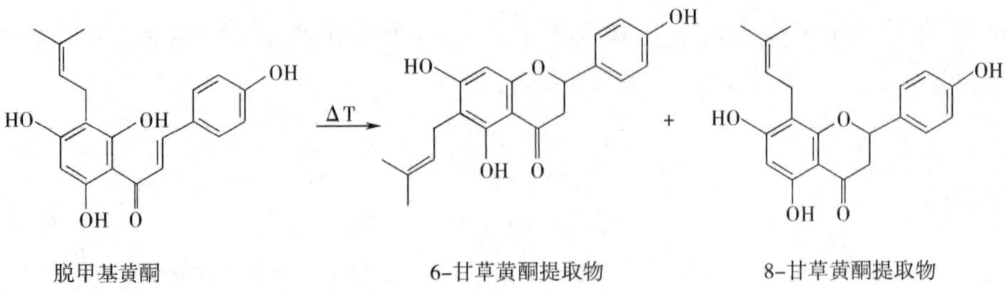

脱甲基黄酮　　6-甘草黄酮提取物　　8-甘草黄酮提取物

图 2-20　脱甲基黄酮、6-甘草黄酮提取物和 8-甘草黄酮提取物的化学结构
注：在酿造过程中，对黄酮类化合物进行热异构化，并将其转化为异构体黄酮。

（2）多倍体糖苷　天然的酰基间苯三酚-1-β-D-吡喃葡萄糖，一般称之为多倍糖苷（图 2-21），第一次是从珊瑚花中分离出来，“多倍体”一词是用来表示糖苷配基，这种化合物被认为具有免疫活性和疗效药物性能。多倍体无自由基形式，但是，像很多其他多酚一样与糖苷结合。Bohr 等从酒花中分离出来四个单酰基间苯三酚-吡喃葡萄糖苷和一个糖苷配基。2005 年首次报道了酒花花苞中含有这些化合物（Bohr 等，2005；Vancraenenbroeck 等，1965）。类似于酒花 α-酸和 β-酸，多倍配基是酰基间苯三酚带有侧链的衍生物。所确定的化合物命名根据酒花苦味酸的命名法。基于多倍结构的糖苷同系物，前缀“co-”“n-”或者“ad-”作为标记。分离出的多倍糖苷衍生物具有抗炎的特性。

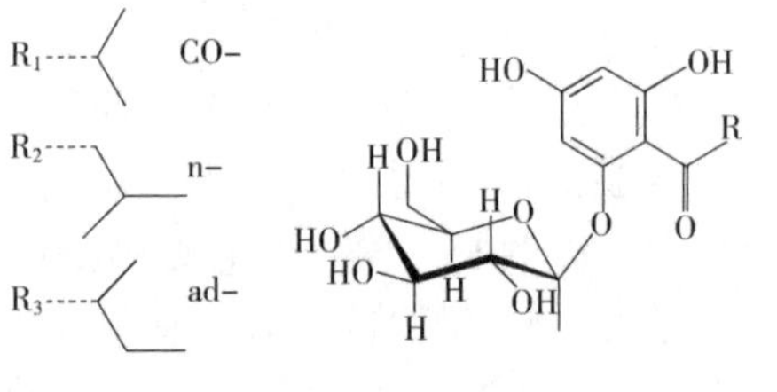

图 2-21　多倍体糖苷的化学结构

（3）白藜芦醇　在 2005 年，第一次提到酒花中存在 3 种具有心肌保护作用的芪类（一种酚类化合物）：反式白藜芦醇，反式白藜芦醇苷和顺式白藜芦醇苷（图 2-22）（Callemien 等，2005）。顺式白藜芦醇在检测的各种新鲜酒花花苞和颗粒酒花中不存在。然而，有证据证明在酒花贮存过程中顺式白藜芦醇产生于顺式白藜芦醇苷。类似于许多酒花成分，酒花中对称二苯代乙烯的含量受品种、收获和地理起源，以及其他因素的影响。除了对氧高度敏感的酒花品种，α-酸含量越低，白藜芦醇含量越高。众所周知，红酒中具有生物活性的成分就是白藜芦醇。葡萄酒的心血管保护效应归因于这种化合物。研究发现，在新生酒花

中反式白藜芦醇多达2mg/kg，但与葡萄相比，酒花中白藜芦醇含量很低。反式白藜芦醇的疏水性比其他一些酒花酚类强得多，因此，很难留存到成品啤酒中。然而，由于反式白藜芦醇对健康有益，所以它的重要性不能被忽视。作为一种酚类化合物，白藜芦醇具有抗氧化潜力，因此可能在人类心血管疾病的预防中发挥作用。白藜芦醇也已被证明能够调节脂质代谢，抑制低密度脂蛋白的氧化和血小板的聚集。此外，作为一种植物雌激素，白藜芦醇可以提供心血管保护。这种化合物还具有抗炎和抗癌特性，2006年发表了有关白藜芦醇有益健康的深入评论（Baur等，2006）。反式白藜芦醇和顺式白藜芦醇也和反式白藜芦醇苷与顺式白藜芦醇苷一样被证明存在于啤酒中。对110种商业啤酒分析，在啤酒中反式白藜芦醇含量最丰富的是对称二苯代乙烯。在啤酒中反式白藜芦醇被检测到的最高含量是66.74g/mL。尽管白藜芦醇是一种天然酚类植物抗毒素且对健康有潜在的益处，但这些功效取决于摄入数量和化合物的生物利用率。

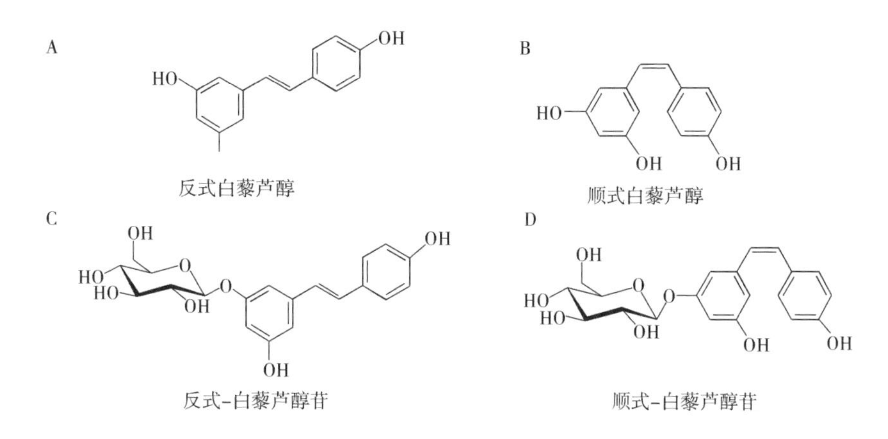

图2-22　白藜芦醇和白藜芦醇苷的顺、反式同分异构体

八、啤酒中多酚类物质

酒花多酚可以提供苦味和涩味，取决于它们的聚合度。Peleg等人已经报道，在水基质中，随着酚类聚合度的增加，可以感知的最大苦味强度和持续时间减少，相反，涩味增加。有人也注意到，单体的苦涩明显高于二聚体，都明显高于三聚体。使用二氧化碳从酒花原料中提取的多酚固体酒花进行了酿造实验（Peleg等，1999）。结果表明，多酚产生的苦味与异α-酸传递出的苦味相互作用。对于低酚含量的啤酒，苦味的质量和时间是相似的，但不完全相同，因为有异α-酸。随着多酚类物质的含量增加，产生的苦味是粗糙且更收敛。在最高水平下检测到的苦味被认为是粗糙的，药用的或含金属的。在这项研究中发现，含有200 mg/L多酚的啤酒被认为比含有10mg/L异α-酸的啤酒更苦。另一个不

应忽视的啤酒质量是口感。在1995年有人提出，酒花多酚对啤酒的醇厚度有积极的作用（Forster等，1995）。在2007年以前，没有确凿的研究分析酒花多酚对啤酒的口感影响。2007年，Aerts等申请了美国专利，他们的数据不仅证实酒花多酚对提高啤酒口感有积极作用，也证明对口感的主要影响与酒花品种有关。酒花多酚类型对啤酒醇厚感的贡献率不同（Goiris等，2014）。他们的研究结果表明，异戊烯基黄酮提取出得越多对提高啤酒口感越有利。向啤酒中添加一种原花色素丰富的提取液，对口感没有可感知的影响，相反引起了不愉快的涩味。

第三章　酒花种植技术

第一节　酒花对生长环境的要求

与茶、葡萄等其他植物一样，只有良好的酒花品种在适合其生长的环境下（图3－1），才能种植出高品质的酒花，因此，下列因素对酒花种植有重要的影响。

图3－1　酒花种植园

地理位置：世界上种植啤酒花的地区主要是欧洲和美洲，其地理位置主要在北纬40°～60°；澳大利亚、新西兰和南非也种植部分酒花，主要在南纬25°～45°；而我国种植啤酒花的地区主要是在新疆、甘肃、内蒙古自治区和东北，主要在北纬40°～50°。

温度：酒花属于喜冷凉，耐寒畏热的植物，对温度的要求很高，其生长温度要求介于小麦和葡萄所需的温度之间。花体枝蔓生长期：14～19℃、花体形成期：17～23℃、花体成熟期：15～25℃，要求无霜期120天左右。

雨水：啤酒花生长期雨量不宜多，最好进行灌溉；在枝叶生长期，雨量稍多可促进生长；在开花及成熟期，雨量不宜多，否则容易引起落花、烂花和病害。

日照：啤酒花为长日照植物，生长期间需要充足的阳光，日照时间最好在1700～2600h，这样才能枝繁叶茂。因此，啤酒花种植园里总是选用较高的啤酒花架杆和斜面架杆，且每排之间留有足够的距离。

风：较为温和的风对啤酒花的生长十分重要。强风则会影响质量和产量，由于这一原因，啤酒花种植园应尽可能布置在背风的位置。

土壤：不择土壤，但以土层深厚、疏松、肥沃、通气性良好的土壤为宜，中性或微碱性土壤均可，尤以沙质黏土或黏性沙土为最佳，而且能够翻深30cm最为适宜。

肥料：一般和其他耕作植物所使用的相同，即氮、磷、钾肥等。含硝酸根离子的肥料也需适量使用。

第二节　世界主要酒花产区概况

德国和美国的酒花种植面积约为世界总面积的84%，其中最大的啤酒花种植区位于德国哈拉道地区、美国华盛顿州、俄勒冈州和爱达荷州。其他国家，捷克共和国、波兰、斯洛文尼亚、英国、乌克兰、中国、南非、澳大利亚和新西兰占16%。

一、中国酒花种植情况

中国酒花种植区域主要分布在新疆的天山、阿尔泰山山脉和甘肃酒泉等地区。新疆集中分布于阿尔泰地区的额尔齐斯河及其分支流域，塔城地区的额敏河流域，伊犁地区的伊犁河流域等地。另外，在甘肃、宁夏、四川、陕西和云南也有啤酒花的分布。

在中国的新疆、甘肃，曾经种植着大量的啤酒花。全球啤酒花走俏的时候，这里的酒花公司和农民们却在不断地减产，原因很简单，经济效益差。

中国的啤酒花种植十分依赖几家大型啤酒集团，而这些集团的财报都在揭示同一个问题，啤酒产量呈现下降趋势或出现了结构性调整。产量下降意味着啤酒花需求量的下降，结构性调整影响了对国产酒花的需求（进口酒花比例上升），以上因素导致酒花公司没有足够的订单支撑生产。

1. 独具特色的河西走廊酒花种植区

甘肃省河西走廊是我国啤酒花种植最理想的区域，有全国面积最大、科技含量最高的全机械种植、管理、收获的壁式栽培高科技啤酒花花园，创造了啤酒花单产世界第一，啤酒花品质全国第一，啤酒花滴灌种植和机械采收全国第一等好成绩，使啤酒花产业实现了由传统的经验模式向科学的精细模式转变。甘肃农垦集团积极整合全省垦区啤酒花种植及加工企业，组建了以亚盛集团为主的绿鑫啤酒原料有限责任公司。目前该公司已拥有啤酒花基地 3 万多亩，年生产加工啤酒花干花 6000 多吨，成为国内最大的啤酒花种植及加工企业。

（1）地理环境　玉门－酒泉地理区域是青藏高原和内蒙古高原的过渡地带，境内有疏勒河、黑河、哈尔腾河三大水系，均发源于南山冰川积雪区，是区域内居民生活、工业生产、农业灌溉的主要水源，年径流量约 32.23 亿立方米，水资源不是很丰富，但基本可以满足农业生产的需要，且水质良好，有利于酒花等作物的生长。

（2）气候特点　玉门－酒泉地理区域属大陆半沙漠干旱性气候。其特点为：气候干旱降雨少，蒸发强烈日照长，冬冷夏热温差大，秋凉春旱风沙多。最高气温可达 40℃，最低为零下 31.6℃，年平均气温 3.9～9.3℃，昼夜温差大。年平均日照时数为 305.4h，日照百分率平均 69%，10 月份多达 78%，无霜期 127～158 天。

（3）土壤特点　玉门－酒泉地理区域土壤绝大部分是灌漠土，土壤质地以砂壤和轻壤为主，土地平坦。

综合三方面的条件，玉门－酒泉地理区域具有优越的光、热、水、土资源，满足酒花生长的良好条件。昼夜温差大，有利于有效成分的生成积累。干燥多风少雨的气候，使得霜霉病这一世界性的酒花病害难以滋生。而来自于祁连山充沛无污染的冰雪水，使玉门酒花饱饮琼浆。20 世纪 80 年代探索出来的酒花“立体布网”技术，改变了传统的平网布置，使酒花产量翻了一番。玉门人经过了 20 多年的酒花种植，掌握了精细化的酒花管理技术，使得酒花在优越的地理环境下，将品种的优良特性发挥到极致。2009 年，青岛大花品种在玉门单产 $0.53kg/m^2$，有效成分 α－酸田间检验可以达到 9%～10%，这在世界各酒花种植基地是绝无而仅有的。玉门酒花独特的产地环境和精细的管理技术，造就了玉门酒花金牌品质，使得玉门酒花“香誉大江南北，名扬五湖四海”。

2. 中国主要酒花栽培品种

我国是一个新兴的啤酒花生产国，但品种比较少，且主要是国外引进品种。在栽培初期，曾引进了大量品种，在全国 20 多个省市进行试种。1980 年以后，啤酒花集中在西北地区种植时，又引进了大量品种，当时有记录的品种达 37

个，但大部分生产表现不佳，没有在生产中推广，主栽品种一直是青岛大花。目前生产中主要的品种有：

（1）青岛大花　占全国栽培面积60%左右，是生产中的当家品种。青岛大花是最早引入国内的品种，因种植在青岛，花体大，故称青岛大花。通常单株结花苞4000～9000个。本品种生长强旺，适应性强，喜光喜肥，耐干旱，产量0.27～0.48kg/m^2。在甘肃8月中旬成熟。丰产性好，是苦味型品种，α－酸含量6%～9%，适宜低平架栽培。

（2）麒麟丰绿　1981年从日本引进，在新疆大面积推广，1998年后逐渐在甘肃推广，目前实际面积有266.7hm^2，生长势较弱，主茎长度约5m，属短枝型品种，侧枝结花，单株结花苞数800～1200个，花苞纵横径为29～40mm×20～23mm，百果干重15.2g。在甘肃8月初成熟，是中熟品种。α－酸含量9%～12%，但风味较差，贮藏性差，α－酸损失快，啤酒厂不愿单独使用，因此面积在减少。在半高架栽培时，α－酸可以达到15%，产量达到0.39kg/m^2。

（3）哥伦布　从美国引进，主要在新疆种植，约221978kg/m^2。本品种生长较弱，茎紫色，次枝条结花，单株结花苞数500～800个，主茎长度4～5m，花体呈四棱锥形。叶片小，节间短，侧枝短，仅1～2m，α－酸含量15%～17%，适宜密植，丰产性好，可达0.45kg/m^{2}以上，是已知品种中产量最高的，在密植的情况下，可达0.30kg/m^2。该品种不抗霜霉病，易感根腐病，易感红蜘蛛，生产利用年限比青岛大花短，生产上要及时更新已感病植株。甘肃8月上旬成熟，新疆8月中下旬成熟。

（4）札一　是日本三宝乐麦酒株式会社育成，与萨兹相似。1987年新疆引进，是香型品种，仅在新疆种植，面积约200hm^2，生长较旺，丰产性好，α－酸含量4%～5%，主要用于出口。本品种在香味型品种中，生长势强，产量高，可达0.39kg/m^2。

（5）甘花1号　1998年引进，2005年甘肃省农垦农业研究院定名。本品种的茎初期紫红色，刺毛粗，主茎长度5～6m，叶片大，侧枝长80～210cm，节间22cm，花体较大，单株结花数苞400～1200个，α－酸含量12%，贮藏稳定。花体紧密，苞片膜状，有明显的弯曲，苞片卵形或卵圆形，顶端尖。花轴弯弯曲曲，有9～11节，与青岛大花相比，生长量较低，是中等生长量品种，比青岛大花早熟12～15天，是比较理想的早熟品种。香味浓，合葎草酮含量低，产量0.23～0.27kg/m^2，适宜的种植株数50～100株/hm^2，适合高架或半高架栽培。高抗霜霉病，易感红蜘蛛。

（6）卡斯卡特　1986年宁夏从美国引进，香型品种，生长势强旺，茎色深绿色，主茎长度达5m，侧枝最长达2m。侧枝结花，花体四棱锥形，花体成熟后呈绿色。单株经济性状较好，抗霜霉病，产量较高，在甘肃河西达到0.33kg/m^2，α－酸含量6%。

（7）彗星　从美国引进，α－酸含量9%～12%，主茎长4m，茎色淡绿，茎上有明显的紫色条纹，在扩杈期，叶片淡绿色或黄色，易于其他品种区别。叶片较小，花苞大，四棱柱形，色淡，主梗11～15节，稍直，苞片膜状，倒卵形。较抗霜霉病，易感黑茎病。抗病毒病。产量0.30～0.36kg/m^2。

（8）伊瑞卡　株形小，松散，呈漏斗型结构。侧蔓数量较少，主要分布在10～16节之间，17以上节位叶腋直接生花。叶较大，叶色深绿。花苞长卵形，黄绿色，花稀少，产量低，α－酸含量10%～13%。在扩杈期，田间生长远看很旺盛，但实际上是叶大而繁茂，花序数量少。本品种种植面积已大幅度减少。

（9）格丽娜　早熟品种，是美国第一个商业性种植的高α－酸品种，α－酸含量10%～12%，主茎长度5～6m，节间长，达到22cm。主茎纤细，绿色，叶大，因此，显得花、叶稀少。花体卵圆形。主梗13～15节、梗弯弯曲曲。产量较低，为0.12～0.195kg/m^2。

（10）青岛2号　早熟品种。新芽为紫色，成茎为紫褐色或绿色，茎较细，圆形，茎刺少而细，叶呈3～5分裂，也有呈心脏形者。枝蔓较细，侧枝短而少，生长力一般。喜肥耐旱，适应性强。花体小而密，呈卵形，黄绿色或绿色，香味好，产量低，软树脂含量较青岛1号略低。开花期在6月初，7月下旬成熟。

（11）马可波罗　是从美国引进的高α－酸苦型啤酒花品种。成年的酒花花株具有强有力的宿生茎头，芽眼发达，而且还有非常发达的根芽系统，繁殖率高，可作扦插使用。该品种香气浓烈令人愉悦，经多家啤酒厂实践酿造结果证明，马可波罗酿造品质好，可以替代进口啤酒花产品，α－酸含量：14%～16%，β－酸4.5%～5.5%，α－/β－酸为：3～3.5。合葎草酮22%～27%，含油量1.8%～2.4%，葎草烯15%～25%，石竹烯8%～12%，葎草烯/石竹烯：1.8～2.1。

3. 我国酒花产业面临的问题

根据《2015/2016年度巴特哈斯酒花报告》中记载，在新疆种植区，4个种植园停止了酒花生产，剩下20家仍在种植。甘肃地区种植园数量不变，仍为13家。但是，比种植园减产更触目惊心的是种植面积的减小。2009—2015年间，中国酒花种植面积累计减少了61%。仅2015年一年就下降了13%。据2017世界酒花种植者协会统计显示，2016年和2017年中国酒花种植面积降到新低，均为2000hm^2。

这种减少主要来自于市场需求的减少。国内各大啤酒集团近几年先后进入调整期，库存量较高，产量减少，影响后续对啤酒花的采购。由于需求量不断降低，新疆甘肃等地的种植园只得减少种植面积，原来种植酒花的土地，改为种植其他经济价值更高的作物。

（1）缺少政策支持　中国的酒花种植行业缺少相关部门的政策支持。美国酒花之所以风靡世界，除了当地得天独厚的风土外，其完整的“生态环境”才是其成功的根本。从美国农业部，到美国啤酒花种植者协会、美国酿造商协会，到多家酒花公司、精酿酒厂、酒花种植户，各方紧密合作，在育种、种植、生产加工等过程共同协商、研讨，同时还与大学和科研院所紧密合作进行科研创新。这种完整的生态环境使得啤酒花的供给需求更加稳定，农民的利益受到保障，“西楚”酒花的培育者丁泸平博士（Dr. Patrick Ting）来齐鲁工业大学进行学术交流时，曾多次介绍美国的酒花种植现状，他说：“现在在美国买酒花普遍选择签长期合约，比如一次性签订几年的用量。直接现货购买的话会很难买得到，尤其是那些特殊的、紧俏的酒花。长期合约促使美国农场主大量种植酒花，使整个市场越来越大，越来越好。”这种合作模式充分保证了酒花种植者的利益，也使得酒花公司在生产酒花的同时，有足够的精力去研究新品种，满足各个酒厂的需求。同时，啤酒厂不断地推出的新产品，进一步扩大了精酿啤酒市场，也同时增加对啤酒花的需求，使得酒花种植者能够提前拿到更多更长期的生产订单，形成良性循环发展的局面。

（2）酒花品种单一　我国酒花的品种单一，缺乏市场竞争力。我国种植的酒花绝大多数是苦型啤酒花或高 α - 酸酒花，如青岛大花，马可波罗，彗星等。我国的酒花种植品种仅有 10 种左右，与德国 30 多种和美国的 60 多种左右相比差距较大，特别是香型酒花的比例更少。尽管种植面积一再下降，但青岛大花仍占到总面积的 61% 左右，说明中国本地啤酒花种植品种单一，很少有新的酒花品种的问世。

（3）缺乏酒花新品种培育机制　每款新品种的培育需要多部门协作完成，这需要资金和人力投入，通常需要十几年的时间。酒花种植公司没有国家农业、科研机构的引导，仅凭借自身能力很难研发出有市场竞争力的新型酒花。因此，目前中国的酒花种植不容乐观，既缺乏品种资源，也缺乏系统的研发机制，由于受到知识产权的限制，引进新品种也非常困难。

目前，甘肃亚盛绿鑫啤酒原料有限责任公司的丁志诚带领的团队已经在新品种开发方面做了大量的尝试，培育出了部分新品种，这需要多年的选育和酿酒试验后，才能推向市场，这让我们看到了一线曙光。

对于中国来说，要想解决酒花的问题，只靠一些热心的酒花种植者或者种植公司是很难的。必须提升到一个比较高的层面去解决，把它作为一个农业上的课题去研究，不是个别的农户和公司能独立解决的。在现在的状态下，如果缺乏行业、政府、科研机构支持，靠农户自身的力量是远远不够的。

二、德国酒花种植概况

德国的主要酒花种植地区有哈拉道、赫斯布鲁克、泰特南和东部的易北 -

萨勒啤酒花种植地区（图3－2）。

图3－2 德国主要酒花种植地区

哈拉道（Hallertau）位于巴伐利亚州中部，东西走向约65km，南北走向约50km，总面积约为2400km^2。Hallertau这个名字源于古德语，大概的意思是“隐秘中心的森林”，而Hallertau中心确实也有一片古老的森林，名叫“Au”，深受啤酒爱好者青睐的Schlossbrauerei Au－Hallertau啤酒厂就坐落于那里。

德国约86%的酒花种植面积分布在巴伐利亚州，而巴伐利亚州的97.5%则在Hallertau地区（2013年数据）。Hallertau到底种植了多少酒花呢？2015年的种植面积为14910hm^2（占Hallertau总面积的6.21%）。2015年德国总的酒花种植面积为17847hm^2（比往年增长3.2%），哈拉道占了83.54%。

在古埃及和古巴比伦文明中，酒花就已经作为香料用于啤酒酿造。只是当时人们还只使用野生的酒花。哈拉道的酒花种植始于公元8世纪。据史料记载，公元736年在战争中被捕的斯拉夫人引入了酒花培育和种植的技术。一直到19世纪初，纽伦堡附近的斯派尔特（Spalt）地区还是德国最主要的酒花种植区。1848年佃农解放后，哈拉道地区的酒花种植面积激增，到1912年成为了德国最大的酒花种植地区。

德国酒花种植结构不断调整。2009—2013年期间，德国酒花种植园数量持续下降。2013年德国有1231个酒花种植园，比上一年减少了64个。其中，哈拉道地区有989个种植园，比上一年减少了57个。如果将农田分配的变化考虑在内，德国每个酒花种植园的平均种植面积为13.7hm^2（2012年为13.2hm^2）。在哈拉道酒花种植区，每个种植园的酒花种植面积从13.6hm^{2}上升到了14.2hm^2。

2009—2013 年，德国酒花种植面积已连续五年下降。2013 年比上年减少了 279hm^2，同比下降 1.6%。哈拉道马格努门（Hallertauer Magnum）酒花种植面积大幅下降（减少 407hm^2），其次是珍珠（Perle）（减少 155hm^2）和哈拉道淘若斯（Hallertauer Taurus）（减少 112hm^2）。而另一方面，高 α－酸品种海库勒斯（Herkules）的种植面积增加了 444hm^2。香花中，苏菲亚（Saphir）酒花和赫斯布鲁克（Hersbruck Spalt）酒花的种植面积分别增长了 71hm^2 和 62hm^2。

根据国际酒花种植者协会的统计，2017 年，德国酒花种植面积总量达到 19543hm^2，较 2016 年增加了 945hm^2（表 3－1）。酒花总产量达到 41300t，较 2016 年减少了 1466t。其中，香型酒花产量减少了 1964t，苦型花增加了 498t（表 3－2）。

表 3－1　2016—2017 年德国酒花种植面积（据 IHGC 2017 年统计报告）

总酒花面积/hm^2	2016 年种植面积/hm^2	2017 年种植面积/hm^2	2017/2016 变化量/hm^2	2017/2016 变化率/%
香花	10534	11075	541	5.1
苦花	8064	8468	404	5.0
总量	18598	19543	945	5.1

表 3－2　2016—2017 年德国酒花产量（据 IHGC 2017 年统计报告）

总酒花产量/t	2016 年产量/t	2017 年产量/t	2017/2016 变化量/t	2017/2016 变化比率/%
香花	22214	20250	－1964	－8.8
苦花	20552	21050	498	2.4
总量	42766	41300	－1466	－3.4

2016—2017 年德国主要酒花品种变化相对稳定，10 个酒花品种种植面积有所减少，如珍珠、哈拉道传统、哈拉道马格努门等；8 个品种种植面积增加，如海库力斯和哈拉道淘若斯等（表 3－3）。

表 3－3　2016—2017 年德国酒花种植面积及 α－酸含量变化（据 IHGC2017 年统计报告）

酒花主要品种	2016 总种植面积/hm^2	2017 总种植面积/hm^2	2016—2017 面积变化/hm^2	2016α－酸含量/%	2017α－酸含量/%
香花					
珍珠（Perle）	3093	2966	－127	8.2	6.9

续表

酒花主要品种	2016 总种植面积/hm^2	2017 总种植面积/hm^2	2016—2017 面积变化/hm^2	2016α - 酸含量/%	2017α - 酸含量/%
哈拉道传统 (Hall. Tradition)	2827	2704	-123	6.4	5.7
赫斯布鲁克 (Hersbrucker)	943	915	-28	2.8	2.3
哈拉道 (Hallertauer)	733	723	-10	4.3	3.5
泰特南 (Tettnanger)	732	747	15	3.8	3.6
斯派尔特精选 (Spalter Select)	534	532	-2	5.2	4.6
苏菲亚 (Saphir)	450	473	23	4	3
斯派尔特 (Spalter)	119	121	2	4.3	3.2
巴伐利亚橘香 (Mandarian Bavaria)	346	356	10	8.7	7.3
苦花					
海库勒斯 (Herkules)	4884	5797	913	17.3	15.5
哈拉道马格努门 (Hall. Magnum)	2196	2011	-185	14.3	12.6
哈拉道淘若斯 (Hall. Taurus)	357	284	-73	17.6	15.9
北酿 (Northern Brewer)	266	300	34	10.5	7.8
拿格特 (Nugget)	152	131	-21	12.9	10.8
北极星 (Polaris)	106	174	68	21.3	19.6
哈拉道默克 (Hall. Merkur)	21	17	-4	13.4	11.5

续表

酒花主要品种	2016 总种植面积/hm^2	2017 总种植面积/hm^2	2016—2017 面积变化/hm^2	2016α－酸含量/%	2017α－酸含量/%
酿造者金（Brewer's Gold）	17	16	－1	7.2	7
彗星（Comet）	7	8	1		

在德国，成功的啤酒花品种研发是民营企业和啤酒花研究机构合作的成果。一般情况下，啤酒花研究项目是受啤酒生产企业协会的成员和巴伐利亚农业研究中心的合同委托进行的。在巴伐利亚州的哈拉道地区 Anton Lutz 先生在 Hüll 啤酒花研究中心培育新的啤酒花品种。在 Hüll 啤酒花研究中心的酒花培育计划中，特殊的香气是最有决定性意义的新品种培育标准。除了已经非常有名的、深得人心的啤酒花种类，例如 Mandarina Bavaria（巴伐利亚橘香），Polaris（北极星），Hallertau Blanc（哈拉道布朗）和 Hüll Melon（胡乐香瓜）以外，还成功完成了 Callista 和 Ariana 两个新品种的开发。尽管这些啤酒花新品种的产量，与哈拉道地区大规模种植的 Herkules（海库勒斯）或者 Perle（珍珠）两个品种相比较的总产量非常小，但其稳步增长的种植面积也着实令人惊讶。

哈拉道地区不仅发展成为全球最大的酒花种植基地，该地区种植大约 30 多个酒花品种，同时也是最重要的酒花品种的研发中心。世界著名的巴特哈斯酒花集团旗下的酒花学院（Hops Academy）位于哈拉道腹地的纽伦堡，该学院在酒花新品种开发和酒花应用研究方面为酒花在全世界的推广做出了极大的贡献。

三、美国酒花种植概况

美国啤酒花产量占全球的三分之一，而其种植面积仅占全球啤酒花种植面积的 30%。美国啤酒花种植业生产超过 50 种啤酒花，为寻求独特风味和苦味的酒厂提供广泛的选择。

20 世纪初，美国西北部太平洋沿岸的华盛顿州、俄勒冈州和加利福尼亚州是美国啤酒花的主要产地。1993 年禁酒令解禁后，这些地区的啤酒花种植面积大增。爱达荷州的种植面积在二战期间不断增长；而加州啤酒花产业在 1990 年停歇。太平洋西北部拥有宜人的气候、肥沃的土壤、丰富的灌溉水源，还有世代相传的家庭农场，这一切使得啤酒花的品质和产量俱佳。区域内先进的存储及加工设施保证了啤酒花作物的品质，可以满足酿制各种产品的需求。美国酒花主要种植地区见图 3－3。

1. 美国酒花的起源

早在 1648 年，马萨诸塞湾一块占地 18.2hm^2 的啤酒花种植农场就向该地区

图 3－3　美国主要酒花种植地区

第一家营利性的酿酒厂供应了啤酒花，这是对美国啤酒花商业种植的最早记录。到了 19 世纪，啤酒花种植已经发展到新英格兰地区的其他几个州，马萨诸塞州仍旧是美国最重要的啤酒花产地。19 世纪中叶，纽约州拥有全美最大的啤酒花种植面积，并在 19 世纪最后几十年中达到鼎盛时期。在世纪之交时，太平洋沿岸的新型啤酒花产量已经超越了纽约州，位于啤酒花产量榜首。而美国禁酒令使得东部海岸的啤酒花种植业落下帷幕，同时伴随着霜霉病等病害的出现，美国东北部啤酒花作物在 1927 年也元气大伤。

精酿啤酒的发展促使了客户群的壮大，给全美的啤酒花种植地区带来了生机，同时也使过去的啤酒花种植区域复苏。这些农场的面积通常比太平洋西北岸的同行小，但却能很好地满足当地啤酒花市场的特殊需求。

2. 美式啤酒花种植特点

初步设立啤酒花种植农场需要大量的资金投入，用于种植材料、棚架及灌溉系统。5.49m 高的棚架需要 $4\times10^{3}m^{2}$ 约 55 根杆，并由大量电线电缆相连。混凝土锚埋在啤酒花种植农场四周 1.52m 深的地下，固定棚架，让其在啤酒花作物的重压之下屹立不倒。啤酒花作物的种植间距通常为 1.07m×4.27m。啤酒花农场一旦建立，啤酒花就会持续生产，除非遭遇病虫害会降低产量，或是有不同品种需求。美国啤酒花农场生产 50 多种不同香气、高 α－酸及高 β－酸含量的两用啤酒花。

3. 美国啤酒花种植者协会

美国啤酒花种植者协会（Hop Growers of American，HGA）成立于1957年。它是一个代表和推广美国啤酒花种植者在美国和国际上的利益的非营利机构。HGA致力于通过种植者、经销商和酿酒师之间的交流，以及对酿酒师提供关于啤酒花质量、类别和传统的培训来增加美国啤酒花在全世界的使用量。该协会成员分布于美国华盛顿州、俄勒冈州和爱达荷州大约70家啤酒花种植单位。这些单位啤酒花的产量占美国全部产量的99%。如美国华盛顿州雅基玛山谷（图3-4）和俄勒冈州的威廉麦特山谷（图3-5）也是其成员。

图3-4　位于华盛顿州雅基玛山谷的酒花园，半干旱的沙漠气候特别适合酒花的生长

图3-5　位于俄勒冈州的威廉麦特山谷，西临太平洋，有威廉麦特河的充沛水源灌溉

2011年，这三个州共种植了$121565 \times 10^3 m^2$，产量达29131t的啤酒花，占

全世界啤酒花产量的30%。HGA与上述三个州的州立啤酒花委员会、啤酒花研究委员会和美国啤酒花工业植物保护委员会有着紧密的合作关系。2012年，该协会启动一项旨在加强中国啤酒行业对美国啤酒花了解和使用的市场推广项目。这项活动内容包括为中国啤酒厂和啤酒花经销商提供技术服务、发放技术资料和啤酒花样品，以及在适当的时机举办有关美国啤酒花酿造的专业讲座。该项目将着重针对中国各大啤酒厂、中小型精工啤酒坊、啤酒行业媒体，以及啤酒花贸易商。

4. 美国啤酒花的独创性

在1972年第一款美国啤酒花品种出世时，美国就拥有了自己独特的啤酒花风格。1972年上市的卡斯卡特是美国农业部颁布的第一款美国啤酒花品种。当时，研发小组的豪诺德等人以为这款啤酒花可以代替当时很多美国大啤酒厂偏爱却价格较高的德国进口啤酒花。事实证明，卡斯卡特并不是哈拉道中早熟的替代品，而是改良品种。人们发现卡斯卡特啤酒花具有一种欧洲啤酒花所没有的橘柚香味，或者热带水果香味。开始的时候，有人将这种味道归纳为偏离欧洲啤酒花“标准口感”的异味。而后，有更多的人去追捧这种美国独特的口味，这种独特的香味甚至将美国的啤酒花一举抬上了大雅之堂。经研究发现，啤酒花中的这种橘柚味道来自一种叫4－MMP（4－巯基－4－甲基－2－戊酮）的化合物。这种化合物可以带来橘柚、芒果、荔枝等口味。由于受到土壤和气候的影响，欧洲种植的啤酒花中含有较高量的铜离子。铜离子阻止了4－MMP的形成。而美国的啤酒花中几乎不含有铜离子，所以有大量4－MMP的存在。美国的天然气候条件造就了美国啤酒花独特的风格。

美国啤酒花的另一个特点就是在高温干燥和长时间日光作用下苦味值会增高。1974年，美国农业部颁布了“世纪”啤酒花。该啤酒花中的苦味值含量是卡斯卡特啤酒花的2倍，被称为“超级卡斯卡特”。这款啤酒花同样是橘柚香型。其后，在1985年又推出了一款具有更高的苦味值，且带有松脂和冬青叶香型的“奇努克”啤酒花。卡斯卡特（Cascade）、世纪（Centennial）和奇努克（Chinnok）被世人称为“3C”。这美国的“三剑客”完全可以与欧洲的“贵族”相抗衡。在20世纪80年代兴起的美国精酿啤酒运动中，出现了以内华达山脉啤酒公司的淡色爱尔为首的具有浓烈橘柚香味的啤酒。此后再经过多家啤酒公司的发展演变，形成了具有美国风格的印度淡色爱尔（IPA）啤酒系列。所有的美国IPA都具有两个共同特点——高苦味值和浓烈的热带水果香味。这些风格的形成归功于美国特色的啤酒花。可以说，是美国啤酒花成就了美国的精酿啤酒。

5. 美国对高品质酒花的不懈追求

在撼动了欧洲啤酒花的统治地位和形成了自己啤酒花的风格特点之后，美国啤酒花又在向更高的目标发展。随着美国精酿啤酒运动的发展扩大，尤其是在其带动下的世界精酿啤酒的大发展，全世界的消费者和酿酒师们都在不断地寻求新的口感，而不同的啤酒花给人带来的口感又是千差万别的，所以，世界精酿啤酒运动为美国啤酒花的发展提供了空前的机遇。事实证明，美国啤酒花行业一直保持着高度的远瞻性和创新能力，能够及时地满足不断扩大的对啤酒花品质、种类和可靠性的需求。这种高度的远瞻性和创新能力来自美国啤酒花行业内部完善的体制。2009 年的统计显示，世界精酿啤酒中用量最大的 20 种啤酒花中，美国啤酒花占据了 13 种。其中位居前 6 位的啤酒花全部都是美国啤酒花。

美国的啤酒花种植者非常多。这里既有私人的育种企业也有美国农业部 USDA的公共啤酒花培育项目。John Henning 先生领导着美国农业部 USDA 的公共育种计划。1971 年时，在 Al Haunold 博士的领导下完成了卡斯卡特酒花品种的培育。20 世纪 60 年代的时候，卡斯卡特酒花是德国香型啤酒花品种最有可能的替代品。美国的米勒康盛酿造公司在新啤酒花品种培育中投入了大量的资金，以便最终证实新品种的香气和口感与德国的哈拉道地区的哈拉道中晚熟酒花没有什么区别。要感谢美国的精酿啤酒先驱者，他们使卡斯卡特成为精酿啤酒中的 1 号主角。今天，就种植面积来讲，卡斯卡特啤酒花已经成为美国最重要的啤酒花品种了。

近几年来，美国侏儒啤酒花协会（ADHA）也声称培育成功了几个啤酒花新品种。这些新的啤酒花品种适合于低端啤酒产品。这一育种计划中著名的啤酒花品种有顶峰（Summit）和阿扎卡（Azacca）啤酒花。

6. 美国酒花的质量控制体系

美国啤酒花的质量控制贯穿于啤酒花种苗培育、土壤选择、种植、采摘、加工、保存、销售的整个环节中。啤酒花的根苗一般可以种植 10 年以上。农庄也会不时地更换苗种以确保品质和品种。每年春天，所有的种植土壤都要取样检测，确认土壤中营养的成分比例，再根据土壤的不同情况制定不同的施肥要求以确保质量和产量。啤酒花都是由机械采摘，除去杂物后烘干，再冷却。往往在 48h 内就可以进入冷库保存。美国农业部（USDA）对每一批次的啤酒花（大约 200 ~400 包）进行取样检查。样品交由 USDA 认证的第三方实验室进行检验，证书中明确啤酒花中根茎、叶、籽、碎花蕾、其他杂物的比例，并以官方文件的形式附着于每一批次的啤酒花上。啤酒花农在获得这些合格证书之后才能向啤酒花公司出售啤酒花。这样，啤酒花加工企业就可以很容易地了解每一批次啤酒花的质量，并最后确定它们的用途，也可以根据这些证书追溯每一批次的啤酒花的原产地。

7. 美国酒花种植数据

（1）1992—2017 年美国酒花种植面积　美国酒花种植面积从 1997—2017 年波动较大（图 3 -6），1992—1997 年面积较为稳定，1998—2001 年酒花种植量虽然有所降低但较为稳定，2002—2007 年达到历史最低，2008—2009 年种植量受市场影响又开始增加，2010—2012 保持稳定水平，2013 年开始酒花种植面积数量加大并逐年递增，在 2017 年达到历史最高值 223km^2。

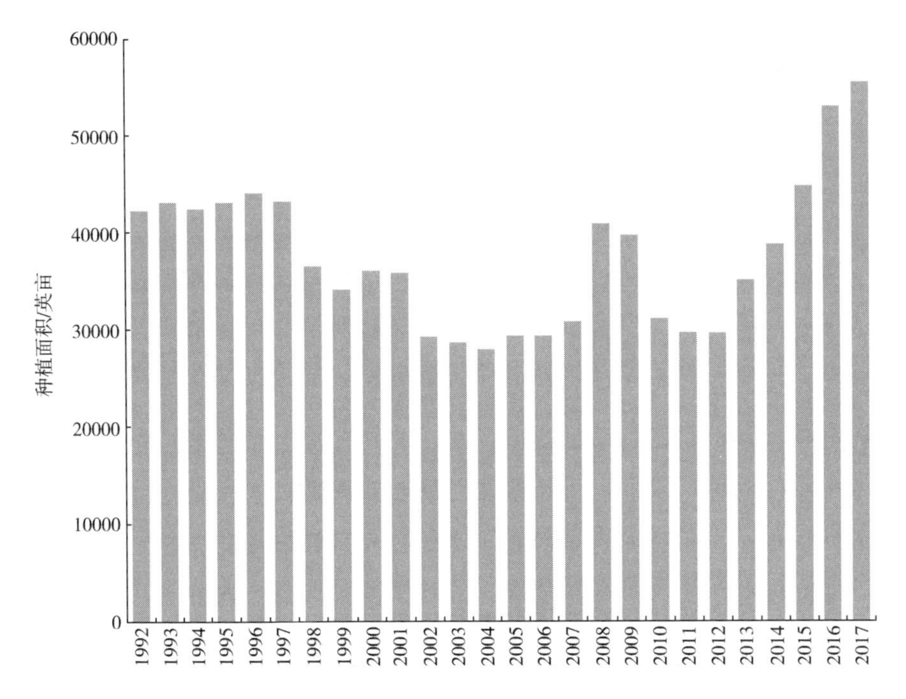

图 3-6　1992—2017 年美国酒花种植面积（据 2017 年 HGA 统计报告）

（2）2013—2017 年美国爱达荷州酒花产量和品种　2013—2017 年爱达荷州酒花总产量逐年上升，2017 年酒花总产量最高，为 6241t。爱达荷州产量较高的酒花品种有卡斯卡特（Cascade）、奇努克（Chinook）、西楚（Citra®，HBC 394）、摩西（Mosaic®，HBC 369）、宙斯（Zeus）。2016—2017 年，酒花产量增长率最高的为西姆科（Simcoe®，YCR 14），增长率为 89.99%，其次为西楚（Citra®，HBC 394），增长率为 80.06%（表 3-4）。

表 3-4　　2013—2017 年美国爱达荷州酒花产量和品种（据 2017 年美国酒花种植者协会 HGA 统计报告）

酒花品种	酒花产量/磅					2016—2017 年变化率/%
	2013	2014	2015	2016	2017	
亚麻黄	*	*	*	*	1542300	
阿波罗	649000	571100	589600	444900	409900	-7.87%
喝彩	330500	324900	435700	356200	417100	17.10%

续表

酒花品种	酒花产量/磅					2016—2017 年变化率/%
	2013	2014	2015	2016	2017	
卡里普索	*	*	138500	156900	174900	11.47%
卡斯卡特	768900	1433100	1257800	1248900	1562000	25.07%
世纪	57200	55800	*	*	456300	
奇努克	583400	575400	662200	715500	1113900	55.68%
西楚	19200	109200	523700	698500	1257700	80.06%
水晶	*	63400	*	206400	379300	
埃尔德拉多	13600	72100	230600	376300	473700	25.88%
摩西	*	*	619700	1093400	1290500	18.03%
西姆科	*	64900	313600	309800	588600	89.99%
超级格丽娜	605400	348500	201400	129200	*	
威廉麦特	*	*	*	*	216200	
宙斯	1670800	1913900	1922800	1601100	2786300	74.02%
试验品种	14000	56000	91400	9000	15900	76.67%
其他品种	1125900	1325500	1737900	1951600	1074600	-44.94%
总产量	5837900	6913800	8724900	9297700	13759200	47.98%

注：*表示没有统计数据。

（3）2013—2017 年美国俄勒冈州酒花产量和品种　2013—2017 年，俄勒冈州酒花总产量上下波动，2016 年酒花总产量最高，为 5622t。2016—2017 年，酒花总产量的增长率为 -3.89%。俄勒冈州产量较高的酒花品种有卡斯卡特（Cascade）、西楚（Citra®，HBC 394）、拿格特（Nugget）。2016—2017 年，酒花产量增长率最高的为西楚（Citra®，HBC 394）。增长率为 54.24%（表 3-5）。

表 3-5　2013—2017 年美国俄勒冈州酒花产量和品种（据 2017 年美国酒花种植者协会 HGA 统计报告）

酒花品种	酒花产量/磅					2016—2017 年变化率/%
	2013	2014	2015	2016	2017	
卡斯卡特	627100	1347400	2163000	1934500	1663000	-14.03%
世纪	394600	485200	853300	893200	940700	5.32%

续表

酒花品种	酒花产量/磅					2016—2017 年变化率/%
	2013	2014	2015	2016	2017	
奇努克	*	*	240000	179200	206700	15.35%
西楚	*	*	241000	684700	1056100	54.24%
水晶	*	*	758100	937200	676900	-27.77%
法格尔	75300	*	90600	143900	107600	-25.23%
金牌	222700	223500	199300	*	253900	
自由	*	*	285600	*	*	
马格努门	146200	189600	312900	225500	80600	-64.26%
摩西	*	*	*	*	631900	
胡德峰	346200	390000	367600	473900	457600	-3.44%
拿格特	3422000	2696400	2802100	2810900	2487900	-11.49%
珍珠	64800	105700	*	*	88500	
西姆科	*	*	320500	649900	655100	0.80%
斯特林	197800	185000	280800	370800	319400	-13.86%
超级格丽娜	377800	288600	191900	*	140400	
泰特南	*	*	165200	145600	72900	-49.93%
威廉麦特	824700	819500	810300	1310000	1101600	-15.91%
试验品种	60700	*	*	*	*	
其他品种	1770600	1490100	585600	1636000	972400	-40.56%
总产量	8530500	8221000	10667800	12395300	11913200	-3.89%

注：* 表示没有统计数据。

（4）2013—2017 年美国华盛顿州酒花产量和品种　2013—2017 年华盛顿州产量较高的酒花品种有卡斯卡特（Cascade）、世纪（Centennial）、西楚（Citra®，HBC 394）、西姆科（Simcoe®，YCR 14）和宙斯（Zeus）。2016—2017 年，酒花产量增长率最高的为阿塔纳姆（Ahtanum），增长率为 148.76%。其次为彗星（Comet），增长率为 145.83%。华盛顿州的酒花品种较多，总产量也比较多。但 2016—2017 年，增长率最高的品种，并非是产量最高的品种。华盛顿州酒花总产量逐年上升，2017 年最高，为 35695t（表 3-6）。另外，其他州的酒花总产量也在逐年增加。加拿大和北美的酒花总产量也在平稳上升。

表 3-6　2013—2017 年美国华盛顿州酒花产量和品种
（据 2017 年美国酒花种植者协会 HGA 酒花统计报告）

酒花品种	酒花产量/磅					2016—2017 年变化率/%
	2013	2014	2015	2016	2017	
亚麻黄	*	*	*	*	3347000	
阿扎卡	*	134600	327600	946400	1423600	50.42%
阿塔纳姆	347500	326000	225800	156900	390300	148.76%
阿波罗	2051400	1854300	1938600	1635600	1866600	14.12%
喝彩	1409900	1616700	1606700	1530500	1444900	-5.59%
卡斯卡特	7300000	8821000	9553300	9638800	10399100	7.89%
世纪	2905200	3818800	4317300	5908600	7331400	24.08%
奇努克	2812300	2354300	2331100	2008900	2911500	44.93%
西楚	1820300	2622500	3597200	5035000	6371500	26.54%
克劳斯特	1562000	1328600	1135700	1058800	1202900	13.61%
哥伦布/宙斯/战斧	6006100	4569200	4223400	2787900	4389700	57.46%
彗星	*	*	192200	154700	380300	145.83%
水晶	275300	247200	155000	281700	251700	-10.65%
春秋	*	*	*	*	2438600	
埃尔德拉多	144400	180900	523500	754000	901000	19.50%
尤里卡	*	*	*	*	812300	
格丽娜	866300	551000	580600	443300	806700	81.98%
冰川	123300	151500	154400	169300	*	
金牌	106000	72600	45300	*	*	
亚利洛	*	116100	188000	184400	*	
丽影	*	*	*	*	426900	
马格努门	*	*	135500	*	*	
千禧	951600	225600	*	*	*	
摩西	652800	1493200	3111600	4720400	4578000	-3.02%
胡德峰	195000	199900	139000	94600	90700	-4.12%
北酿	213500	163000	121900	*	*	
拿格特	762800	419500	389200	330000	243800	-26.12%
芭乐西	368300	550600	885200	1292500	1261300	-2.41%
西姆科	2183400	2805800	4489500	6305100	6725400	6.67%

续表

酒花品种	酒花产量/磅					2016—2017 年变化率/%
	2013	2014	2015	2016	2017	
顶峰	5326600	5308300	3189600	2914500	3342300	14.68%
超级格丽娜	2171500	1552400	957800	775300	1151400	48.51%
泰特南	71700	*	*	*	45700	
先锋	102500	84400	102700	*	*	
威廉麦特	647100	672500	703100	929300	825700	-11.15%
勇士	390400	349700	*	*	*	
宙斯	9635700	9488400	8426300	6178500	6836800	10.65%
试验品种	402900	637000	488400	902700	800300	-11.34%
其他品种	3071900	3145500	5217800	8308900	5316000	-36.02%
总产量	54877700	55861100	59453300	65446600	78693600	20.24%

注：* 表示没有统计数据。

（5）2006—2017 年美国苦型和香型/兼优型酒花种植面积统计数据　2006—2017 年，美国酒花的种植总面积先上升后下降，然后再上升。2012 年之前美国苦型酒花种植面积大于香型/兼优型酒花种植面积，2012 年之后，香型/兼优型酒花种植面积快速增加，苦型酒花种植面积逐渐减少，香型/兼优型酒花种植面积远远超过苦型酒花种植面积。同时，美国酒花种植总面积也在快速增长。

2006—2017 年美国苦型和香型/兼优型酒花种植面积对比如图 3-7 所示。

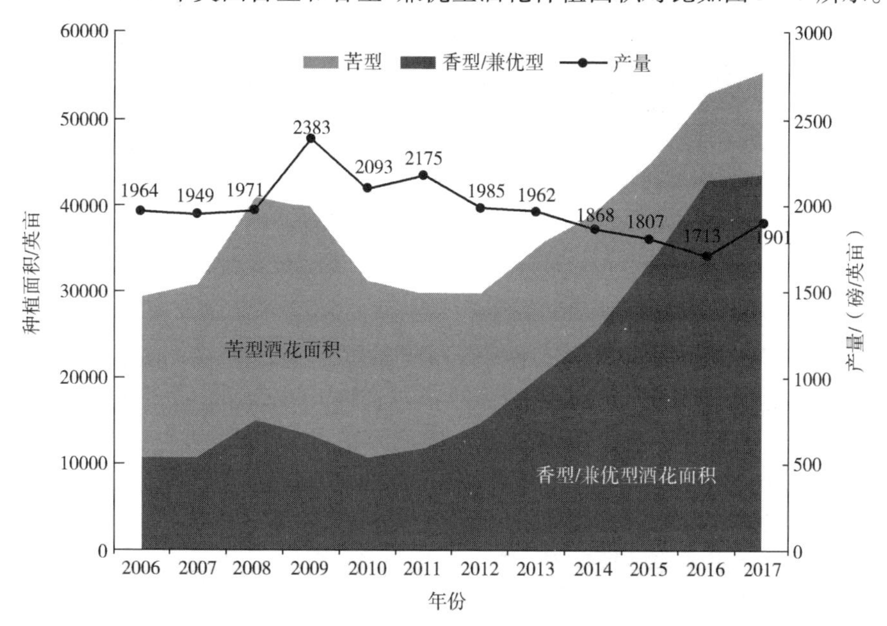

图 3-7　2006—2017 年美国苦型和香型/兼优型酒花种植面积对比（据 2017 年 HGA 统计报告）

（6）2006—2017 年美国苦型和香型/兼优型酒花产量统计数据　2006—2017 年，美国酒花（干花）的总产量先上升后下降，然后再上升。2013 年之前美国酒花苦型酒花（干花）产量大于香型/兼优型酒花（干花）产量，2013 年之后，香型/兼优型酒花（干花）产量快速增加，苦型酒花（干花）产量逐渐减少，香型/兼优型酒花（干花）产量远远超过苦型酒花（干花）产量。同时，美国酒花（干花）总产量也在逐渐增长。

产量：2006—2017 美国酒花年平均产量在 0.19 ~ 0.27kg/m^2 之间，由于管理、气候、病虫害等因素影响，美国酒花年平均产量 2009 年最高，2009 年之后，美国酒花年平均产量在波动中下降。2007—2017 年美国太平洋和西北酒花产区苦型和香型酒花产量对比如图 3 – 8 所示。

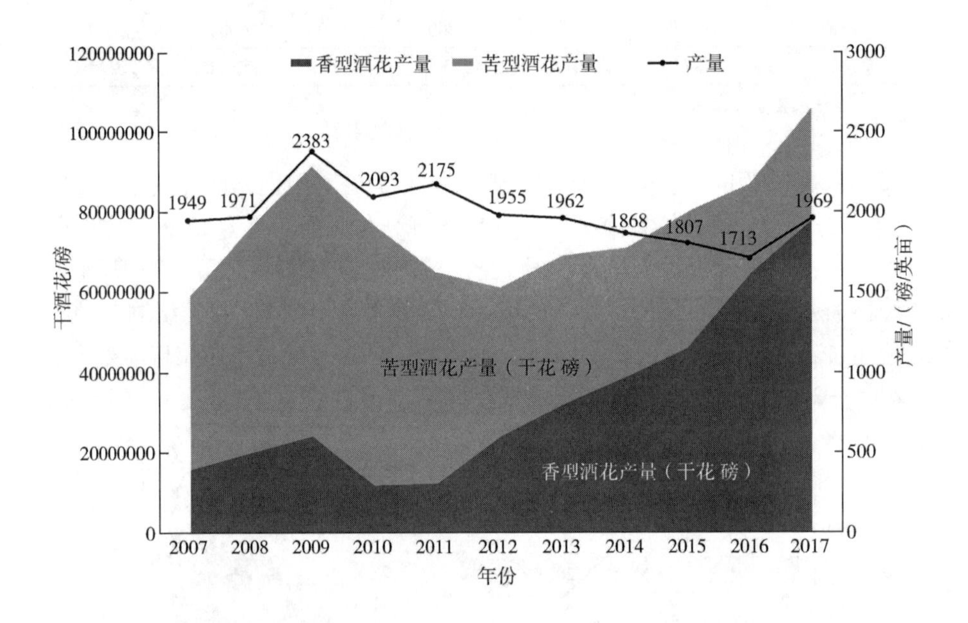

图 3 – 8　2007—2017 年美国太平洋和西北酒花产区苦型和香型酒花产量对比（据 2017 年 HGA 统计报告）

（7）2017 年美国主要酒花品种产量统计数据　美国是一个酒花品种丰富的国家。美国 9 种主要的酒花品种（图 3 – 9），其中 CTZ 酒花所占比例最多，为 13.4%，其次卡斯卡特酒花占 13.1%，世纪酒花占 8.4%，西楚酒花占 8.3%，西姆科酒花占 7.6%，摩西酒花占 6.2%，奇努克酒花占 4.1%，顶峰酒花占 3.2%，拿格特酒花最少为 2.6%。

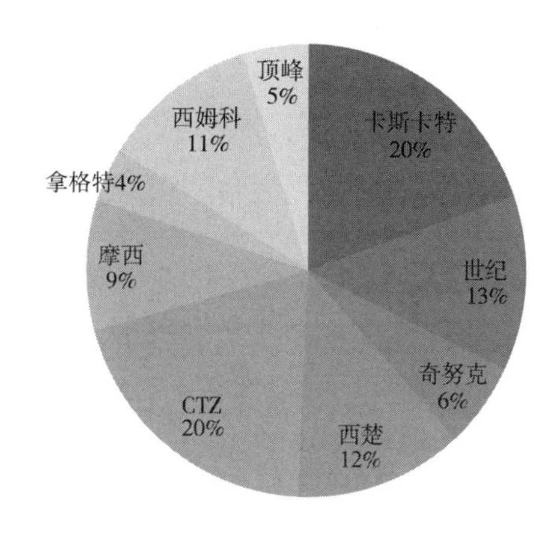

图3－9　2017年美国主要酒花品种占比（据2017年HGA统计报告）

四、捷克酒花种植概况

全世界很多地方都种植酒花，但是并不是所有的酒花种植区域都能拥有像捷克一样的得天独厚的条件。这再次证明了不是仅有优良的根茎品种就能种出高质量的酒花，还要结合一些诸如地理位置、土壤条件、气候条件等自然因素。几千年的酒花种植传统也会对酒花质量产生重要影响。

特殊的自然环境，尤其是萨兹地区的地理气候条件赋予了捷克萨兹酒花与众不同的性质。捷克年平均降水量仅450mm，但是却集中在同一时期，这对酒花的生长非常有利。年平均气温为7.5～8.5℃。与自然和气候条件一样，土壤条件对酒花质量也有着相当大的影响。萨兹酒花种植区土壤的特别之处在于它主要是由二叠纪红土和地表土组成。酒花植株的成长繁殖还受到酒花种植园所处的海拔高度、地形地貌的影响。

捷克有着几千年的酒花种植传统，但是萨兹酒花至今保持着主要地位，没有其他品种可撼动。它的优良品质是捷克酒花种植者的骄傲。此外，自20世纪90年代起捷克共和国内的酒花学院和协会还在萨兹酒花的基础上积极进行新型品种的培育，包括香型、苦香兼优型以及苦型啤酒花，以满足酿造者的不同需求。这些新品种逐渐被捷克和其他国家的啤酒厂采用。一方面，这些新品种是由萨兹香花选育而成，因此具有该品种的一部分特性；另一方面，从地理位置上看，捷克共和国种植这些新品种的地区是全世界最适于种植啤酒花的地区，以上两个因素促使捷克种植的新品种同样具有优良的品质。

现在在捷克共和国境内种植的其他捷克酒花品种——Sladek（斯拉德克）和Premiant（普莱米特）已经在酿造界占据了强有力的位置。高α－酸型酒花阿格努斯也找到了打入市场的途径。这些品种都是由萨兹半早熟红茎酒花和其他品种杂交培育而成的，在继承了萨兹酒花的优良品质的同时又具备自己独有的特性。同时酿造试验表明，尽管它们无法取代萨兹的地位，但它们都具有很好的酿造价值，尤其是斯拉德克和普莱米特，受到欧洲酿造界的广泛欢迎。

五、斯洛文尼亚酒花种植概况

德国酒花以高质量著称于世，捷克酒花以盛产芬芳精妙的萨兹酒花而享誉全球，而山地纵横，河流交错的斯洛文尼亚共和国盛产的黄金酒花与德国的哈拉道、捷克的萨兹酒花齐名，都是极佳的香型酒花品种。但是在优秀的酒花之林中，斯洛文尼亚的黄金酒花品系在酿造性能上则是卓尔不群，一枝独秀，与其他传统的欧洲国家的酒花品种截然不同，这也是斯洛文尼亚酒花在世界酒花之林中占有特殊的一席之地的原因。

1. 斯洛文尼亚酒花品种的独特性

与其他欧洲传统的酒花种植国家一样，酒花种植在斯洛文尼亚也有上千年的历史，最早的记录可以追溯到1156年。那时在Skofja Loka（斯洛文尼亚的一座古城）附近已经有了酒花的种植。但是酒花的大面积种植应当是始于1852年，那时种植的是一种叫符腾堡（Wuertenberg）的酒花品种。1886年，在斯洛文尼亚酒花种植史上是具有特殊意义的一年，在这一年里，酒花种植者Mr. Haupt和Mr. Hausenbiechler酒花新品种的种植试验获得成功，酒花种植迅速在斯洛文尼亚的萨维亚河（Savinja）流域蔓延开来，自此，世界酒花中的一枝奇葩——斯洛文尼亚黄金（Styrian Golding）酒花，深深植根于斯洛文尼亚，并迅速繁荣起来。黄金酒花品种的独特性之一在于，它仅适于种植在斯洛文尼亚共和国境内；此外，其酒花香气十分独特、沁人心脾，这和它的两种较好的香味成分——芳樟醇和法呢烯的含量都很高有关系，而其他香型酒花，一般只含有其中的一种，另一种含量较少或没有。以黄金酒花为基础，斯洛文尼亚培育的黄金品系酒花，都继承了黄金酒花的这一香气特点，芳樟醇和法呢烯含量在同类型的酒花中比较高。

2. 斯洛文尼亚地理的独特性

斯洛文尼亚酒花的这种独特性和其地理环境因素也密不可分。斯洛文尼亚地处欧洲中部（北纬46.07°，东经14.49°），位于阿尔卑斯山和亚得里亚海之间，西北部为斯洛文尼亚阿尔卑斯山脉，南部为石灰岩高原。德拉瓦河与萨瓦河上游流经斯洛文尼亚，气候受山地气候、欧洲大陆性气候和地中海气候的影响。夏季平均气温为21℃，冬季平均气温为0℃。

山地纵横，犹如一道道天然的屏障，将斯洛文尼亚环抱其中。现在全球气候变暖导致气候变化无常，当欧洲的其他酒花种植国而大量减产时，斯洛文尼亚的酒花种植业受到的冲击却相对较小。

河流交错，孕育了千年的酒花种植文明。斯洛文尼亚的酒花种植都是依河谷而建，主要集中在萨维亚河流域（Zalec）、德拉瓦河流域（Radlje）和萨瓦河流域（Brezice）。悠久的酒花种植历史和耕作经验再加上现代化的技术和管理，放眼望去，整个酒花种植区都是顺应河谷的自然地形建立的，因地制宜，规划整齐有序。河流的滋养让斯洛文尼亚的酒花生长更加旺盛。

3. 斯洛文尼亚酒花品种酿造性能的独特性

黄金酒花品种的独特性还反映在其独特的酿造性能上。其他欧洲传统优良酒花品种酿造的啤酒，色泽金黄，麦芽香气或酒花香气浓郁，酒体较为醇厚，对于大多数的中国人而言，口味要厚重一些。采用斯洛文尼亚黄金品系酒花酿造的啤酒，其色泽呈现略浅的金黄色，香气古典而独特，口感非常清爽，非常杀口，当你的味蕾刚刚感受到那独特的、令人愉快的苦味时，它顷刻间便消失殆尽，没有一点后苦的味道。

六、新西兰酒花种植概况

新西兰的啤酒酿造史可追溯至 18 世纪晚期，当时库克船长（Captain James Cook）在新西兰北岛，他是最早绘制新西兰群岛地图的欧洲人，也是新西兰酿制啤酒的第一人。1773 年他酿造的第一款啤酒至今还在被新西兰的酒厂以致敬的方式复刻着，而全新西兰超过 250 家啤酒厂中有 50 家是近些年受新世界啤酒风格影响而迅速崛起的，它们的崛起也是新西兰啤酒花崛起的缩影。作为殖民地国家，新西兰的酒花种植受殖民文化的影响，这里的气候非常适合啤酒花的生长，所以早期英国南部和德国的殖民者在这里种植啤酒花销往欧洲，新西兰当地的啤酒也顺理成章地继承着欧洲殖民者所喜爱的啤酒风格，英式的上发酵爱尔啤酒、波特啤酒和北欧的下发酵拉格啤酒成为主流。直到 1919 年，新西兰也受到英国和美国禁酒令的影响开始实行禁酒，一直到 1967 年新西兰早已成为一个独立的国家之后，才彻底解禁，而这一过程中啤酒行业也完成了大型集团收购的进程，生产工业化的拉格啤酒成为主流，口味丰富的精酿啤酒进入寒冬。

1940 年，从美国加利福尼亚州移植过来的啤酒花成功解决了一直困扰当地啤酒花种植的各种各样植物根茎类疾病，而 1970 年 R. H. J Roborogh 博士成功种植出来的首个无籽啤酒花，则顺应了当时世界主流的对无籽啤酒花的呼声，两剂强心针使得新西兰啤酒花再度回到了大家的视野，新西兰的啤酒也进入了复苏的时代。1981 年开始，在 Nelson 地区种植啤酒花的人们，开始将给美国带来精酿啤酒革命的啤酒花品种带到了新西兰，加上欧洲流传过来的品种，经过适宜的气候和水土，以及完美的地理位置，融合了本地化特点的新啤酒花诞生了。到现在这里已经有超过 20 种特点鲜明、与原版本不同甚至有着明显新西兰本地特点的新西兰啤酒花，它们的产量虽然只占到世界生产啤酒花的 1%，但每年都被全世界的酒厂疯抢，受欢迎程度惊人，已经成为新世界啤酒厂竞相追捧的创造新风格啤酒的源泉，甚至很多美国本土的精酿啤酒厂也以使用新西兰啤酒花为卖点和荣耀。

第三节　酒花新品种的培育

一、酒花育种的目标

从遗传学来说，一个成功的品种发展项目需要各种培育线来支撑。维护从世界各地挑选的种植面积较小的啤酒花种植农场保证了啤酒花特性的多样组合。选择植株进行天然杂交时，有经验的植物育种家评估潜在母株的基因档案，希望某些籽苗能从其母株继承所需求的特性。一次杂交会产出数百颗种子，每一颗的遗传组合都有些微差别。但只有一小部分可以表现出所需求的特性。

在酿造过程中，应用苦味值高的酒花品种，可以有效降低酒花添加量，降低生产成本。而应用香味好的品种，可有效改善啤酒的风味，提高啤酒品质。

在种植栽培中，苦味型品种一般表现生长势强、抗逆性强、产量高；而香味型品种，经常表现为生长势弱、易受病虫害，适应性差、产量低。因此，综合考虑，啤酒花育种应确定好两大目标。

1. 啤酒花育种方向

进行酒花育种必须考虑两个重要的方面，即酿造性和栽培性的完美结合。

（1）酿造性方面

①高 α - 酸含量，但 α - 酸中的合葎草酮要少，与 β - 酸应很好地平衡；

②酒花精油中的倍半萜烯应多，特别是葎草烯、法呢烯要多；

③香味要好；

④在贮存过程中，有效成分变质损失少。

（2）栽培方面

①产量高，种植简易；

②抗病虫；

③花体包合紧，机采性能好；

④枝叶繁茂，经济系数高；

⑤采摘期长。

2. 啤酒花育种方法

酒花的育种方法因地适宜，满足以上酿造、栽培方面的酒花育种要求，在育种方法上，主要有以下手段。

一般采用下列 7 种常用方法。

（1）引进适于当地的品种。

（2）从栽培品种中选择优良个体。

（3）杂交育种。

（4）现有品种变异的优选（芽变）。

（5）多倍体的利用。

（6）人工诱变。

（7）转基因。

二、新啤酒花品种的开发

通常情况下，一款新酒花从培育到最终面向市场要经历十多年的时间。完整来说，第 1 年是雌雄花杂交，得到啤酒花种子。第 2 年种植下去，剔除雄株，保留雌株。第 3 ~5 年，确定品种丰产性、抗病性、酿造性选择。第 6 ~9 年，品种比较试验。第 10 ~12 年进行市场推广。酒花新品种培育路线如图 3 -10 所示。

1. 第一阶段

雌雄花杂交采种，将种子在温室中培育，并进行农业经营及抗病性评估。

第 1 年：亲本选择。在第 1 年，培育者一般会集中精力在亲本的选择上，并且会创造出平均 4 万种基因品种，而这平均 4 万种不同基因品种里，可能只会出现 1 ~2 个新酒花品种。新酒花的筛选很严格，不但需要满足行业里酿酒师的需求，还得考虑植株本身的产量、抗病性、酒花贮存的稳定性等。

第 2 年：初挑选。第 2 年的早期，这些基因品种会在温室中采用高密集种植的方式栽培，而后进行筛选，这一次筛选只会有 10% 左右的酒花会留存下来。

2. 第二阶段

第 3 年幼苗植入田中，按株评估抗病性、活力、开花、产量潜能及化学成分。

第 3 ~5 年：再筛选。在这个阶段，这些经初筛选过后的新基因型会转移到一个试验田中培育。这一次的筛选将会更加严格，大概 1000 株里只会保留 1 株。

3. 第三阶段

建立多株园地，并继续评估，对更多植株进行拓展测试。

第 6 ~8 年：最终筛选。在这个阶段，这些精挑细选的实验植株进入到最后的筛选阶段。在接下来的三年中，培育者将着重关注酒花是否具有优质的酿造属性，例如 α -酸含量较高或者能提供独特香气和风味的酒花。在这个阶段，新品种会得到一个编号。第 8 年扩展到商业试用园地，进行农业、产量、采收测试及酿酒评估。

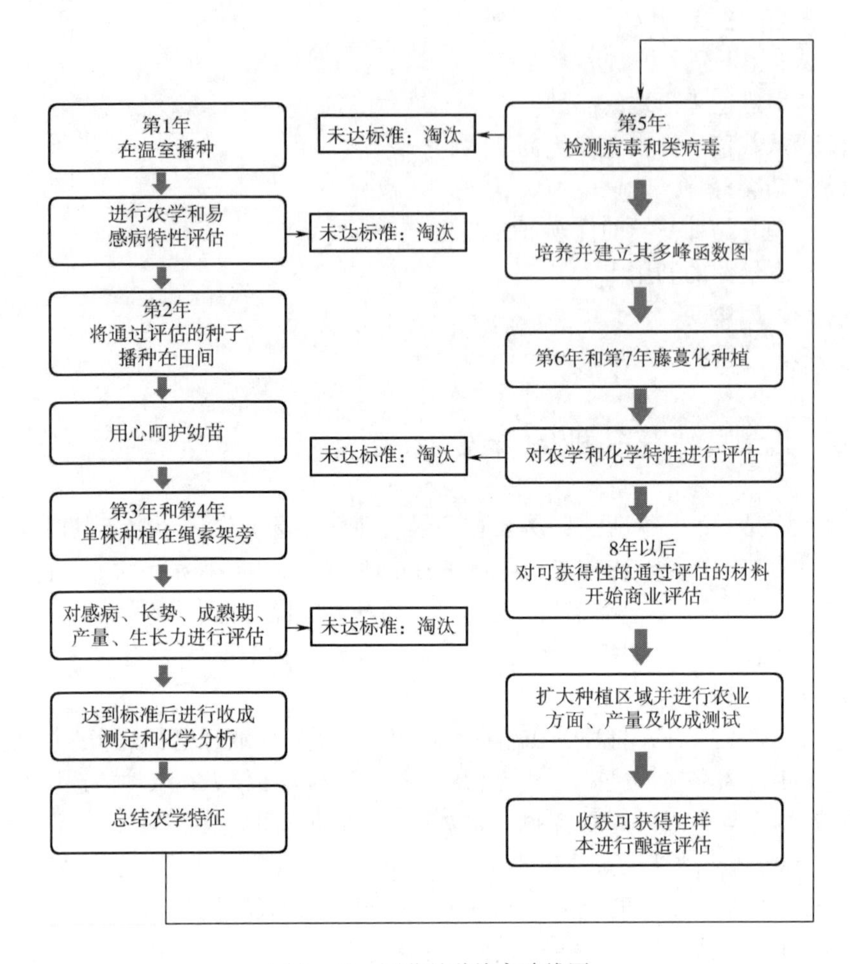

图 3－10　酒花品种培育路线图

4. 第四阶段

第 9～11 年：精选试验。将近 10 年后，最初的 4 万多种基因型被筛选出 1～2 品种，此时，这种或这两种酒花将会扩大培育，收获的啤酒花也将半公开发布，进行试验性的酿造。例如酒厂根据酒花种植培育基地提供的试验性酒花酿制啤酒。

5. 第五阶段

决定在行业内发布新品种，并投入商业生产。

第 11～12 年：公开面向市场。如果这款啤酒花合适公开，并进入市场流通，那么这就代表这款酒花成了认可的新品种酒花了，而且通常还会给酒花命名。

第四节　美国酒花独步世界的奥秘

美国啤酒花产业的成功得益于一系列公共及专有的卓越品种发展项目。美国农业部位于俄勒冈州科瓦利斯的农业研究服务中心和华盛顿州立大学位于普罗瑟镇的灌溉农业研究推广中心发布了很多独特的品种，也革新了美国啤酒花产业。就在近期，美国种植农场及啤酒花公司投资了相当数量的专有品种项目。使用常规育种、采种技术，这些项目每年产生数以万计的籽苗，持续为评估过程提供新的实验品种。疾病易感性、农业特性、产量、采收、风干及酿造品质都有严格选用标准，以确保只有最优品种进入下一轮测试。品种发展类似一种“数字游戏”，从杂交到投入商业生产，需要10～20年时间。经过几个项目筛选出来的“精华品种”为酿酒商获得完美啤酒花创造了巨大的可能性。

一、美国酒花的研发结构体制

美国酒花的优良品质和每年推出的优秀新产品的诞生，得益于酒花研究小组对酒花风味和品种的不断探索和创新（图3－11）。

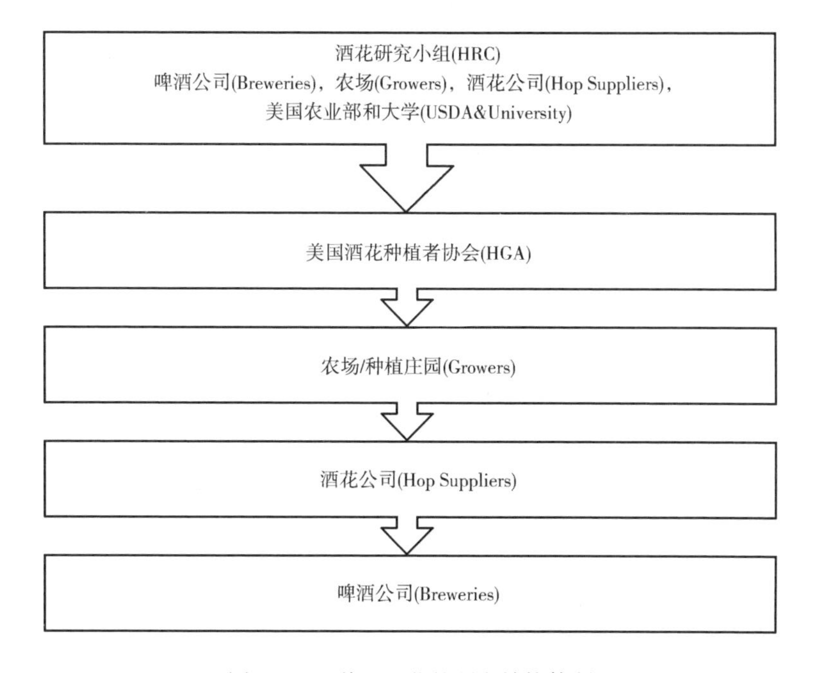

图3－11　美国酒花的研发结构体制

美国啤酒花用40年的时间，完成了替代欧洲啤酒花，形成独特风格，最后达到主导世界的全部历程。美国啤酒花行业具有高度的远瞻性和创造性。这种行业优势来自其完善的科研、种植、加工和酿造一条龙的结构体制。它通过几十年的不断努力，一举打破了欧洲啤酒花对世界啤酒的上百年的垄断历史，并开创出自己具有的独特风格。今天，美国啤酒花以40多款的种类，位居世界第二的总产量，挟美国蓬勃发展的上千家精工啤酒厂而傲视全球。但是，这一切的开始却极其艰难。

二、啤酒花技术研究与种苗培育

美国具有世界上最完善和最先进的啤酒花研究机构以确保啤酒花的高品质和高产量。这些科研机构，无论是公立机构还是私立机构，几十年来能一直保持着战略高度和长远眼光，为美国的未来培育出一批又一批的啤酒花新品种，种植和加工新技术。其中美国啤酒花研究委员会（HRC）常年资助和指导啤酒花的科研工作。美国啤酒花种植者协会（HGA）负责协调并联合HRC去执行这些最新的科研成果。在华盛顿州和俄勒冈州分别有美国农业部和各州立大学扶持的啤酒花研究基地，负责向种植庄园提供种苗培育，种植护理、生态种植技术、质量保证等服务。这些公共的种苗培育体制到目前为止，已经培育出诸如卡斯卡特、拿格特、胡德峰等多个新型酒花品种。这些新品种除了具有独特的酿造功能之外，还要满足简化种植管理和增加抗病能力的要求。许多高α-酸含量的啤酒花也是通过这些种苗培育工程获得的。大型的啤酒花专业公司也在独立开发新的啤酒花种苗并取得了良好的成绩。通过与美国农业部、HRC、HGA等单位合作，美国啤酒花农场可以获取最先进的种植技术。所有的种植技术都将重点放在生态和经济方面，因为只有健康的植物和健康的土壤才能结出最高品质的花蕾。

三、酒花种植管理

春季需要修剪除去由于土壤逐渐温暖而疯长的早生酒花植株。用机械和化学方式除去这些早生的植株，因为其中可能包含越冬病原体；同时这些方式可以使根茎统一以便整枝。4月份可以开始缠绕麻绳。农民们使用拖拉机牵引的高架平台，将麻绳连接到上方的棚架，而绳较低的一端则用金属架固定到植物花冠上。可生物降解的麻绳用椰子纤维或纸制成。根据品种的不同，每个植株的花冠上会固定2~4根麻绳。

整枝法是将啤酒花按顺时针方向包裹。在5月份就会有较健硕的啤酒花开始缠绕麻绳。整枝的时间是决定产量的关键因素，因为植株高度和昼长时间能直接影响花期。啤酒花植株生长速度快，在接下来的几周内形成较长的侧枝和大量的叶子。灌溉要根据天气及地理位置而决定。啤酒花种植农场在生长季节需要76.2cm的降水量。灌溉可以将所需水量及营养物质准确供给植株，同时可以杜绝溢入河溪影响当地水质的可能。

四、酒花采收

从8月底到9月底是一年一度的酒花收获时节。每个品种成熟时间不同，需要密切观测。摘下啤酒花球之后，用特制的仪器去除茎叶，切碎后撒回土壤中作肥，继续培育土壤。干净的啤酒花球会立即被传送到烘干室，用暖空气进行长达9h的风干，至啤酒花质量减到原重的30%及8%~9%的水分含量。冷却至少24h后，干啤酒花将被压缩成91kg的小包，以棉布包装并进行质检。这些包装将很快送往冷库贮存，以保证在加工和装运前的品质。

五、基于可行性发展的管理职责及研发理念

美国啤酒花种植农场致力于环境保护。50多年来，行业联合啤酒花贸易公司及酿酒厂通过各所州立大学及美国农业部资助了大量公共研究项目，促进可持续生产及实现病虫害综合治理。可持续性应该包括环境、经济和社会的可持续发展。可持续生产系统强调选择、集成及实施互补的管理经营策略，把虫害降低至经济上可接受的范围内，同时尽量减少虫害管理所带来的生态及社会负面影响。这种策略的基本前提就是促进植株的健康。

啤酒花植株的健康始于成功的培养计划，其评判标准重在农艺特性和抗病性，以及重要的酿造品质特性。研究项目针对肥料及水源管理，以确保投入适当，使产量最大化并提高植物活力，优化植物生长的同时降低病虫害感染。

通过研究，建立了生长季节各阶段病虫害的经济阈值。这些阈值引导种植农场何时采取必要干预，以保护植株。一棵健康的植株应具有一定的病虫害抵抗力。美国啤酒花种植者协会推广使用改良的科学生产方法。持续的品种改进、病虫害治理、采收技术、作物处理，都由正在进行的研究发展项目支持。

病虫害综合治理（IPM）是推广系统性的管理农业生产的方法。有效的病虫害综合治理项目可以大量降低病虫害，及降低虫害疫情严重性。啤酒花种植农场注重农场的整体规划，包括土壤肥沃性、灌溉、栽培技术、品种选择及其他有益作物健康的因素，保证作物对虫害有一定抵抗力而不会导致经济损失。

第五节　酒花的繁殖技术

生产上，啤酒花的繁殖有两种方法，传统的根条繁殖和扦插繁殖，两种方法在生产上都较于常用。不过首先要考虑好栽培什么类型的啤酒花品种。

一、选种

酒花的品种较多，但外部形态并无大的区别，主要是以酒花中α-酸的含量分类。生产上一般有高含量α-酸和普通含量α-酸及香花三种类型。高含量α-酸酒花中，α-酸的含量在12%以上的主要品种有拿格特等，高α-酸酒花主要用于酿造口味较重味道偏苦的啤酒，主要在我国甘肃等地区栽培。普通酒花的α-酸含量在6%～8%，我国大多数引种的酒花都是这一类型，这类品种在栽培上也较为普遍，其主要品种是青岛大花。而香型酒花主要是增加啤酒的酒花香气及风味饮料等，其α-酸含量在5%左右，品种有卡斯卡特等。三种类型的啤酒花在我国栽培面积上都呈上升趋势，各地要根据市场行情和生产经验选择适宜的品种栽培，一般要到有优良栽培历史的国内或国外一些地区进行引种。在生产上，三类酒花的引种繁殖及日常管护相差不多，但由于高α-酸含量的酒花价格较高，所以在栽培管理上在自动化和标准化的要求上要稍高一些。无论栽培哪类品种，都可以采用根条繁殖或扦插繁殖。

二、根条繁殖

1. 圃地选择与建立

在进行啤酒花的生产之前，首先要选择并建立园圃。圃地宜建在远离污染、通风开阔、阳光充足、土质肥沃的平地上，土质最好是沙壤土或壤土。选好圃地后整地，将圃地深耕细耙，施足基肥，每平方米可施农家肥3kg，草木灰1.2kg。采用机械或人工方式做畦，做宽1.2～1.6m的高畦，畦高20～25cm。畦沟至少宽30～40cm，以用作排水沟。整地时间一般在每年秋冬季节，之后要准备足够的水泥杆或木杆以及铁丝线等材料。将水泥杆或木杆架立在圃地上，杆距3～5m，一般连排架立，行距5～8m。杆顶部按横向和纵向都连上铁丝线，线离地面2.5～3m，在德国和美国铁丝线离地面甚至高达5～7m（图3-12，图3-13）。

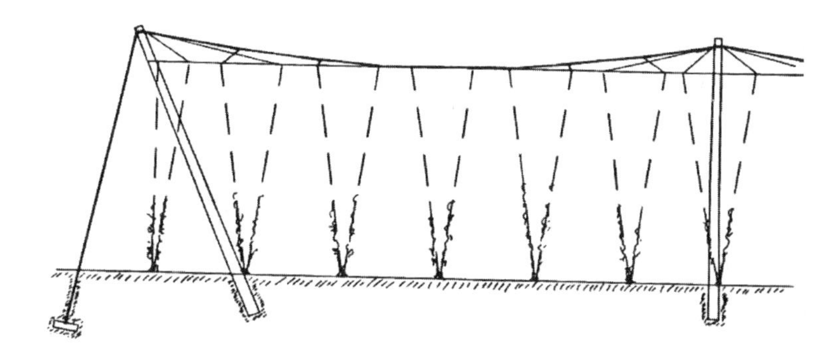

图 3 - 12　啤酒花高架挂蔓式栽培侧视图

图 3 - 13　啤酒花高架挂蔓式实景图

2. 繁殖时期

酒花繁殖时期一般在每年的 3 月底或 4 月初。一般在对啤酒花进行修根工作的同时，选留根条并开始进行繁殖工作。根条即指啤酒花主根上长出的匍匐侧根，生产上也称为“跑条”，要先选取三年以上的根条。

3. 根条选取

根条的选取方法是，以啤酒花植株根部为中心辐射状开穴，穴宽 0.8 ~ 1m，在根部周边挖穴，注意勿伤根，用切割刀将这些根条在最靠近主根的地方切断，除垂直朝地下生长的根条外，其余朝左右伸展的都要剪下来，这些根条就是繁殖用的材料了。

根条最好及时进行埋栽，不能进行埋栽的要进行掩埋保存，根条上有苞芽，露天存放的话很快就会干枯或冻伤，要挖至少30cm深的土坑，土要求不干不湿，之后埋土掩盖，将根条保存在里面，保存期至多一个月。

4. 根条处理

在栽植前，需要对根条进行挑选及处理，选留粗1cm以上、生长健壮、无损伤无病害的根条，挑出粗径1cm以下和变干枯的摒弃不用，将选留好的根条剪成10~15cm长的小段，切口要平，注意每段上保证至少有一到两个苞芽。剪切后的根段就可以进行埋栽了。

5. 埋栽

根条选取后最好立即进行埋栽。埋栽最好在下雨前后一两天进行，在准备好的圃地上开穴，开穴的位置一般在畦的一侧，要在畦面最靠边的边棱处开穴，穴宽20~25cm，深15~20cm，穴距1.1~1.4m。

埋栽前先回细土10cm左右，然后将切好段的根条插进穴中间的细土中，插入深度在5~10cm，用手将土轻压几下，要保证根条的苞芽朝上，之后回土，注意根条直立。将根条全部埋住后在适当高培土，一般一个半月到两个月，根条就会萌发新苗。没有萌发新苗的要到第二年进行补栽。

根条繁殖在生产上应用较普遍，但成本较高，而且根条成活率不太高。基于啤酒花在我国栽培需求的扩大，目前我国科研人员研究出利用地上茎繁殖的方法，下面就介绍一下这一种较为新型的育苗繁殖方法——扦插繁殖。

三、扦插繁殖

1. 繁殖时期

每年5月份是啤酒花扦插育苗的较适宜时节。进行啤酒花扦插繁殖一般要在大棚或温室中进行，要使用营养钵育苗。首先要准备营养土。

2. 营养土的配制

营养土以肥沃菜园土、腐熟农家肥和育苗基质按2∶1∶1的比例配制，育苗基质市场有售，每立方米配制土中加入复合肥2~3.5kg，多菌灵可湿性粉剂50g，充分搅匀后堆放至少一周后备用。同时准备适量的细沙。

3. 插条选取

要选择至少两年以上的植株作为母株。最好选择5~6年的母株。5、6月份的啤酒花正处于枝蔓生长的时节，选择的母株要求是健壮、叶绿茎粗，无病虫害、无根腐病病史的植株。选好母株后，要在选取植株1m左右的侧枝进行剪取，选取较为半木质化的、生长良好的侧枝做插条。木质化程度低的较为嫩绿的枝条不要选用，选取的侧枝的粗度在0.5~0.7cm最佳。将选好的侧枝在靠近主蔓的地方剪断即可。

4. 插条处理

插条选取以后最好及时进行处理并扦插，需要运输或不能及时扦插的，要放于塑料桶等器具中保存，注意淋水保湿，但不能用水浸泡保湿，4～5 个小时轻淋水一次，保存时间不能超过 3 天。在扦插前，用剪刀将插条剪成小段，要使用粗壮、节密、枝叶都无损伤的部分，一般每段截取的长度为 12～16cm，每一段要保证有一对生芽的叶片，从节上 2～3cm 处剪断，节下保留 10～13cm。

5. 扦插

首先要将准备好的营养土装入钵中，放入大约 3/4 的土，再放入少量的细沙，细沙的厚度在 1cm 左右，最后，还要再放入少量的营养土，装土量距钵口 1.5cm 左右为宜。

这时还要配制生根粉溶液，可选用萘乙酸生根粉 1800 倍液，搅拌后备用。这时就可以进行扦插了。首先将每只插条浸湿几下，浸湿的部位为节下较长的部位，随后便将插条插进塑料钵的中间，插入深度在 4～6cm，将插好插条的育苗钵紧挨在一起摆放。

全部的插条扦插并摆好以后，就要浇一遍定根水，同时注意大棚或温室内的温度不要低于 25℃。然后，就进入生根期的管理了。

6. 生根期管理

啤酒花进行扦插以后，通常不是主要生长茎叶，而是一个培育生根的过程，当啤酒花的扦插苗在经过管护后，在扦插部位催生出少量根须时，就算育苗成功了，生根时间大约一个半月。

(1) 温度控制　苗期白天保持在 18～27℃，夜间在 10～15℃，同时注意通风，白天最好开窗多透气，不过要在保证温度的情况下。夜间则要将棚内或温室内密闭，否则扦插苗很快便会被冻伤死亡。

(2) 光照控制　扦插苗对光照需求很高，若光照条件充足，扦插苗生长会较快，增加了光合作用的同时又加快根部催生速度，最好在每天中午让扦插苗接受光照，阳光最好直射叶片，每天光照时间在 3～4 h 为宜。扦插苗缺少阳光照射的话，一般生根较慢或不生根。

(3) 水分控制　营养土要保持湿润，同时要适当控制水分，视扦插苗长势情况及时淋水，幼苗叶厚色绿要少淋水，叶片薄而发黑的情况下要多淋水，一般 4～6 天淋水一次，淋水动作要轻，水量以淋湿钵内土的表面就可以了。同时注意结合温度状况淋水。室内温度偏高的话要适当增加淋水次数，同时注意用水不要太凉。淋水要在上午进行。下午和温度较低的夜间不要浇水。

(4) 施肥　生根期即使长势不太好，也不必追施氮肥或复合肥等肥料，以防施肥不当烧苗。在扦插 10 天左右喷施磷酸二氢钾叶面肥 1000 倍液一次，以促植株茎叶旺盛生长。也可以在扦插半个月或 20 天左右配制喷施微量元素叶面肥

1200 倍液一次，促发生根。

生产上有的选用配制仙人掌类植物肥喷施，效果也不错，可参考使用，用量酌情即可。

（5）病虫害防治　幼苗期要以预防为主，以预防叶枯病或蚜虫等病害的侵袭。生根期一周时间可配制 0.3% 苦参碱杀虫剂 1000 倍液混合 50% 多菌灵 800 倍液喷施一次。对扦插苗管护一个半月左右，可视看根部生长情况，如果扦插苗根部萌发的须根至少长 1 ~2cm，就可以运到栽植地进行栽植了。

7. 栽植

扦插苗进行栽植的时期，一般在每年的 6 月底或 7 月初前后，无论是扦插苗繁殖还是根条繁殖，选地作畦的标准都是差不多的，将扦插苗运到栽植地后，也要在畦面最靠边的边棱处开穴，穴宽 15 ~20cm，深 15cm，然后选颜色浓绿的壮苗。将苗取出，注意保持根部土块完整，将苗带土栽在穴内，覆土 10cm 左右。一般栽植穴距为 1.1 ~1.4m，每畦栽一行，每公顷可栽苗 4500 株左右。栽后浇足定根水，浇水注意要轻浇，并要浇透，栽植最好选择上午或傍晚进行。栽植几天后没有成活的要进行补植。补植要选择同龄苗。其开穴的大小和栽植方法都是相当的，就不再详述了，接下来就进入栽植过后的苗期管理阶段。

第四章　酒花加工及贮存

第一节　酒花的采收

在夏末或秋初，当酒花花苞成熟并且树脂含量最高时，及时收获酒花（图4－1)。此时收获的酒花中水分含量为75%～80%，这么高的水分含量不仅会使酒花中化合物发生改变，而且也会使酒花霉变。因此，在60～75℃条件下，在烘干设备中将水分含量降低到10%左右就显得尤为重要。经过冷却和空调设备处理后，酒花花苞被压缩并且打包成捆。这些酒花在被进一步加工做成酒花制品前，需要被冷冻贮存，最大限度保证酒花中原有物质不被破坏。

图4－1　酒花机械化采收

一、如何从外观上把握酒花收获时机

酒花收获前除了进行相关的理化分析检测外，种植者可以凭借经验，在外观质量上通过“看”“闻”“握”“听”四个方面初步判断酒花的采收时间（图4－2）。采摘时间过早和延迟都将直接影响酒花的品质，特别是酒花中的 α－酸和酒花油香味组分的含量。

图4－2　成熟的酒花花苞

“看”：酒花色泽由绿转为黄绿色，苞片花粉基部占总面积1/4或更多；

“握”：手握酒花感觉较充实，花体硬棒不发软；

“闻”：花纵向撕开，花体在掌心摩擦，嗅之有浓郁花香，无青草味；

“听”：抓花一把轻握，有“沙沙”声。

通过上述四点综合判断酒花的采收时间，采摘时花苞苞片应紧密包裹着。

酒花一旦成熟，应立即组织采收。采收时间延迟时，花苞上的叶片逐渐开始打开，叶片便失去保护内部软树脂的功效，造成香气损失，酒花质量下降。

美国主要酒花产区华盛顿州、俄勒冈州和爱达荷州特别重视酒花收获前的外观和相关指标的分析检测，严格控制酒花的最佳采收时间。一旦时机成熟，迅速进行采摘，以便获得最佳质量的酒花（表4－1）。

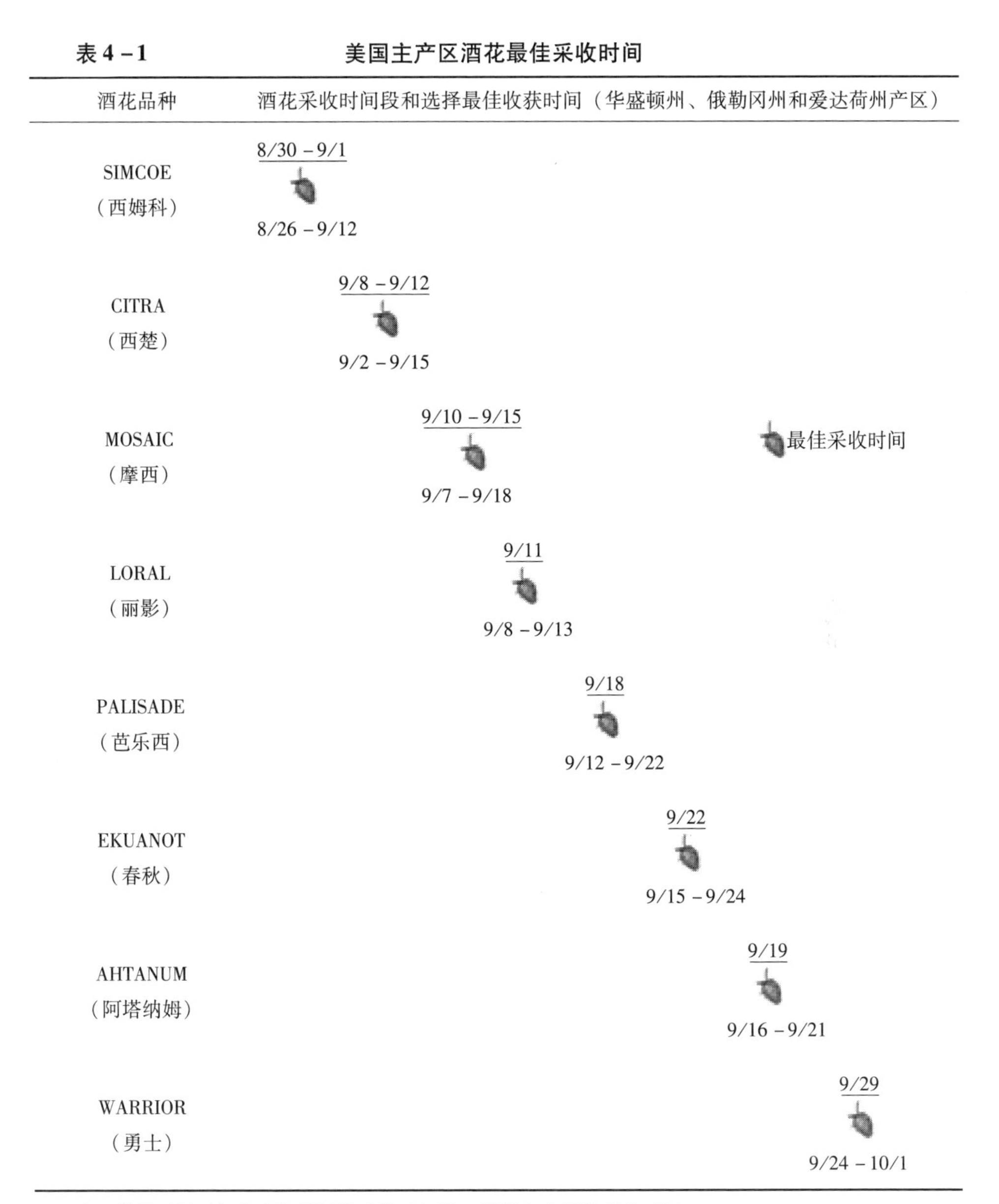

表 4 –1　　美国主产区酒花最佳采收时间

酒花品种	酒花采收时间段和选择最佳收获时间（华盛顿州、俄勒冈州和爱达荷州产区）
SIMCOE（西姆科）	8/30 –9/1 8/26 –9/12
CITRA（西楚）	9/8 –9/12 9/2 –9/15
MOSAIC（摩西）	9/10 –9/15 9/7 –9/18
LORAL（丽影）	9/11 9/8 –9/13
PALISADE（芭乐西）	9/18 9/12 –9/22
EKUANOT（春秋）	9/22 9/15 –9/24
AHTANUM（阿塔纳姆）	9/19 9/16 –9/21
WARRIOR（勇士）	9/29 9/24 –10/1

注：横线下的时间段为该种酒花采收时间段，横线上为最佳采收时间。

二、酒花收获时间对酒花质量的影响

研究者对同一品种的酒花在采收期间的酒花中酒花油、α – 酸含量、β – 酸含量和酒花贮存指数等数据进行了分析对比（Lickens 等，1970），详细数据见表 4 –2。研究发现，9 月 2 日采收的酒花中酒花油含量是最高的，α – 酸和 β – 酸的含量相对来说也是较高的，可以得出 9 月 2 日是最佳采收时期。

表 4－2　酒花收获时间酒花酸、酒花油含量和酒花贮存指数的对比

采收时间	酒花油含量/（mL/100g）	α－酸含量/%	β－酸含量/%	酒花贮存指数（HSI）
8 月 3 日	0.18	7.9	4.7	0.22
8 月 6 日	0.22	8.5	4.7	0.23
8 月 9 日	0.42	10.1	5.4	0.22
8 月 12 日	0.62	9.4	5.0	0.24
8 月 15 日	1.15	11.3	6.0	0.22
8 月 18 日	1.54	11.7	5.6	0.22
8 月 21 日	1.71	10.8	4.3	0.22
8 月 24 日	2.44	11.7	5.0	0.24
8 月 27 日	2.67	10.9	5.6	0.26
8 月 31 日	2.92	10.6	4.5	0.25
9 月 2 日	3.30	11.3	5.6	0.25

适当延迟酒花的收获时间可以增加酒花油的含量及 α－酸的含量，值得一提的是，酒花油的含量随收获时间的延长呈直线上升，在大概推迟 10 天后含量达到顶峰。而 α－酸含量在提前 8 天和推迟 12 天左右含量达到顶峰。酒花花苞的外观在提前 5 天收获时达到最好状态，超过这个收获时期，花苞就会形成干的苞片，黄色的蛇麻腺也会飘落很多，使得花苞的香味和苦味都有一定的减少。图4－3全面展示了酒花收获前后酒花油含量、α－酸含量和花苞完整性变化趋势，把握好收获时机对提高酒花品质至关重要。

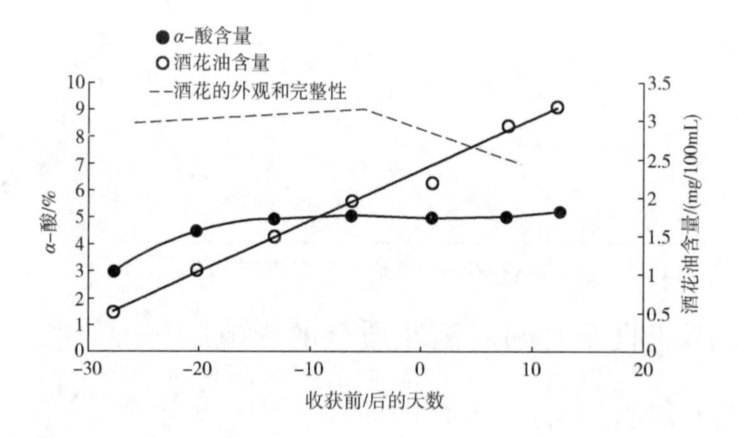

图 4－3　酒花收获前后酒花油含量、α－酸含量和花苞完整性变化趋势

不同品种的酒花其最佳采收时间有所差别，图 4－4 比较了卡斯卡特（Cascade）和威廉麦特（Willamette）两款酒花在三个采收期中酒花油的含量变

化，可以很明显看出提早收获酒花，酒花油含量很低，香气较淡。在正常采收时期，卡斯卡特的酒花油含量达到最高，适当推迟收获期后，威廉麦特酒花的酒花油含量达到最高。因此卡斯卡特酒花的最佳采收时期为正常采收期，威廉麦特酒花的最佳采收时期为正常采收时期之后，即适当推迟采收时期，可获得最大酒花油含量。

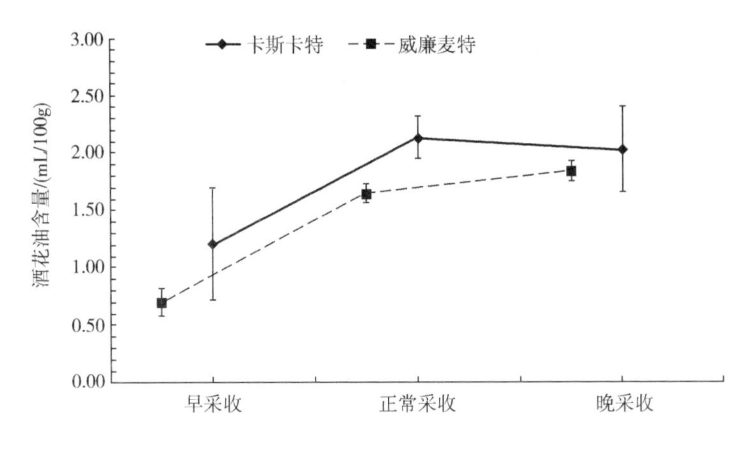

图 4 - 4　酒花收获前后酒花油含量的变化

通过对两个农场在 2010 年和 2011 年两个不同采收时间对酒花中酒花油含量的研究表明，在 2010 年时，酒花油含量随收获期的延长而增加，两个农场的酒花中酒花油含量都是在推迟收获期后达到最高。在 2011 年情况有所改变，在正常采摘收获点时酒花油含量最高，而延期采摘后酒花油含量降低，推测可能与当年气候有关，可能逢雨或降温或大风。因此可以得出结论，在正常气候条件下适当推迟酒花收获时间可以提高酒花油含量，不佳天气下要在正常采摘收获点采收（图 4 - 5）。

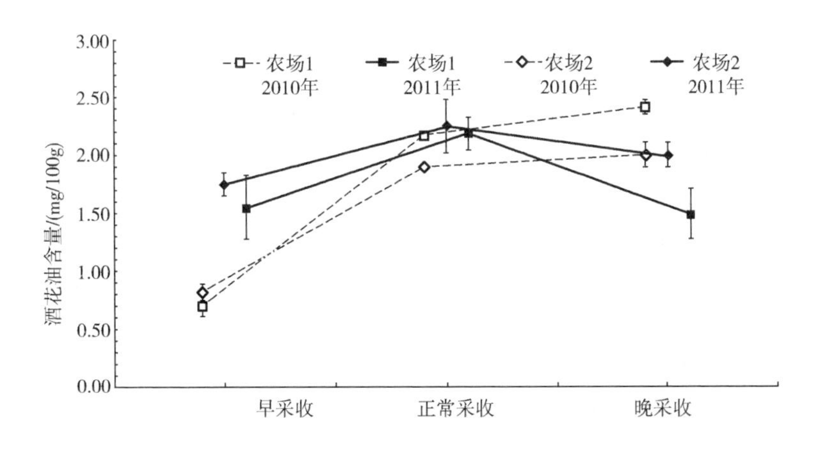

图 4 - 5　两个酒花农场在不同年份酒花收获时间对酒花油含量的影响

三、酒花收获时间对酒花香气成分的分析

酒花采摘收获点不同，酒花中香味物质成分的含量也不相同。图4－6显示了两种酒花中的两种香味成分含量（即月桂烯和葎草烯），随采摘收获点的不同而变化的关系。由图可知，在卡斯卡特和威廉麦特这两种酒花中，威廉麦特酒花中的月桂烯随采摘时间的推迟而增加，卡斯卡特酒花中的月桂烯则在正常采收点时的含量最高。至于两种酒花中的葎草烯则随采收时间变化有相同的变化趋势，都是在正常采收点时达到最高。

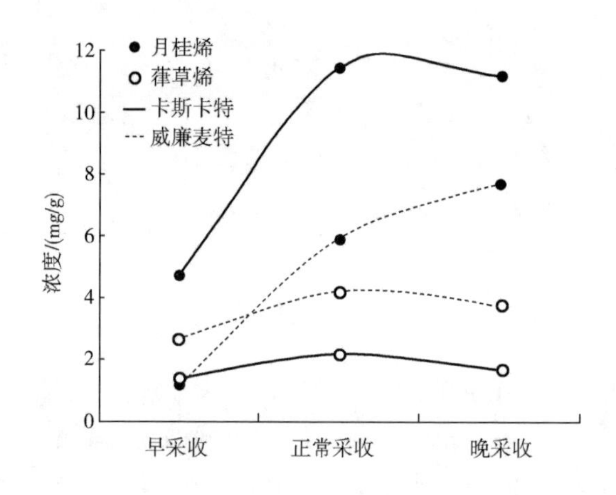

图4－6　酒花收获时间对月桂烯和葎草烯含量的影响

图4－7表明，石竹烯和法呢烯含量随采收点的变化情况，在威廉麦特和卡斯卡特两种酒花中，石竹烯有相同的变化趋势，都是在正常采收点时含量达到最高。法呢烯的含量变化有些许差异，在威廉麦特酒花中，在正常采收点时含量达到最高，之后趋于稳定，也就是说在正常采收点和之后都可以采收，而在卡斯卡特酒花中，法呢烯含量只在正常采收点达到最高。

图4－8展示了里那醇和香叶醇两种香味物质在酒花中的含量随采收时间而变化的关系。在威廉麦特酒花中，里那醇含量随采收时间延长而增加，香叶醇的含量在正常采收点时达到最高，延长采收时间其含量则降低。在两种酒花中香叶醇有相同的变化趋势，都是在正常采收点时达到最高。

经过品尝分析得知，正常采摘的酒花，生酒花味道和汗味/洋葱味/蒜味比较浓郁，这样会使得酒花整体香味变差，当适当延迟采收时，这种不好的气味会大大减弱，使得酒花香味更加和谐，没有突出的刺激的味道。总体来说，适当延长酒花采收时间，可以获得更加丰富、怡人、和谐的香气，所以在收获酒花时，可以适当延长收获时间，相关香气变化见图4－9。

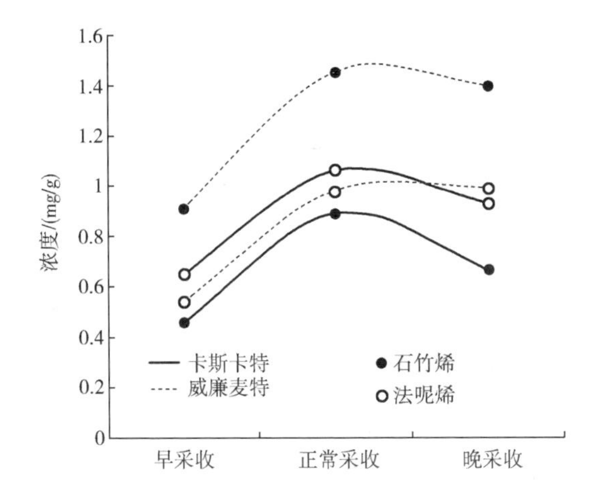

图4-7　酒花收获时间对石竹烯和法呢烯含量的影响

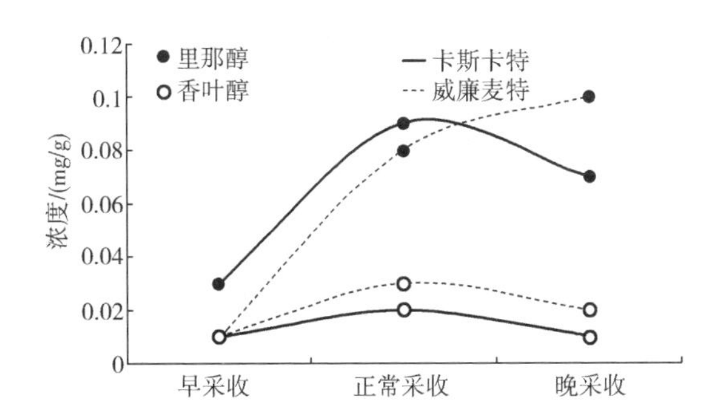

图4-8　酒花收获时间对里那醇和香叶醇含量的影响

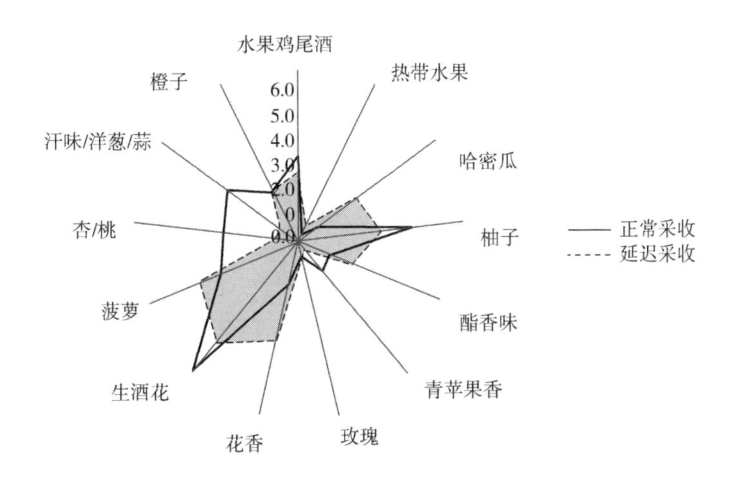

图4-9　酒花正常和延时收获对酒花香气的影响

第二节　酒花加工技术

酒花的加工是酒花生产中最重要的环节，也是决定酒花质量及产品控制的关键的工序。采摘收获的新鲜酒花，因采摘时间和品种的不同，酒花水分含量一般在50%～82%。新鲜酒花极易在短期内腐败变质，从而失去酿造价值。因此，对鲜酒花的烘干加工，成为酒花加工的首要环节。同时，经简单烘烤加工后的酒花干花，酒花中的有效成分软树脂、酒花油、多酚类物质，极易氧化、挥发、变质。人们为降低酒花中有效成分的流失，通常使用多种深加工技术对酒花干花进行处理。如，压缩制粒技术，萃取浸提技术等。随着啤酒酿造技术的进步，又促进了酒花异构化、加氢、蒸馏等深加工前沿新技术的广泛应用。

可以将新鲜的原酒花进一步加工成不同类型的酒花制品。酒花加工技术按加工层次分为：烘烤压缩技术，压缩制粒技术，萃取浸提技术和精深加工技术。酒花加工及酒花制品如图4－10所示。

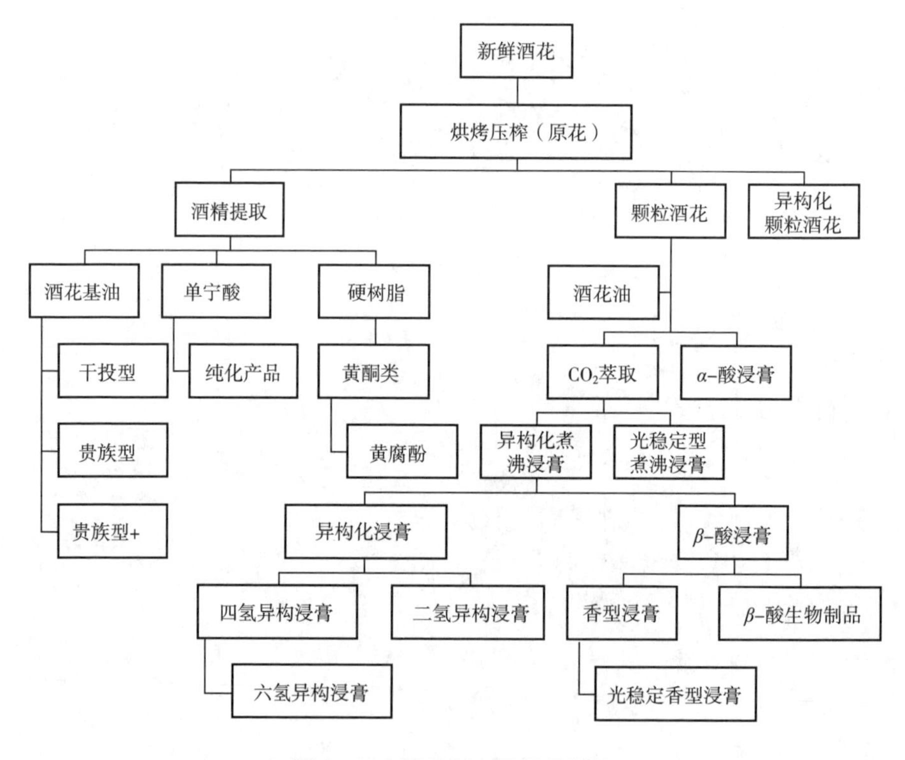

图4－10　酒花加工及酒花制品

依据加工层次和加工技术的不同，酒花加工制品分为：压缩酒花（原花）、颗粒酒花、酒花浸膏及精深加工产品。

（1）压缩酒花　是将新鲜酒花经烘烤脱水压缩包装而成的初级加工产品。压缩酒花包含了酒花中的所有有效成分，又称原花。压缩酒花体积较大、有效成分易损耗（常温下贮存6个月，α-酸损失60%），而被后来的颗粒产品替代。

（2）颗粒酒花　是将压缩酒花粉碎挤粒而制成的产品。颗粒酒花自20世纪80年代问世以来，因其几乎包含了原花的所有有效成分，且在抽真空充氮包装下，较压缩酒花贮存期大大提高（低温下贮存1年，α-酸损失为0.5%～1.5%），而迅速被市场认可。目前酿造市场80%以上的添加酒花以颗粒酒花为主。

颗粒酒花按加工类型分为90型颗粒和45型颗粒两种。90型颗粒是指100t原酒花生产90t颗粒。45型颗粒是指100t原酒花经粉碎、深冷、筛分、制粒，生产45t颗粒。

颗粒酒花在生产工艺中，使用异构化技术将酒花中的α-酸异构化为异α-酸，生产出异构化颗粒产品。异构化颗粒在使α-酸的利用率大大提高的同时，破坏了其他成分。在啤酒酿造中，仅为提高苦味值考虑。

此外，将压缩酒花粉碎后，得到的酒花粉产品，因其保存了原花的全部有效成分，改善了原花体积较大的不足，在酿造界也有少量使用。

（3）酒花浸膏　是将压缩酒花或颗粒酒花经溶剂萃取，浸提出主要有效成分软树脂、酒花油而得到的产品。酒花浸膏包含了酒花中的主要有效成分，贮存期长（低温下贮存3年，α-酸损耗低于0.5%），而成为调节市场平衡，部分替代颗粒产品的重要加工产品。

酒花浸膏制品，初期使用乙醚、乙醇作为溶剂，因化学品的存在而影响到浸膏制品的使用。20世纪90年代以来，大量使用CO_2作为萃取溶剂，有效解决了化学残留问题，而得到了越来越多的应用。德国年浸膏加工量达60%，美国达40%。

酒花浸膏按萃取时CO_2状态的不同，分为超临界CO_2酒花浸膏和液态CO_2酒花浸膏。

酒花浸膏根据是否添加均质物，分为纯树脂浸膏和标准浸膏。

（4）下游精加工制品　将酒花浸膏经分离、异构化、氢化、蒸馏等技术，而得到的不同精加工产品，满足啤酒酿造不同时段精确添加所需。主要产品有α-酸浸膏，β-酸浸膏，β-酸酒花油和四氢异α-酸（酒花苦水）。

此外，仅在酒花中含有的类黄酮物质黄腐酚，因其在医药领域的明显抗癌作用，而被越来越多的人关注。目前，世界大型酒花公司都有黄腐酚产品可供选择，国内甘肃玉门拓璞公司已对黄腐酚研究完成中试。黄腐酚产品的问世，将是对酒花应用领域的一大扩展。

下面将对压缩酒花、颗粒酒花、酒花浸膏等酒花制品的加工技术进行概述。

一、酒花初级加工——压缩酒花苞

压缩酒花苞是将新鲜酒花经过晾花、干燥、回潮、压缩、包装而成（图4－11）。国内目前主要使用的是80、96型（多孔型）三层翻板烘烤炉，主要设备有蒸汽锅炉、液压打包机、炉床、风机等。

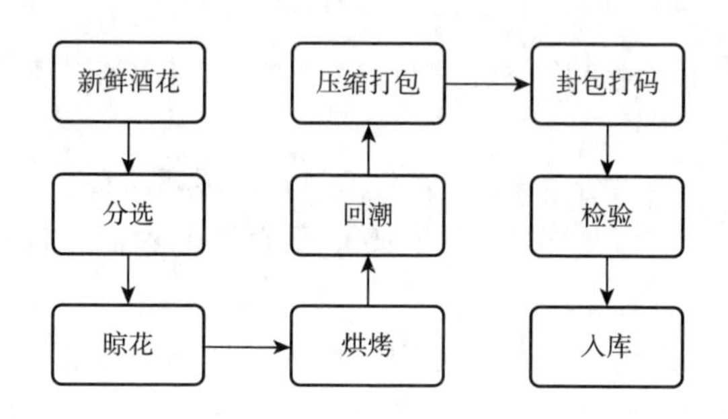

图4－11　原酒花花苞生产工艺流程

1. 晾花

新鲜酒花收获后，6h内送至烤房晾花棚。晾花棚堆花厚度50～60cm，每60min翻花1次，确保酒花不会发热变质。晾花棚内的酒花，在6h内送输送到烘干床上进行烘烤。

2. 烘烤

酒花采收后的含水量为50%～82%，无法贮存和使用，因此必须进行烘干，便于加工、贮存和运输。

酒花烘干过程中，一是需要一定的温度，二是需要湿度差；主要是通过较高温度蒸发使酒花体内的水分排出体外，升温的同时，通过一定的风量，造成烘干房内的湿度差，使水分能够快速排出烘干房外，以免水分在房内的酒花体表及墙体表面、设备表面结露而影响烘干。经过这样的连续干燥达到烘干的目的。

酒花烘干需要通过烧烤炉进行。烘干过程中对温度、风量和酒花铺设厚度等要求如下。

（1）温度　以65～72℃为宜。生产中温度过低，烘干时间加长，生产效能降低，但加工过程中质量损失很少，高温时干燥时间缩短，但质量损失较大。有效成分α－酸损失很高，在大于75℃时α－酸绝对值损失可达到1%以上，高的达到1.7%。因此烘烤中的温度控制是酒花干燥过程中最主要指标。要严格控制，不能随意加高温度。同时过高的温度还可能导致已干燥而没有出炉的酒花着火，造成人员伤亡和经济损失，这方面已有深刻的经验教训；也是烘干加工中最需注意控制的地方。

（2）通风量　要形成炉内的湿度差就必须有一定的排风量，必须通过通风设备造成湿度差，才能使水蒸气排出炉内。

在一定的温度和上花数量条件下，风量大、风速快，则湿差大，干燥快，时间短，有效成分损失少，质量好。根据资料，在60℃或75℃恒温条件下，风速0.55m/s，烘干时间短，苦味和香味质量最好。但是由于酒花花体小，花体失水后膨松，烤房内的风速大于0.55m/s时，会使酒花漂浮起来，造成花体相互摩擦而形成破损，花粉散失，影响质量。如果在烤房的回潮间经常有大量的花粉，说明温度、风速偏大。

（3）花层厚度　烘烤酒花时，炉床装花的厚度关系着烘干时间和质量。花层过厚，空气的通透性差，水分蒸发慢，会延长干燥时间，降低酒花的质量；花层薄时，电、热等利用率低，经济效益差。

合理的装花数量要根据烘干房的类型及酒花品种的花体性状而定。就目前国内常见的烤房，每平方米装花量以40~60kg为宜，也就是每孔（$16m^2$）达到800~1000kg酒花。青岛大花因花体膨松、花轴节间较长，可以达到1000kg，而“甘花一号”“马可波罗”等品种因花体紧密、花轴节间小面，相应的只能装到800kg左右。

（4）烘烤设备　国内目前主要使用的是80型、96型（多孔型）蒸汽加热烘烤房。主要由供热系统（蒸汽锅炉）、烘烤房、回潮系统、打包房构成。采用三层烤床，单炉烤床面积为$16 \sim 24m^2$，最大的达到$34m^2$；目的是将酒花烘烤过程分为三个不同温度范围，温度分段由酒花层自下而上将热风温度降低而达到所需要的热风温度值，这样可使酒花与高温热风接触的时间比单层炉型少2/3，使热风量得到充分利用，而且进风温度易于控制。

由于炉床结构由现场拼装安装，因而降低了对土建的要求，并且给制造、安装及改装带来了方便。此炉为炉外翻床机构，减少了用工量，同时倒床也起到了花层翻动的作用，使烘烤后的酒花花体完整，破损率低，花粉损失少。

烤床下部为卷帘式出花网，干燥的酒花由下层烤床翻至出花网上，回潮后经过机械传动将网从炉内卷出，花体自动运至炉外，也称下花，由于不经人工翻动，花苞破碎率较低。

供热系采用蒸汽作为热源。经热力计算，每平方米约需蒸汽量为31.25kg/h，因此配套的锅炉容积可以按照以上参数及炉床面积的大小进行计算（图4－12）。

由于烤炉的加热设备为蒸汽热源，加热器可采用国产SRL型翅片加热器，加热面积为炉床投影面积的10倍。

此炉型采用加大通风量增加酒花表面与气流间的温度差，加快其烘干速度，每平方米炉床通风量达到$1300m^3/h$，可以保证在4h烘干。由于采用鼓风形式送

图4－12　酒花干燥床

入热风，使炉内的烘干过程在正压条件下进行，因此不存在冷风短路的可能性，保证了烘烤的均匀性。

该炉床分为三层，形成三个烘干温区，酒花与热气流的接触时间只有1.4h，其余3h与较低温度的气流接触。适宜的热风温度为75～80℃，下层的层温可维持在70～72℃，比适宜的温度高出约2℃。也可以调整温度到65℃，但会延长烘干时间。中层的层温为55～60℃，上层的层温为45～50℃，排风温度约为40℃。温度再高时，会造成酒花有效成分的氧化及挥发，使得有效成分急剧下降，酒花花体的色泽发黄，影响了酒花质量；该炉因正压转行，不存在冷风短路的影响，但要防止跑热风而降低热能的利用率。

该炉因通风量较大，因此要求酒花花层厚度均匀，特别是上层花要注意铺平，避免因花层厚度不匀造成热风短路而使炉内热效率降低。

该炉在上花后经过一定时间的烘烤，需要在炉外进行倒床操作，应按上、中、下的程序依次操作，必须将下一层的酒花出完后，才能将上一层的花倒下来，以免造成酒花的堵塞或干湿混杂而影响烘干。

3. 酒花输送

我国目前使用的主要方法是采用负压风送，经过改进后，可以将酒花较为均匀地铺入上层炉床内。

烘干后的酒花花体膨松，稍有搅动，萼片、苞片就会从花轴上脱落，造成花破碎，花粉大量脱落，质量下降。采用机械卷帘下花，减少人为地翻动酒花，大大降低了酒花花苞的破碎率，最大限度保证了酒花的完整性，保证了酒花的质量。

4. 出炉

酒花在经回潮后，将其从酒花烘干床上通过机械转动，将干燥好的酒花直接输送到酒花车中，完成了酒花的干燥过程。然后进行压缩打包。

摊花厚度45～50cm，温度45～65℃，每平方米风量为1000～1300m³，烘烤至花体含水量为3%～4%，花体干燥均匀时下花。总体烘烤时间为4.5～5h。

5. 回潮

采用机械自动回潮或人工弥雾回潮，回水量按GB 20369—2006《酒花制品》进行。一般掌握在6%～9%，回水要均匀。

酒花烘干中，为了将花轴中的水分降低，使最后整个酒花的含水量为3%～4%，如果水分过低，花体易碎，在压缩打包时容易破碎，花粉损失较大；同时膨胀力大，压缩打包不紧，影响包装质量。为了解决这些问题，干燥后的酒花需要进行回潮，吸收空气中水分，使酒花含水量达到适合压缩、打包的水分标准，但不能过高，否则容易引起霉变。

干燥酒花的水分不能采用缩短时间的办法来解决，因为酒花在烘干过程中最后脱水的部分是花轴，如果缩短烘干时间，酒花的含水量虽然能提高，但是很难将花轴烘干，会使花轴含水量高造成霉变。在烘烤中要使花轴部分烘干，花体的含水量只能保持在3%～4%，干花再通过回潮达到既烘干花轴又避免花粉损失的目的。回潮的过程就是烘干的逆过程。回潮的机理是在有水汽的情况下，先由花的苞片、萼片进行表面吸水，后由花轴吸水，只要控制好回潮条件，使苞片、萼片吸收一定的水分，而花轴尚未吸水时停止回潮操作，就能形成花体柔润，花轴保持干燥状态，达到压缩包装的水分要求。

目前回潮的方法主要是在下花床或者回潮间进行的，采用简单的喷雾装置，或者隧道式冷空气回潮、风潮气电动卷帘回潮，保持80%以上的相对湿度，使干花在较短的时间内，吸收空气中的水分，达到压缩的水分标准。

6. 压缩打包

按30～50kg/包净重标准，计量填加酒花至打包机内，以40～50t压力压缩酒花，每包密度控制在190～350kg/m³，包型：40cm×65cm×60cm，采用牛皮纸－白布－塑料布－编织袋四层包装，外加6道烤蓝带扎紧固定。

7. 缝包

按净30～50kg/包过磅，缝合包头包尾成一体，堆码整齐等待检验。

8. 检验

按GB/T 20369—2006要求，进行α－酸、水分检验。

9. 打码

在包装打上生产日期、批号、生产场、α－酸含量、水分等标识。

10. 入库

将检验合格的压缩酒花包送入0～5℃冷库，按5t或10t一批码放整齐待售。

二、颗粒酒花工艺及要求

颗粒酒花是压缩酒花经粉碎、（深冷）、筛分、混合、压粒、包装而得到的产品。其加工形式有90型、45型及异构化颗粒酒花等（图4-13）。

图4-13　酒花花苞（左）和酒花颗粒（右）

国内最先进的生产线为玉门拓璞引进的德国普罗斯特颗粒生产线，为世界第二大颗粒生产线。此外，较好的颗粒生产设备有甘肃天马公司颗粒生产线，酒泉斯丹纳颗粒生产线。国内使用较多的是江苏正昌颗粒生产线。

颗粒生产线的主要设备包括粉碎机、混合仓、制粒机、冷却器和抽真空机等。

颗粒生产设备的机械性能对颗粒产品的质量影响最大。此外，生产环境的温度、原料中树脂的含量、水分的变化，对生产合格颗粒产品的影响也不小。如：环境温度高于30℃，造粒机内部发热增高，达80℃以上，颗粒表面炭化严重，品质低下。气温过低，在15℃以下，散碎颗粒增多。树脂含量高的品种，造粒成形容易。而树脂含量低的品种，散碎颗粒较多，不易成形。酒花粉末细，造出的颗粒硬度大。酒花粉末过粗，颗粒松散成形差。酒花粉末通过环模孔流量大时，易堵塞冷却器，影响后续冷却效果。而酒花粉末通过过少时，酒花粉在环模孔存留时间长，颗粒硬且表面炭化严重。

因此，生产好的颗粒产品，在拥有先进的设备前提下，在生产过程中合理搭配原料、调整原料水分、控制造粒温度、及时降温冷却、严格排氧充氮包装，是保证合格颗粒生产的前提。

1. 国内颗粒酒花生产工艺流程

国内颗粒酒花生产工艺流程见图4-14。

（1）粉碎　按生产工艺单要求，将各批次压缩酒花拆包，进行破碎。此生

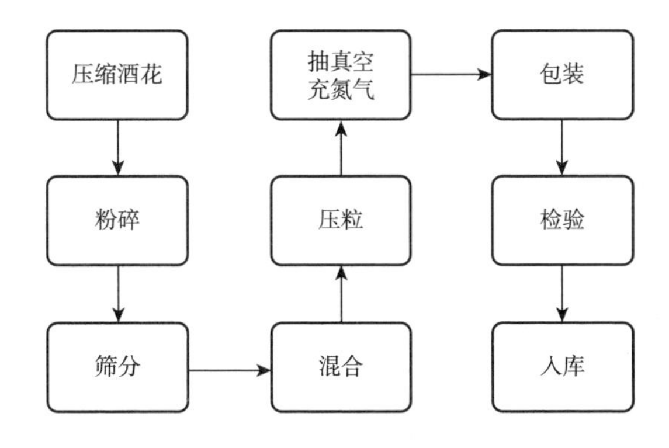

图 4-14　颗粒酒花生产工艺流程

产环节的目的，一是对酒花中的铁、石等异杂物及霉变原料进行剔除，保证产品的纯正风味；二是对生产原料进行配比，生产质量均匀的颗粒产品。

注意事项：在生产过程中，当遇到水分大于 10% 以上未霉变原料，应在粗破后进行烘干处理，使水分降至 8% ~9% 左右，再进行粉碎。否则易堵塞粉碎机筛孔，造成机体内温度过高，原料在粉碎过程中树脂的损耗。在生产过程中，应定期清扫粉碎机内的树脂附着物及清选出的异杂物。

（2）筛分　进一步去除酒花中的枝、茎等异杂物，提供粒径一致、粗细比例适当的酒花粉末。筛孔直径 2 ~6mm，通过逐步调整原料配比水分实现生产过程中根据造粒机的挤粒效果。

（3）混合　在混合仓内，将不同含量的酒花粉末混合均匀。将酒花粉末回潮至水分 9% ~10%。

（4）挤粒　在≤54℃的条件下，以 $300kg/cm^2$ 压力对酒花粉末挤压，制成颗粒，颗粒直径约为 6mm。加工出的酒花颗粒温度在 50 ~52℃。

此环节对颗粒质量影响较大，生产中要严格控制造粒机内部温度，使之保持在 40 ~55℃。解决办法一是在外界温度较低时的 10 ~11 月进行大规模生产；二是在造粒机外部加置以 N_2 或 CO_2 为介质的冷却系统，在造粒机内设温度传感器，实现温度自动调节。

注意事项：在生产过程中，定期清理模孔及造粒系统附着的树脂类杂物，防止堵塞系统。

（5）冷却　在带有旋风器的带式冷却器中，4 ~5min 内将酒花颗粒冷却至 20℃以下，筛去酒花粉末。

（6）抽真空充氮包装　包装严格按工艺流程及要求进行包装：冷却→筛选→装袋（定量 5kg、10kg、20kg）→一次充氮→抽真空（80kPa 以上）→二次充氮→封口→装箱。铝箔袋中的残氧量低于 2%。

（7）检验　进行入库化验和入库批号、重量、生产日期打号等工作。

（8）入库　检验合格的产品，置入冷库码放整齐待售。

2. 国外 90 型颗粒酒花加工流程（图 4 – 15，德国斯丹纳公司）

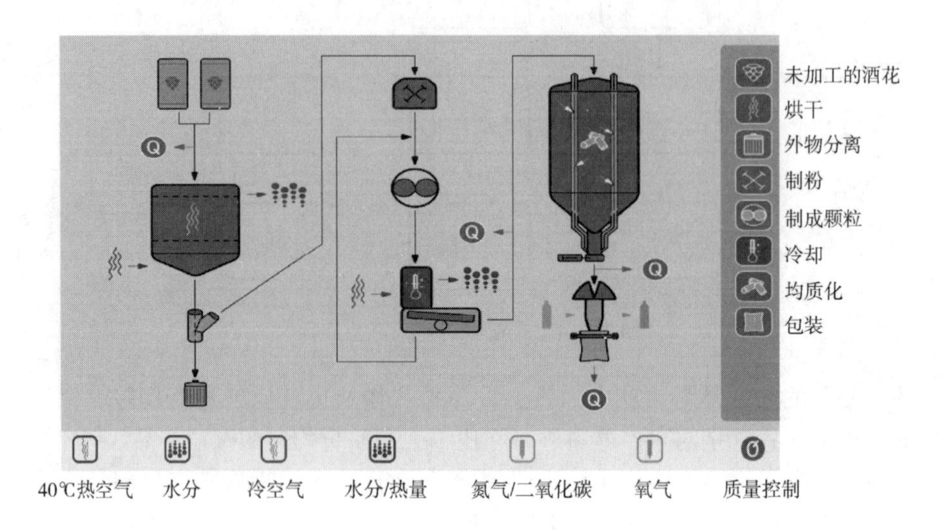

图 4 – 15　90 型颗粒酒花加工流程

（1）准备　安排好准备好的原酒花；

（2）存放　将不同地段采收的啤酒花混合；

（3）干燥　将鲜酒花在酒花干燥床中烘干；

（4）分拣　分离异物、废物和金属残留物；

（5）粉碎　粉碎深冻、脆的啤酒花；

（6）制粒　在制粒机中将酒花粉末压缩成颗粒酒花；

（7）冷却　冷却完成制粒后的酒花颗粒；

（8）包装　从缓冲料箱中将酒花颗粒装入铝箔袋和纸箱。

3. 45 型颗粒酒花加工流程（图 4 – 16，德国斯丹纳公司）

（1）准备　安排好准备好的原酒花；

（2）存放　将不同地段采收的啤酒花混合；

（3）干燥　将鲜酒花在酒花干燥床中烘干；

（4）分拣　分离异物、废物和金属残留物；

（5）深冻　将带叶酒花苞低温冷冻至 – 40 ~ – 30℃，以降低酒花树脂的黏度；

（6）粉碎　研磨深冻、脆的啤酒花；

（7）筛分　经过连续的筛分将酒花中的蛇麻腺和酒花小苞片分离，这样酒花苦味化合物的浓度大大增加，粉碎和筛分是在 – 20℃进行；

（8）标准化处理　根据客户需求的酒花中 α – 酸含量，通过精确的添加比例将酒花苞片和苦味的化合物混合；

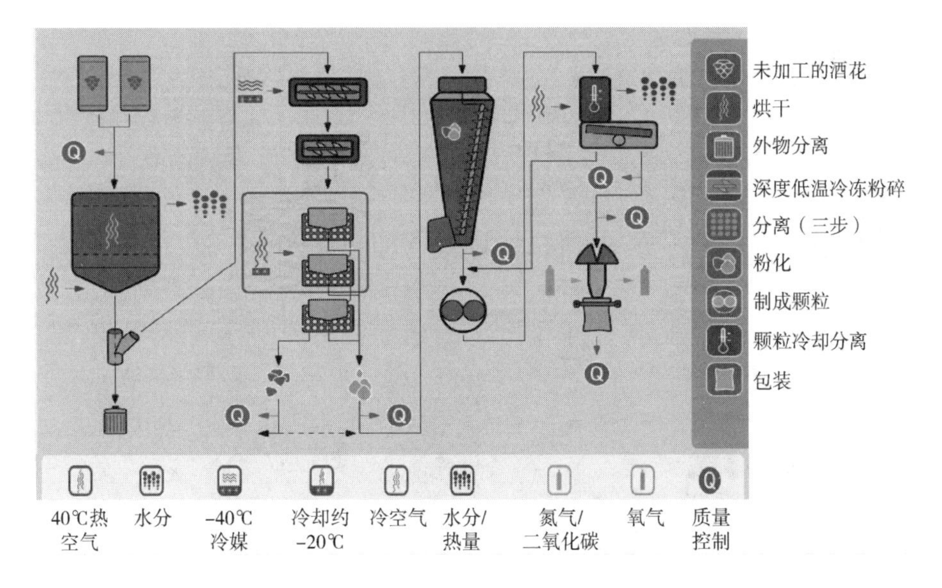

图 4-16　45 型颗粒酒花加工流程

（9）均质：将酒花粉末放入混合器中均质，在制粒前进行再次检查和分析；

（10）制粒　在制粒机中将酒花粉末压缩成颗粒酒花；

（11）冷却　冷却完成制粒后的颗粒酒花；

（12）包装　将酒花颗粒装入铝箔袋和纸箱。

三、酒花浸膏生产工艺及要求

1. 乙醇-酒花浸膏的加工流程（图 4-17，德国斯丹纳公司）

（1）萃取　将粗磨的带叶的酒花与废料和金属残渣放入乙醇混合后，对这种混合物进行萃取，在反向流动过程中得到酒精溶液。该溶液含有酒花苦味化合物以及部分单宁。

（2）蒸发　固体颗粒经过离心机从酒精溶液中完全分离，乙醇在低温和高真空条件下蒸发，再次回收利用；

（3）均质　酒花萃取物均质后放入收集罐；

（4）灌装/包装　纯树脂浸膏通常根据客户需求进行包装，用于自动计量添加系统。

2. 国内二氧化碳酒花浸膏加工流程

二氧化碳酒花浸膏是压缩酒花或颗粒酒花经二氧化碳萃取酒花中的有效成分而得到的产品。

目前国内较高配置的生产线为 3500L×3 浸膏生产线，主要设备有萃取器、

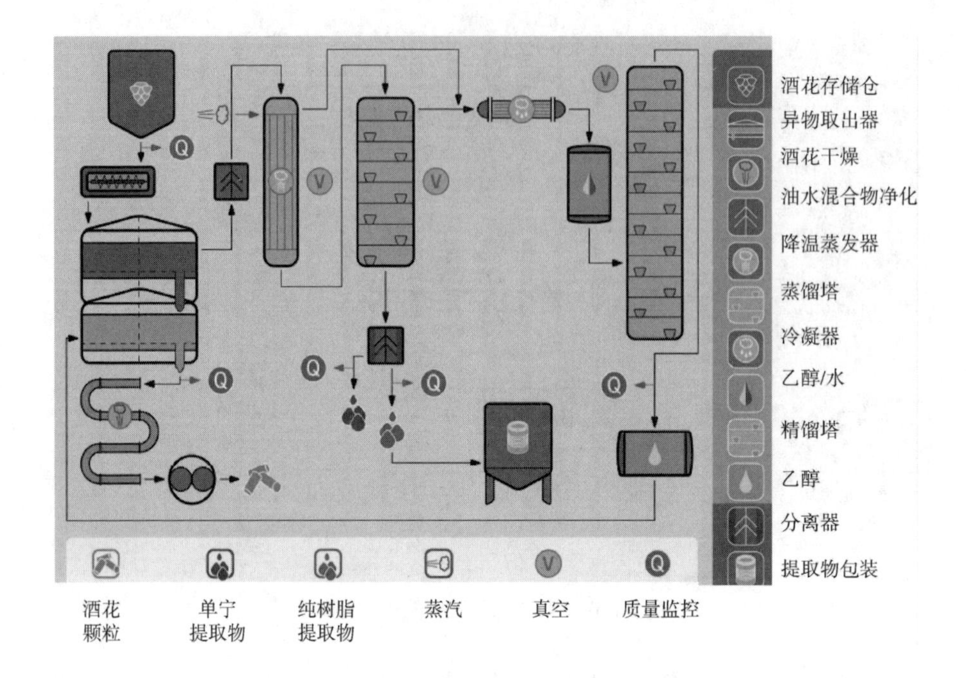

图 4－17　乙醇提取型酒花制品加工流程

分离器、均质器、制冷机、热力系统、回收系统、工艺管线等（图 4－18）。

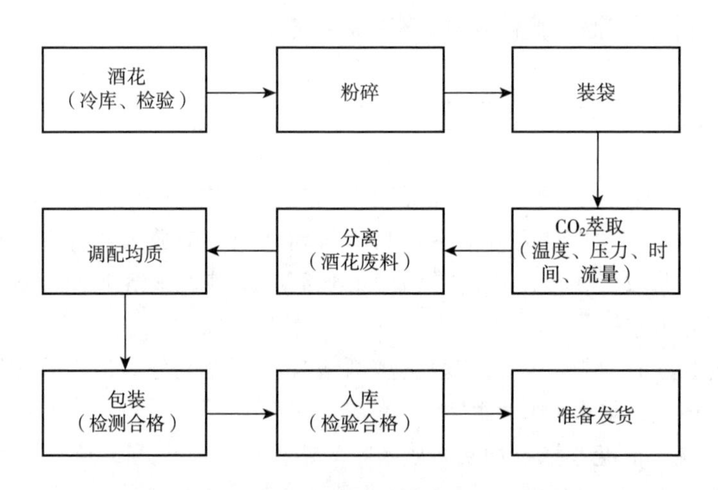

图 4－18　国内 CO_2超临界萃取酒花浸膏生产工艺流程

（1）粉碎　粉碎人员将冷库贮存的合格压缩酒花原料开包检查，选择无霉变、香气纯正的原料进行粉碎，粉碎粒度为 0.5～1mm，将粉碎的酒花粉末装袋，每袋 30～60kg，集中码放整齐备用。

（2）萃取　将袋装酒花粉末放入萃取器中，封盖后，以温度 40～55℃，压力 20 ~ 30MPa 的 CO_2 流体连续萃取 2 ~ 3h 后，提出萃取残渣。

（3）分离　萃取酒花有效成分的 CO_2 混合流体进入分离器中，保持温度 40 ~ 55℃，压力 5 ~ 6MPa · s。CO_2 通过管路回收再利用，萃取产物则富集于分离器底部。

（4）均质　1h 萃取结束后，将萃取产物通过管路放入搅拌均质釜。化验室进行抽样，检测产物 α – 酸、β – 酸含量。根据检测结果，加入重量比为 5% ~ 10% 的玉米糖浆，预调产品 α – 酸含量至 35% ~ 40%，化验室进行抽样，检测 α – 酸含量。含量达到技术要求，在温度 55 ~ 60℃ 进行搅拌，杀菌处理 1h，进入下一工序；含量达不到，则加入萃取产物或糖浆继续均质。

（5）包装　杀菌结束后，用灭菌处理过的马口铁罐按（1000 ± 10）g/罐进行包装，在包装罐上打上批号、生产日期、α – 酸含量，用瓦楞纸箱进行包装。纸箱上打上批号、生产日期、α – 酸含量，打好封条、包扎带，检验合格后，将酒花包码放整齐等待入库。

（6）贮存　每班工作结束后，包装车间工作人员凭产品入库通知单，办理产品入库。产品入冷库成品库，码放整齐，高为 6 ~ 10 层箱高，置于 0 ~ 5℃ 贮存，等待发货。

（7）出厂检验　产品发货前，按发货通知要求，对产成品进行出厂检验，合格产品，凭检验报告单、产品合格证、发货通知单放行。

3. 国外 CO_2 酒花浸膏的加工流程

CO_2 酒花浸膏是以颗粒酒花为原料，以液态或超临界 CO_2 为介质，提炼而成的酒花浸膏。CO_2 酒花浸膏含有酒花中的大部分成分，比原花和颗粒酒花更加稳定，能给啤酒带来所需的苦味和香味成分。其利用率较原花高出 20%，同颗粒酒花相差不大。

制备过程是将颗粒酒花重新粉碎，利用液态 CO_2 在 10 ~ 12℃、5.5 ~ 6.0MPa 条件下进行萃取，然后在 15 ~ 20℃ 回收浸膏；或者利用超临界 CO_2 在 50℃、30MPa 条件下进行萃取，然后在较高温度回收浸膏。由于液态 CO_2 是选择性溶剂，它不收集硬树脂、单宁、脂肪以及石蜡、植物色素，因而其酒花油含量与原花最为接近，这也是通常所指的酒花浸膏；而超临界 CO_2 由于在较高温度下萃取，因而会损失一些酒花精油。两种酒花浸膏的成分见表 4 – 3。

表 4 – 3　液态 CO_2 酒花浸膏和超临界 CO_2 酒花浸膏成分表

成分	超临界 CO_2 酒花浸膏/%	液态 CO_2 酒花浸膏/%
α – 酸	25 ~ 55	30 ~ 60
β – 酸	25 ~ 40	15 ~ 45
酒花油	1.5 ~ 3	3 ~ 6
硬树脂	5 ~ 11	0

续表

成分	超临界 CO_2 酒花浸膏/%	液态 CO_2 酒花浸膏/%
软树脂	≥80	≥90
水	1～7	0～3
脂肪和石蜡	4～13	2～8
植物色素	1～2	0
单宁	0～5	0
无机盐	0～1	0

CO_2酒花浸膏加工的原料是颗粒酒花。将这些颗粒酒花填充到萃取容器中，萃取过程是在循环过程中进行的（图4－19，德国斯丹纳公司）。

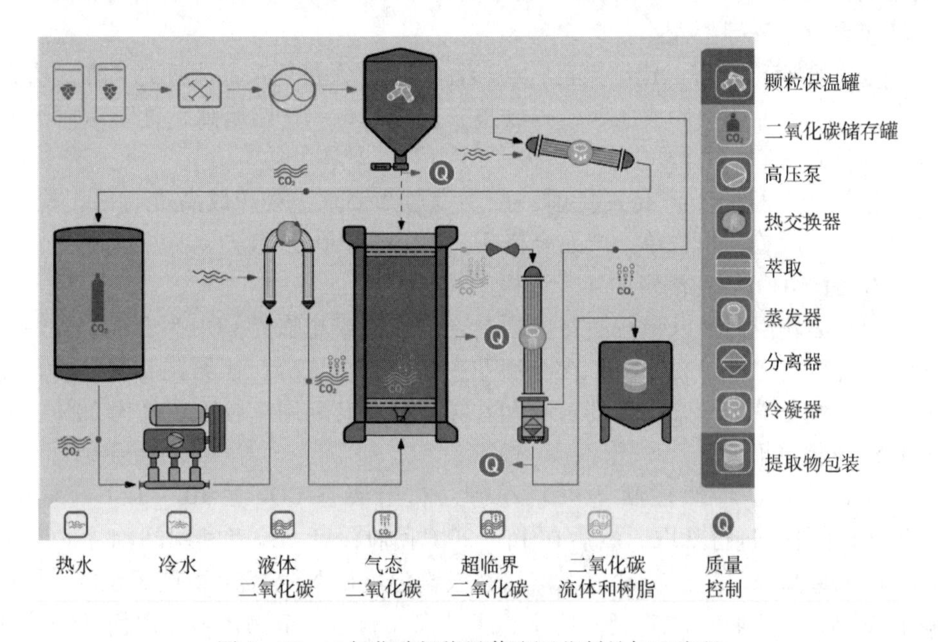

图4－19　二氧化碳超临界萃取酒花制品加工流程

（1）开始萃取　将需要的液态 CO_2（压力、温度）通过泵和热交换器输送到所需的工作场所；

（2）萃取　液态 CO_2流经颗粒酒花，从颗粒酒花中将酒花油和树脂萃取出来；

（3）减压　降低压力；

（4）蒸发　以补偿减压引起的冷却，CO_2在热交换器中蒸发；

（5）分离　酒花萃取物与气态 CO_2分离；

（6）冷凝　CO_2在冷凝器中液化；

（7）循环过程　液化 CO_2循环利用；

（8）制粒　在制粒机中将酒花粉末压缩成颗粒酒花；

（9）冷却　冷却完成制粒后的酒花颗粒；

（10）均质　酒花萃取物均质后放入收集罐；

（11）包装　所得到的纯酒花浸膏通常根据顾客需求放入特定包装容器中，方便自动添加装置的使用。

四、酒花检测

酒花检测是酒花加工过程中的重要保障，贯穿于整个加工过程，为生产合格产品把关。

1. 检测项目

酒花检测项目主要有感官检验、理化检测、微生物检测三类。感官检测是对酒花制品的色泽、香味、形态、夹杂物等做出的感官评价。理化检测是对酒花制品的水分、树脂、酒花油等理化指标进行的理化分析。微生物检测主要是对酒花浸膏及后续加工产品的微生物残留量检测。

2. 酒花检验方法

目前有三种方法：滴定法、紫外分光光度法和液相色谱法。

（1）滴定法　用有机溶剂萃取酒花中的 α－酸，并配成混合液，当向混合液滴加醋酸铅溶液时，α－酸与铅离子形成络合物，溶液的电导稳定不变。当到达络合反应的终点后，随着过量铅离子浓度的增大，溶液的电导也增大。通过作图，求出拐点即为滴定终点，进而计算出 α－酸的含量，是利用 α－酸与乙酸铅的铅盐反应进行定量测定。

（2）紫外分光光度法　用有机溶剂萃取酒花中的 α－酸和 β－酸，然后，使用紫外分光光度计在波长 275nm、325nm、355nm 下分别测定吸光度，通过方程式计算出试样中 α－酸和 β－酸的含量。

（3）液相色谱法　采用 C18 色谱柱，在配有紫外或二极管阵列检测器的高效液相色谱分析仪（HPLC）中，α－酸被分离成合葎草酮峰以及葎草酮、加葎草酮合峰；β－酸被分离成合蛇麻酮峰以及蛇麻酮、加蛇麻酮合峰。通过计算，得到样品中的 α－酸和 β－酸含量。

3. 生产过程中的检验

在生产过程中，需要对原料的水分、α－酸含量等项目进行监控，在监控生产过程的同时，为优化生产工艺提供改进的检测依据。如：压缩酒花加工过程中的水分检测，是烘干至打包前的关键步骤；颗粒生产过程中的水分及 α－酸检测，是合理配比原料、生产优质颗粒的基础。

酒花检测过程中，仪器操作步骤严格按仪器操作规程进行，方法和程序必须遵循 GB 20369—2006 执行，具体见附录。

第三节　酒花的贮存

酒花和酒花制品在使用过程中有苦味和香气质量下降的趋势，如何更好地保持酒花的新鲜度是酒花生产企业和酿酒企业必须考虑的重要问题。下面先了解何为酒花贮存指数，酒花贮存过程中应注意哪些问题以及酒花在贮存过程中发生了哪些变化。

一、酒花贮存指数（HSI）

在 1970 年，ASBC（美国酿造家协会）年会上，酒花贮存（藏）指数 HSI（Hops Storage Index）的概念被首次提出，即通过测算硬树脂和软树脂含量的比值，用以衡量酒花的新鲜程度。HSI 的数值区间代表酒花的新鲜度和老化程度，不同数值代表的意义不同（表 4－4）。因为每种酒花的硬树脂和软树脂含量都不同，所以同等新鲜度的不同品种其 HSI 也不相同。该指标已经成为国内部分啤酒企业的酒花采购标准，用以确定酒花的新鲜度和老化程度（表 4－5）。

表 4－4　　酒花贮存指数代表的含义

HSI 数值区间	代表意义（仅供参考）
0.0～0.3	鲜酒花，刚刚采摘完的酒花
0.31～0.4	氧化程度极微，不存在质量问题。新摘酒花或冷藏酒花加工而成
0.41～0.5	正常老化，可以放心使用
0.51～0.6	老化程度较严重，使用时要注意，如煮沸超过 30min 慎用
≥0.61	酒花老化非常严重，不宜酿酒

表 4－5　　啤酒企业对酒花贮存指数的验收标准

区域	香花 HSI	苦花 HSI	处置方案
绿区 HSI	≤0.35		HSI 在范围内，通过酒花茶（Hop Tea）品评后即可接受
黄区 HSI	0.36～0.40	0.36～0.45	HSI 偏高，由酒花供应商查找原因，若为加工过程导致，隔离并拒收

续表

区域	香花 HSI	苦花 HSI	处置方案
红区 HSI	0.41～0.45	0.46～0.50	隔离酒花，HPLC 进行 α/β 酸检测，GC 油分析，异常则拒收。根据酒花位置和合同形式，分析费由工厂或供应商承担
	0.40～0.50	0.51～0.55	除了上述分析，可自行开展酿造测试。拒收后若需销毁则需与供应商讨论并由供应商提供处置证明
不可接受 HSI	≥0.51	≥0.56	拒收。若已是公司库存的酒花，需进一步评估确认是否可以降级用于普通酒

HSI 是通过计算硬树脂和软树脂的比值得来的，新鲜度更多地反映了酒花苦味质量的好坏，对新鲜度不高的酒花其香气是否仍具酿造价值具有参考意义，但不是绝对的。所以表 4－4 中，当 HSI 的数值超过 0.61，酒花的苦味质量和香气变化较大，通过合理的控制添加工艺仍能得到完美的利用。

二、酒花贮存指数的测定

当酒花或颗粒酒花长期贮存或贮存情况不适宜时，可以观察到 α－酸和 β－酸含量氧化性降低，降低程度不一。用碱性甲醇萃取，紫外分光光度计在 275nm 和 325nm 波长下测得的吸光度增加与酒花苦味酸的损失一致。酒花 α－酸和 β－酸含量的损失和酒花贮存指数（HSI）的增加，会对啤酒酿造产生不利影响，酒花利用率下降。

（1）试剂　甲醇，试剂级。在 275nm 波长下，以水作空白时，通过 1cm 石英比色皿的吸光度应小于 0.060；氢氧化钠，6.0mol/L；碱性甲醇。每 100mL 甲醇中加入 0.2mL6.0mol/L 的氢氧化钠溶液，溶液需现用现配。

（2）仪器设备　分光光度计。具有紫外检测器，有 1cm 的石英比色皿。

（3）方法　用甲醇试剂稀释 5mL 萃取液到 100mL（此为稀释液 A）。再用碱性甲醇稀释一定量的稀释液 A 得稀释液 B，以使在 325nm 和 355nm 下，仪器测得的吸光度有最精确的测定值。稀释液 B 制备好后应立即测定。

首先用空白液将仪器调到零点，空白为采取与样品处理相同的方式对 5mL 甲苯进行稀释后得到，然后分别在 355nm、325nm、275nm 下测定稀释液 B 的吸光度，为防止 UV 光对组分的降解，读数必须快速。

（4）计算　酒花贮存指数（HSI）$=A_{275}/A_{325}$。

例：①常规测定值吸光度（A_{275}）$=0.188$；吸光度（A_{325}）$=0.696$；HSI =

0.188/0.696=0.27。

②HSI值在新鲜酒花和陈酒花中的HSI值："稳定"的新鲜酒花=0.22；陈酒花=0.32。"不稳定"的新鲜酒花=0.26；陈酒花=0.79。协同试验中，HSI为0.283~0.603时，实验室内的误差（S_r）为0.0050~0.0121，实验室间误差（S_c）为0.0116~0.0238。

注释：

①紫外分光光度计用的比色皿应有可比性，用蒸馏水装满，在355nm、325nm和275nm波长下测定各自的吸光度。如吸光度大于0.005，要注意其不同之处，这些差异数值可用来对355nm、325nm和375nm波长下的分光光度计测定值进行修正。

②清洗和保养石英比色皿，每次使用后，立即用温和试剂清洗；可用不含微粒的真溶液洗涤剂；用50% 3mol/L的HCl和50%的乙醇溶液清洗难以洗涤的沉淀物；无论何时，在加入溶液之前，先要用样品润洗比色皿。

三、酒花的贮存

酒花贮存的温度和时间是最重要的两个指标（表4-6，表4-7），特别是贮存温度对酒花的质量影响最大，过高的温度会对酒花的品质产生不利的影响。酿酒师应尽量使用新鲜的酒花，不同的酒花产品其货架寿命不尽相同。酒花对空气中的氧气特别敏感，应减少酒花与氧气的接触时间。另外，光照也会造成酒花中风味化合物的分解，产生不良的气味，因此尽量避光贮存。因此，酒花和酒花制品应严格按照产品推荐的贮存条件进行保存，不正确的贮存可能会导致酒花苦味值减少，香气损失，感官品质变差。

表4-6　常规酒花及酒花制品的贮存条件

	温度/℃	保质期/年
原酒花苞	<5	1
酒花颗粒	<5	3
异α-酸酒花颗粒	<5	4
纯树脂浸膏（CO_2和乙醇）	<10	6
异构化煮沸锅浸膏	<10	2
异构化浸膏	5~15	2
还原型异构化浸膏*	5~15	1-3

注：*与产品类型有关。

表 4-7　特殊酒花制品的贮存条件

酒花制品	温度/℃	保质期/年
α-酸浸膏	<0~5	1
酒花精油*	<10	1~2
光稳定香型浸膏/光稳定煮沸锅浸膏	<10	4
黄腐酚风味产品*	<10	2
单宁浸膏	0~10	1
β-生物制品*	5~15	4

注：*与产品类型有关。

颗粒酒花运输和贮存时需要冷藏，使用专用包装箱或包装袋，一定不能损坏铝箔，严格控制氧气的侵入。酒花开袋使用后，最好使用氮气二次填充，不要使用 CO_2 将铝箔袋子封口备用。

纯树脂浸膏贮存温度应小于 10℃，使用添加罐自动添加时温度不应超过 45℃，在罐中最好使用惰性气体填充。

使用特殊酒花制品时，按照产品推荐温度贮存，尽快将打开的包装内产品用完，用氮气填充顶部空间（不是 CO_2），并避免阳光直射。

酒花产品的选择，需要考虑酒花的苦味（质量和强度）和酒花的香味；酒花品种特征与酒花产品的组分；明确酒花的添加点（煮沸锅/下游）和添加系统；考虑酒花的功能性（光稳定性、泡沫改善等）；酒花品种或酒花产品的可用性（混合使用）。解决好酒花贮存期间的数量、产品稳定性和温度问题。

四、酒花在贮存期间的香气变化

有报道曾对比了新鲜酒花和老化酒花中香味物质含量的不同，分析了两种酒花（卡斯卡特和哈拉道），这两种酒花经过不同时长的老化过程，分为新鲜、老化Ⅰ（温度 40℃，通风环境暴露 2 天）和老化Ⅱ（温度 40℃，通风环境暴露 4 天）三组，具体分析数据见表 4-8。

表 4-8　卡斯卡特和哈拉道新鲜酒花和老化后化学成分对比

种类	老化水平	贮存指数	酒花油含量/（mL/100g）	α-酸含量/%	β-酸含量/%	酿造添加量/g
卡斯卡特	新鲜	0.33	0.60	5.3	5.1	7194
	老化Ⅰ	0.53	0.38	3.6	3.6	7432
	老化Ⅱ	1.04	0.13	1.2	1.2	9806

续表

种类	老化水平	贮存指数	酒花油含量 /（mL/100g）	α-酸含量 /%	β-酸含量 /%	酿造添加量 /g
哈拉道	新鲜	0.33	1.08	5.4	5.4	6831
	老化Ⅰ	0.68	0.74	3.1	3.1	7482
	老化Ⅱ	1.21	0.44	1.2	1.2	11000

在6个酒花样品中，老化Ⅰ的酒花的香味物质含量是最高的。与老化Ⅰ相比，老化Ⅱ的酒花损失了大量的香气物质，其中卡斯卡特酒花的老化Ⅱ的香味物质比哈拉道的老化Ⅱ的香味物质损失更加严重。这种损失可能是发生在蒸发，聚合，降解等过程中，也可能是由于这两种酒花本质的不同而造成的。花香/柑橘香味物质（主要包括香叶醇类物质和里那醇）和草本味/辛辣味物质（主要包括α-葎草烯和β-石竹烯的氧化产物），存在于每种酒花的三个氧化水平。在卡斯卡特酒花中，花香/柑橘香味物质的含量相对来说要高一点，哈拉道酒花中的草本/香料味物质则高一点。

通过比较新鲜酒花和老化Ⅰ的酒花样品（表4-9），葎草烯单环氧化合物Ⅱ的增长速率远远比其他两个同分异构体增长慢。与此同时，蛇麻二烯酮、蛇麻二烯醇和葎草烯醇这三者的增长速率远远高于葎草烯单环氧化合物Ⅱ的增长速率。通过检测α-葎草烯和其氧化物的化学结构可知，葎草烯单环氧化合物Ⅱ是蛇麻二烯酮、蛇麻二烯醇、葎草烯醇Ⅱ的前体。许多α-葎草烯的双环氧化合物在所有老化的酒花中均有发现，但却不存在于新鲜的酒花中，因此猜测葎草烯的双环氧化合物是在酒花的老化过程中形成的。

表4-9　　卡斯卡特、哈拉道新鲜酒花和老化后香味物质含量　　单位:%

	卡斯卡特			哈拉道		
	新鲜	老化Ⅰ	老化Ⅱ	新鲜	老化Ⅰ	老化Ⅱ
月桂烯	1754.0	471.0	3.0	1807.0	507.0	37.0
里那醇	40.9	46.7	1.4	61.9	279.3	85.1
香叶烯	7.3	39.5	2.5	12.8		28.1
橙花醇	0.7	2.1				1.0
香叶酸甲酯	30.4	53.6	4.7	18.3	101.8	34.1
乙酸香叶酯	110.1	173.3	9.2			
异丁酸香叶酯	67.5	132.9	5.4	1.6	18.7	8.1
香叶醇	8.2	20.8	0.2	6.4	23.3	8.9

续表

	卡斯卡特			哈拉道		
	新鲜	老化Ⅰ	老化Ⅱ	新鲜	老化Ⅰ	老化Ⅱ
α－松油醇	2.7	1.8	0.1		10.8	4.2
α－石竹烯	296.9	342.8	1.9	384.0	915.3	175.7
α－葎草烯	623.1	665.7	10.2	1514.6	2536.9	539.5
环氧石竹烯	44.8	119.6	6.4	209.0	611.9	112.3
葎草烯单环氧化合物Ⅰ	39.6	198.9	9.4	171.9	951.2	488.1
葎草烯单环氧化合物Ⅱ	187.1	569.4	34.5	1699.3	4061.9	668.0
葎草烯单环氧化合物Ⅲ	26.6	120.3	6.6	126.9	354.1	346.5
葎草烯醇Ⅱ	21.3	603.0	44.6	166.4	2984.6	1435.2
葎草烯双环氧化合物 A		2.3	2.7		80.6	5.6
葎草烯双环氧化合物 B			0.2		0.5	10.8
葎草烯双环氧化合物 C					5.2	
葎草烯双环氧化合物 D					23.7	
葎草烯双环氧化合物 E					9.1	

第五章 酒花制品及应用技术

第一节 酒花制品在啤酒酿造中的作用

一、酒花与酒花制品的组成

添加酒花的传统方式是使用整酒花，但这种方法不太经济，酒花有效成分的利用率仅30%左右。为了提高酒花利用率、方便运输和贮存，人们研制出了许多酒花制品。1908年，英国首次使用酒花浸膏生产啤酒；1925年，德国人库尔巴哈先生（Kolbach）获得了酒花浸膏专利；近50年来，各种酒花制品大批问世，极大地提高了酿酒师的选择性和啤酒风味质量。酒花制品是将原酒花组分进行加工处理而成的不同类型的产品（图5-1）。酒花制品中的水分、苦味酸、

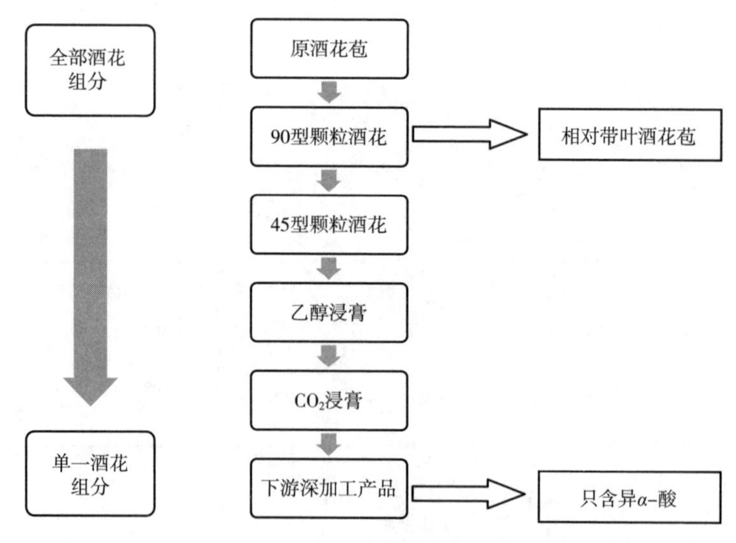

图5-1 酒花与酒花制品组分变化趋势

单宁含量和酒花油等各组分差别较大（图5-2），酿酒师可以根据所要塑造的啤酒风格特点进行选择和有机组合使用。

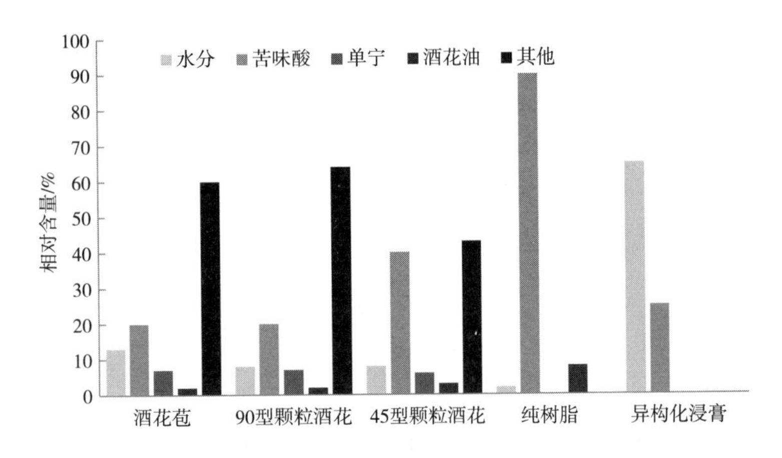

图5-2　酒花和酒花制品的基本组成

二、酒花制品的特点

（1）酒花制品因为体积小，易贮存，运输方便，费用大为降低。

（2）酒花有效成分利用率大为提高，即苦味物质的收得率高。

（3）酒花制品几乎可以无限期地贮存。因此，可在酒花收成好的年份里贮存酒花，不受酒花市场价格剧烈波动的影响。

（4）在酿造中采用酒花制品，不需使用酒花分离器，使用漩涡沉淀槽分离即可，简化了糖化工艺。

（5）酒花制品可以在各个工艺流程中直接添加，使用灵活方便。

（6）酒花制品可以准确地控制苦味质含量，因而可实现自动计量添加。

三、酒花制品在酿造中的利用率

酒花制品的利用率根据产品的不同有较大差异（图5-3）。煮沸锅酒花制品中，酒花苞和颗粒酒花的利用率为30%～35%；CO_2酒花浸膏的利用率为30%～50%；异α-酸的酒花浸膏（IKE）的利用率为50%；异α-酸钾盐的酒花浸膏（PIKE）的利用率为55%。对于非煮沸锅酒花制品，直接加入发酵前后或成品啤酒，利用率大于60%。

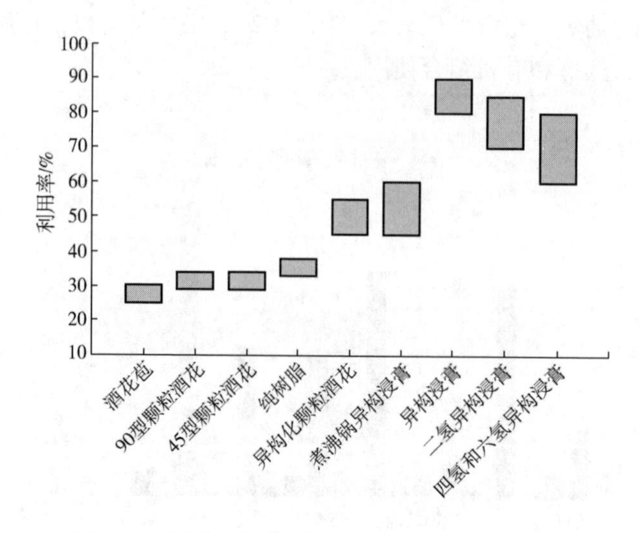

图 5－3　酒花和酒花制品在啤酒酿造中的利用率

四、酒花制品的类型

目前世界上酒花制品的种类繁多，主要分为三大类型（图 5－4）。

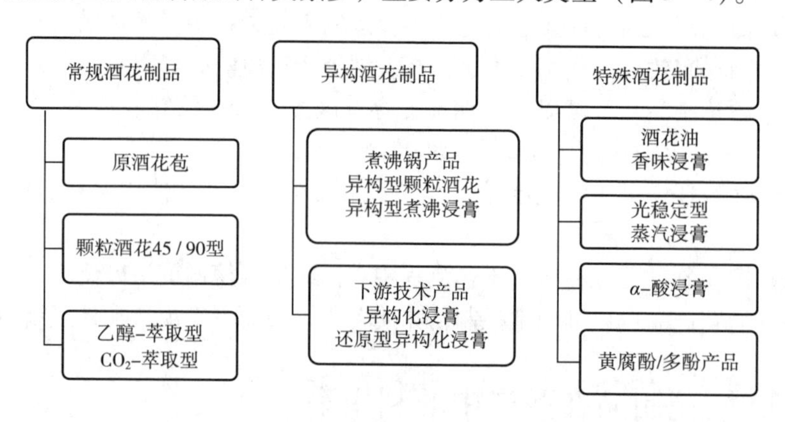

图 5－4　酒花制品的类型

随着新技术在酒花下游精深加工方面的应用，酒花大型公司如德国巴特哈斯（Barthhaas group）、斯丹纳（Hopsteiner）和美国雅基玛（Yakima Chief－Hopunion）公司每年都会有新型的酒花制品出现。未来酒花制品的发展趋势，除了可用于生产特殊类型的啤酒外，还将使透明瓶啤酒外观更加清亮，最重要的是增加啤酒风味和风味稳定性。

酒花制品有利于塑造啤酒的苦味风格：每种酒花制品都有自己独特的苦味风格。尽管每位酿酒师都想亲自尝试一下这些酒花制品的味道，但不妨对每种酒花制品作一个一般的介绍和使用说明。相对苦味强度是指需要多少 mg/L 的异构 α－酸才与 1mg/L 的酒花制品所产生的口感苦味相同。

异构酒花浸膏：众所周知异构酒花浸膏具有醇厚、圆润、柔和的苦味。其有效成分异构 α－酸是天然的苦味酒花酸，存在于传统啤酒里。异构酒花浸膏是衡量其他酒花制品的相对苦味强度的基准。相对苦味强度：1.0mg/L＝1.0 个口感苦味单位（IBU）。

四氢异构酒花浸膏：四氢异构酒花浸膏可以酿制出苦味纯正清新、无后苦味、非常可口的啤酒。相对苦味强度：1.0mg/L＝1.7 个口感苦味单位（1.7IBU）。

六氢异构酒花浸膏：六氢异构酒花浸膏是四氢异构 α－酸和六氢异构 α－酸的混合物，拥有独特的苦味风格，经常被认为与异构 α－酸的苦味风格类似。处于四氢异构酒花和异构酒花浸膏的苦味之间，是低苦味值啤酒为改善泡持性和挂杯性、添加苦味的最佳选择。相对苦味强度：1.3mg/L＝1.3 个口感苦味单位（1.3IBU）。

还原异构酒花浸膏：还原异构酒花浸膏的苦味特点是：爽口、顺口，这几乎是目前对还原酒花浸膏最适当的描述。还原异构酒花浸膏是酿制低苦味值、低热量啤酒的最佳选择，也是构成稳定的酒花制品配方的最佳组成成分。相对苦味强度：1.0mg/L＝0.7 个口感苦味单位（0.7IBU）。

任何一种优质酒花制品都可以和其他酒花制品混合使用，以开发新的苦味风格。所以您可以不受传统酒花的限制，任意酿制出您所期望的、具有不同苦味风格的啤酒。

五、酒花制品的选择

酒花制品种类丰富，有多重选择。因此，选择合适的酒花制品是酿造优质啤酒的重要环节，不同的酒花制品对啤酒质量的影响和赋予啤酒的风味差异较大。酒花制品的添加会影响啤酒的苦味、香气、稳定性、泡沫和抑菌作用。酒花制品类型、添加时间和在工艺流程中的添加点的选择至关重要（表 5－1），都将会影响酒花制品的利用效果，以及成品啤酒的风味特征和质量。

表 5－1　　不同酒花制品的作用和在酿酒过程中的添加点

酒花制品	作用					添加点	
	苦味	香气	耐光	泡沫	抑菌	煮沸锅	啤酒过滤
煮沸锅制品							
异构化颗粒酒花	●	●			●	●	

续表

酒花制品	作用				添加点		
	苦味	香气	耐光	泡沫	抑菌	煮沸锅	啤酒过滤
煮沸锅制品							
异构化煮沸锅浸膏（IKE）	√	√			√	√	
钾盐异构化煮沸锅浸膏（PIKE）	√	√			√	√	
耐光煮沸锅浸膏（LSKE）	√	√	√		√	√	
二氢浓缩液	√		√		√	√	
四氢浓缩液	√		√	√	√	√	
下游精加工制品							
α－酸浸膏	√			√	√		√
异α－酸浸膏30%	√				√		√
二氢异构浸膏10%	√		√		√	√	√
二氢异构浸膏35%	√		√		√	√	√
四氢异构浸膏10%	√		√	√	√		√
六氢异构浸膏10%	√		√	√	√		√

第二节　各种酒花制品的特征及使用

一、常规酒花制品

1. 原酒花苞

原酒花苞自然生长并被烘干成酒花，其内含的精油、树脂（α－酸及β－酸）和多元酚在酿造过程中起重要作用，这些物质有助于整体味道的呈现，啤酒的苦味和酒花的香气。

原酒花苞可同时在煮沸锅添加和干投酒花使用。成捆打包的酒花不能进行无限期地贮存，建议冷藏。可以使用真空包装，从而提高贮藏稳定性。

（1）产品特征　干燥和压缩的完整的圆形或椭圆形酒花，α－酸占1%～

25%，β-酸占1%~14%，酒花油0.2~4.0mL/100g，水分含量7%~11%含量取决于酒花的种类和生长期。成捆打包、真空包装。

（2）外观　绿色，带有完整叶子的酒花，具有很少的破损和最小的真正的叶或茎。在一些品种中，由于自然的颜色变化，叶子具有条纹外观。

（3）使用要求　早期加入煮沸锅的酒花（沸腾开始后10~15min），在啤酒中α-酸利用率通常在22%~28%范围内。当酒花在沸腾后加入时，根据特定的工艺条件，苦味成分的利用率会有变化。

（4）风味　原酒花苞提供啤酒的苦味和香气。啤酒风味将取决于使用的酒花品种，数量和添加时间。

（5）添加量　酒花苞的添加量可根据α-酸的含量和估计或已知的利用率来计算。晚期加入煮沸锅的酒花（一般5~20min至煮沸结束），虽然减少了α-酸的利用率，但增加了啤酒的芳香。两种添加方法都可以根据所需的苦味强度和啤酒的风格来确定。

（6）添加方法　酒花苞可直接添加到煮沸锅或酒花定量容器内。另外，由于它们的自由流动特性较差，不建议自动添加。干投酒花通常在二次发酵或成熟过程中添加，这取决于使用何种干投技术。

2. 90型颗粒酒花

90型颗粒酒花是一种在麦汁煮沸过程中加入煮沸锅的酒花制品，可使啤酒呈现所需的苦味和特有的酒花香气，这取决于添加的时间。90型颗粒酒花也同样适用于干投酒花，以使啤酒产生明显的酒花香气，90型颗粒酒花几乎与原酒花苞的构成一样，但是它的产量更高，质量更稳定，改善了贮存的稳定性，并且降低了贮存和运输的成本。

（1）产品特征　圆柱状，经干燥、磨碎和压制而成的酒花。α-酸1%~25%，β-酸1%~14%，水分含量7%~9%。

（2）外观　橄榄绿，6mm×（10~15mm）（直径×长度）。

（3）使用要求　早期加入煮沸锅的时间（煮沸开始后10~15min），α-酸的利用率通常在30%~35%。在煮沸后期添加，利用率会降低到20%或更少，这取决于具体的工艺条件。

（4）风味　90型酒花产生的啤酒风味与原酒花苞的不同。它为啤酒提供了苦味和芳香。啤酒风味取决于使用的酒花品种，添加量和添加时间。

（5）添加量　90型酒花的添加量可根据α-酸的含量和估计或已知的利用率来计算。晚期加入煮沸锅的90型酒花（一般5~20min至煮沸结束），虽然降低了α-酸的利用率，但增加了啤酒的芳香。两种添加方法都可以根据所需的苦味强度和啤酒的风格来确定。

（6）添加方法　90型酒花可直接添加到煮沸锅或酒花定量容器内，90型酒花可以自动添加。干投酒花通常在二次发酵或成熟过程中添加，这通常取决于使用何种干投技术。

3. 45 型颗粒酒花

45 型颗粒酒花是一种酒花制品。在麦汁煮沸过程中加入到煮沸锅中，有助于啤酒的苦味，以及它特有的酒花香气。45 型颗粒酒花完全适用于酒花干投，在啤酒中呈现明显的酒花香味。45 型颗粒酒花的生产过程中，去除了一些非必需的植物成分，丰富了苦味和酒花精油。这不仅降低了运输和贮存费用，啤酒的损失也随之减少。

（1）产品特征　圆柱状，将酒花干燥、磨碎、压制而成。α－酸 2% ~ 15%，β－酸 2% ~14%，酒花油 0.5 ~7.0mL/100g，水分含量 7% ~9%。

（2）外观　橄榄绿，6mm×（10 ~15mm）（直径×长度）。

（3）使用要求　早期加入煮沸锅的添加方法（煮沸开始后 10 ~ 15min），α－酸的含量通常在 30% ~35%。当 45 型颗粒酒花在煮沸晚添加，利用率会降低到 20% 或更少，这取决于具体的工艺条件。

（4）风味　45 型酒花产生的啤酒风味与原酒花苞的不同。45 型酒花为啤酒提供了苦味和芳香。风味取决于使用的酒花品种，添加量和添加时间。

（5）添加量　45 型酒花的添加量可根据 α－酸的含量和估计或已知的利用率来计算。晚期加入煮沸锅的 45 型酒花一般 5 ~20min 至煮沸结束，虽然减少了 α－酸的利用，但增加了啤酒的芳香。两种添加方法都可以根据所需的苦味强度和啤酒的风格进行调整。

4. CO_2酒花浸膏

CO_2酒花浸膏是由酒花颗粒在液体或超临界状态下使用食品级 CO_2 萃取制成。CO_2酒花浸膏包含了 α－酸、β－酸和酒花精油，可用于在酿造过程中，它是一种浓缩的可完全代替原酒花苞和酒花颗粒的产品，具有良好的保质期。

（1）产品特征　金黄色的浸膏，在室温下黏稠度较高。α－酸 20% ~55%，β－酸 15% ~40%，酒花油 3% ~12%，pH4.0（±0.5），黏度在 45℃ 下为 200 ~ 400mPa·s，密度在 20℃ 下为 0.9 ~1.0g/mL。（部分指标取决于酒花的收获年份）。

（2）外观　一种琥珀色糖浆（取决于各种不同的提取条件），它在温度升高的过程中更加具有流动性。

（3）使用要求　如果 CO_2酒花浸膏煮沸时间不少于 50min，酒花利用率可以达到 32% ~38%，不同酿酒厂的实际利用率将有所不同。它通常被添加到煮沸锅中，完全或部分替代原酒花苞或酒花。

（4）风味　原始酒花的风味特征几乎完全保持。在麦汁煮沸过程中，早期添加的 CO_2浸膏主要影响啤酒的苦味。

（5）添加方法　在麦汁煮沸过程中，应尽早加入最佳的 CO_2浸膏。由于其没有极性，CO_2浸膏不太适合晚加。如果使用罐装的 CO_2浸膏，在使用前不需要预热。将容器放入沸腾的麦汁中，打开罐体，确保所有的浸膏都被完全冲进煮沸锅中即可。

（6）添加量　添加方法的添加量取决于CO_2浸膏中的α－酸浓度、估计或已知的利用率以及啤酒所需要的苦味。

添加量可参照所需的苦味值、酒花利用率和α－酸含量计算。

$$CO_2\text{ 酒花浸膏(kg)} = \frac{\text{最终啤酒的苦味值(BU)} \times \text{最终啤酒的数量(hL)}}{3500}$$

注：“BU”和“IBU”均是苦味单位，等同使用。

5. 二氢异构浸膏（10%）

二氢异浸膏10%是一种完全由CO_2萃取物制成的纯的二氢异α－酸钾盐水溶液。当作为酒花苦味的完全来源或与其他的酒花产品相结合使用时，能够避免产生异味。与普通的异α－酸相比，二氢异构浸膏会提供更柔和、平顺的苦味。

（1）产品特征　一种红棕色的二氢异α－酸钾盐水溶液。通过紫外分光光度法分析或HPLC分析，含有10%±0.2%（质量分数）的二氢异α－酸。其中，异α－酸低于检测限制，α－酸低于检测限度，pH为8.8±0.5，黏度在20℃时为2～6mPa·s，密度在20℃时为（1.010±0.005）g/mL。

（2）外观　在室温下为红棕色至琥珀色的液体溶液；在正常贮存期间可能形成可再溶解的沉淀。

（3）使用要求　当在最终过滤之前加入到调整后的啤酒中时，通常使用70%～85%的二氢异α－酸用于煮沸锅添加时，利用率可达到45%～55%。各啤酒厂的实际利用率将根据各自的工艺条件有所差别。二氢异构浸膏（10%）通常用作发酵后添加，但也可以部分或甚至全部添加到麦汁中，以降低麦汁感染细菌的风险。

（4）风味　二氢异构浸膏（10%）只提供苦味。与常规的异α－酸和二氢异α－酸相比，后者苦味更平顺，无后苦味。根据总的苦味和啤酒类型，二氢异α－酸的苦味强度可达到普通异α－酸的60%～70%。因此，如果异α－酸的感官因子为1.0，则二氢异α－酸为0.6～0.7。

（5）添加量　二氢异构浸膏（10%）的添加量主要取决于酒花的利用率和期望的啤酒苦味强度。需要考虑到二氢异α－酸比常规异α－酸苦味低30%。

添加量可按如下公式计算：

二氢还原异构酒花浸膏的苦味强度大约是异构α－酸的0.7，因此，可以按如下公式计算二氢还原异构酒花浸膏需要的浓度（mg/L）。

$$\text{二氢还原异构酒花浸膏浓度} = \frac{\text{最终啤酒的苦味值(BU)}}{0.7}$$

$$\text{二氢还原异构酒花浸膏(kg)} = \frac{\text{(二氢还原异构酒花浸膏浓度)} \times \text{啤酒数量(hL)}}{0.35 \times \text{(二氢还原异构酒花浸膏利用率)} \times 10000}$$

$$\text{二氢还原异构酒花浸膏利用率(在发酵后添加时)} = 65\%$$

$$\text{二氢还原异构酒花浸膏利用率(在煮沸锅添加时)} = 45\%$$

（6）添加方法　二氢异浸膏（10%）可以用于后期发酵中添加，建议在啤酒倒罐过程中直接添加，最好是在第一次过滤或是每次调整麦汁浓度之后进行添加。如果有必要稀释，可用软化水进行稀释；然后用 KOH 调节 pH 至 8～9。如果容器持续使用多日，建议用氮气填充顶部空间（不能使用 CO_2）。

6. 二氢异构浸膏（35%）

二氢异构浸膏（35%）是完全由 CO_2 浸膏制得的纯二氢异 α－酸钾盐水溶液，当二氢异构浸膏（35%）作为酒花苦味的完全来源或与其他减少的酒花产品结合使用时，二氢异构浸膏（35%）能够避免产生异味。相比于常规的异α－酸，二氢异构浸膏（35%）将提供更平滑，爽快的苦味。

（1）产品特征　一种红棕色的二氢异 α－酸钾盐水溶液。通过紫外分光光度法分析或 HPLC 分析，其中 35% ±1.0%（质量分数）是二氢异 α－酸，pH 为 8.5 ±0.5，黏度在 20℃下为 20～25mPa · s，密度在 20℃下为（1.075 ±0.005）g/mL。

（2）外观　在室温下为红棕色至琥珀色的液体溶液；在正常贮存期间可能形成可重新溶解的沉淀。

（3）使用要求　在最终过滤之前加入到调整后的啤酒中时，通常使用 70% ～85% 的二氢异 α－酸。用于煮沸锅时，利用率在 45% ～55%。啤酒厂的实际利用率将根据工厂和工艺条件而有所不同。通常将二氢异构浸膏（35%）用于发酵后添加，但也可以部分或甚至全部添加到麦汁中，以降低麦汁细菌感染的风险。

（4）风味　二氢异构浸膏（35%）只提供苦味。与常规的异 α－酸和二氢异 α－酸相比，后者更平顺，无后苦味。根据总的苦味和啤酒类型，二氢异 α－酸的苦味强度是普通异 α－酸的 60% ～70%。因此，如果异 α－酸的感官因子为 1.0，则二氢异 α－酸为 0.6～0.7。

（5）添加量　二氢异构浸膏（35%）的添加量主要取决于估计的或已知的利用率，或是啤酒苦味的期望值。必须考虑到，二氢异 α－酸的苦味比常规的异 α－酸苦味低 30%。

（6）添加方法　如果在后发酵期间添加，二氢异构浸膏（35%）应先加热到 60℃，然后搅拌，以确保沉淀物质在使用前都能被充分溶解。建议在啤酒倒罐过程中直接加入干净的稀释液，最好在初次过滤之后或是在每次调整好麦汁浓度之后添加。任何情况下，在最后一次澄清之前要把添加的剂量确定好。在酒液倒罐至少 70% 之后进行二氢异构浸膏（35%）的添加。如果有必要进行稀释，通常用软化水稀释后，然后再用 KOH 调节 pH 至 8～9。如果容器要持续使用好几天，建议用氮气填充顶部空间（不能使用 CO_2）。

7. 四氢异构浸膏

四氢异构浸膏是完全由 CO_2 酒花浸膏生产的四氢异 α－酸的钾盐的纯水溶液。当用作一般发酵苦味比例的后发酵替代品时，四氢异构浸膏会大大增强啤酒泡沫。四氢异构浸膏（或四氢异构浸膏与其他还原产品的组合）的使用代替了常规的α-酸和异α-酸，可以防止啤酒中产生异味。

（1）产品特征　作为钾盐的四氢异α-酸的琥珀色水溶液。浓度：通过HPLC测量为9.0±0.5%（质量分数）的四氢异α-酸或通过紫外分光光度法分析测量为10.0±0.5%（质量分数），pH为9.5±1.0，黏度在20℃下为2~6mPa·s,密度在20℃下为（1.017±0.005）g/mL。

（2）外观　均匀的琥珀色透明水溶液，在建议的贮存和使用温度下能够自由流动。与去离子水和酒精混合。

（3）使用要求　基于HPLC分析，最终啤酒中四氢浸膏的利用率可以在60%~80%，这取决于添加时间和转化率。啤酒厂的实际利用率将根据工艺条件确定。通常在主发酵后和最终过滤之前添加四氢浸膏。

（4）风味　以苦味为主，四氢异构酒花浸膏的苦味强度大约是传统酒花的1.0~1.3倍，酒厂会进行试验来确定四氢异构酒花浸膏的添加量。

（5）添加量　添加量主要取决于产品浓度，估计的或已知的利用率以及啤酒中期望的苦味强度。

添加量可按如下公式计算：

四氢异构酒花浸膏的苦味强度大约是异构α-酸的1.7倍，因此，可以按如下公式计算四氢异构酒花浸膏需要的浓度（mg/L）。

$$\text{四氢异构酒花浸膏浓度} = \frac{\text{最终啤酒的苦味值(BU)}}{1.7}$$

$$\text{四氢异构酒花浸膏(kg)} = \frac{\text{(四氢异构酒花膏浓度)} \times \text{最终啤酒的数量(hL)}}{0.10 \times \text{(四氢异构酒花浸膏利用率)} \times 10000}$$

$$\text{四氢异构酒花浸膏利用率(在发酵后添加时)} = 60\%$$

$$\text{四氢异构酒花浸膏利用率(在煮沸锅添加时)} = 30\%$$

（6）添加方法　在转移了至少70%酒液之后添加，最好在最后一次过滤或是在每一次调整麦汁浓度之后添加，四氢浸膏可以在常温下添加。需要一个精确的高压计量泵将四氢异构酒花浸膏注入啤酒中。如果有必要稀释，可以用软化水稀释，然后用KOH调整pH至10~11。如果容器持续使用几天，建议用氮气填充顶部空间（不能使用CO_2）。

8. 六氢异构浸膏（9∶1）

六氢异构浸膏是完全由CO_2浸膏生产的六氢异α-酸钾盐的水溶液。当用于一定比例的苦味后发酵替代物时，六氢异构浸膏将大大增强啤酒泡沫。在没有正常的α-酸和异α-酸的情况下，六氢异构浸膏将提供纯正的酒花苦味。

（1）产品特征　主要是六氢异α-酸的钾盐的琥珀色水溶液。浓度：9.0%±0.5%（质量分数）的六氢异α-酸和1.0%±0.5%（质量分数）的四氢异-α-酸；通过HPLC（或如果需要，通过紫外分光光度法分析），pH为9.5±

0.5，黏度在20℃时2～6mPa·s，密度在20℃时为（1.023±0.005）g/mL。

（2）外观　琥珀色水溶液，在推荐的贮存和使用温度下呈流体状。

（3）使用要求　基于HPLC分析，最终啤酒中六氢异构浸膏的利用率可以在60%～80%之间，这取决于添加量和添加时间。啤酒厂的实际利用率将根据工厂和工艺条件而有所不同。通常在发酵之后和最终过滤之前加入六氢异构浸膏。

（4）风味　与传统添加相比，六氢异构酒花浸膏中的异α-酸含量是传统酒花的1.0～1.2倍。酒厂会进行试验来确定六氢异构酒花浸膏的添加量。

（5）添加量　添加剂量主要取决于产品浓度，估计的或是已知的利用率以及啤酒中所期望的苦味强度。

可按如下公式计算。

六氢异构酒花浸膏的苦味强度大约是异构α-酸的1.3倍，因此，可以按如下公式计算六氢异构酒花浸膏需要的浓度（mg/L）。

$$\text{六氢异构酒花浸膏浓度} = \frac{\text{最终啤酒的苦味值(BU)}}{1.3}$$

$$\text{六氢异构酒花浸膏(kg)} = \frac{\text{(六氢异构酒花浸膏浓度)} \times \text{最终啤酒的数量(hL)}}{0.10 \times \text{(六氢异构酒花浸膏利用率)} \times 10000}$$

$$\text{六氢异构酒花浸膏利用率(在发酵后添加时)} = 65\%$$

$$\text{六氢异构酒花浸膏利用率(在煮沸锅添加时)} = 35\%$$

（6）添加方法　建议在至少倒罐70%的啤酒后，将未稀释的六氢异构浸膏注入啤酒中。最好是在最后一次过滤之前和每次调整麦汁浓度之后进行六氢异构浸膏的添加。需要精确的高压计量泵将六氢异构浸膏注入啤酒输送管道中去。六氢异构浸膏可以在常温下添加。如果有必要稀释，可使用去离子水将其稀释10倍，然后用KOH或K_2CO_3将pH调节到10～11。如果容器持续使用数天，建议用氮气冲洗顶部空间（不适合使用CO_2）。

9. 四氢、六氢混合浸膏50：50（HTB）

HTB是完全由CO_2酒花提取物生产的六氢异α-酸和四氢异α-酸的钾盐的水溶液。HTB作为后发酵替代品时，将大大提高啤酒泡沫性能和一定比例的苦味。

（1）产品特征　六氢异α-酸和四氢异α-酸的钾盐的琥珀色水溶液。浓度：六氢异α-酸5.0%±0.5%（质量分数）和四氢异α-酸5.0%±0.5%（质量分数）（或根据需要通过紫外分光光度法分析），异α-酸：不可检测，α-酸：不可检测，pH为9.5±0.5，黏度在20℃下为2～6mPa·s，密度在20℃下为（1.023±0.005）g/mL。

（2）外观　琥珀色水溶液，在推荐的贮存和使用温度下自由流动。与去离子水和酒精混合。

（3）使用要求　基于HPLC分析，最终啤酒中HTB的利用率在60%～80%，这取决于添加时间和转化率。啤酒厂的实际利用率取决于工艺条件。通常在发酵之后和最终过滤之前添加 HTB。

（4）风味　与传统酒花苦味相比，HTB 的苦味高出 1.0 ~ 1.2 倍。实际的苦味强度主要取决于苦味值单位和啤酒的类型。因此，啤酒厂将会做实验来确定 HTB 的正确使用剂量。

（5）添加量　添加量主要取决于产品的浓度，酒花利用率以及啤酒中期望的苦味强度。HTB 中的异 α－酸的含量是传统酒花中的 1.0 ~ 1.2 倍。

（6）添加方法　建议在啤酒至少倒罐 70% 时，加入未经稀释的 HTB，最好是在最后一次过滤之前或是每次调整麦汁浓度之后。需要一个精确的高压计量泵，来确保合流到啤酒中去。HTB 可以在常温下添加。如果需要稀释，可以用去离子水稀释 10 倍，然后用 KOH 或 K_2CO_3将 pH 调节到 10 ~ 11。如果容器要持续使用好几天，建议用氮气填充顶部空间（不能用 CO_2）。

10. 全树脂浸膏

用纯发酵酒精制成的全树脂浸膏（TRE）是由果香或苦酒花品种制成。它含有原酒花苞内所含有的各种苦味物质以及近乎所有的酒花脂类。将全树脂浸膏加入到煮沸锅中，可以部分或完全替代原酒花苞。全树脂浸膏是一种浓缩物质，可以替代原酒花苞或酒花颗粒，具有相同的苦味和极长的保质期。

（1）产品特征　深绿色浸膏，在室温下黏稠度高。其中 α－酸为 20% ~ 55%，β－酸为 15% ~ 40%，异 α－酸为 0.5% ~ 2.0%，酒花脂类 3% ~ 12%，残留乙醇 < 0.3%，pH6.2 ± 0.5，黏度在 45℃ 下为 400 ~ 1000mPa · s，密度在 45℃ 下约为 1.0g/mL。

（2）外观　一种深绿色的浓糖浆（糊状物），呈黏稠状。

（3）使用要求　如果将其煮沸至少 50min，可以达到 30% ~ 40% 的利用率。根据工艺条件以及酿酒厂的不同，实际利用率将有所不同。一般来说，全树脂浸膏可以完全或部分替代原酒花苞或酒花颗粒，加入煮沸锅。

（4）风味　酒花最初的苦味得到了完全的保留。在麦汁的早期添加，主要呈现出苦味。

（5）添加量　全树脂浸膏的添加剂量是基于苦味物质的浓度，估计的或已知的利用率和啤酒中所需的苦味。

（6）添加方法：为提高利用率，应及早加入到麦汁中煮沸。由于全树脂浸膏的非极性，不太适合过晚添加。然而，在这种情况下，利用异构化煮沸锅浸膏（IKE）或钾盐异构化煮沸锅浸膏（PIKE）的效果会更好，因为它们具有更好的溶解性。如果是罐装产品，就不需要在使用前进行预热。将容器悬挂在沸腾的麦汁中，确保所有的浸膏都被完全溶解到麦汁中。温度达到 45℃，并轻轻混合，以确保溶解完全。

11. 香型浸膏

香型浸膏是一种由 CO_2酒花浸膏制成的富含酒花油的香型浸膏，可以作为一种抑泡剂在早期加入煮沸锅中。如果在煮沸后期加入，该产品将会给啤酒提供独特的酒花香气。香型浸膏有助于防止微生物感染，不会导致啤酒苦涩。

（1）产品特征　一种深褐色半固体的萃取物，含有酒花精油和酒花蜡。其中，酒花脂类占15%～45%，β－酸<20%，异α－酸<0.5%，α－酸<0.5%，pH7.5～8.0，黏度在50℃下为35～50mPa·s，密度在20℃下为1.0g/mL。

（2）外观　深褐色，半固态或中等黏度的糊状物，在加热过程中变成液体。

（3）使用要求　利用率根据工艺条件有所差异。香型浸膏通常添加到煮沸锅中，以实现典型的酒花香味。早期添加有助于在煮沸时减少麦汁的外溢。

（4）风味　在煮沸锅中添加香型浸膏，提供酒花的香气特性。晚添加将有助于提高啤酒的风味。

（5）添加量　实际用量取决于浸膏的分析数据（酒花油含量）、添加时间和所需的酒花香气强度。

（6）添加方法　罐装香型浸膏，没有必要在使用前进行预热。将容器放入热麦汁之中，以确保所有的浸膏都被完全溶进煮沸锅中。

12. 硬树脂颗粒

硬树脂颗粒（从CO_2中提取的富含多酚的颗粒）是一种富含硬质树脂的煮沸锅添加酒花产品，与麦汁煮沸时使用的传统酒花产品不同，具有苦味。硬树脂颗粒还可提供额外的多酚，其中含有高含量的纯淀粉或糖辅助物质，使得在酿造过程中蛋白质凝结和沉淀不充分。在煮沸锅煮沸后加入硬树脂颗粒可以释放与糖苷结合的酒花化合物，提供怡人的酒花特性。

（1）产品特征　脱苦味压缩酒花粉末制成的圆柱形颗粒。固体，通常分解成粉末，α－酸：<1.0%，β－酸：<0.2%，酒花油：<0.1%，含水量<9.0%。

（2）外观　淡黄绿色，颗粒6mm×（15～30mm）（直径×长度）。

（3）使用要求　硬质树脂颗粒用于补充来自麦芽和酒花的多酚，以确保不需要的蛋白质的充分絮凝，从而有助于确保麦汁具有良好的物理稳定性。

（4）风味　硬树脂颗粒产生最小的苦味。已经表明，包含在颗粒内的硬树脂和多酚有助于改善口感和总体啤酒风味。从酒花糖苷释放的主要风味组分（例如芳樟醇）也可以产生愉快的酒花特性。

（5）添加量　颗粒的添加量取决于应用，并且取决于所使用的糖浆原料和其他酒花产品。为了确定对啤酒风味的影响，建议做添加试验，因为苦味和芳香（后者从酒花糖苷中释放）的质量和数量因酒花品种会有所不同。

（6）添加方法　硬树脂颗粒可以手动称重并直接添加到煮沸锅或酒花添加容器中，也可以自动添加。

二、异构型酒花制品

1. 异构颗粒酒花（90 型和 45 型酒花）

由于在生产过程中 α－酸的预异构化，异构化颗粒酒花的利用率更高。在制粒过程中通过添加少量食品级 MgO 产生预异构化，然后热贮存包装颗粒。异构化颗粒酒花可以同时生产 90 型和 45 型颗粒酒花。异构化颗粒酒花可以替代传统的苦味和香气产品，而不会影响啤酒的质量。异 α－酸的产生能显著降低使用成本。此外，这种酒花产品具有良好的保质期，是煮沸锅酒花制品的典型代表。

（1）产品特征　经干燥，粉碎和压缩的酒花苞制成的圆柱形颗粒，其中大部分 α－酸已经转化为异 α－酸。颜色：暗绿色，异 α－酸：1%～25%，最初的 90% 的 α－酸转化成异 α－酸。β－酸：1%～14%，酒花油：0.2～7.0mL/100g，水分含量：7%～9%。

（2）外观　黯淡的绿色颗粒，大小 6mm×（10～15mm）（直径×长度）；异构化颗粒酒花比标准颗粒稍硬，但散装颗粒在打开包装后应该很容易分开。45 型异构化颗粒酒花中 α－酸含量的浓度可以在颗粒生产期间标准化至特定的水平。

（3）使用要求　基于高效液相色谱法，异构化颗粒酒花（包括后期煮沸锅添加）的利用率通常在 45%～55%。异构化颗粒酒花以类似颗粒酒花的方式添加，为啤酒带来苦味和酒花香。

（4）风味　酿造试验证明，当异构化颗粒酒花被用作标准苦味和芳香颗粒酒花的直接替代品时，可以生产具有相同风味的啤酒。啤酒风味将取决于使用的酒花品种、数量和添加时间。

（5）添加量　计算是基于异构化颗粒酒花中的异 α－酸浓度以及假定异 α－酸的利用率来确定的。利用率比普通颗粒酒花高 50%。通常在沸腾后 5～20min 加入异构化颗粒酒花，晚加酒花其利用率相同，但增加了芳香味。两种添加方式可以根据所需的苦味强度和啤酒风格而变化。

（6）添加方法　异构化颗粒酒花可以直接加入煮沸锅或酒花计量容器中。由于其自由流动的性质，可以自动添加异构化颗粒酒花，但应注意避免在任何散装处理系统中长时间暴露在空气中。在沸腾的麦汁中约 10min 足以达到最大利用率。

2. 异构化酒花浸膏（30%）

异构化酒花浸膏（30% 质量分数异构浸出物）是完全由 CO_2 酒花浸膏生产的异 α－酸钾盐水溶液。异构化浸膏可以在发酵后用于补充苦味或部分替代传统形式的苦味。通常在过滤之前添加异构化浸膏，并获得较高的酒花产品的利用率。

（1）产品特征　一种清澈的淡黄色至黄色的异 α－酸钾盐水溶液。异 α－酸：通常为 30% ±2%（质量分数），α－酸：<0.6%，β－酸：<0.2%，酒花油：<0.1%，pH 为 9.0 ±1.0，黏度在 20℃下为 15～20mPa·s，密度在 20℃下为（1.065 ±0.005）g/mL。

（2）外观　均匀，淡琥珀色至黄色透明的水溶液；在建议的贮存温度下呈流体状。易溶于去离子水、酒精和丙二醇。

（3）使用要求　基于 HPLC 分析，如果在最终过滤之前添加浸膏，则最终啤酒中异 α－酸的利用率可以高达 85%～90%。啤酒厂的实际利用率将根据工厂和工艺条件有所差异。异构浸膏通常用于啤酒后发酵苦味调整。

（4）风味　异构浸膏产生一种干净的苦味。它可以用作煮沸锅酒花部分替代品。异构浸膏主要用于调整啤酒的最终苦味。如果通过添加异构浸膏达到超过30%～40%的啤酒总苦味，则可以注意到苦味的显著变化。

（5）添加量　添加量主要取决于啤酒要实现的苦味强度，异构浸膏的苦味强度（通常为 30%）和预期的利用率。

添加量可按如下公式计算：

$$\text{异构酒花浸膏(kg)} = \frac{\text{最终啤酒的苦味值(BU)} \times \text{最终啤酒的数量(hL)}}{0.3 \times (\text{异构酒花浸膏利用率}) \times 10000}$$

异构酒花浸膏利用率（在发酵后添加时）= 80%

异构酒花浸膏利用率（在煮沸锅添加时）= 60%

（6）添加方法　在完全过滤之前加入异构浸膏。如果有必要进行稀释，可用去离子水稀释至 2%～5%。如果出现轻微的雾度，可以通过添加碳酸钾（K_2CO_3）溶液将 pH 调节至 8～9 来除去。不宜用啤酒将异构浸膏完全稀释，因为较低的 pH 会引起沉淀。

使用合适的添加设备，在啤酒转移过程中，将异构浸膏添加到啤酒中去。如果容器持续使用好几次，建议用氮气冲洗顶部空间（不能使用 CO_2）。

3. 异构化煮沸锅浸膏

异构化煮沸锅浸膏（IKE）主要包含异构化 α－酸、β－酸和酒花油。由于 α－酸的预异构化，在酿造过程中利用率较高。异构化煮沸锅浸膏由 CO_2 浸膏生产，可用作 CO_2 浸膏的部分或全部替代品。可用于晚添加和麦汁煮沸结束时添加。在这种情况下，还可以实现啤酒中独特的酒花香气，而苦味酸的利用率保持在同一水平。

（1）产品特征　金黄色至琥珀色或淡褐色浸膏；在室温下可流动，异 α－酸 40%～60%，α－酸 <2%，β－酸 15%～40%，酒花油 3%～12%，pH2.5 ±0.5，黏度在 40℃下为 50～100mPa·s，密度在 20℃下为 0.9～1.0g/mL。

（2）外观　金黄色至琥珀色或淡褐色浓稠糖浆（取决于品种和浸提条件），常温呈流动性；黏度比相应的 CO_2 浸膏低得多。

（3）使用要求　基于高效液相色谱法分析，啤酒中异 α－酸的利用率最终可高达45%～60%。IKE的利用率可以这样来计算，即异α－酸的利用率可能比非异构化浸膏高大约50%。使用异构化酒花浸膏煮沸时，晚加有利于提高酒花香味。啤酒厂的实际利用率将根据工厂和工艺条件的不同而有所不同。异构化酒花浸膏通常作为CO_2浸膏的完全或部分替代品加入煮沸锅中。

（4）风味 当异构化酒花浸膏被用作CO_2浸膏的直接替代物时，可以产生具有相同香气和味道的啤酒。如果在煮沸结束时加入，则可以在啤酒中实现一种典型的晚酒花香气。

（5）添加量 煮沸锅的添加基于异构化酒花浸膏中的异α－酸浓度，估计的或已知的利用率以及啤酒中期望的苦味强度。

（6）添加方法 异构化酒花浸膏可以按常规方式分批次添加到煮沸锅中。可以在煮沸开始至煮沸结束前5min内任何时间添加。

如果异构化酒花浸膏以罐装使用，在使用前不必预热，直接将容器刺破悬挂在沸腾的麦汁中，以确保所有的浸膏被完全冲入煮沸锅中。万一异构化酒花浸膏在自动定量添加使用，应加热至30℃，并轻轻地混合，以确保全部溶解到麦汁中。另外确保添加设备可用于低pH的产品。

4. 钾盐异构煮沸锅浸膏

钾盐异构煮沸锅浸膏（PIKE，Potassium Isomerization Kettle Extract）含有异α－酸的钾盐，以及β－酸和酒花油。由于α－酸的预异构化，酿造过程中的产量更高。钾盐异构煮沸锅浸膏由CO_2萃取物生产，可用作CO_2萃取物的部分或完全替代品。在麦汁煮沸结束时，钾盐异构煮沸锅浸膏也可以用于晚添加。在这种情况下，还可以实现啤酒中独特的酒花香气，而苦味酸的利用率保持在同一水平。

（1）产品特征 绿色至棕色提取物；在室温下非常浓。异α－酸：30%～50%，α－酸：<2%，β－酸：12%～35%，酒花油：2%～10%，pH：6.7±0.5，黏度在45℃下为300～500mPa·s，密度在20℃下为0.9～1.0g/mL。

（2）外观 金黄色至琥珀色或淡褐色浓稠糖浆（取决于品种和浸提条件），常温呈流动性。

（3）使用条件 基于高效液相色谱法分析，最终啤酒中异α－酸的利用率可高达45%～60%。PIKE的利用率可基于这样的假设来计算，即异α－酸的产率可能比非异构化提取物的产率高大约50%。在使用PIKE时，晚添加啤酒的酒花油保留率大大提高。啤酒厂的利用率因工艺条件而有所不同。通常将PIKE作为CO_2浸膏的完全或部分替代品添加到煮沸锅中。

（4）风味 当钾盐异构化煮沸锅浸膏被用作CO_2萃取物的直接替代品时，可以生产具有相同香气和味道的啤酒。如果在煮沸结束时进行添加，则可以在啤酒中实现典型的晚加酒花香气。

（5）添加量 添加量是基于PIKE中的α－酸浓度，估计的或已知的利用率以及啤酒中期望的苦味强度。

（6）添加方法　PIKE可以传统方式在煮沸锅中添加。PIKE可以在灌装前，在开始煮沸时或者在煮沸结束之前5min内添加到煮沸锅中。如果PIKE以罐装产品的形式使用，则在使用之前不需要预热。直接刺破悬挂在煮沸锅中的罐体将浸出物完全流入麦汁中。如果将PIKE用于自动添加系统，应将其加热至30℃，并轻轻混合以确保全部加入。与普通的CO_2浸膏或异构化煮沸锅浸膏不同，钾盐异构化煮沸锅浸膏与水形成乳状乳液，易于溶解到麦汁中。

三、特殊型酒花制品

1. 酒花油

酒花油是由酒花花苞生产，酒花精油含有酒花中的全部香气成分。酒花油可以在酿造过程中的各个步骤（通常在生产的低温部分添加）进行添加，与传统的酒花产品相比，可以提高香味强度。酒花油能产生愉快的酒花香气，香气根据剂量和体积时间而有所差异。

（1）产品特征　用丙二醇和乙醇混合物稀释的纯酒花油，为比例1∶100稀释的产品。主要化合物包括月桂烯、葎草烯、石竹烯、金合欢烯，苦味成分小于0.1%，黏度在25℃下为46mPa·s，密度在20℃下约为1.0g/mL。

（2）外观　几乎无色，透明的液体，含有完整系列的酒花精油。

（3）使用要求　根据添加的时间和方法，酒花油利用率可高达95%。啤酒厂的实际利用率将根据工艺条件而有所差别。

（4）风味　酒花油可以用来提供强烈的，或者更微妙的酒花香气，这取决于添加量、方法和添加时间点。根据剂量，苦味强度可能会增加。

（5）添加量　1∶100稀释的酒花油的量取决于添加方法：前发酵可添加高达500g/hL；后熟罐可添加50～300g/hL；过滤之前可添加1～20g/hL。

（6）添加方法　酒花油可以在啤酒生产的不同阶段添加。为了加入酒花油，优选用计量设备将产品泵入啤酒中，或者直接将酒花油加入罐中。前发酵时添加，发酵过程中挥发性化合物的反应，加上酵母对芳香化合物的生物化学反应，可以产生更加优雅的香气。后熟罐时添加，由于某些酵母的活性，除了后熟以外，还会导致香气的轻微变化。过滤前直接添加风味几乎不变，但是，非极性组分有一定的损失。

2. 纯酒花香精油（PHA）

（1）酿造中采用纯酒花香精油的优势　采用纯酒花香精油（Pure Hops Aroma）能完全独立地对香味进行调控，它是啤酒添加酒花香味的新一代替代产品，不依赖其他辅助产品或工艺，不受酒花因生产年份不同而造成品质不同的影响。纯酒花香精油弥补了传统上煮沸锅添加酒花香味的单一性。纯酒花香精油具有丰富多样的品种和类别特性，不但能够赋予啤酒不同酒花品种各自的香气特性，还能够增强啤酒在柠檬香型、花香型、草香型以及香辣型等方面的嗅觉属性。纯酒花香精油使用方便，采用标准配方溶液直接添加于白瓶啤酒中，不会增加雾浊感，也不会降低泡沫的稳定性。产品稳定性好，在密闭状态下可稳定保持 12 个月。PHA 不受巴氏杀菌的影响，其特性在啤酒有效期内不变。纯酒花香精油均不含 α - 酸，能完全溶于啤酒，利用率达到 100%。耐光性优越，适用于任何包装。纯酒花香精油的类型及风味特征见图 5 - 5。

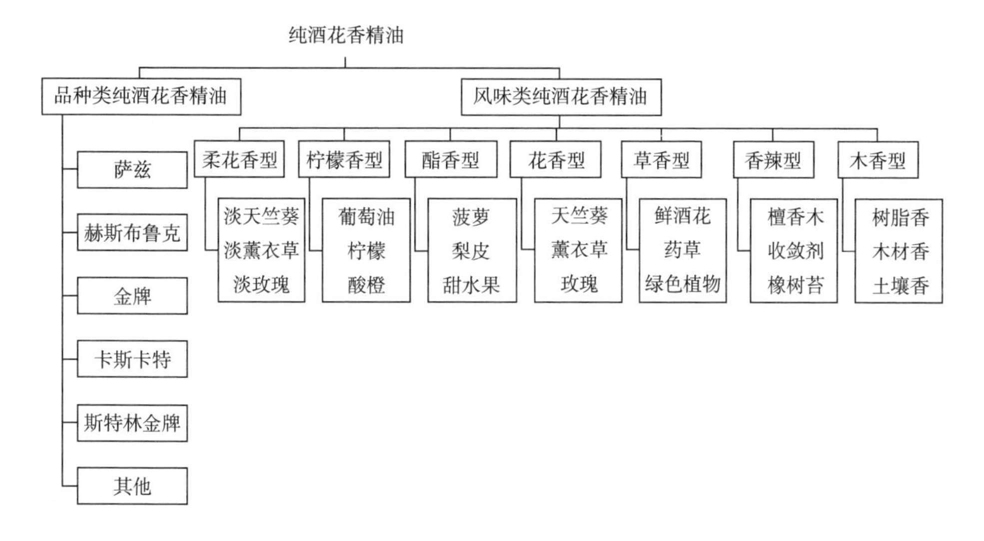

图 5 - 5 纯酒花香精油的类型及风味特征

（2）纯酒花香精油的功能特点 该产品能赋予啤酒稳定持久的酒花香味和细腻的口感，并使其具有典型的香味和风味特征。产品本身不会直接影响苦味，但在与四氢或六氢异构酒花浸膏等配合使用时，会使酒体饱满、改善苦味质量。特别适合在淡爽型啤酒、低醇或无醇啤酒中使用，能明显地改善酒体口感、风味和香味。

纯酒花香精油可按不同类型、不同比例混合使用，会使各方面有机结合，产生协同作用，达到理想的风味和苦味的效果，并且可形成独一无二的酒体风格。尤其适合简化酿造过程，开发新产品，还可以明显掩盖酒体老化等原因产生的异杂味。

纯酒花香精油具有抗光性，可用于生产白瓶啤酒。用于添加到最终啤酒中，通常建议在啤酒过滤进清酒罐时添加，通过精确地控制添加量来调节最终啤酒的香味和风味特性。

（3）纯酒花香精油的用法及用量 使用时，只需用计量泵在过滤后的啤酒管道上直接添加，调节计量泵使得在 70% 以上的过滤时间内均匀添加，更有利于产品的均匀扩散，香味更稳定。如果计量泵不是够精确，也可以将 PHA 先用啤酒稀释后再添加。

用量：淡爽型啤酒 30 ~ 50mg/L，烈啤酒 50 ~ 100mg/L，最适合的添加量应通过试验确定，找到最适合不同啤酒风格的添加比例。

具体实验方案：将 1mL 纯酒花香精油加到 100mL 啤酒中，轻轻搅拌几分钟，保证充分混匀并没有泡沫。将冷藏的 500mL 啤酒置于常温下，打开瓶盖，用进样器取 0.50mL 新制备的纯酒花香精油啤酒悬浮液于瓶中。注意进样器加入点位于啤酒液面以下稍许，敲击瓶子数次使泡沫上升排除瓶中空气，重新压盖，反转酒瓶几次，保证充分混匀，再将啤酒冷藏 2h，然后开瓶进行品尝。每向瓶中加入 0.50mL 制备的啤酒悬浮液相当于向啤酒中加 10mg/L 的纯酒花香精油。按 10、20、30、40、50mg/L 顺次品尝，根据品尝结果选择最合适的添加量。

（4）酒花风味的调配　纯酒花香精油系列产品由酒花油提炼而成。其香味和口感特性能够提高啤酒某一方面或多个方面独有的风味。在淡味啤酒中花香型和草香型风味的纯酒花香精油表现尤为突出。测试结果说明，通过加重一些口感和香味属性来影响酒花香精油产品，从而使其具有自己独特的风味。图 5 - 6 显示啤酒中加入萨兹纯香精油能大大提高酒花整体香味，包括花香、香辣味、草香、新鲜酒花以及木香味。口感在原酒花基础上有所提升，除花香、草香，热带水果的香味也有了加强。

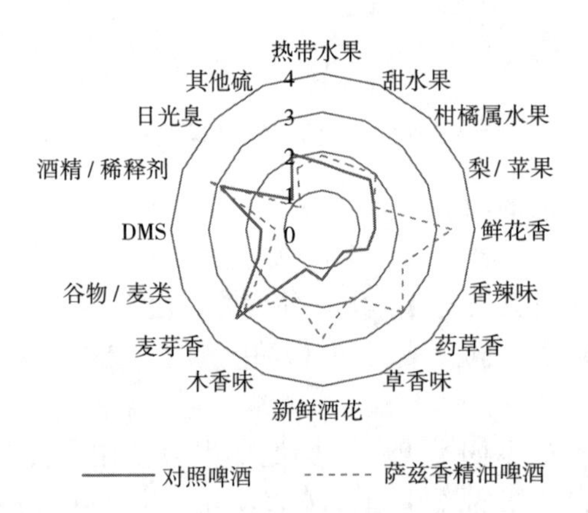

图 5 - 6　添加萨兹酒花香精油与对照啤酒的风味对比

总体来说，花香型纯酒花香精油能大大增强了啤酒中水果味、花香、草香以及新鲜酒花的特性，减少了麦芽香和二甲基硫（DMS）的口味，添加花香型香精油后的啤酒口感比较见图 5 - 7。

3. 耐光型芳香浸膏

耐光型芳香浸膏（LSAE，Light Stable Aroma Extract）是一种由 CO_2 酒花浸膏制成的浓缩酒花油产品。该产品耐光好，不含酒花苦味酸。它可作为消泡剂，

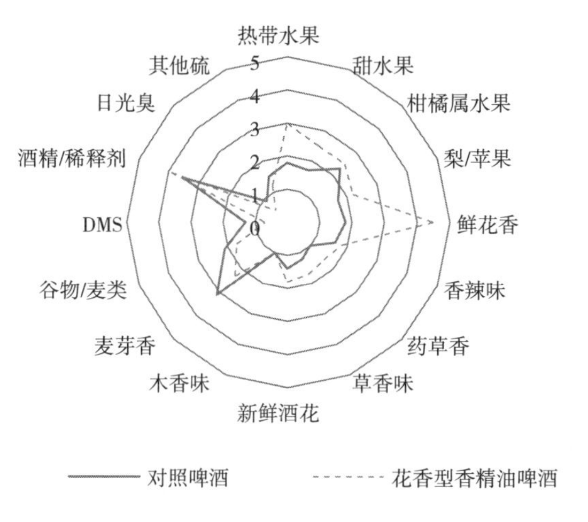

图 5－7　添加花香型纯酒花香精油与对照啤酒的口感对比

在麦汁沸腾后加入到煮沸锅中，为啤酒提供独特的酒花香气。它对啤酒的感官苦味没有贡献。

（1）产品特征　深棕色半固体浸膏，含有蛇麻草精油和蜡。酒花油：15%～45%，β－酸：<20%，异 α－酸：低于检测限；α－酸：低于检测限；pH7.5～8.0，黏度在50℃下为35～50mPa·s，密度在20℃下为1.0g/mL。

（2）外观　深棕色，半固体或中等黏稠的糊状物，常温下呈流体状。

（3）使用要求　啤酒厂的实际利用率根据工厂和工艺条件而有所不同。通常将 LSAE 添加到煮沸锅中以实现典型的酒花香味。早期添加有助于减少麦汁沸腾开始时的泡沫。

（4）风味　该产品为煮沸的麦汁提供了酒花香味。后期添加到煮沸锅，将有助于提高成品啤酒的酒花特性。不含任何 α－酸或异 α－酸，这有助于防止形成轻微的苦涩味道。

（5）添加量　实际添加量将取决于酒花油含量、添加时间和所需强度的酒花香气。例如：（酒花油占产品总含量的30%）在煮沸结束时加入6.7g/hL，相当于添加2.0g/hL 的酒花油。

（6）添加方法　在使用之前不需要预热。将悬挂在沸腾的麦汁中的容器刺破，确保所有的浸膏被完全冲入煮沸锅中。

4. 耐光型煮沸锅浸膏

耐光型煮沸锅浸膏（LSKE，Light Stable Kettle Extract）由 CO_2浸膏生产，可作为常规煮沸锅浸膏的完全替代品。LKSE 包含还原型二氢异构化 α－酸（钾盐形式）、β－酸和酒花油。当 LKSE 用作酒花苦味的唯一来源时，还能有效防止日光臭的产生。LKSE 与其他预异构化煮沸锅产品类似，可以提高酒花的利用率。

（1）产品特征　一种微红到黄绿色，半流体的糖浆或糊状物。二氢异构α-酸：35%～45%，异α-酸：低于检测限，α-酸：低于检测限，β-酸：12%～40%，酒花油：2%～10%，pH7.5～8.0（在水中），黏度在50℃下为300～600mPa·s，密度在20℃下为1.05～1.10g/mL。

（2）外观　红色或黄绿色的浓糖浆，半流体状。

（3）使用要求　基于HPLC分析，啤酒中α-酸的利用率可达45%～55%。利用率可能比常规CO_2浸膏至少高出50%。啤酒厂的实际利用率根据工厂和工艺条件而有所不同。该产品被添加到煮沸锅中，可完全或部分替代任何其他耐光型酒花产品。

（4）风味　不同于其他的二氢异构产品添加到后发酵罐，LSKE的风味特征类似于那些常规的CO_2萃取产品。这种浸膏中额外存在的β-酸和酒花油，将形成更圆润和饱满的风味。比较异α-酸和还原型异α-酸，后者口感更平顺，无后苦味。根据总的苦味值和啤酒类型，二氢异构α-酸的苦味强度是常规异α-酸的60%～70%。因此，如果异α-酸的感官因子为1.0，则二氢异构α-酸为0.6～0.7。

（5）添加量　在煮沸锅的添加基于LSKE中的二氢异构α-酸浓度，估计或已知的利用率，二氢异构α-酸的感官因子和啤酒中期望的苦味强度。

（6）添加方法　LSKE可以单独添加到煮沸锅中或部分替代其它耐光产品添加。LSKE的添加方式与其他煮沸浸膏一样，可以在煮沸和灌装开始时添加，通常在沸腾开始时或在煮沸结束前5min加入到煮沸锅中。如果使用罐装的LSKE，则在使用之前不需要预热。悬挂在沸腾的麦汁中，刺破容器将确保所有的浸膏被完全冲入煮沸锅中即可。如果LSKE用于自动添加系统，则应预热至30℃并轻轻混合，以确保充分添加。

5. α-酸浸膏

α-酸浸膏是由CO_2萃取产生的钾盐形式的纯天然α-酸水溶液。α-酸浸膏为啤酒提供了平顺的苦味，其强度仅为异α-酸苦味的10%。α-酸浸膏可提高啤酒泡沫的稳定性和挂杯性。

（1）产品特征　含有酒花α-酸钾盐的黄色至琥珀色溶液，浓度（20±1）%（质量分数）的α-酸，pH8.5±0.5，黏度在20℃下为6mPa·s，密度在20℃下为（1.050±0.020）g/mL。

（2）外观　均匀的黄色至琥珀色的水溶液，与去离子水和酒精混合。在推荐的贮存条件下自由流动。

（3）使用要求　最终啤酒中α-酸的利用率在60%～70%，取决于添加时间和转化率。啤酒厂的实际利用率将根据工厂和工艺条件而有所不同。通常在最终过滤之前添加α-酸浸膏。

（4）风味　α-酸浸膏添加量约为7～8mg/L啤酒，可提供柔顺的感官苦味，这取决于啤酒的类型。但是，使用α-酸浸膏会导致啤酒苦味（IBU）的增加。与纯异 α－酸相比，感觉到的 α－酸浸膏苦味会更平顺。同时，α－酸浸膏增强了啤酒泡沫的稳定性和挂杯性。在成品啤酒中使用 3～4mg/L 的 α－酸可以明显的改善泡沫性能。

（5）添加量　添加量是根据产品浓度，期望的和实际的利用率来计算的。啤酒厂的实际利用率将有所不同，具体取决于添加方法和添加时间。

（6）添加方法　建议在至少 70% 的啤酒倒罐过程中，将未经稀释的 α－酸浸膏添加到流动的啤酒中，最好是在最终过滤之前。建议使用精确的高压计量泵，确保与啤酒充分融合。如果必须稀释，添加纯净水稀释 α－酸浸膏；用氢氧化钾或碳酸钾调节 pH 至 8.5～9.5。如果使用容器数天，建议用氮气填充顶部空间（不适合使用 CO_2）。

6. 黄腐酚风味浸膏

黄腐酚风味浸膏是将黄腐酚风味吸附在硅藻土（D. E.）上的浸膏。可将啤酒中的黄腐酚和异黄腐酚等硬质树脂的含量提高 8～10 倍。黄腐酚风味浸膏对啤酒风味，尤其是啤酒苦味有积极影响。黄腐酚风味浸膏为新型（功能性）饮料的开发奠定了基础。黄腐酚风味浸膏适合在麦汁煮沸时添加。

（1）产品特征　总树脂：15%～20%，β－酸：<2.0%，α－酸：<5.0%，异α－酸：0.5%～2.0%，黄腐酚：1.0%～2.0%（不含载体材料 D. E. 7%～12%），密度：0.55g/mL。

（2）外观　橄榄绿色的粉末。

（3）使用要求　黄腐酚风味硅藻土浸膏的剂量不能根据（异）α－酸计算，因为硬树脂提供了该产品苦味的重要比例。因此，建议使用总树脂值作为计算黄腐酚风味硅藻土浸膏的基础。煮沸开始或刚开始加入时，避免与聚乙烯吡咯烷酮（PVPP）稳定剂同时使用。

（4）风味　在麦汁煮沸过程中加入黄腐酚风味浸膏，可使增加苦味，该苦味很大程度上来自硬树脂。

（5）添加量　可以在麦汁煮沸过程中添加。当在沸腾开始时加入 α－酸时，黄腐酚异构化为异黄腐酚。

7. 蛇麻腺粉

蛇麻腺粉是一种酒花制品，在麦汁煮沸过程中添加到煮沸锅中。它有助于呈现啤酒的苦味，以及啤酒特有的酒花香。蛇麻腺粉特别适用于酒花干投，以使啤酒具有明显的酒花香风味。此外，有利于使用大剂量的高浓度的 α－酸和酒花油的混合使用。由于丰富的苦味酸和酒花油，蛇麻腺粉的运输和贮存成本较低。

（1）产品特征　机械纯化酒花粉。α－酸 6%～35%，β－酸 5%～20%，酒花油 0.02～0.1mL/g，水分含量 6%～9%。

（2）外观　黄绿色酒花粉。

（3）使用要求　一种在煮沸时的早加产品（煮沸开始 15min 添加），在啤酒中的利用率通常在30%～35%。在煮沸后期将蛇麻腺粉添加到煮沸锅时，利用率可降低到20%或更少，这取决于具体的工艺条件。

（4）风味　蛇麻腺粉产生的啤酒风味与从原酒花苞中产生的味道难以区分。蛇麻腺粉为啤酒提供了苦味和芳香。啤酒中的风味将取决于使用的酒花品种、数量、剂量和添加时间。

（5）添加量　所添加的蛇麻腺粉的数量可以用α－酸含量和估计的或已知的利用率来计算。在后期添加蛇麻腺粉（通常是5～20min）可以减少α－酸的利用率，但酒花香气明显。

（6）添加方法　蛇麻腺粉可以直接加入到煮沸锅中。通常在二次发酵或后熟期添加，也可在酒花干投时添加蛇麻腺粉。这两种添加方法可以酌情使用。

8. 单宁浸膏

单宁浸膏为乙醇提取过程中的水溶性部分，含有低分子质量的多酚，主要用于调节口感。单宁浸膏的多酚部分含有低分子质量的多酚儿茶素，表儿茶素，糖苷结合的槲皮素，山柰酚和多糖。单宁浸膏使啤酒酿造者可以在麦汁煮沸过程中添加多酚，有利于凝固物的形成。

（1）产品特征　含水量：40%～50%，糖类：通常约20%，蛋白质：通常约10%，多酚：2%～6%，苦味物质：<2%；pH5.4（±0.5），黏度在40℃下为5～10mPa·s，密度在20℃下为1.2g/mL。

（2）外观　深棕色液体。

（3）使用要求　利用率取决于添加时间。由于其在水中的良好溶解度，可以实现非常高的利用率。

（4）风味　根据添加的数量和时间，单宁浸膏提供不同的口味和口感。在煮沸后期添加有助于酒花的整体风味。

（5）添加量　单宁浸膏添加量通常在50～200g/hL。

（6）添加方法　单宁浸膏可以在啤酒生产的任何阶段添加，通常添加到煮沸锅中。

第三节　酒花制品的应用技术

一、酒花制品使用、添加方法

使用酒花制品需要采用适当的工艺方法和酿造设备，在最佳的添加时间直接添加纯正、不稀释的优质酒花制品。通常对酒花制品进行稀释，不会产生不利影响。经验证明，不稀释，直接添加的效果更好。

1. 优质酒花制品稀释方法

第一步：只能用去离子水或蒸馏水稀释。因为自来水或井水中的金属离子会和酒花酸相互作用，形成不溶物、这些不溶物会堵塞添加管，进而降低酒花制品的利用率。

第二步：只能用含钾的碱调配去离子水的 pH。在稀释前，最好先用碳酸钾作缓冲剂处理去离子水。0.1% 的碳酸钾水溶液 pH 大约在 11.0 左右，另外，也可以用氢氧化钾来调整 pH，但绝对不可使用含钠的碱调配去离子水的 pH，因为氢氧化钠和酒花酸会形成不溶物。

第三步：在凉爽的地窖或过滤室使用酒花制品时，首先应该加热酒花制品，直到完全溶化，并且在添加过程中还须一直保持其温度。如使用一个可加热的容器，最好同时使用可加热酒花制品注入侧管的装置，使酒花制品一直保持在50℃左右。请与酒花制品的技术销售代表联系，索取有关如何使你选择的酒花制品达到理想温度的资料。

理想稀释浓度：四氢异构酒花浸膏稀释后的最佳浓度应是 1% 左右。异构酒花浸膏稀释后的最佳浓度应是 1% 。六氢异构酒花浸膏稀释后的最佳浓度应低于 0.5% 左右。还原异构酒花浸膏稀释后的最佳浓度应低于 0.5% 左右。

2. 苦型免煮沸酒花制品的添加

各种各样专用的苦味酒花制品的出现，给酿酒师提供了极大的选择余地，使其既可酿造出具有完美，理想甜味和苦味平衡的新型啤酒，又可在原有配方的基础上改变苦味的风格，开创新的啤酒品牌。正如乳糖、麦芽糖和葡萄糖的甜味各有风格一样，异构酒花、四氢异构酒花、还原异构酒花和六氢异构酒花浸膏的苦味也各有千秋。优质的酒花制品以其独特的风格为酿酒师们酿制理想的、不同苦味风格的优质啤酒提供了极大的方便。苦型免煮沸酒花制品的添加流程如图 5 - 8 所示。

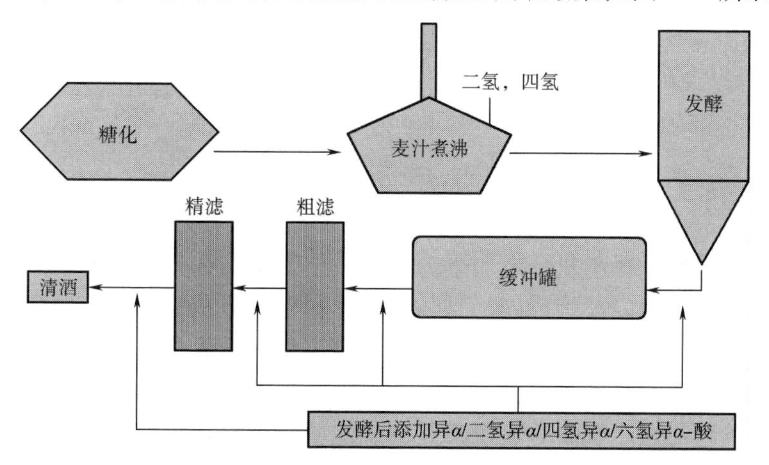

图 5 - 8　苦型免煮沸酒花制品的添加流程（资料源于巴特哈斯酒花制品公司）

如果需要通过在啤酒精滤前调整苦味值来保证啤酒始终如一的品质，或通过改变啤酒的苦味风格来开发新的品牌，优质酒花浸膏便是最理想的选择。酿酒师在分析清酒中的酒花含量后，可精确地计算出所需免煮沸酒花产品的添加量，以保证啤酒达到苦味值指标。使用四氢异构酒花浸膏或六氢异构酒花浸膏不仅可以调整啤酒的苦味值，还可以增加和改进啤酒的泡持性和挂杯性，从而使单个酒花制品中得到更多的效用。

3. 香型免煮沸酒花制品的添加

香型免煮沸酒花制品的添加流程见图 5 - 9。纯酒花香精油最为重要的特性是对最终产品的感官影响。这取决于众多因素，包括啤酒种类，酒精含量，苦味值等。这些因素相互作用，最终形成啤酒的口味和香味特性。根据啤酒所需的风味使用纯酒花油，在测试过程中不断熟悉上述因素之间的相互作用，从而确定适于自己的啤酒产品。研究者使用专业味觉调试工具对所选的纯酒花香精油做过独立测试。测试结果表明，使用产自同一酒花品种的纯酒花香精油时，酒花品种特性会对香味和口感造成整体影响。

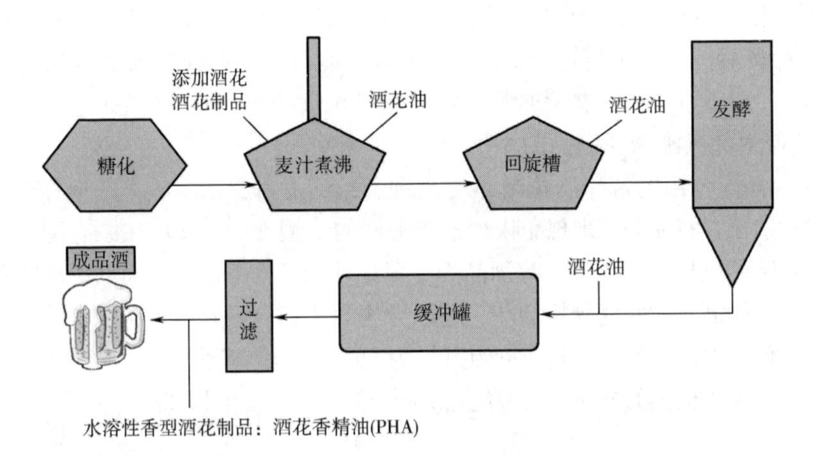

图 5 - 9　香型免煮沸酒花制品的添加流程（资料源于巴特哈斯酒花制品公司）

二、免煮沸酒花制品的添加

理想状态下，酒花制品添加于清酒中，可以获得百分之百的利用率。实际上，任何一个啤酒厂都不可能达到如此最佳状态。但是，如果采用适当的添加技术和设备，完全可以获得很高的利用率。想要优化酒花制品的添加方法，则须考虑酒花制品的两个重要因素——酒花酸在啤酒里的溶解度以及被啤酒其他成分吸附的可能性。下面的建议都是围绕这两个因素来考虑如何使所添加的免煮沸优质酒花制品达到最大的利用率，以及保证添加过程的连续性和稳定性。

1. 添加的注意事项

值得注意的是：随着啤酒里酒花酸浓度的增加，其溶解度便相应降低。因此在添加免煮沸酒花制品时，需要考虑的是尽量避免酒花酸在啤酒里局部浓度过高。局部浓度过高会引起酒花酸的沉析，从而失去其作用。为了使酒花酸的溶解度达到最大，须致力于以下几点。

（1）添加条件　为了避免酒花酸局部浓度过高，酒花制品的添加应占清酒转移时间的70%以上。最理想的状况是：将一个流量计连接在酒液变容泵上，以保证啤酒里酒花酸的浓度能在啤酒输送量波动的情况下保持不变。由于酒花产品的溶解度随温度的升高而增加，所以，在凉爽的地窖或过滤室里，应在添加前和添加过程中加热酒花制品，使之完全溶解，如使用一个可加热的容器，可能的话，同时使用一个可加热酒花注入侧管的装置，使酒花制品一直保持在50℃左右。

（2）稀释　考虑到稀释过程中可能出现人为的错误，建议尽可能不稀释、直接使用这些酒花制品。直接添加需要一个排液变容泵，以保证能长时间持续少量地添加酒花制品。同时还需要一个可加热的贮存酒花制品的容器。并只能用氢氧化钾或碳酸钾调节过 pH 的去离子水来稀释酒花制品。

（3）CO_2的添加　酒花制品的添加点应远离 CO_2的添加点，以避免由于碳酸引起局部 pH 下降而带来的问题。酒花制品的添加点可在 CO_2添加点的上游或下游，但必须与之保持至少 2m 以上的距离。

（4）稀释清酒　将酒花制品加入已稀释过的清酒里。稀释过的清酒会增加酒花制品的溶解度。

（5）混合　最适当的酒花制品与清酒混合处是：在酒花制品添加点或紧邻添加点下游的地方。清酒流经弯管、热交换器和交换泵时产生激烈的湍流，由此会增加酒花产品的溶解度。当然，也可以考虑使用静态混合器。

（6）浸入管/注射管　把一个内径为 1mm 的酒花制品注射管插入流向下游的酒体中心，有利于酒花制品和清酒的混合，从而提高酒花制品的溶解性。

（7）吸附因素　在啤酒酿制过程中，由于啤酒或麦汁含有许多化合物，有些化合物会吸附酒花酸，并降低酒花酸制品的利用率，所以需要注意以下几个方面，以便减少这些不良的影响。

①酵母和过滤：酒花制品应在清酒初次过滤或离心分离后，在最后精滤前加入，以减少酵母以及清酒中其他成分对酒花制品的吸附。酵母最理想的浓度应低于 1×10^6个/mL，当然，$1\sim3\times10^6$个/mL 也可以接受。最终精滤可以除去那些不溶的酒花制品。建议在添加免煮沸酒花制品之后，再进行啤酒精滤。

②抗冷剂、抗氧化剂、稳定剂：抗冷剂、抗氧化剂和稳定剂的添加点，至少须与上游的酒花制品添加点保持 2m 以上的距离。酒花酸一旦溶解将不再受这些产品的影响。

2. 添加的工艺流程

若采用免煮沸酒花添加工艺流程（图5－10），优质酒花制品应在清酒经初次过滤或离心分离、稀释后，在抗冷剂、抗氧化剂和稳定剂添加点的上游2m以外处加入。酒花制品可在接近弯管的地方或泵前加入，因为在这些地方，清酒的湍流大，酒花制品和清酒比较容易混匀。此外，由于采用流量计精确控制酒花制品的添加量，所以，在95%的清酒转移时间内，要求所用的仪器及设备均应具备保温条件，使酒花制品保持在理想的温度范围内。这种现代化的工艺流程保证能令您的优质酒花制品创造出最大的效益。

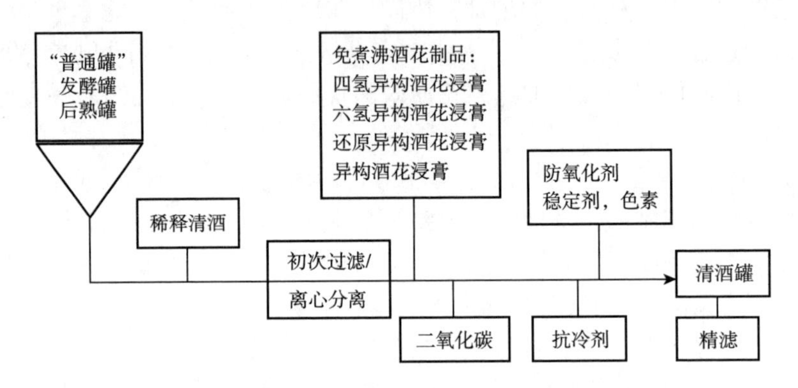

图5－10　免煮沸酒花制品的添加流程（资料源于巴特哈斯酒花制品公司）

第四节　改善啤酒质量的酒花制品

一、耐光性酒花制品

酿酒企业为了能开发出引起消费者注意、青睐的产品，大多采用绿瓶或白瓶包装的啤酒，以突出自己产品特点，增加利润但啤酒的质量却可能因为光线透过玻璃瓶，引起化学反应而受到影响。使用耐光性酒花制品的啤酒中不会产生令人反感的“日光臭”。

研究证明，异α－酸在光的作用下，会有选择地与氨基酸反应，产生一种有“日光臭”的化学物质——硫醇。如果传统啤酒用绿瓶或白瓶包装，光会透过玻璃瓶，引起连锁反应，形成硫醇。巴特哈斯公司的优质酒花浸膏系列中有些产品已被还原，是耐光的产品，绝对不会发生类似的光化学反应。请注意：必须用耐光的酒花浸膏来百分之百地代替传统酒花产品，才能酿制出具有耐光性的啤酒。为酿制绿瓶或白瓶包装的具有耐光性啤酒请选用耐光的酒花浸膏制品。下列酒花制品的添加有助于提高啤酒的耐光性，延长啤酒的保质期。

（1）四氢异构酒花浸膏　使用该类产品可最大限度地改善啤酒泡持性，给啤酒带来纯正、清爽的苦味和耐光性，四氢异构酒花浸膏和金牌四氢异构酒花浸膏可单独使用，为啤酒提供非常可口的苦味；也可以考虑和还原异构酒花浸膏混合使用。只添加3～5mg/L（5～8 IBU）的该产品，便可以提高啤酒的泡沫稳定性，平衡啤酒的苦味。在计算四氢异构酒花浸膏或金牌四氢异构酒花浸膏用量时，请注意其苦味强度是异α-酸的1.7倍。

（2）六氢异构酒花浸膏　使用该类产品可最大限度地改善啤酒泡持性，给啤酒带来纯正，清爽的苦味和耐光性。六氢异构酒花浸膏和金牌六氢异构酒花浸膏的苦味一般比较清爽、纯正，其苦味强度大约是异α-酸的1.3倍，用来改善低苦味值啤酒的泡持性和耐光性。

（3）还原异构酒花浸膏　如果想寻找一种爽口、耐光的苦味酒花制品，还原异构酒花浸膏便是最佳选择。它的苦味强度是异α-酸的0.7，可以和六氢异构酒花浸膏或四氢异构酒花浸膏混合使用，开发出各种各样的理想的苦味风格。在麦汁煮沸锅内加入还原异构酒花浸膏，不仅提供啤酒爽口、顺口的苦味，在发酵过程中也起到抗微生物的作用。

（4）浓缩酒花香油　使用浓缩酒花香油是为了弥补在生产纯正苦味酒花浸膏过程中失去的酒花芳香。在容量为40～60kL的麦汁煮沸锅内。在麦汁煮沸前15min，加入一桶重为3.5kg的酒花香油，可以为用耐光的酒花浸膏酿制的啤酒提供令人满意的酒花芳香。

二、提高啤酒泡沫性能的酒花制品

啤酒的泡沫性能是衡量啤酒外观质量的重要指标。啤酒泡沫多，稳定持久，挂杯性强都是优质啤酒的标志。不管对于桶装的苦爱尔啤酒，还是清爽的瓶装拉格啤酒，选择优质的酒花浸膏能有效地改善啤酒泡沫性能。

啤酒里的酒花酸与残留的起泡蛋白的结合是形成啤酒泡沫的必要条件。酒花制品的差异性会不同程度地影响啤酒的泡持性，所以使用酒花制品时，必须同时考虑酒花浸膏的组成、化学性质与啤酒的组成成分，使之有机结合。

（1）四氢异构酒花浸膏　使用该产品可最大程度地改善啤酒泡持性，增加啤酒苦味。如添加5mg/L的四氢异构酒花或金牌四氢异构酒花浸膏，将会提高啤酒的泡持性，为啤酒增加8个口感苦味单位。一般情况下3mg/L的使用量，即能获得满意的效果。

（2）六氢异构酒花浸膏　为改善低苦味值啤酒的泡持性，应考虑使用六氢异构酒花浸膏。一般添加3～5mg/L的六氢异构酒花浸膏就能促进啤酒泡沫的形成，提高啤酒的泡持性，但既不影响清爽拉格啤酒的苦味风格，也不影响重苦味值的爱尔啤酒和深色拉格啤酒的苦味风格。

（3）异构酒花浸膏　异构酒花浸膏是由天然苦味酒花酸，即异 α－酸组成，所以，它对啤酒泡持性的影响与传统酒花产品相同。

（4）还原异构酒花浸膏　还原异构酒花浸膏对啤酒泡持性的影响与异构酒花浸膏和传统酒花产品几乎相同。

（5）浓缩酒花香油　浓缩酒花香油不含任何苦味酒花酸，所以不能用来提高啤酒泡持性。使用该产品时，需要与其他苦味酒花产品混合使用，才能改善酒的泡持性。

三、优质酒花制品直接加入瓶装啤酒中的方法

将优质酒花制品直接加入瓶装啤酒中是获取有关酒花制品应用效果最简便的办法。感官上决定啤酒质量的因素包括泡沫、味道、苦味风格和苦味强度。下面介绍的方法可以用来比较不同酒花制品给啤酒或其他碱性液体（例如：汽水）带来的不同的味道或苦味风格。

第一步：添加酒花制品前，将啤酒存放在室温的条件下。

第二步：为获得均匀的酒花浸膏溶液，稀释前须现把这些酒花浸膏加热。加热温度如下：四氢异构酒花浸膏：50～60℃；六氢异构酒花浸膏：30～50℃；还原异构酒花浸膏：50～60℃，异构酒花浸膏：不高于35～40℃。

第三步：将酒花浸膏溶液稀释于食品级的乙醇中。

四氢异构酒花浸膏：2mL 制品加 8mL 乙醇。

六氢异构酒花浸膏：1mL 制品加 9mL 乙醇。

还原异构酒花浸膏：1mL 制品加 9mL 乙醇。

异构酒花浸膏：1mL 制品加 9mL 乙醇。

第四步：使用精确的移液管准确地把酒花浸膏乙醇溶液加入啤酒里。添加 20mg/L 的酒花酸。

把 0.355mL 四氢异构酒花浸膏乙醇溶液加入 355mL 啤酒里。

把 0.237mL 六氢异构酒花浸膏乙醇溶液加入 355mL 啤酒里。

把 0.237mL 异构酒花浸膏乙醇溶液加入 355mL 啤酒里。

把 0.203mL 还原异构酒花浸膏乙醇溶液加入 355mL 啤酒里。

应用此方法，酒花酸的利用率一般可达到 50%。因此，如果添加 20mg/L 的酒花酸，实际溶入瓶装啤酒中的酒花酸应有 10mg/L。如需要，可用 8μm 的滤纸过滤啤酒。除去较大的不溶性酒花酸颗粒，然后，再采用 EBC/ASBC 检测苦味值的方法测定啤酒中酒花酸的浓度。

第五步：重新盖上瓶盖，密封后将瓶子多次倒转。

第六步：至少冷藏 48h，以保证酒花酸完全混匀，未溶解的酒花酸沉淀于瓶底。

四、酒花制品的混合使用

酒花制品的混合使用是酿酒师塑造新的苦味风格和改善产品质量的有效方式。没有统一的标准添加数量和品种的使用限制。需要经过多次的实验和总结才能发现新的添加配方和啤酒的风味特点。

（1）苦味风格的塑造　每种耐光的酒花浸膏都有自己独特的苦味风格。这样，酿酒师便可以尝试混合各种产品。调制出一种有别于其他的，真正期望的苦味风格。通过混合耐光的酒花浸膏，可以调制出传统酒花的苦味风格。

（2）泡沫性能的提高　3～5mg/L 的四氢异构酒花浸膏或六氢异构酒花浸膏与适量的还原异构酒花浸膏混合使用，不仅可得到平衡的苦味，而且可提高啤酒的泡持性。

（3）发酵过程中的抑菌作用　所有耐光的酒花酸都有抗微生物的作用。特别是将还原异构酒花浸膏加入麦汁煮沸锅内，不仅抗菌效果极佳，而且还能最大限度地降低在发酵过程中使用酒花酸的费用。

第六章　世界主要酒花品种及特征

第一节　酒花种类的划分

酒花的命名主要根据国际酒花种植者协会（IHGC）官方规定的方式进行。主要根据酒花的特性分为：苦型（Bitter）、香型（Aroma）、苦香兼优型（Dual）、观赏型（Ornamental）。其次根据酒花培育者的名字命名的如：金牌（Golding），法格尔（Fuggle）。非官方命名如：贵族酒花、以酒花香气命名、酒花风味和特殊酒花命名。另外，还有以酒花的原产地来进行命名。如：德国的哈拉道，美国的威廉麦特、胡德峰，中国的青岛大花、一面坡酒花等。酒花品种很多，由于品种的变异，进行严格的植物学分类有困难，一般以其特性进行分类。

一、按酿造用途（典型性）分类

以酒花品种的典型性、α - 酸含量和香气来衡量酿造价值，并分为苦型酒花（Bitter）、香型酒花（Aroma）和苦香兼优型酒花（Dual）。美国酒花品种如表6 - 1所示，德国酒花品种如表6 - 2 所示，其他国家的酒花品种如表6 - 3 所示。

1. 苦型酒花

α - 酸含量7% ~15%之间，α - 酸∶β - 酸之比为1∶1 以下。主要代表品种有：北酿、酿造金、青岛大花、拿格特、格丽娜、马可波罗等。

2. 香型酒花

传统的香型酒花 α - 酸含量一般不高，α - 酸含量大多为3.6% ~6%，个别品种达8% ~12%，α - 酸∶β - 酸为1∶1.5 以上。另外，香味型酒花的合葎草酮含量一般占 α - 酸含量的25% 以下，甚至更低，苦味型酒花占30% 以上，甚至更高；香型酒花中的多酚物质和倍半萜烯氧化物的含量高于苦味型酒花；葎草烯含量一般也较苦味型高。

3. 苦香兼优型酒花

α－酸含量中等，美国种植的该酒花品种较多。著名代表品种有西楚、亚麻黄等。

表 6－1　美国主要酒花品种

香型酒花	α－酸/%	苦型酒花	α－酸/%	苦香兼优型酒花	α－酸/%
卡斯卡特（Cascade）	4.5～7.0	格丽娜（Galena）	11.5～13.5	西楚（Citra）	11.0～13.0
威廉麦特（Willamette）	4.0～6.0	奇努克（Chinook）	12.0～14.0	西姆科（Simcoe）	12.0～14.0
胡德峰（Mt. Hood）	4.0～7.0	拿格特（Nugget）	11.5～14.0	世纪（Centennial）	9.5～11.5
金牌（Golding）	4.0～6.0	勇士（Warrior）	14.5～16.5	亚麻黄（Amarillo）	8.0～11.0
法格尔（Fuggle）	4.5～5.5	阿波罗（Apollo）	15.0～19.0	卡利泊颂（Calypso）	12.0～14.0
斯特林（Sterling）	4.5～5.0	喝彩（Bravo）	14.0～17.0	克劳斯特（Cluster）	5.0～8.5
自由（Liberty）	3.5～6.5	超级格丽娜（Super Galena）	13.0～16.0		
圣西姆（Santiam）	5.5～7.0	顶峰（Summit）	16.0～18.0		
先锋（Vanguard）	4.0～6.0	哥伦布/战斧/宙斯（CTZ）	14.5～16.5		
		千禧（Millennium）	14.5～16.5		

表 6－2　德国主要酒花品种

香型酒花	苦型酒花	苦香兼优型酒花
中早熟哈拉道（Hallertauer Mittelfrüh）	海库勒斯（Herkules）	珍珠（Perle）
传统（Tradition）	淘若斯（Taurus）	酿造者金牌（Brewer's Gold）
赫斯布鲁克（Hersbrucker）	马格努门（Magnum）	北酿（Northern Brewer）
苏菲亚（Saphir）	默克（Merkur）	蛋白石（Opal）
斯派尔特（Spalter）		
斯派尔特精选（Spalter Select）		
泰特南（Tettnanger）		
祖母绿（Smaragd）		

表 6－3　世界其他国家的酒花品种

香型酒花	苦型酒花	苦香兼优型酒花
萨兹（Saaz）（捷克共和国）	海军上将（Admiral）（英国）	超级施蒂利亚（Super Styrian）（斯洛文尼亚）

续表

香型酒花	苦型酒花	苦香兼优型酒花
卢布林（Lublin）（波兰）	尼尔森苏维（Nelson Sauvin）（新西兰）	目标（Target）（英国）
斯垂瑟斯派尔特（Strissel spalt）（法国）	银河（Galaxy）（澳大利亚）	东肯特金牌（E. K. Golding）（英国）
法格尔（Fuggle）（英国）	太平洋金（Pacific Gem）（新西兰）	莫图依卡（Motueka）（新西兰）
施蒂利亚金牌（Styrian Golding）（斯洛文尼亚）	林伍德的骄傲（Pride of Ringwood）（澳大利亚）	挑战者（Challenger）（英国）
斯拉德克（Sladek）（捷克共和国）	绿色子弹（Green Bullet）（新西兰）	
瑞瓦卡（Riwaka）（新西兰）	南部穿越（Southern Cross）（澳大利亚）	

二、按成熟期分类

1. 早熟类型

这种类型的酒花，一般抗寒性较强，新芽为紫色，茎干有紫色和绿色之分，春季发芽早，植株生长发育迅速，分枝较弱，生长量小，花体密而小，丰产性较差。从幼茎出土到成熟在北方不超过120天，如长白4号、萨兹、斯派尔特、金星等品种，6月初开花，7月上、中旬成熟。

2. 中熟类型

从幼茎出土到采收，需要120~150天，春季发芽较早熟品种略晚，生长量较大，花体稍疏松而大，前期生长发育较慢。如彗星、卡斯卡特、哈拉道等，6月中旬开花，7月中、下旬到8月初成熟。

3. 晚熟类型

大多数紫色茎为晚熟品种，枝蔓繁茂，侧枝多而长，花体大而密。如青岛大花、长白1号、阿尔萨斯等。6月中旬开花，8月中、下旬采收。从幼茎出土到花苞成熟需150天以上。

三、按茎色分类

1. 红色类型

这类酒花，早、中熟品种居多。其新芽和幼茎均为紫红色；叶片较小，暗绿色、叶柄短，分枝能力弱。花苞呈卵圆形，黄绿色，腺体较多，芳香味浓，但产量较低，如我国的青岛小花、捷克的萨兹、德国的斯派尔特等。

2. 绿色类型

新芽淡紫色，主茎多为绿色，有的也带有红色。叶片较大，一般为淡绿色，叶柄较长，分枝能力强，枝叶繁茂，花苞较大，绿色、黄绿色，花体大，花粉较少。主要的开花部位在侧枝枝蔓上，花苞呈圆柱状或四棱锥形，丰产性好，但芳香味较差。如我国的青岛大花，法国的阿尔萨斯及美国一些晚熟品种。

3. 淡绿色类型

主茎淡绿色，叶片大，叶色淡绿或黄绿。植株分枝较强，长势较旺。花苞主要着生在侧枝和主茎前端，花苞着生较密，较为丰产。如甘花 1 号、马可波罗。

第二节　德国酒花品种

1. 哈拉道布朗（Hallertauer Blanc）

哈拉道布朗（又称哈拉道长相思）是由美国卡斯卡特和德国甜瓜雄性酒花杂交得到的具有类似于白葡萄酒和花果香的新品种。它是德国啤酒行业为迎合精酿啤酒对新口味和新香气的需求而培育的本土新品种，于 2012 年投放市场。

哈拉道布朗具有非常柔和的白葡萄香，并带有微妙的柠檬、醋栗和芒果香，非常适合酿造传统啤酒。它的常规指标、香气组分和其他指标如表 6－4 所示。

表 6－4　　哈拉道布朗酒花的常规指标、香气组分和其他指标

常规指标			
α－酸	9%～11%	β－酸	4%～7%
合葎草酮	10%～25%	总含油	1.8mL/100g
香气组分			
香叶烯		葎草烯	
丁子香烯		法呢烯	<0.5%

续表

其他指标			
多酚	6.7%	黄腐酚	0.49%
里那醇	6mL/100g		

2. 赫斯布鲁克（Hersbrucker）

赫斯布鲁克是德国赫斯布鲁克地区的一个地方品种，品种特性非常稳定，是传统意义上的贵族酒花。目前在德国赫斯布鲁克，斯派尔特和哈拉道地区广泛种植。

赫斯布鲁克苦味干净，香气以花香和果香为主，同时拥有轻微的蜜蜂花，媒墨角兰，红茶和生姜的辛辣味。香气和苦味平衡性非常好，啤酒行业应用广泛。目前它的常规指标、香气组分和其他指标如表6-5所示。

赫斯布鲁克适合酿造传统德式啤酒，包括拉格、比尔森、博克、小麦博克、小麦、比利时爱尔、科尔施以及德式淡色啤酒。

表6-5　　赫斯布鲁克酒花的常规指标、香气组分和其他指标

常规指标			
α-酸	2.0%~6.5%	β-酸	4%~6.5%
合葎草酮	19.0%~26.0%	总含油	0.7~1.3mL/100g
香气组分			
香叶烯	16.0%~26.0%	葎草烯	16.0%~26.0%
丁子香烯	7.0%~12.0%	法呢烯	<1.0%
其他指标			
多酚	4.4%	黄腐酚	0.21%
里那醇	5mL/100g		

3. 胡乐香瓜（Hüll Melon）

胡乐香瓜是由美国卡斯卡特和一款德国雄性植株培育而成。它的面世迎合了精酿啤酒对高品质特殊香气酒花的需求，于2012年投放市场。

胡乐香瓜是一款中等苦味的香型酒花，香气以蜜瓜、杏仁和草莓香为主，同时拥有复杂的果茶香、天竺葵香和茴香的香气，是德国最为出众的新型酒花。

胡乐香瓜出众的水果香气非常适合酿造德式白啤、淡色爱尔和比利时果啤，干投效果也非常出众。其常规指标、香气组分和其他指标如表6-6所示。

表 6 – 6　　　　胡乐香瓜酒花的常规指标、香气组分和其他指标

常规指标			
α – 酸	6.9% ~7.5%	β – 酸	7.3% ~7.9%
合葎草酮	29%	总含油	0.8 ~1.6mL/100g
香气组分			
香叶烯	36.2%	葎草烯	
丁子香烯		法呢烯	大于 10%
其他指标			
多酚	4.5%	黄腐酚	0.62%
里那醇	5mL/100g		

4. 马格努门（Magnum）

马格努门的名字（意为“大酒瓶”）恰如其分地体现了这种酒花硕大厚重的花苞。它是由德国 Hüll 酒花研究所培育成功。母本是美国品种格丽娜，父本是德国一款编号为 75/5/3 的酒花，于 1980 年投放市场。

马格努门是一款高 α – 酸酒花，可以赋予啤酒干净柔和的苦味，略带有柠檬、青椒、薄荷、巧克力和苹果的香气。其常规指标、香气组分和其他指标如表 6 – 7 所示。

马格努门通常作为苦花，用于拉格，比尔森，世涛等多种啤酒的酿造。

表 6 – 7　　　　马格努门酒花的常规指标、香气组分和其他指标

常规指标			
α – 酸	10.0% ~16.0%	β – 酸	6.0% ~7.0%
合葎草酮	20% ~27%	总含油	2.0 ~3.0mL/100g
香气组分			
香叶烯	30% ~45%	葎草烯	25% ~40%
丁子香烯	7% ~12%	法呢烯	<1.0%
其他指标			
多酚	2.6%	黄腐酚/（w/w）	0.47%
里那醇	0.4 ~0.8mL/g α – 酸	β – 蒎烯	0.4% ~0.8%

5. 巴伐利亚橘香（Mandarina Bavaria）

巴伐利亚橘香是德国为了迎合啤酒行业对新风味和新香气而培育的又一款香型酒花。它以美国卡斯卡特为母本，德国甜瓜酒花为父本培育而成，于 2012 年投放市场。

巴伐利亚橘香具有符合美式淡色爱尔要求的柑橘香，菠萝香，还有轻微的柠檬香，醋栗香和草莓香，被认为是德国新型酒花中受欢迎度居第二位的品种。其常规指标、香气组分和其他指标如表6-8所示。

巴伐利亚橘香适合酿造淡色爱尔，IPA和苦啤，干投效果出色。

表6-8　巴伐利亚橘香酒花的常规指标、香气组分和其他指标

常规指标			
α-酸	7.0%～10.0%	β-酸	4.0%～7.0%
合葎草酮	28.0%～36.0%	总含油	1.5～2.2mL/100g
香气组分			
香叶烯	71.0%	葎草烯	
丁子香烯		法呢烯	<3.0%
其他指标			
多酚	4.1%	黄腐酚	0.6%
里那醇	7mL/100g		

6. 北酿（Northern Brewer）

北酿于1934年在英国培育成功，母本为坎特伯雷金牌，父本为OB21，培育成功后即在英国、美国、德国、西班牙、比利时大规模种植。

北酿是一款中等苦味的酒花，苦味干净，类似拿格特，香气以木香和绿色植物的清香为主。其常规指标、香气组分和其他指标如表6-9所示。

适合酿造英式苦啤，特种苦啤（ESB），蒸汽啤酒，兰比克等具有浓郁传统色彩的啤酒。

表6-9　北酿酒花的常规指标、香气组分和其他指标

常规指标			
α-酸	7.0%～11.0%	β-酸	3.5%～6.5%
合葎草酮	26.0%～30.0%	总含油	1.1～2.0mL/100g
香气组分			
香叶烯	36.0%～46.0%	葎草烯	27.0%～31.0%
丁子香烯	11.0%～16.0%	法呢烯	<1.0%
其他指标			
香叶醇	0.1%～0.2%	β-蒎烯	0.4%～0.7%
里那醇	0.4%～0.7%	黄腐酚	0.61%
多酚	3.9%		

7. 蛋白石（Opal）

蛋白石是德国2011年推出的一款中等苦味的香花，由哈拉道布朗和Ku II/18杂交而成。它与一种名叫蛋白石的宝石同名，因为这种酒花本身有蓝绿色的宝石光泽。

蛋白石苦味非常干净，香气以花香、果香和辛香为主，同时拥有明显的柑橘香、佛手柑香、杏仁香、甘草香和茴香味。其常规指标、香气组分和其他指标如表6-10所示。

蛋白石一般用来酿造德式小麦，夏季爱尔，德式淡色啤酒，欧洲淡色拉格，赛松和比利时爱尔。

表6-10　　蛋白石酒花的常规指标、香气组分和其他指标

常规指标			
α-酸	4.0%~8.0%	β-酸	3.5%~6.5%
合葎草酮	13.0%~17.0%	总含油	1.3mL/100g
香气组分			
香叶烯	20.0%~46.0%	葎草烯	30.0%~50.0%
丁子香烯	8.0%~16.0%	法呢烯	<1.0%
其他指标			
多酚	3.7%	黄腐酚	0.41%
里那醇	11mL/100g		

8. 珍珠（Hallertauer Perle）

珍珠是以英国北酿为模板培育的中等苦味的香型酒花，于1978年在德国Hüll酒花研究所培育成功。

珍珠的苦味和香气平衡性非常完美，从诞生之日起就受到了啤酒行业的一致认可。它具有轻微的辛香和花香，苦味干净而柔和。其常规指标、香气组分和其他指标如表6-11所示。

目前珍珠在德国和美国的华盛顿州、俄勒冈州都广泛种植。

珍珠适合酿造淡色爱尔、波特、世涛、拉格、比尔森、小麦啤酒、科尔施和德国淡色啤酒，是酿造德国传统啤酒的上上之选。

表6-11　　珍珠酒花的常规指标、香气组分和其他指标

常规指标			
α-酸	6.9%~8.0%	β-酸	3.1%~3.6%
合葎草酮	28%~31%	总含油	0.9mL/100g

续表

香气组分			
香叶烯	26.0% ~36.0%	葎草烯	28.0% ~34.0%
丁子香烯	12.0% ~16.0%	法呢烯	<1.0%
其他指标			
多酚	4.1%	黄腐酚	0.55%
里那醇	4mL/100g	香叶醇	0.2% ~0.4%
β-蒎烯	0.2% ~0.5%		

9. 北极星（Polaris）

北极星是德国为满足世界啤酒行业对新风味的需求而培育的另一款酒花，它由产自德国、美国和日本的三种酒花杂交而成，属于超级高α-酸酒花，北极星具有强烈怡人且振奋精神的类似于薄荷的香味，还带有轻微的佛手柑和车叶草的香气。其常规指标、香气组分和其他指标如表6-12所示。

北极星一般用于比利时风格啤酒的酿造，也可以用于夏日饮用的酒精度较低的小麦啤酒，可以带来清凉的口感。北极星在其他爱尔啤酒的酿造中表现也非常出色。

表6-12　北极星酒花的常规指标、香气组分和其他指标

常规指标			
α-酸	18.0% ~24.0%	β-酸	6.0% ~6.5%
合葎草酮	22.0% ~29.0%	总含油	4.8mL/100g
香气组分			
香叶烯		葎草烯	
丁子香烯		法呢烯	<0.5%
其他指标			
多酚	3.5%	黄腐酚	0.84%
里那醇	9mL/100g	香叶醇	

10. 苏菲亚（Saphir）

苏菲亚（又称蓝宝石）是一款2000年投放市场的新型酒花，和它一同面世的还有祖母绿和蛋白石。它由编号为87/17/20和80/56/6的新品种培育而成。

苏菲亚香气非常柔和，香气以花香和果香为主，并拥有微妙的柑橘、香茅、草莓、杜松和红茶香，贮存性非常优秀，足以媲美传统贵族酒花。其常规指标、香气组分和其他指标如表6-13所示。

苏菲亚非常适合酿造比尔森，德式拉格和比利时小麦啤酒。

表 6-13　　苏菲亚酒花的常规指标、香气组分和其他指标

常规指标			
α-酸	2.0%~6.0%	β-酸	4.0%~7.0%
合葎草酮	10%~15%	总含油	0.8~1.4mL/100g
香气组分			
香叶烯	40%	葎草烯	20%
丁子香烯	10%	法呢烯	<1%
其他指标			
多酚	4.0%~4.5%	黄腐酚	0.37%
里那醇	10mL/100g		

11. 泰特南（Tettnanger）

泰特南属于萨兹家族，是一个主要在德国泰特南地区种植的品种，主要种植在德国南部的巴登-比特堡-莱茵法尔茨沿线。德国哈拉道布朗地区和美国华盛顿州、俄勒冈两州也有种植。

泰特南具有非常干净的苦味，香气以草本香和辛香为主，主要用来替代捷克萨兹酒花，是世界公认的贵族酒花品种。其常规指标、香气组分和其他指标如表 6-14 所示。

泰特南非常适合酿造欧洲拉格和英国桶装爱尔啤酒。

表 6-14　　泰特南酒花的常规指标、香气组分和其他指标

常规指标			
α-酸	4.0%~4.5%	β-酸	3.5%~4.5%
合葎草酮	20.0%~26.0%	总含油	0.8mL/100g
香气组分			
香叶烯	36.0%~46.0%	葎草烯	18.0%~23.0%
丁子香烯	6.0%~7.0%	法呢烯	16.0%~20.0%
其他指标			
多酚	6.2%	黄腐酚	0.29%
里那醇	4mL/100g		

12. 传统（Tradition）

传统是以黄金哈拉道为母本，与中早熟哈拉道（H. Mittelfrüh）的一个代号为 75/15/106M 的雄性后代杂交而成。

传统具有非常优质的苦味和柔和的香气，抗病抗灾能力强，即使在歉收年份，也能获得很好的收成。香气类似赫斯布鲁克，但是稳定的高产是它区别于赫斯布鲁克的一大特点。

传统以花香和草本香为主，有时候会带有杏仁、醋栗、桃子和泥土的香气。其常规指标、香气组分和其他指标如表 6－15 所示。适合酿造拉格、比尔森、博克、小麦啤酒和德国小麦啤酒。

表 6－15　　传统酒花的常规指标、香气组分和其他指标

常规指标			
α－酸	4.0%～7.0%	β－酸	4.0%～6.0%
合葎草酮	26.0%～29.0%	总含油	1.2mL/100g
香气组分			
香叶烯	20.0%～26.0%	葎草烯	46.0%～56.0%
丁子香烯	10.0%～16.0%	法呢烯	<1.0%
其他指标			
多酚	4.3%	黄腐酚	0.41%
里那醇	7mL/100g		

第三节　美国酒花

1. 阿塔纳姆（Ahtanum）

阿塔纳姆由雅基玛农场培育成功，它的名字源自于雅基玛附近的一个山谷，1869 年 Charles Carpenter 在这里建立了第一个酒花农场。

阿塔纳姆风味类似威廉麦特，香气与卡斯卡特类似，但是它的葡萄柚香比卡斯卡特更出众。它的 α－酸比卡斯卡特低，所以如果想拥有卡斯卡特的风味而不想带来过多苦味的话，阿塔纳姆是最好的选择。其常规指标、香气组分和其他指标如表6－16 所示。

阿塔纳姆的主体香气是柑橘香和花香，非常适合酿造美式爱尔、拉格、淡色爱尔和 IPA。

表 6－16　　阿塔纳姆酒花的常规指标、香气组分和其他指标

常规指标			
α－酸	4.2%～6.7%	β－酸	4.6%～6.1%
合葎草酮	30.0%～34.0%	总含油	0.5～1.7mL/100g

续表

香气组分			
香叶烯	46.0%~56.0%	葎草烯	16.0%~22.0%
丁子香烯	9.0%~12.0%	法呢烯	<1.0%
其他指标			
香叶醇	0.4%~0.7%	β-蒎烯	0.6%~0.9%
里那醇	0.4%~0.6%		

2. 亚麻黄（Amarillo）

亚麻黄是由 Virgil Gamache 农场开发的新品种，它由酒花自然授粉（或酒花变异）而成。

亚麻黄一般被描述成超级卡斯卡特，享此殊荣的还有世纪，亚麻黄具有浓郁的花香，热带水果香和柑橘香，它略带甜味，可以让酒体更加成熟丰满。

亚麻黄的苦味优质，α-酸含量在 8.0~11.0%，也是一款非常棒的苦花。其常规指标、香气组分和其他指标如表 6-17 所示。

亚麻黄被广泛用于美式淡色爱尔以及 IPA 的酿造。

表 6-17　亚麻黄酒花的常规指标、香气组分和其他指标

常规指标			
α-酸	8.0%~11.0%	β-酸	6.5%~7.3%
合葎草酮	20.0%~22.0%	总含油	1.0~2.3mL/100g
香气组分			
香叶烯	40.0%~50.0%	葎草烯	19.0%~24.0%
丁子香烯	7.0%~10.0%	法呢烯	6.0%~9.0%
其他指标			
香叶醇	0.1%~0.2%	β-蒎烯	0.4%~0.8%
里那醇	0.5%~0.8%		

3. 阿波罗（Apollo）

阿波罗是美国一款超高 α-酸酒花，由两款未知酒花的杂交后代与宙斯酒花杂交而成，2000 年培育成功，2005 年投放市场。

阿波罗酒花合葎草酮含量非常低，苦味非常干净；香气以浓郁的柑橘香为主，同时带有辛辣味。可以作为苦花在煮沸开始阶段添加，也可以作为香花加在煮沸末期以获得葡萄柚的香气，它在干投阶段也有杰出的表现。其常规指标和香气组分如表 6-18 所示。

阿波罗作为苦花适用于任何啤酒，尤其是高浓酿造啤酒；作为香花，完全能够胜任美式爱尔和 IPA 的酿造。

表 6-18　　阿波罗酒花的常规指标和香气组分

常规指标			
α-酸	16.0% ~19.0%	β-酸	6.5% ~8.0%
合葎草酮	24.0% ~28.0%	总含油	1.5 ~2.5mL/100g
香气组分			
香叶烯	30.0% ~50.0%	葎草烯	20.0% ~36.0%
丁子香烯	14.0% ~20.0%	法呢烯	<1.0%

4. 尔扎卡（Azacca™）

尔扎卡是美国侏儒酒花协会于 2014 年投放市场的一款新型苦香兼优酒花，之前称为 ADHA483 。它拥有北酿和美国侏儒酒花苏密特的双重血统。

尔扎卡 α-酸含量高达 14.0% ~16.0%，香气以柑橘香为主，同时带有明显的熟芒果香和类似松针的香气。极高的香叶烯含量使它成为一款非常适合干投的酒花。其常规指标和香气组分如表 6-19 所示。

尔扎卡可以煮沸末期添加，也可以用于干投，适合酿造美式爱尔和 IPA。

尔扎卡一面世，立即受到美国酿酒师追捧。

表 6-19　　尔扎卡酒花的常规指标和香气组分

常规指标			
α-酸	14.0% ~16.0%	β-酸	4.0% ~6.5%
合葎草酮	38.0% ~46.0%	总含油	1.6 ~2.5mL/100g
香气组分			
香叶烯	46.0% ~56.0%	葎草烯	14.0% ~18.0%
丁子香烯	8.0% ~12.0%	法呢烯	<1.0%

5. 喝彩（Bravo）

喝彩是 Hopsteiner（斯丹纳）育种项目培育的第二代超级高 α-酸酒花，它以宙斯酒花为母本通过自然授粉培育而成，2006 年投入市场。

喝彩 α-酸含量非常高，苦味既不像奇努克那样刺激强烈，也不像低 α-酸酒花那么细腻柔和，如想要酿造一款苦味明显但不突出的啤酒，喝彩是非常好的选择。

喝彩的香气被描述成泥土香和草本香，但它的花香和果香同样非常出色，在靠近洛杉矶的酒吧里，几乎都能品尝到用它酿造的淡色爱尔或单一酒花 IPA。其常规指标和香气组分如表 6-20 所示。

喝彩适合酿造淡色爱尔、IPA、大麦酒。

表 6-20 喝彩酒花的常规指标和香气组分

常规指标			
α-酸	12.0%~14.0%	β-酸	3.0%~6.0%
合葎草酮	29.0%~34.0%	总含油	1.6~2.4mL/100g
香气组分			
香叶烯	26.0%~50.0%	葎草烯	18.0%~20.0%
丁子香烯	10.0%~12.0%	法呢烯	<1.0%

6. 卡斯卡特（Cascade）

卡斯卡特是美国农业部研究所育种计划项目推出的酒花。它于 1956 年开始培育并于 1972 年发布。它以英国法格尔为母本，以俄罗斯的谢列布良卡为父本。

卡斯卡特以其浓郁的花香、柑橘香和西柚香而闻名。适合绝大部分啤酒的酿造，干投效果尤佳。其常规指标、香气组分和其他指标如表 6-21 所示。

卡斯卡特是第一款标准的美国花，也是美国整个精酿啤酒行业的基石，正是在卡斯卡特的基础上，美国精酿啤酒形成了自己独特的风格并震撼了世界。

卡斯卡特可作为美式淡色爱尔、世涛、大麦酒和拉格的香花使用。

表 6-21 卡斯卡特酒花的常规指标、香气组分和其他指标

常规指标			
α-酸	6.6%~8.8%	β-酸	6.4%~7.3%
合葎草酮	31.0%~34.0%	总含油	0.6~1.9mL/100g
香气组分			
香叶烯	46.0%~60.0%	葎草烯	14.0%~20.0%
丁子香烯	6.0%~9.0%	法呢烯	6.0%~9.0%
其他指标			
香叶醇	0.2%~0.4%	β-蒎烯	0.5%~0.8%
里那醇	0.3%~0.6%		

7. 世纪（Centennial）

世纪是一款香型酒花，1974 年培育成功，1990 年投放市场，而当时正值华盛顿州加入联邦已满百年，遂将酒花命名为世纪。

世纪的世系非常复杂，包含 3/4 的酿造者金牌 3/32 的法格尔，1/16 的东肯特金牌，1/32 的巴伐利亚酒花以及 1/16 的未知品种。

世纪具有非常丰富的花香和柑橘香，亦可作为苦花使用，虽然它的柑橘香并不像其在卡斯卡特中那样占据主导地位，但它还是凭借浓郁的香气获得了超级卡斯卡特的称号。其常规指标、香气组分和其他指标如表6－22所示。

世纪苦味香气平衡性非常好，被广泛用于美式爱尔、美式小麦和IPA的酿造。

表6－22　世纪酒花的常规指标、香气组分和其他指标

常规指标			
α－酸	8.2%～10.9%	β－酸	3.5%～4.4%
合葎草酮	26.0%～27.0%	总含油	1.0～2.0mL/100g
香气组分			
香叶烯	52.0%～60.0%	葎草烯	9.0%～12.0%
丁子香烯	6.0%～7.0%	法呢烯	6.0%～9.0%
其他指标			
香叶醇	1.2%～1.8%	β－蒎烯	0.8%～1.0%
里那醇	0.6%～0.9%		

8. 奇兰（Chelan）

奇兰是美国1994年推出的一款高α－酸酒花，它是格丽娜的直系后裔，各方面品质都与格丽娜相似，是加强版的格丽娜。

奇兰香气很好，但更多时候是用作苦花，β－酸含量极高，苦味柔和。其常规指标和香气组分如表6－23所示。因为种植面积比较小，所以只在生产地附近使用。

奇兰也可在美式淡色爱尔中作为香花在煮沸后期添加。

表6－23　奇兰酒花的常规指标和香气组分

常规指标			
α－酸	12.0%～14.5%	β－酸	8.5%～9.8%
合葎草酮	33.0%～36.0%	总含油	1.0～1.9mL/100g
香气组分			
香叶烯	46.0%～56.0%	葎草烯	12.0%～16.0%
丁子香烯	9.0%～12.0%	法呢烯	<1.0%

9. 奇努克（Chinook）

奇努克是由美国农业部于1985年5月在华盛顿州培育成功，以佩塞姆金牌为母本，USDA63012为父本杂交而来。

奇努克最初是作为一种苦花培育的，后来越来越多的酿酒师发现，这种酒花具有丰富的西柚、辛香和松木香，在酿造世涛或进行干投的时候有其他香花起不到的效果，遂作为一种兼优酒花迅速传播开来。其常规指标、香气组分和其他指标如表 6－24 所示。

尽管现在兼优酒花层出不穷，但是奇努克酒花历久弥新，越来越受欢迎。它被广泛用于波特、世涛、美式爱尔、淡色爱尔、大麦酒和 IPA 的酿造。

表 6－24　　奇努克酒花的常规指标、香气组分和其他指标

常规指标			
α－酸	12.2%～16.3%	β－酸	3.4%～3.7%
合葎草酮	28.0%～30.0%	总含油	1.0～2.5mL/100g
香气组分			
香叶烯	20.0%～30.0%	葎草烯	18.0%～24.0%
丁子香烯	9.0%～11.0%	法呢烯	<1.0%
其他指标			
香叶醇	0.7%～1.0%	β－蒎烯	0.3%～0.5%
里那醇	0.3%～0.5%		

10. 西楚（Citra）

西楚即 HBC394，是由 HBC 公司培育的一款高 α－酸低合葎草酮的兼优酒花，于 2007 年投放市场。它以德国哈拉道中早熟为母本，以美版泰特南为父本杂交而来。

西楚是一款真正意义上的全能型酒花，具有丰富的柑橘、青柠、荔枝、醋栗等热带水果香。其常规指标、香气组分和其他指标如表 6－25 所示。尽管 HBC 公司陆续培育了其他兼优品种，但是西楚依然是酿酒师的宠儿。

西楚以其独特的香气非常适合酿造 IPA、美式烈啤、比利时爱尔等，它可以胜任任何啤酒的酿造。

表 6－25　　西楚酒花的常规指标、香气组分和其他指标

常规指标			
α－酸	11.3%～14.0%	β－酸	3.6%～3.9%
合葎草酮	21.0%～24.0%	总含油	1.5～3.0mL/100g
香气组分			
香叶烯	60.0%～70.0%	葎草烯	7.0%～12.0%
丁子香烯	6.0%～8.0%	法呢烯	<1.0%

续表

其他指标			
香叶醇	0.3% ~0.5%	β-蒎烯	0.7% ~1.0%
里那醇	0.3% ~0.5%		

11. 克劳斯特（Cluster）

克劳斯特源于美国一款非常古老的酒花，与英国酒花自然杂交后于1960年经大规模筛选形成了现在的品种。直到1970年，它一直是美国为数不多的酒花品种之一，也是美国种植面积最大的品种之一。

克劳斯特是一款平衡性非常好，世界上贮存性最好的苦花。它有着非常浓郁的果香和轻微的松木香、泥土香和百花香。其常规指标、香气组分和其他指标如表6-26所示。

克劳斯特是美国应用最广泛的品种之一，无论在工业啤酒还是精酿啤酒中都广泛使用。它适用于所有啤酒类型。

表6-26　　克劳斯特酒花的常规指标、香气组分和其他指标

常规指标			
α-酸	7.6% ~8.9%	β-酸	4.9% ~6.6%
合葎草酮	37.0% ~40.0%	总含油	0.5 ~0.8mL/100g
香气组分			
香叶烯	38.0% ~46.0%	葎草烯	16.0% ~20.0%
丁子香烯	8.0% ~10.0%	法呢烯	<1.0%
其他指标			
香叶醇	0.6% ~0.9%	β-蒎烯	0.5% ~0.7%
里那醇	0.4% ~0.8%		

12. 哥伦布（Columbus）

哥伦布是美国一款超级高α-酸酒花。它主要是用作苦花，但是作为一个高酒花油含量的品种，其香气也非常出色，在酿造桶装爱尔的煮沸末期添加，有非常完美的表现。

哥伦布、战斧和宙斯，都是超级高α-酸酒花，它们在同一时间培育成功并被卖到不同的酒花种植集团。气相色谱分析表明，哥伦布和战斧是同一品种，而宙斯和哥伦布也极度相似，以致在最终产品上它们几乎不可能被辨别出来。它们从培育成功那一刻就如飓风般席卷美国酒花产区，占据了全美种植面积的半壁江山。

它们都被定义为超级高α-酸酒花，除了作为优质苦花外，柑橘香也非常突出，用于美式 IPA、美式淡色爱尔、世涛、大麦酒和拉格的香花使用。其常规指标和香气组分如表 6－27 所示。

表 6－27　　哥伦布酒花的常规指标和香气组分

常规指标			
α－酸	13.0%～18.0%	β－酸	4.5%～6.5%
合葎草酮	30.0%～36.0%	总含油	1.5～2.0mL/100g
香气组分			
香叶烯	26.0%～46.0%	葎草烯	16.0%～26.0%
丁子香烯	8.0%～12.0%	法呢烯	<1.0%

13. 彗星（Comet）

彗星问世于 1961 年，俄勒冈州。这是一款被认为具有“野生的美洲”风味的高 α－酸酒花。1980 年曾一度达到全美酒花种植面积的 1%，但之后开始下滑。

这是一款矛盾的酒花，它的苦味适用于任何啤酒，而香气却毁誉参半。它被认为是拥有非常辛辣的柑橘香和接骨木花香，少量干投即可得到明显的辛辣味。一些酿酒师对它奉若神明，而另一些酿酒师却对这种香气深恶痛绝。其常规指标、香气组分和其他指标如表 6－28 所示。

彗星一般用于爱尔和拉格啤酒的酿造（如果足够大胆，可以试试干投）。

表 6－28　　彗星酒花的常规指标、香气组分和其他指标

常规指标			
α－酸	9.4%～12.4%	β－酸	3.0%～6.1%
合葎草酮	40.0%～46.0%	总含油	1.4～3.3mL/100g
香气组分			
香叶烯	40.0%～66.0%	葎草烯	1.0%～2.0%
丁子香烯	6.0%～7.0%	法呢烯	<1.0%
其他指标			
香叶醇	0～1.0%	β－蒎烯	0～1.0%
里那醇	0～1.0%		

14. 水晶（Crystal）

水晶是一款三倍体香型酒花，从 1983 年开始培育，到 1993 年商业化生产，历经十年。它是由美国农业部以 USDA21397 为母本，抗霜霉病的 USDA21381M 为父本杂交而成。它和胡德峰、自由酒花是近亲。

水晶具有非常柔和的花香和辛香，合葎草酮含量非常低，是一款香气苦味都近乎完美的酒花。其常规指标、香气组分和其他指标如表6－29所示。

水晶适合酿造比利时风格的爱尔、拉格、比尔森、IPA、科尔施以及ESB。

表6－29　水晶酒花的常规指标、香气组分和其他指标

常规指标			
α－酸	2.4%～6.0%	β－酸	6.9%～7.6%
合葎草酮	20.0%～22.0%	总含油	0.8～2.1mL/100g
香气组分			
香叶烯	6.0%～14.0%	葎草烯	40.0%～46.0%
丁子香烯	12.0%～14.0%	法呢烯	<1.0%
其他指标			
香叶醇	0.4%～0.7%	β－蒎烯	0.1%～0.2%
里那醇	0.3%～0.6%		

15. 春秋（Equinox）

春秋，即HBC366，是HBC公司推出的又一款兼优酒花，于2014年投放市场。

春秋花朵呈深绿色，α－酸含量可高达16%，酒花油含量更是高达4.3%，香气强烈诱人。其常规指标、香气组分和其他指标如表6－30所示。

春秋以柑橘香、花香和草本香为主，其中青椒味很突出。在美式淡色爱尔和IPA中效果非常杰出。

表6－30　春秋酒花的常规指标、香气组分和其他指标

常规指标			
α－酸	14.0%～16.1%	β－酸	4.4%～6.2%
合葎草酮	31.0%～36.5%	总含油	3.0～4.3mL/100g
香气组分			
香叶烯	26.0%～36.0%	葎草烯	16.0%～20.0%
丁子香烯	9.0%～12.0%	法呢烯	<1.0%
其他指标			
香叶醇	<1.0%	β－蒎烯	<1.0%
里那醇	<1.0%		

16. 埃尔德拉多（El Dorado）

埃尔德拉多El Dorado生长美国于美国华盛顿州Moxee山谷，该山谷位于

Yakima 山谷以北，气候凉爽，盛产拥有杰出香气的酒花，是一处非常重要的酒花种植区。得益于此，埃尔德拉多拥有迥异于其他酒花的香气。

埃尔德拉多（以下为了方便，简称 ED）由 CLS Farm 公司于 200 年培育成功，2010 年开始商业化种植（该农场数代人都从事酒花种植）。

ED 拥有强抗病能力，高 α - 酸含量，高酒花油含量，良好的贮存性和高亩产特点，是一个非常杰出的品种。

ED 的 β - 酸含量非常高，苦味细腻柔和，这在苦香兼优酒花中是非常稀少的，无论煮沸还是干投，均不会产生不良苦味。

这可能是唯一一款不以柑橘香为主的美国苦香兼优型酒花。

在酿造过程中，它呈现出极强的特殊的热带水果香，这种香总能让人联想起诱人的菠萝和芒果，而非传统的柑橘香。此外它还能让你的啤酒充满梨子、西瓜、核果甚至蜜饯的香甜气息。其常规指标和香气组分如表 6 - 31 所示。

如今，ED 已经广泛应用于小麦、淡色爱尔和 IPA 的酿造。作为一款已经面世 7 年的酒花，在各大精酿品牌中均能看到它的身影。

表 6 - 31　　埃尔德拉多酒花的常规指标和香气组分

常规指标			
α - 酸	14.0% ~ 14.6%	β - 酸	7.0% ~ 8.0%
合葎草酮	28.0% ~ 31.0%	总含油	2.5 ~ 2.8mL/100g
香气组分			
香叶烯	55.0% ~ 60.0%	葎草烯	10.0% ~ 15.0%
丁子香烯	6.0% ~ 8.0%	法呢烯	<1.0%

17. 凤凰飞舞（Falconer's Flight）

凤凰飞舞是为了纪念美国西北一位传奇酿酒师 Glen Hay Falconer 而开发的酒花品种。它是由太平洋西北部极具特色的香花品种和一些实验性酒花杂交而成，由雅基玛联合酒花公司（Yakima Chief - Hop Union）于 2010 年研制成功。

凤凰飞舞是一款中高 α - 酸香花，以经典的柑橘香、热带水果香和花香为主，为 IPA 量身定做，是独一无二的干投品种。其常规指标如表 6 - 32 所示。

表 6 - 32　　凤凰飞舞酒花的常规指标

常规指标			
α - 酸	9.5% ~ 12.0%	β - 酸	4.0% ~ 6.0%
合葎草酮	20.0% ~ 26.0%	总含油	1.6mL/100g

18. 格丽娜（Galena）

格丽娜是美国爱达荷州酒花育种项目培育的一款高 α - 酸酒花，1970 年培育成功，1978 年投放市场。它以酿造者金牌为母本自由授粉而来。格丽娜名字源自古罗马名词“方铅矿”，这种矿产也遍布于俄勒冈州。

格丽娜的β－酸含量非常高，苦味非常柔和，耐贮存，几乎可以媲美克劳斯特。香气以黑醋栗香为主，类似吉尼斯啤酒使用多年的卢布林酒花，在煮沸末期添加可以获得非常明显的果香。

格丽娜可以为所有啤酒提供优质的苦味，煮沸时极高的香叶烯含量带来了甜水果味如葡萄味等，它也可以赋予啤酒轻微的木香和青草香。其常规指标、香气组分和其他指标如表 6－33 所示。

格丽娜是美国目前一个非常重要的苦花品种，种植非常广泛。

表 6－33　　格丽娜酒花的常规指标、香气组分和其他指标

常规指标			
α－酸	10.0%～14.0%	β－酸	7.0%～9.0%
合葎草酮	32.0%～42.0%	总含油	0.9～1.2mL/100g
香气组分			
香叶烯	56.0%～60.0%	葎草烯	10.0%～16.0%
丁子香烯	3.0%～6.0%	法呢烯	>1.0%
其他指标			
香叶醇	0.5%～0.8%	β－蒎烯	0.4%～0.7%
里那醇	0.1%～0.3%		

19. 爱达荷 7 号（Idaho 7）

爱达荷 7 号 Idaho 7（以下简称 ID7）是美国爱达荷州 Wilder 市 Jackson 农场的试验品种，2015 年投入市场。

ID7 具有强烈的热带水果香如柑橘、红葡萄柚和番木瓜香，还拥有明显的酒花树脂气息和微弱的红茶味道。这是美国酒花中杏子香气最突出的一款酒花。其常规指标如表 6－34 所示。

ID7 作为苦花，苦味质量和强度均属一流。作为香花，超高的酒花油含量使它非常适合加在回旋槽和干投过程中。它既能酿单一酒花 IPA，也可以配合其他酒花使用。此外 ID7 在美式小麦啤酒中的表现十分出彩。

这是一款尚在推广中的酒花，2015 年开始在一些啤酒中被使用，现在可以在内华达山脉（Sierra Nevada）酒厂的单一酒花（single－hop Harvest）产品中找到该款单一酒花的 IPA。

表 6－34　　爱达荷 7 号酒花的常规指标

常规指标			
α－酸	9.0%～12.0%	β－酸	4.0%～5.0%
合葎草酮	30.0%～40.0%	总含油	1.0～1.6mL/100g

20. 亚利洛（Jarrylo）

亚利洛 Jarrylo®得名于斯拉夫人神话中掌管生殖与植物（一说是掌控土壤和春天），战争与丰收的神祇亚利洛 Jarilo。由美国侏儒酒花协会（American Dwarf Hop Association－ADHA）培育而得。这款顶级高 α－酸酒花，近几年长期霸占美国精酿酒花排行榜前列。

亚利洛以其出色的果香味闻名，浓郁的香蕉、梨子和辛辣味能非常完美地溶解于淡色爱尔、赛松和比利时风格的啤酒中，柑橘香柔和微妙，并不像其他美国花那样占据香气的绝对主体。其常规指标和香气组分如表 6－35 所示。

表 6－35　　亚利洛酒花的常规指标和香气组分

常规指标			
α－酸	15.0%～17.0%	β－酸	6.0%～7.5%
合葎草酮	34.0%～37.0%	总含油	3.6～4.3mL/100g
香气组分			
香叶烯	40.0%～55.0%	葎草烯	15.0%～18.0%
丁子香烯	8.0%～11.0%	法呢烯	<1.0%

21. 丽影（Loral）

丽影是由 HBC 公司培育成功的一款新型兼优酒花，2016 年投放市场。

丽影具有非常完美的花香、经典的柑橘香，同时带有非常出色的辛香和黑色水果香。其常规指标、香气组分和其他指标如表 6－36 所示。

丽影适合所有的啤酒类型。

表 6－36　　丽影酒花的常规指标、香气组分和其他指标

常规指标			
α－酸	11.3%～12.2%	β－酸	4.9%～6.3%
合葎草酮	21.0%～24.0%	总含油	1.8～2.9mL/100g
香气组分			
香叶烯	52%～58%	葎草烯	17.8%～17.9%
丁子香烯	6.0%～6.7%	法呢烯	<1.0%

续表

其他指标			
香叶醇	0.2% ~0.3%	β-蒎烯	0.6% ~0.7%
里那醇	1.0% ~1.1%		

22. 千禧（Millennium）

千禧是美国一款新型高α-酸酒花，它是拿格特酒花的后裔。它于2000年投放市场，因此得名千禧。

千禧苦味干净强烈，类似拿格特和CTZ。它带有非常明显的草本香和花香，可以添加在煮沸末期。其常规指标、香气组分和其他指标如表6-37所示。

千禧可以为啤酒带来优质的苦味，也能赋予爱尔，世涛和大麦酒浓郁的香气。

表6-37　千禧酒花的常规指标、香气组分和其他指标

常规指标			
α-酸	14.5% ~16.5%	β-酸	4.3% ~6.3%
合葎草酮	28.0% ~32.0%	总含油	0.6 ~1.6mL/100g
香气组分			
香叶烯	30.0% ~40.0%	葎草烯	23.0% ~27.0%
丁子香烯	9.0% ~12.0%	法呢烯	<1.0%
其他指标			
香叶醇	0.1% ~0.2%	β-蒎烯	0.4% ~0.5%
里那醇	0.3% ~0.6%		

23. 摩西（Mosaic）

摩西是一款2012年新培育的苦香兼优酒花。由西姆科和拿格特派生的父本杂交而来。

摩西α-酸含量非常高，且合葎草酮含量非常低，苦味强烈干净。香气以柑橘香等热带水果香为主，同时拥有非常明显的草本香、蓝莓香、花香和泥土香，香气复杂，极具层次感。香气与酒体的结合非常好，香气稳定而持久。其常规指标、香气组分和其他指标如表6-38所示。

摩西可以酿造所有的啤酒类型，干投效果极佳。

表6-38　摩西酒花的常规指标、香气组分和其他指标

常规指标			
α-酸	10.0% ~12.0%	β-酸	3.0% ~3.6%
合葎草酮	21.0% ~24.0%	总含油	0.6 ~1.5mL/100g

续表

香气组分			
香叶烯	48% ~55%	葎草烯	11.0% ~16.0%
丁子香烯	4.0% ~6.0%	法呢烯	<1.0%
其他指标			
香叶醇	0.7% ~0.9%	β-蒎烯	0.6% ~0.8%
里那醇	0.4% ~0.6%		

24. 胡德峰（Mount Hood）

胡德峰的命名源自于美国俄勒冈州的一座火山。它是位于俄勒冈州的美国农业部USDA育种项目以哈拉道中早熟为母本的三倍体香花。

胡德峰香气以浓郁的柑橘香和浆果香为主，有点类似它的母本，和赫斯布鲁克也有些相似。其常规指标、香气组分和其他指标如表6-39所示。

胡德峰适合酿造拉格、比尔森、博克、小麦啤酒、德式黑啤，德式淡色啤酒等绝大部分德式啤酒。

表6-39　胡德峰酒花的常规指标、香气组分和其他指标

常规指标			
α-酸	3.7% ~6.6%	β-酸	6.4% ~7.2%
合葎草酮	21.0% ~24.0%	总含油	1.0~1.5mL/100g
香气组分			
香叶烯	26.0% ~36.0%	葎草烯	30.0% ~40.0%
丁子香烯	13.0% ~16.0%	法呢烯	<1.0%
其他指标			
香叶醇	0.3% ~0.5%	β-蒎烯	0.3% ~0.5%
里那醇	0.5% ~0.9%		

25. 纽波特（Newport）

纽波特是USDA以德国马格努门为母本培育的高α-酸苦花，世系极其复杂，2002年投放市场。

纽波特的α-酸和β-酸含量都很高，苦味柔和，但是它过高的合葎草酮含量会带来一些不良苦味，一般用于煮沸开始和中期。

纽波特的香叶烯含量很高，这能够带来一些泥土香和柑橘香，也可以少量用作香花。其常规指标和香气组分如表6-40所示。

表 6-40　纽波特酒花的常规指标和香气组分

常规指标			
α-酸	13.5%~17.0%	β-酸	7.2%~9.1%
合葎草酮	36.0%~38.0%	总含油	1.6~3.4mL/100g
香气组分			
香叶烯	47.0%~54.0%	葎草烯	9.0%~14.0%
丁子香烯	4.5%~7.0%	法呢烯	<1.0%

26. 拿格特（Nugget）

拿格特是美国农业部 USDA 育种计划于 1983 年在俄勒冈州发布的，它早在 1970 年就已经培育成功。其世系包含酿造者金牌和坎特伯雷金牌。

拿格特具有非常干净而强烈的苦味，目前已经成为美国苦花的主要品种之一。

拿格特香气以柔和的药草香和花香为主，在酿造美式爱尔的时候香气别具一格。其常规指标、香气组分和其他指标如表 6-41 所示。

拿格特适合酿造各式爱尔，世涛，大麦酒，赛松和法国烈性啤酒。

表 6-41　拿格特酒花的常规指标、香气组分和其他指标

常规指标			
α-酸	13.5%~16.5%	β-酸	4.4%~4.8%
合葎草酮	23.0%~26.0%	总含油	1.4~3.0mL/100g
香气组分			
香叶烯	40.0%~50.0%	葎草烯	18.0%~22.0%
丁子香烯	9.0%~11.0%	法呢烯	<1.0%
其他指标			
香叶醇	0.1%~0.2%	β-蒎烯	0.4%~0.6%
里那醇	0.8%~1.0%		

27. 芭乐西（Palisade）

芭乐西是由美国雅基玛公司的农场培育的苦香兼优酒花，具有中等苦味和浓郁的花香、水果香和泥土香。香气柔和干净，类似萨兹。其常规指标、香气组分和其他指标如表 6-42 所示。

芭乐西在啤酒行业应用广泛，用来替代部分威廉麦特。

芭乐西适合酿造英式爱尔，在美式拉格中进行干投香气非常好。

表 6-42　　芭乐西酒花的常规指标、香气组分和其他指标

常规指标			
α-酸	6.5%~8.5%	β-酸	6.2%~8.3%
合葎草酮	27.0%~29.0%	总含油	1.0~2.6mL/100g
香气组分			
香叶烯	46.0%~52.0%	葎草烯	14.0%~16.0%
丁子香烯	11.0%~14.0.0%	法呢烯	<1.0%
其他指标			
香叶醇	0.1%~0.2%	β-蒎烯	0.6%~0.8%
里那醇	0.4%~0.6%		

28. 西姆科（Simcoe）

西姆科是美国 Yakima 公司培育的一款苦香兼优酒花，2000 年投放市场。

它是一款多功能酒花，极低的合葎草酮含量赋予它极其优质的苦味，香气以典型菠萝香和浆果香为主。目前已经成为干投类啤酒的首选酒花。其常规指标、香气组分和其他指标如表 6-43 所示。

西姆科主要用于美式爱尔、IPA、帝国 IPA 以及常规爱尔的酿造。

表 6-43　　西姆科酒花的常规指标、香气组分和其他指标

常规指标			
α-酸	11.5%~16.2%	β-酸	3.5%~4.4%
合葎草酮	17.0%~19.0%	总含油	1.0~2.5mL/100g
香气组分			
香叶烯	40.0%~50.0%	葎草烯	16.0%~20.0%
丁子香烯	8.0%~12.0%	法呢烯	<1.0%
其他指标			
香叶醇	0.8%~1.2%	β-蒎烯	0.5%~0.8%
里那醇	0.5%~0.8%		

29. 斯特林（Sterling）

斯特林是由萨兹和多种香花培育而成的二倍体香型酒花，父本代号为 21361male，母本代号为 21522female，1990 年培育成功。它拥有萨兹、卡斯卡特、编号为 34035M 的德国未知香花以及酿造者金牌的血统。

斯特林被认为是兼具萨兹和胡德峰优点的品种，香气以草本香和辛香为主，还带有轻微的柑橘香和果香。它是世界公认的萨兹酒花的替代品，很多酿酒师

喜欢用这一美国版的萨兹代替捷克萨兹。其常规指标、香气组分和其他指标如表6－44所示。

斯特林很适合酿造比尔森和其他拉格啤酒，在比利时风格的爱尔啤酒中也有上佳表现。

表6－44　斯特林酒花的常规指标、香气组分和其他指标

常规指标			
α－酸	6.3%～8.4%	β－酸	4.4%～6.0%
合葎草酮	24.0%～27.0%	总含油	1.8～2.7mL/100g
香气组分			
香叶烯	42.0%～50.0%	葎草烯	16.0%～18.0%
丁子香烯	6.0%～8.0%	法呢烯	16.0%～19.0%
其他指标			
香叶醇	0.2%～0.4%	β－蒎烯	0.5%～0.6%
里那醇	0.5%～0.9%		

30. 顶峰（Summit）

顶峰是美国侏儒酒花协会于2003年推出的一款高α－酸酒花，拥有拿格特和宙斯等经典苦花的血统，是美国第一款侏儒酒花。

顶峰α－酸含量非常高，苦味优秀；香气以柑橘香和葡萄柚香为主，略带辛香和泥土香。

顶峰可以为所有啤酒提供所需的苦味，香气非常适合美式淡色爱尔、IPA和双料IPA的酿造。其常规指标、香气组分和其他指标如表6－45所示。

表6－45　顶峰酒花的常规指标、香气组分和其他指标

常规指标			
α－酸	16.9%～18.5%	β－酸	6.5%～6.6%
合葎草酮	27.0%～29.0%	总含油	1.6～2.9mL/100g
香气组分			
香叶烯	30.0%～40.0%	葎草烯	18.0%～22.0%
丁子香烯	12.0%～16.0%	法呢烯	<1.0%
其他指标			
香叶醇	0.1%～0.2%	β－蒎烯	0.3%～0.6%
里那醇	0.2%～0.4%		

31. 先锋（Vanguard）

先锋是美国农业部育种项目培育的最后一款哈拉道世系的酒花。这是一款二倍体香型酒花，1987 年由具有哈拉道中早熟血统的 USDA21285 和 USDA64037m 选育，经过长达 15 年的优化，于 1997 年发布种植。

它被认为是最接近哈拉道中早熟的酒花，具有非常突出的柑橘香和浆果香，合葎草酮含量极低，苦味非常干净。其常规指标、香气组分和其他指标如表 6-46 所示。

适合酿造拉格、比尔森、博克、科尔施、小麦啤酒，慕尼黑淡色啤酒以及比利时爱尔。

表 6-46　　先锋酒花的常规指标、香气组分和其他指标

常规指标			
α-酸	4.7%~6.3%	β-酸	6.7%~7.5%
合葎草酮	12.0%~13.0%	总含油	0.7~1.2mL/100g
香气组分			
香叶烯	6.0%~10.0%	葎草烯	49.0%~56.0%
丁子香烯	13.0%~17.0%	法呢烯	<1.0%
其他指标			
香叶醇	0.1%~0.2%	β-蒎烯	0.1%~0.2%
里那醇	0.2%~0.4%		

32. 勇士（Warrior）

勇士是美国一款新型苦花，由雅基玛农场培育成功，其世系目前还处于保密阶段。

勇士是新型苦花中的佼佼者，极高的 α-酸含量和极低的合葎草酮含量赋予它强烈而干净的苦味。突出的草本香和柑橘香使得酒花呈现出柔和曼妙的香气。其常规指标、香气组分和其他指标如表 6-47 所示。

勇士实际是一款兼优酒花，更多的人将它作为香花使用，无论是啤酒集团的工艺还是精酿啤酒的配方中，都能看见它的身影。

目前勇士更多用在淡色爱尔和 IPA 的酿造中。

表 6-47　　勇士酒花的常规指标、香气组分和其他指标

常规指标			
α-酸	16.8%~18.2%	β-酸	4.4%~6.4%
合葎草酮	26.0%~27.0%	总含油	1.3~3.2mL/100g

续表

香气组分			
香叶烯	40.0% ~50.0%	葎草烯	16.0% ~18.0%
丁子香烯	11.0% ~14.0%	法呢烯	<1.0%
其他指标			
香叶醇	0.4% ~0.8%	β-蒎烯	0.5% ~0.7%
里那醇	0.4% ~0.7%		

33. 威廉麦特（Willamette）

威廉麦特是英国香花法格尔的三倍体后代，这赋予了它理想的无籽特性。它于1976年投放市场。

威廉麦特以其柔和的香气和苦味而闻名，香气以柔和的辛香和柑橘香为主。其常规指标、香气组分和其他指标如表6-48所示。

威廉麦特投放市场后种植面积迅速扩大，很快就占据全美酒花种植面积的头把交椅，号称“美国酒花之王”。

威廉麦特非常适合酿造英式爱尔、棕色爱尔、美式淡色爱尔和拉格。

表6-48　威廉麦特酒花的常规指标、香气组分和其他指标

常规指标			
α-酸	4.6% ~6.0%	β-酸	3.6% ~4.2%
合葎草酮	29.0% ~32.0%	总含油	0.6~1.6mL/100g
香气组分			
香叶烯	22.0% ~32.0%	葎草烯	31.0% ~36.0%
丁子香烯	12.0% ~14.0%	法呢烯	7.0% ~10.0%
其他指标			
香叶醇	0.1% ~0.3%	β-蒎烯	0.3% ~0.5%
里那醇	0.4% ~0.7%		

第四节　新西兰酒花

1. 尼尔森苏维（Nelson Sauvin）

尼尔森苏维由新西兰Hort Research培育成功，并于2000年投放市场。

尼尔森苏维是新西兰真正意义上的苦香兼优酒花，α-酸高达10% ~13%，香气以强烈的果香味如百香果为主，另外还带有较为明显的长相思葡萄的香气，它的果香相对于其他香气具有压倒性的优势。其常规指标和香气组分如表6－49所示。

尼尔森苏维非常适合酿造烈性爱尔，有时也会用于拉格啤酒的酿造。无论单独使用还是与其他酒花搭配，都能获得非常好的香气。在美式爱尔的酿造中，更多的是搭配卡斯卡特使用。

表6－49　　尼尔森苏维酒花的常规指标和香气组分

常规指标			
α－酸	10.0%～13.0%	β－酸	6.0%～8.0%
合葎草酮	24.0%	总含油	1.1mL/100g
香气组分			
香叶烯	22.0%	葎草烯	36.4%
丁子香烯	10.7%	法呢烯	<0.4%

2. 太平洋金（Pacific Gem）

太平洋金酒花是由新西兰酒花品种 Smooth cone 与加利福尼亚克劳斯特及法格尔酒花杂交培育出的三倍体酒花品种。通过新西兰酒花育种计划开发并于1987发布。

在煮沸锅添加太平洋金酒花时，会发现整个糖化车间都会充满诱人的香气，这种香气被描述为由独特的黑莓香气而生成的橡木香气。通常作为第一遍花添加时，能提供优秀的柔和苦味和风味；如果采用后添加，则能提供柑橘和松树香气的特征的多用途酒花。其常规指标和香气组分如表6－50所示。

可用于酿造国际拉格啤酒，可提供优质的苦味和香气，也可用于酿造IPA和其他风格的啤酒。

表6－50　　太平洋金酒花的常规指标和香气组分

常规指标			
α－酸	13.0%～16.0%	β－酸	7.0%～9.0%
合葎草酮	37.0%	总含油	1.2mL/100g
香气组分			
香叶烯	33.3%	葎草烯	29.9%
石竹烯	11.7%	法呢烯	<0.3%
柑橘皮香	9.4%	花香酯香	1.8%

3. 帕西菲卡（Pacifica）

帕西菲卡酒花是由新西兰 Hort Research（园艺研究所）的酒花培育计划所培育出的三倍体香型酒花品种。该品种是通过哈拉道品种开放式授粉繁殖培育而得到，于 1994 年完成酿造试验并发布。

帕西菲卡酒花是啤酒酿造界中新世界的味道与和旧世界风味相交融的媒介，通过后期添加得到的柑橘的香气，像美妙的橘子酱一样，难以找到合适的词汇恰如其分地描述。苦味的质量也非常棒，早期在煮沸锅添加可获得非常柔和的苦味且具有非常稳定的后味，即使加量非常大的高苦味啤酒中也是这样。其常规指标和香气组分如表 6－51 所示。

它可用于那些需要酒花油浓度很高、需要高比例的里那醇来烘托最终产品特征的啤酒。非常适合用于酿造传统的德国风格的拉格啤酒，从国际精酿啤酒市场对浅色爱尔啤酒的巨大需求中，帕西菲卡酒花又寻找到更多的应用。

表 6－51　帕西菲卡酒花的常规指标和香气组分

常规指标			
α－酸	6.0%～6.0%	β－酸	6.0%
合葎草酮	26.0%	总含油	1.0mL/100g
香气组分			
香叶烯	12.5%	葎草烯	50.9%
石竹烯	16.7%	法呢烯	<0.2%
柑橘皮香	6.9%	花香酯香	1.6%

4. 鲁迪博士（Dr. Rudi）

这种三倍体酒花品种是由新西兰园艺研究中心从新西兰圆滑花苞酒花品种交叉授粉育种而得，于 1976 年发布，当时命名为“超级阿尔法”，在 2012 年正式改名为鲁迪博士。

它是一个用起来非常灵活的酒花品种，它既可用来提供优质爽口的苦味，也可用来提供优良的香气。它是典型的新西兰品种，独特的酒花油特征组合使得其有许多应用。现今世界上的许多啤酒厂都在寻求方法，以利用其能在爱尔啤酒和拉格啤酒之间的整合能力和精细平衡能力。其常规指标和香气组分如表 6－52 所示。

它适于酿造那些具有树脂、柑橘、松树特征香味并具有极佳苦味特征的啤酒，也可用在酿造单一酒花品种的啤酒中，当此酒花与其他多种香型酒花配合时，可创造出一流的新世界啤酒风格。

表 6-52　鲁迪博士酒花的常规指标和香气组分

常规指标			
α-酸	10.0%~12.0%	β-酸	7.0%~8.5%
合葎草酮	33.0%	总含油	0.97mL/100g
香气组分			
香叶烯	29.2%	葎草烯	33.2%
石竹烯	10.1%	法呢烯	0.5%
柑橘皮香	8%	花香酯香	2.4%

5. 太平洋翡翠（Pacofoc Jade）

太平洋翡翠酒花是由新西兰酒花品种第一选择和萨兹雄性酒花杂交培育的三倍体酒花品种。根据新西兰酒花研究计划由 Hort Research 在 2004 年于里瓦卡发布。

太平洋翡翠酒花适合作为苦型花使用，但仍能够看到苦香兼优酒花的非常优秀的口味和香气，苦味非常柔和，这归因于低含量的合葎草酮。在酿造“丰满”的爱尔啤酒时，该酒花所表现的柑橘的香气和风味特征与麦芽的甜味配合得非常好，尤其是在煮沸锅最后一次添加酒花时。其常规指标和香气组分如表 6-53 所示。

通常，太平洋翡翠酒花用来取代那些稍显无趣的苦型酒花品种，特别是在追求较柔和的苦味特征和更高的精油含量时。太平洋翡翠酒花是当前酒花市场方向的一个很好的例证，同时也证明了新西兰酒花培育计划所取得的成就。

表 6-53　太平洋翡翠酒花的常规指标和香气组分

常规指标			
α-酸	12.0%~14.0%	β-酸	7.0%~8.0%
合葎草酮	24.0%	总含油	1.4mL/100g
香气组分			
香叶烯	33.3%	葎草烯	32.9%
石竹烯	10.2%	法呢烯	0.3%
柑橘皮香	6.5%	花香酯香	2.4%

6. 拉考（Rakau）

拉考酒花是一种新西兰三倍体酒花，选育目的是为了获得其独特的双用途酿造品质和特性。由新西兰酒花育种计划在 2007 年培育，再次发布用于有机酒花的试种。

几个啤酒厂的应用结果显示，所酿造的啤酒感官评分都非常高，主要是其苦味的质量以及独特的果味和香气，一度被形容为就像“整个果园”。

对于新世界风格的爱尔啤酒和拉格啤酒来说，丰富的果香、高苦味和精心构造的苦味特征正是拉考酒花的特长。同时拉考酒花又很容易通过添加时机的不同调回到清淡些的风格，可在煮沸锅中多次添加或在非常晚的时候添加、乃至干加酒花都表现非常出色。其常规指标和香气组分如表 6 – 54 所示。

表 6 – 54　　拉考酒花的常规指标和香气组分

常规指标			
α – 酸	10.0% ~11.0%	β – 酸	6.0% ~6.0%
合葎草酮	37.0%	总含油	2.1mL/100g
香气组分			
香叶烯	56.0%	葎草烯	16.7%
石竹烯	6.2%	法呢烯	4.5%
柑橘皮香	6.7%	花香酯香	1.2%

7. 瑞瓦卡（Riwaka）

瑞瓦卡酒花是通过新西兰酒花发展规划中的“差异化酒花”发展计划培育出的品种，采用历史悠久的萨兹酒花与精选的新西兰杂交育种而得。在挑选时瑞瓦卡酒花的表现是杰出的，尤其是当将酒花揉碎来闻香时，其柚子香气特征浓烈得让人窒息。该品种的酒花油浓度远高于酒花的平均值，几乎是其母本萨兹酒花的 2 倍。其常规指标和香气组分如表 6 – 55 所示。

如果你想告诉别人你的啤酒用了新西兰酒花，那么这个品种就说明了一切。挑选过程中所感受到的酒花油量的厚重和独特的香气特征，好像直接穿过了玻璃来到杯中。瑞瓦卡极其适合酿造新世界风格的啤酒，比如浅色爱尔和新西兰比尔森啤酒。

表 6 – 55　　瑞瓦卡酒花的常规指标和香气组分

常规指标			
α – 酸	4.5% ~6.5%	β – 酸	4.0% ~6.0%
合葎草酮	32.0%	总含油	1.5mL/100g
香气组分			
香叶烯	68.0%	葎草烯	9.0%
石竹烯	4.0%	法呢烯	1.0%
柑橘皮香	6.9%	花香酯香	2.8%

8. 南部穿越（Southern Cross）

南部穿越酒花是一个三倍体杂交品种，它来自于新西兰圆滑花苞酒花品种与一个在 1950 年从早期北美类型的酒花品种加利（加州名称的简写）及无处不在的法格尔酒花杂交所得的酒花品种再杂交所培育而得。由新西兰的 Hort 研究中心根据酒花育种计划培育，1994 年发布于里瓦卡。

南部穿越酒花具有的酒花树脂组分能赋予啤酒柔和的苦味，是一个在煮沸锅使用和添加的品种，使用者众多。它的酒花精油的成分能提供柑橘味和辛辣味的微妙平衡的香气，无论是添加在煮沸结束或在酒花添加槽，还是直接添加到发酵罐中，其表现都是如此。

高含量的 α－酸和酒花油与较低的合葎草酮含量的搭配，使这个非凡的酒花品种有许多应用，作为单用途或多用途可以酿造微妙的柑橘果味啤酒乃至果味浓烈的爱尔啤酒。其常规指标和香气组分如表 6－56 所示。

表 6－56　　南部穿越酒花的常规指标和香气组分

常规指标			
α－酸	11.0%～14.0%	β－酸	6.0%～6.0%
合葎草酮	28.0%	总含油	1.2mL/100g
香气组分			
香叶烯	31.8%	葎草烯	20.8%
石竹烯	6.7%	法呢烯	7.3%
柑橘皮香	6.9%	花香酯香	2.7%

9. 史迪克大宝（Sticklebract）

史迪克大宝酒花是世界上第一个商业三倍体酒花品种，具有非常高的 α－酸含量，原本选择作为一种高产的苦型花品种，并被命名为 Stickbract，后来却发展成了新西兰酿酒工业的双用途酒花的支柱。就像个传家宝一样，该酒花能将其柑橘味和松针味的香气特征带到酿酒间和啤酒成品中。

史迪克大宝酒花能提供非常棒的苦味，同时又具有非常细致的香气品质和特性，可以晚加或者干加酒花。当提高添加量后，柑橘和松树的特征香气就变得相当明显。用该品种酒花来酿造爱尔啤酒具有极佳的表现，在作为帝国风格啤酒的背景风味时也有不错的表现。其常规指标和香气组分如表 6－57 所示。

根据不同的添加量，适合酿造许多类型的啤酒。但该种酒花特别适合酿造爱尔和帝国风格的啤酒，如世涛和双料 IPA。

表 6－57　史迪克大宝酒花的常规指标和香气组分

常规指标			
α－酸	12.3%	β－酸	6.6%
合葎草酮	38.0%	总含油	0.8mL/100g
香气组分			
香叶烯	16.1%	葎草烯	26.5%
石竹烯	12.6%	法呢烯	6.7%
柑橘皮香	18.0%	花香酯香	4.7%

10. 味之道（Wai－Iti）

味之道酒花是由新西兰植物和食品研究中心根据“新西兰酒花培育计划”所培育的一个新品种，于2011年发布。它被选为低α－酸和高酒花油含量的酒花品种。

与挑选时的香气特征相比，在所酿造的啤酒中的柑橘前调特征稍微退后一点，其香气更接近混合的核果，如鲜桃和成熟杏。当使用单一酒花酿造啤酒时，低合葎草酮和高含量的法呢烯使得啤酒苦味圆润柔和；在晚加酒花、酒花添加槽添加或干加时，高油含量使得香气几乎充满了酒体的所有角落。

可用于拉格啤酒和爱尔啤酒，可获得非常棒的苦味感觉和无与伦比的适饮性。当用单一酒花酿酒时，新鲜桃子和核果类水果香气在啤酒中占主导地位。也可以与其他品种的酒花配合在煮沸后期添加，带来果味香气驱动的新世界啤酒风格。其常规指标和香气组分如表6－58所示。

表 6－58　味之道酒花的常规指标和香气组分

常规指标			
α－酸	2.5%～3.5%	β－酸	4.5%～6.5%
合葎草酮	24.0%	总含油	1.6mL/100g
香气组分			
香叶烯	3.0%	葎草烯	8.0%
石竹烯	9.0%	法呢烯	13.0%
柑橘皮香	8.0%	花香酯香	2.4%

11. 味美（Waimea）

味美酒花是新西兰植物和食品研究公司在莫图依卡研究中心于2012年所发布的三倍体酒花品种，其血缘可追溯到“加利福尼亚晚克劳斯特”“萨兹”和“法格尔”。

非常适合双用途的场合，从煮沸锅早期添加以及干加都表现非常优秀。它有高品质的苦味，以及从富含果味柑橘和松树特征的香气，这是一个为酿造大批量啤酒所准备的酒花。

一个具有真正双用途的新世界风味酒花，具有提供优质的苦味与独特的新鲜柑橘香气特征的能力。可以用于酿造各种风格的啤酒，在各个酿造工艺阶段使用，包括在糖化间煮沸锅添加及发酵间干加。其常规指标和香气组分如表6－59所示。

表6－59　　味美酒花的常规指标和香气组分

常规指标			
α－酸	16.0%～19.0%	β－酸	7.0%～9.0%
合葎草酮	24.0%	总含油	2.1mL/100g
香气组分			
香叶烯	6.0%	葎草烯	9.5%
石竹烯	2.6%	法呢烯	6.0%
柑橘皮香	6.2%	花香酯香	2.1%

12. 威挑战者（Wye Challenger）

威挑战者酒花是威学院用北酿酒花和一个德国品种的酒花在1961年培育的酒花品种。这是一个双用途的酒花，α－酸含量中等，通常为8%～9%。威挑战者酒花在1968年发布，其特点是能提供较高α－酸，且具有良好的香气和抗病性能。

威挑战者酒花可以在煮沸开始时添加以获得苦味或晚加作为补充，或者干加以获得香气。所酿造的啤酒味道是柔和的、带有花香和香料的香气，有的啤酒则会有一些甜的柑橘口味，它所构建的啤酒风格具有多样性，家酿和商业啤酒都可以进行尝试。其常规指标和香气组分如表6－60所示。

适用的啤酒风格：英式爱尔啤酒，包括许多品种如IPA啤酒、红爱尔啤酒、苦爱尔啤酒、金爱尔啤酒、世涛啤酒、波特啤酒等。

表6－60　　威挑战者酒花的常规指标和香气组分

常规指标			
α－酸	8.9%	β－酸	6.8%
合葎草酮	30.0%	总含油	0.6mL/100g
香气组分			
香叶烯	36.0%	葎草烯	26.9%
石竹烯	6.9%	法呢烯	0.2%
柑橘皮香	1.5%	花香酯香	2.6%

13. 绿色子弹（Green Bullet）

绿色子弹由新西兰 DSIR（现在的植物和食品研究所）于 1972 年发布，该酒花品种是从新西兰圆滑花苞品种的开放授粉育种而得的三倍体 α－酸酒花品种。在酿造者曾经认识到酒花中 α－酸的价值和应用潜力来临的时代，无疑是新西兰的 α－酸酒花品种推动了这个进程。

绿色子弹酒花提供传统的苦味和风味品质，是新西兰啤酒酿造业的旗舰产品，通常被认为是一种用于酿造拉格啤酒的苦型酒花，但现在更多地用于酿造高酒度爱尔类型啤酒。绿色子弹还带有一定的斯特林酒花的辛辣特征，该特征也可在新鲜的苦啤酒或爱尔兰干世涛啤酒中找到。其常规指标和香气组分如表 6－61 所示。

作为啤酒酿造的一种非常实用的多面手，得到世界各地酿造者的广泛认可。这一“走出去”的酒花虽是一种传统的苦型酒花，可现在此酒花已被发现适合于酿造的各个阶段，包括在啤酒后期添加、通过酒花萃取槽/回旋沉淀槽、干加酒花等。

表 6－61　　绿色子弹酒花的常规指标和香气组分

常规指标			
α－酸	11.0%～14.0%	β－酸	6.5%～7.0%
合葎草酮	38.0%	总含油	1.1mL/100g
香气组分			
香叶烯	38.3%	葎草烯	28.2%
石竹烯	9.2%	法呢烯	0.3%
柑橘皮香	7.9%	花香酯香	2.3%

14. 莫图依卡（Motueka）

由新西兰植物和食品研究所培育的三倍体香型酒花品种。莫图依卡酒花是用新西兰酒花品种与萨兹酒花杂交培育出的一个品种。

莫图依卡酒花是一个非常棒的酒花品种，可在酿造的许多工序添加，从煮沸锅第一次添加直到晚加酒花都可以使用。该酒花提供非常独特的香气，适合于酿造爱尔啤酒。在多个添加点使用单一品种酒花的情况下味觉表现极佳，可平衡特种麦芽的甜度。使用范围广，可用于酿造多种风格的啤酒。其常规指标和香气组分如表 6－62 所示。

将一个新世界的风味元素传递给传统的比尔森啤酒，在世界范围内，从浅色拉格啤酒到爱尔啤酒中都能找到它的身影。酒花油与 α－酸比非常高，特别适合高浓度啤酒中平衡麦芽甜度和酒体，在啤酒厂应用非常灵活。

表 6-62　　莫图依卡酒花的常规指标和香气组分

常规指标			
α-酸	6.5%~7.5%	β-酸	6.0%~6.5%
合葎草酮	29.0%	总含油	0.8mL/100g
香气组分			
香叶烯	47.7%	葎草烯	3.6%
石竹烯	2.0%	法呢烯	12.2%
柑橘皮香	18.3%	花香酯香	4.0%

15. 蒙特雷（Moutere）

蒙特雷酒花曾经被命名为布鲁克林酒花，是从新西兰南克洛斯酒花和精选的新西兰父本培育出的三倍体酒花品种，由新西兰植物和食品研究所培育并在2015年发布。该酒花具有浓郁的水果、柑橘和松脂香气。

蒙特雷酒花是一个用途很广的酒花品种，α-酸含量高而且酒花油含量丰富，合葎草酮含量低可提供非常优质的细柔苦味。用该种酒花酿造的啤酒经感官品评，具有柚子、热带水果和西番莲的香气特征。其常规指标和香气组分如表6-63所示。

目前尚没有明确界定该酒花是否是一个新品种，但在酿酒师的不断实践中发现了这种酒花与其他各种酒花的细微差别，因此有不少的应用点。鉴于该酒花的特性，大部分酿造试验主要集中在爱尔啤酒，如IPA啤酒以及双料啤酒。

表 6-63　　蒙特雷酒花的常规指标和香气组分

常规指标			
α-酸	17.5%~19.5%	β-酸	8.0%~10.0%
合葎草酮	26.0%	总含油	1.7mL/100g
香气组分			
香叶烯	22.2%	葎草烯	16.2%
石竹烯	6.8%	法呢烯	0.3%
柑橘皮香	6.9%	花香酯香	2.0%

第五节　其他国家酒花

一、捷克酒花

Saaz（萨兹）

捷克萨兹是世界公认的贵族酒花，它源自与捷克同名的种植区。这是旧世界酒花的杰出典范，有着非常悠久的种植历史，它随着举世闻名的比尔森啤酒而闻名世界。

萨兹酒花α-酸含量比较低，苦味干净，香气以辛香和木香为主，如龙蒿草香、薰衣草香、杉木香，有时候还带有培根和泥土的味道。其常规指标、香气组分和其他指标如表6-64所示。

萨兹酒花几乎适用于所有的欧洲啤酒，如比尔森，拉格，比利时爱尔，兰比克，有时候也用于苦啤的酿造。

萨兹酒花有非常多的后裔，在世界各地都有广泛种植，但是其他地区的萨兹与捷克原产相比总是有差距。

萨兹酒花产量非常低，但无论在啤酒集团还是精酿啤酒都被大量使用，所以每年都会供不应求。

表6-64　萨兹酒花的常规指标、香气组分和其他指标

常规指标			
α-酸	2.0%~6.0%	β-酸	3.0%~4.5%
合葎草酮	24.0%~28.0%	总含油	1.0~2.5mL/100g
香气组分			
香叶烯	20.0%~26.0%	葎草烯	40.0%~46.0%
丁子香烯	10.0%~12.0%	法呢烯	<11.0%~16.0%
其他指标			
里那醇	0.5%		

二、英国酒花

1. 海军上将（Admiral）

海军上将是一款高α-酸的英国酒花，20世纪90年代末期投入市场，至今仍在种植。

海军上将苦味和香气平衡性非常好，在欧洲，它几乎是兼优酒花最完美的替代品。它比一般的酒花提前一周成熟，产量高，可以有效解决酒花供应紧张的问题。

海军上将香气柔和，以柠檬、猕猴桃和果茶香为主，除了作为苦花外，也适合酿造英式爱尔。其常规指标和香气组分如表 6－65 所示。

表 6－65　海军上将酒花的常规指标、香气组分和其他指标

常规指标			
α－酸	13.5%～16.2%	β－酸	4.8%～6.0%
合葎草酮	37.0%～46.0%	总含油	1.0～1.7mL/100g
香气组分			
香叶烯	39.0%～48.0%	葎草烯	23.0%～26.0%
丁子香烯	6.8%～7.2%	法呢烯	1.8%～2.2%
其他指标			
里那醇	1.0%		

2. 酿造者金牌（Brewer's Gold）

酿造者金牌是 1919 年由英国 Wye College 的 E. F. Salmon 教授培育成功，同时面世的还有另一款非常有名的酒花“布林”。

酿造者金牌是一款中等 α－酸的苦花，现在绝大部分苦花都有它的血统。其香气以辛辣味为主，同时带有黑加仑的香气。

酿造者金牌不仅可以作为苦花，在拉格啤酒的酿造中，非常适合在煮沸末期作为香花使用。在英式桶装爱尔中，它可以贡献非常丰富的果香和辛香。其常规指标和香气组分如表 6－66 所示。

酿造者金牌目前主要种植在英国南部的酒花种植区。与它最接近的酒花是北酿。

表 6－66　酿造者金牌酒花的常规指标和香气组分

常规指标			
α－酸	6.0%～9.0%	β－酸	43.1%
合葎草酮	40.0%～48.0%	总含油	0.8～1.8mL/100g
香气组分			
香叶烯	38.5%	葎草烯	30.0%
丁子香烯	7.3%	法呢烯	<1.0%

3. 首金（First Gold）

首金是1995英国Wye College以WGV（Whitebread Golding Variety）为母本与一款侏儒酒花杂交而成。

首金苦香俱佳，这更多地遗传了其母本的特性。香气与母本相比，多了一种柑橘味，这使得它成为英国为数不多的可作为苦花、香花甚至干投酒花的品种。

首金香气以果味为主，同时带有一些辛辣味，非常像东肯特金与挑战者的混合香气。首金适用于所有啤酒类型。其常规指标和香气组分如表6－67所示。

表6－67　首金酒花的常规指标和香气组分

常规指标			
α－酸	7.0%～11.0%	β－酸	3.0%～4.1%
合葎草酮	33.0%	总含油	0.7～1.3mL/100g
香气组分			
香叶烯	36.0%	葎草烯	19.0%
丁子香烯	6.0%	法呢烯	1.5%

4. 金牌（Golding）

金牌（又称葛丁、戈尔丁）是英国酒花的代表品种，以Canterbury Whitebine为父本培育成功，并于1970年投放市场。

金牌酒花苦味干净，香气以柔和的辛辣味为主，也带有轻微的柑橘味，姜饼味，洋百合和车叶草味。它可以作为风味酒花，也可以作为干投酒花。金牌适用于所有的英式啤酒，特别是苦啤，淡色爱尔，比利时爱尔和大麦酒。其常规指标、香气组分和其他指标如表6－68所示。

金牌是一系列血统相近、风味相似酒花的合称，因产地不同而拥有不同的名字。生长在Kent郡东部为East Kent Golding；生长在Kent郡中部为Kent Golding；生长在英国其他地方则为Golding；此外还有其他名字如Amon's Early Bird，Cobbs，Bramling，Canterbury，Petham Rodersham和Mathon等。不同的金牌之间均可以互相代替——斯洛文尼亚金牌除外，因为它的风味更像法格尔。

表6－68　金牌酒花的常规指标、香气组分和其他指标

常规指标			
α－酸	3.2%～6.2%	β－酸	2.5%
合葎草酮	24.0%～27.0%	总含油	0.4～1.0mL/100g
香气组分			
香叶烯	26.0%～36.0%	葎草烯	36.0%～46.0%

续表

丁子香烯	10.0% ~16.0%	法呢烯	<1.0%
其他指标			
β-蒎烯	0.3% ~0.5%	香叶醇	0.1% ~0.3%
里那醇	0.6% ~0.9%		

三、澳大利亚酒花

Galaxy（银河）

银河是澳大利亚自主培育的一款兼优酒花。母本是澳大利亚本土的一款酒花，父本是德国香花珍珠，它于1994年投放市场。银河被认为是澳大利亚酒花的代表品种。

银河的香气被认为是兼具柑橘香和百香果香的混合香，在煮沸、旋沉添加或干投都能获得非常好的效果。其常规指标、香气组分和其他指标如表6-69所示。

银河非常适合酿造淡色爱尔，在IPA中也有杰出表现。

表6-69　银河酒花的常规指标、香气组分和其他指标

常规指标			
α-酸	11.3% ~12.2%	β-酸	4.9% ~6.3%
合葎草酮	21.0% ~24.0%	总含油	1.8 ~2.9mL/100g
香气组分			
香叶烯	52% ~58%	葎草烯	17.8% ~17.9%
丁子香烯	6.0% ~6.7%	法呢烯	<1.0%
其他指标			
香叶醇	0.2% ~0.3%	β-蒎烯	0.6% ~0.7%
里那醇	1.0% ~1.1%		

四、斯洛文尼亚酒花

Styrian Golding（施蒂利亚金牌）

19世纪早期英国法格尔酒花被带到斯洛文尼亚，经过漫长的培育筛选，法格尔逐渐演变成了具有当地特色的酒花，这就是施蒂利亚金牌。

在这款酒花的基础上，斯洛文尼亚利用本国酒花逐渐培育出了具有自己特色的酒花品种，如施蒂利亚金牌 B（B = Bobek），施蒂利亚金牌 C（C = Celiia/Cerera），其中 B 和 C 和施蒂利亚金牌类似，苦味更高，香气更浓。

施蒂利亚金牌也是贵族酒花的一种，苦味柔和，香气以果香为主，带有辛辣味。适合酿造传统拉格和爱尔啤酒。其常规指标、香气组分和其他指标如表 6 - 70 所示。

表 6 - 70　　施蒂利亚酒花的常规指标、香气组分和其他指标

常规指标			
α - 酸	3.0% ~ 6.0%	β - 酸	2.5% ~ 3.5%
合葎草酮	27.0% ~ 31.0%	总含油	0.6 ~ 1.2mL/100g
香气组分			
香叶烯	27.0% ~ 33.0%	葎草烯	20.0% ~ 36.0%
丁子香烯	8.0% ~ 10.0%	法呢烯	4.0% ~ 6.0%
其他指标			
里那醇	0.8%		

五、日本酒花

Sorachi Ace（空知王牌）

空知王牌是 1984 年为日本札幌啤酒公司培育而成的高 α - 酸酒花。它于北海道的空知县培育成功，因此得名。

空知王牌由酿造者金牌，萨兹和贝肯 No. 2 的雄性酒花杂交而成，是一款高 α - 酸的香型酒花。

它的酿造特性有限，然而仍能在精酿啤酒中长盛不衰，这要得益于它特殊的柑橘香、草本香和类似小茴香的香气。此外它还拥有不明显的类似香烛的烟香、酸橙香和纳豆香。其常规指标、香气组分和其他指标如表 6 - 71 所示。

表 6 - 71　　空知王牌酒花的常规指标、香气组分和其他指标

常规指标			
α - 酸	11.5% ~ 14.5%	β - 酸	6.0% ~ 7.5%
合葎草酮	26.0% ~ 28.0%	总含油	1.5 ~ 3.0mL/100g
香气组分			
香叶烯	46.0% ~ 56.0%	葎草烯	20.0% ~ 26.0%
丁子香烯	7.0% ~ 11.0%	法呢烯	<2.0% ~ 6.0%
其他指标			
香叶醇	0.1% ~ 0.5%	β - 蒎烯	0.5% ~ 0.8%
里那醇	0.3% ~ 0.5%		

六、中国酒花

Tsingtao Flower（青岛大花）

青岛大花又名中国版的克劳斯特。克劳斯特是美国本土的一款非常古老的品种，于1937引入到中国青岛，因此得名青岛大花。

青岛大花目前广泛种植在中国，占中国酒花种植区的90%，尽管在品种方面有些退化，但它仍是中国啤酒行业主要的酒花品种。

青岛大花继承了克拉斯特的部分香气，如花香，辛香，烟草香，蜜瓜香，黑醋栗香，丁香等。是一款苦香两用型酒花。其常规指标、香气组分和其他指标如表6－72所示。

表6－72　　青岛大花酒花的常规指标、香气组分和其他指标

常规指标			
α－酸	6.0%～8.0%	β－酸	3.0%～4.2%
合葎草酮	36.0%～42.0%	总含油	0.4～0.6mL/100g
香气组分			
香叶烯	46.0%～56.0%	葎草烯	34.0%～36.0%
丁子香烯	11.0%～13.0%	法呢烯	12.0%～16.0%
其他指标			
里那醇	0.2%	多酚	3.3%

第七章　酒花的苦味

苦味物质在啤酒酿造中贡献颇多，苦味是啤酒重要的特性之一，优质的啤酒应具有爽口的苦味。啤酒的苦味主要来源于啤酒花的软树脂。酒花中的苦味物质具有防腐作用，能抑制许多革兰阳性菌和其他有害菌的生长。还能促进啤酒泡沫的稳定，增加啤酒的芳香风味。

源自酒花的苦味物质有很多，包括聚酮类物质（如α-酸、β-酸）、聚查耳酮类物质（如黄腐酚）、麦汁煮沸过程中的相关转化物（如异α-酸、葎草灵酮、希鲁酮、异黄腐酚等）以及异α-酸的还原型酒花制品等。不同酒花的苦味物质的苦味强度和质量不同，而异α-酸对啤酒苦味贡献最大。酒花中含有14%～18.5%的苦味物质，苦味物质是酒花中最有价值的软树脂部分的衍生分子，其中最受关注的成分为α-酸和β-酸（图7-1）。属于α-酸的有葎草酮、合葎草酮和加葎草酮等成分；前葎草酮和后葎草酮只有微量存在。属于β-酸的有蛇麻酮、合蛇麻酮和加蛇麻酮等成分，前蛇麻酮和后蛇麻酮只有微量存在。通常α-酸的苦味值是β-酸的9倍。1982年米勒酿酒公司专利中，直接分离 CO_2 浸膏中α-酸、β-酸和酒花精油。

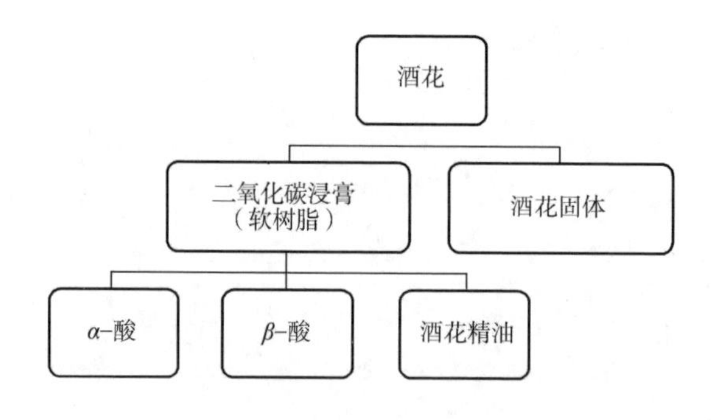

图7-1　酒花中的α-酸和β-酸

在麦汁煮沸过程中，约有25%～35%的酒花化合物溶入麦汁，其主要成分是由α-酸和β-酸组成的苦味物质。由于α-酸在麦汁中的溶解度较大，而β-酸溶解度较小，所以α-酸和异α-酸是麦汁中的主要苦味物质。这些苦味物质在啤酒中具有抗菌作用，低浓度时能抑制细菌生长，高浓度时能杀死细菌。(有关酒花抑菌的特性参见本书第11章)。

通过比较发现，正葎草酮较合葎草酮苦味品质细腻。

1993—2004年，柏林技术大学（Wackerbauer），英国酿造研究所(Hughes)，米勒啤酒公司（Miller）和俄勒冈州立大学（Shellhammer），共同证实合α-酸或合异α-酸酿造啤酒并不比其他啤酒苦味强度和质量逊色。事实上，合α-酸或合异α-酸在酿造过程中，特别是在发酵过程中，产量收益率比正葎草酮或正异葎草酮较高。含高合α-酸啤酒花可能会提高啤酒花功效，提取更多的苦味。

合葎草酮和正葎草酮的比例不重要，合葎草酮苦味也并非次于正葎草酮。两者分子量差14个单位（一个碳和二个氢原子），所以在啤酒中的溶解度、苦味和起泡性相差甚微，相比较而言合葎草酮溶解度稍高一点，正葎草酮则起泡性稍高一点，苦味则很难分别。

第一节　α-酸、β-酸和异α-酸

一、α-酸

啤酒苦味主要来源于酒花中的α-酸，在麦汁煮沸过程中，将酒花添加到麦汁后，酒花中的α-酸在高温下会转变为异α-酸。异α-酸可使啤酒具有柔和的苦感，α-酸的异构化是酒花苦味物质在啤酒酿造中的关键反应。α-酸在水中溶解度非常小，随着pH升高溶解度会逐渐增加。Rigby、Bethune和Meilgarrd首先确定了酒花在酿造过程中α-酸转化为异α-酸的反应，并量化了异α-酸和啤酒的苦味，对酒花化学的研究作出了重大的贡献。

α-酸可以降低泡沫表面张力，防止泡沫相互融合生成大泡沫进而导致泡沫破裂，因此α-酸可以改善、稳定啤酒泡沫。优质α-酸可以让泡沫细腻丰富。α-酸极易氧化聚合生成硬树脂，失去苦味和防腐能力，生成的硬树脂是酒花后苦味的主要来源之一。α-酸的化学结构如图7-2，α-酸包含5种系列的化合物，各化学式见图7-3。

在麦汁煮沸过程中，α-酸会逐渐异构成异α-酸，异α-酸的溶解度远高于α-酸，因此啤酒苦味主要来自异α-酸。煮沸时间短，α-酸异构成异α-酸的量少，会造成浪费，所以酒花一般在过滤槽或煮沸开始后添加以获得长时间的煮沸；过长时间的煮沸如超过2h，异α-酸会氧化生成毫无价值的葎草酸，造成苦味损失。

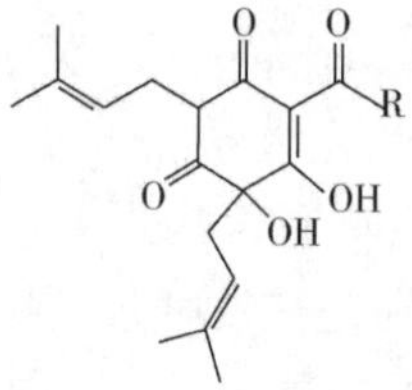

侧链-R	名称
$CH(CH_3)_2$	合葎草酮
$CH_2CH(CH_3)_2$	正葎草酮
$CHCH_3CH_2CH_3$	辅葎草酮
CH_2CH_3	后葎草酮
$CH_2CH_2CH(CH_3)_2$	前葎草酮

图 7－2　α－酸的结构

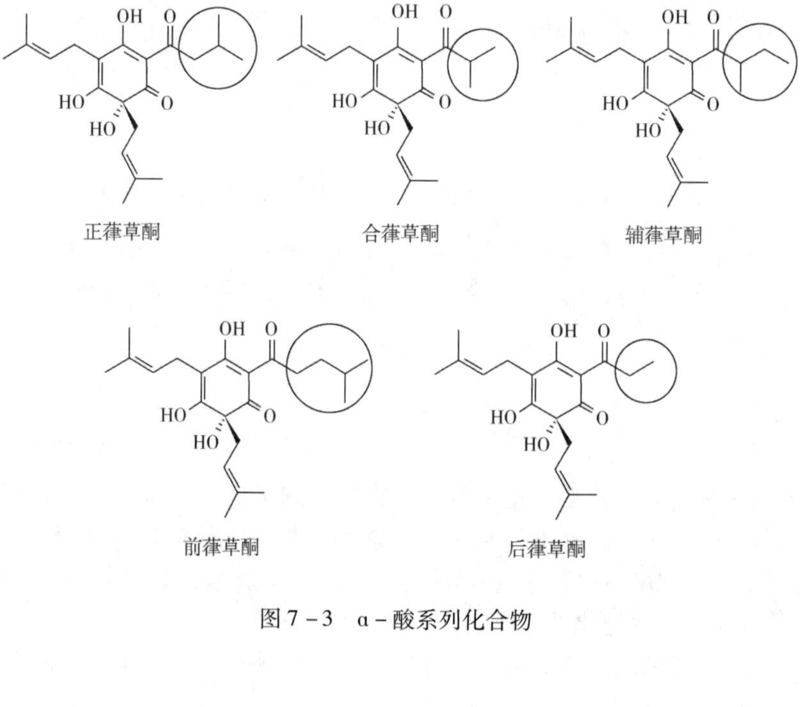

正葎草酮　合葎草酮　辅葎草酮

前葎草酮　后葎草酮

图 7－3　α－酸系列化合物

二、β－酸

β－酸的成分主要包括蛇麻酮（lupulone）、类蛇麻酮（lupulone）、聚蛇麻酮（adluplone）等，约占新鲜酒花总成分的5%～11%（图 7－4）。β－酸没有苦味力，β－酸氧化后苦味优于异 α－酸，但 β－酸严重氧化后，就会形成硬树脂，苦味力和苦味质量又会下降。β－酸是多种结构类似物的混合物，按其侧链的不同，β－酸有六个同系物：β－酸、辅 β－酸、加 β－酸、后 β－酸、前 β－酸、合

β－酸，其中前3者构成了啤酒花中β－酸的主要部分。由于β－酸难溶于啤酒，它的苦味不及α－酸，大约为α－酸的1/9；防腐力也比α－酸低，约为α－酸的1/3。但在啤酒花的贮存和啤酒的加工过程中，它会发生氧化而产生一系列的氧化产物，这些氧化产物具有一定的苦味，对啤酒的风味起到了补充和修饰作用。

一般来说β－酸没有酿造价值，无苦味易氧化，难溶于水和麦汁，与比α－酸相比更易被氧化，转化成希鲁酮。希鲁酮的苦味值略低于异α－酸，多存在于陈酒花中，也会溶入啤酒中。

目前，科学家对酒花物质的研究更加深入，仅对酒花浸出物制品而言，可分为酒花CO_2浸膏、异构化酒花浸膏、还原异构化浸膏和酒花香精油制品四大类。不同的浸出物制品的特性不同，用途各异，由此满足了不同啤酒厂家生产各类啤酒以及不同时间添加所需的酒花成分的要求。

酒花中的α－酸可以制备四氢异α－酸，用于啤酒的生产，但是在许多酒花厂家，酒花中β－酸不被利用而被废弃，从而大大降低了酒花的利用率。国外对β－酸的深加工进行了深入细致的研究。研究发现，β－酸经脱氢化、氧化和异构化后变为四氢异α－酸，四氢异α－酸为目前最常用的一种还原异构化酒花制品。它具有光稳定性，可防止产生“日光臭”；具有良好的泡沫促进作用与泡沫稳定作用，可明显改善泡持性和挂杯性；赋予啤酒更柔和的苦味，去掉了异杂味，消除了后苦，口味更纯正；同时具有杀菌抗菌功能，从而延长了啤酒的贮藏期。

米勒啤酒公司研发了可阻止日光臭的酒花制品：二氢异α－酸（图7－4）。从1961年开始，米勒生产的透明瓶装啤酒（香槟啤酒）就较不易产生日光臭了，此酒花产品沿用至今。

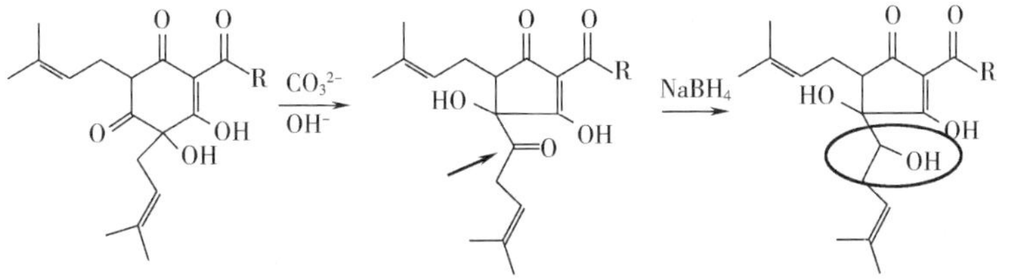

图7－4　α－酸转化为二氢异α－酸

米勒公司1970～1985年开发生产了可进一步阻止日光臭的其他异α－酸酒花制品：四氢与六氢异α－酸（图7－5）。

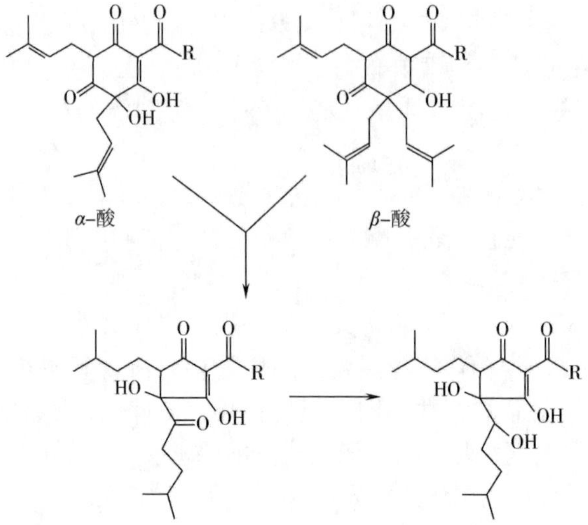

α-酸　　β-酸

四氢异α-酸　　六氢异α-酸

图 7-5　α-酸和β-酸转化为四氢和六氢异α-酸

三、异α-酸

在麦汁煮沸过程中，α-酸会发生重排、环化、氧化等多种反应，而α-酸异构化是酒花在啤酒酿造过程中最主要的反应。异α-酸的形成机理是α-酸经质子化和酮醇重排，形成了五环上有两个手性碳原子的顺反异α-酸混合物。每种异α-酸有顺式和反式两种异构体，顺式是指4位碳原子上羟基和5位碳原子的异戊烯基在五环结构同一侧，反式则相反。α-酸异构化成顺式和反式异α-酸的反应活化能不同，顺式较反式高9kJ/mol，因而，顺式异α-酸的热稳定更强（图7-6）。反式异α-酸经非氧化，酸催化环化反应，产生苦涩味的三和四环化合物积累于啤酒中，导致啤酒口味粗糙。

传统的酒花添加方式下，在麦汁煮沸过程中α-酸异构化率为50%～60%，而最终啤酒的α-酸利用率仅为35%～40%。煮沸的工艺、酒花添加的形式、煮沸强度、麦汁浓度以及酒花品种等均可影响啤酒的异构化率。而发酵过程中酵母的吸附、二氧化碳逸出、过滤介质的阻挡等均会造成异α-酸的损失，从而降低酒花α-酸的最终利用率。然而，在麦汁煮沸过程中，异构化率相对较低（最高只能达到50%～60%），再经过麦汁冷却、发酵和冷储等工艺后，最终成品啤酒中含量更低。

异α-酸的含量取决于α-酸的异构率。α-酸在酿造模式过程中异构化的反应率：α-酸在啤酒酿造过程中异构化率受多种因素影响，如温度、煮沸时的

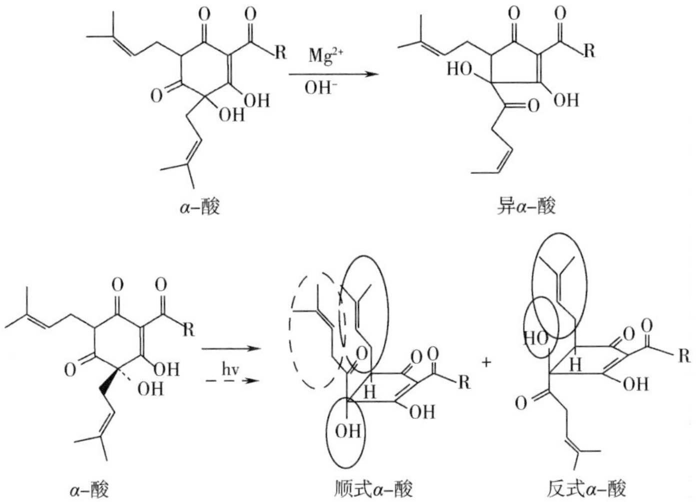

图 7－6　α－酸的异构化过程

pH、糖和钙离子。

（1）α－酸在水中的溶解度（图 7－7）　α－酸在 pH 小于 4 的酸性条件下，溶解度较低。pH 大于 5～6 时迅速增加。高温有利于提高 α－酸在水中的溶解度。这也是为何在麦汁煮沸时添加酒花的原因（Makowicki & Schellhammer，2006）。

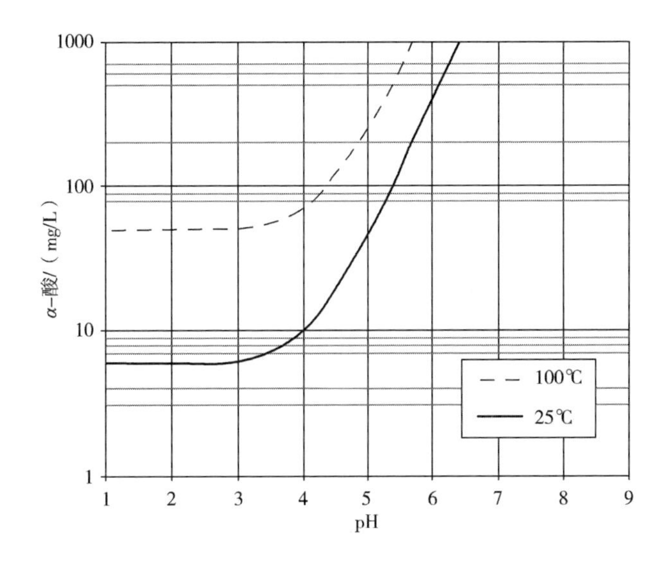

图 7－7　25℃和 100℃时 α－酸在水中的溶解度

（2）煮沸过程中不同 pH 对 α－酸和异 α－酸溶解度的影响　α－酸（A）和

异α-酸（B）在煮沸过程（100℃）中，不同pH（4.8，5.2，5.6和6.0）条件下的溶解度如图7-8所示。

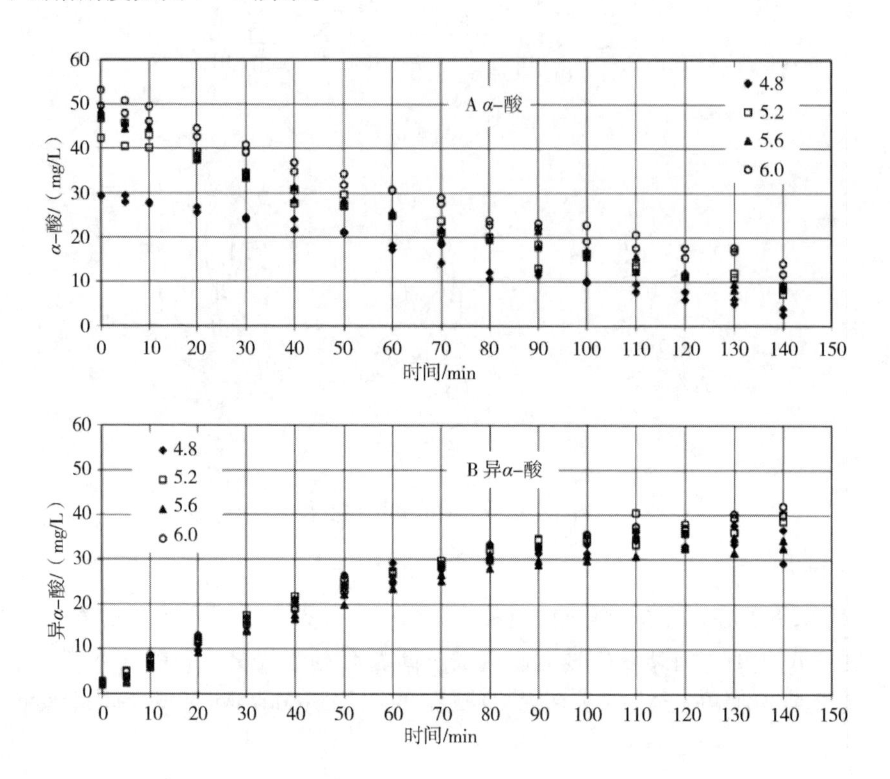

图7-8 α-酸（A）和异α-酸（B）在煮沸过程（100℃）中不同pH条件下的浓度

α-酸异构化转化为异α-酸后，其苦味值更高，口感更加柔顺（图7-9）。

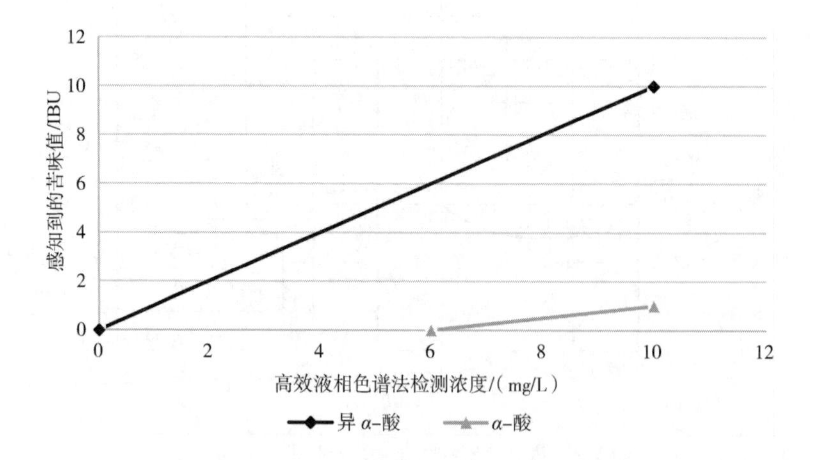

图7-9 异α-酸和α-酸的苦味感知度

第二节　酒花和酒花颗粒中的 α－酸和 β－酸的测定

在麦汁煮沸中，酒花的 α－酸异构化转化为异 α－酸，其主要作用就是赋予啤酒特有的苦味和风味。α－酸是啤酒苦味物质的主要前驱物质，因此对其含量的测定变得尤为重要。β－酸在啤酒酿造过程中基本不溶解，但通过它们的氧化产物，对啤酒苦味发生影响。

用一种适当的有机溶剂（甲醇或异辛烷）萃取酒花或颗粒酒花（或酒花粉末）后，再用分光光度计测定 α－酸和 β－酸。电导滴定测定法对于 α－酸的测定同样是行之有效的。两种方法都会受到干扰，尤其是受 α－酸和 β－酸氧化产物的影响。其次，当添加陈酒花、腐烂酒花时，也会对两种方法的准确性产生影响。

一、电导滴定测定法

新鲜酒花中 α－酸的测定大多采用电导滴定测定法。

取粉碎后的颗粒酒花 5g 精确至 0.001g，放入 250mL 旋塞锥形瓶中。用移液管移取 100mL 甲苯在振荡器上振摇 30min，吸取 10mL 萃取清液至 50mL 烧杯，加入 40mL 甲醇，插入电导电极，放在滴定仪上用 2% 乙酸铅溶液进行滴定，在 5min 内滴定完毕。

二、分光光度法

酒花中 α－酸和 β－酸的测定分析方法参见附录，内附国家标准和美国 ASBC 的详细分析方法。对于酒花制品中的苦味检测，紫外分光光度法检测 IBU 或 BU 无法实现准确检测，高效液相色谱分析法是唯一的选择。

三、高效液相色谱法

高效液相色谱（HPLC）法测定酒花中的 α－酸及其衍生物的含量是最准确的一种检测方法。高效液相色谱流程如图 7－10 所示（分析方法参见附录）。

异 α－酸和 CO_2 浸膏中各个组分的高效液相色谱图如图 7－11，图 7－12 所示。

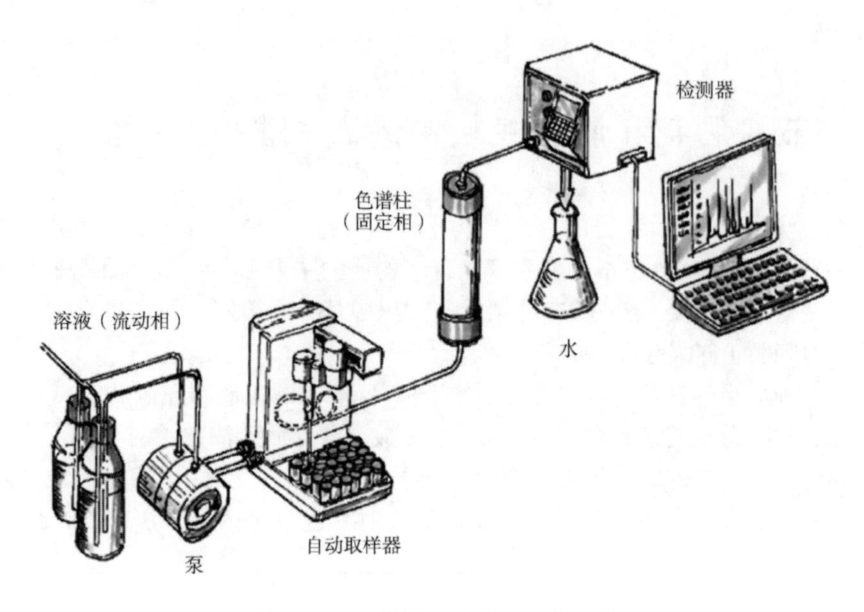

图 7－10　高效液相色谱法检测流程

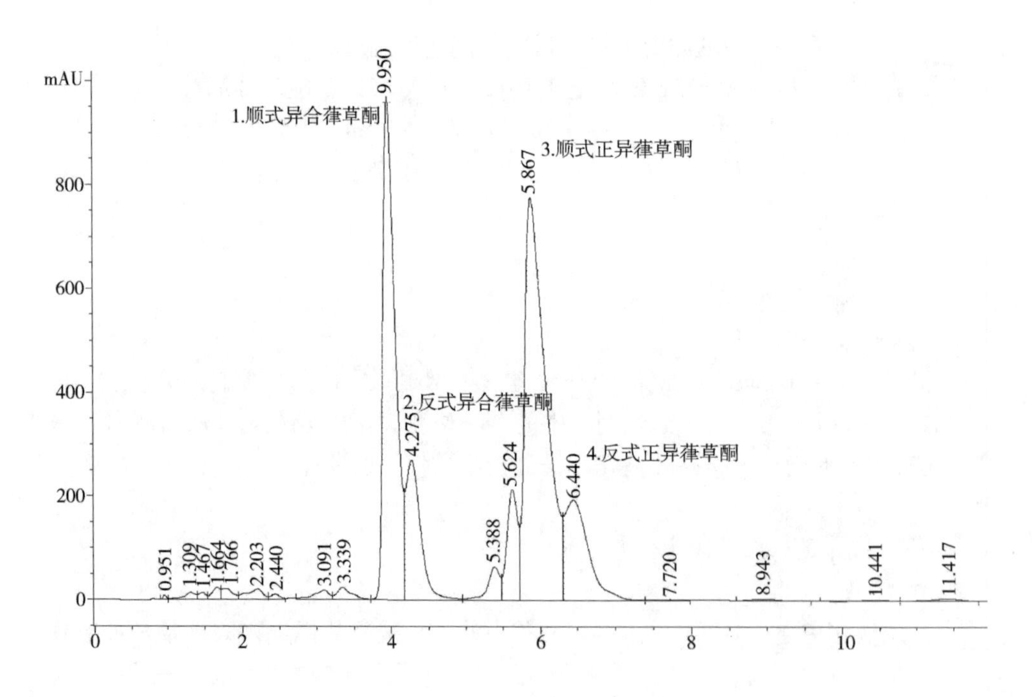

图 7－11　异 α－酸高效液相色谱图

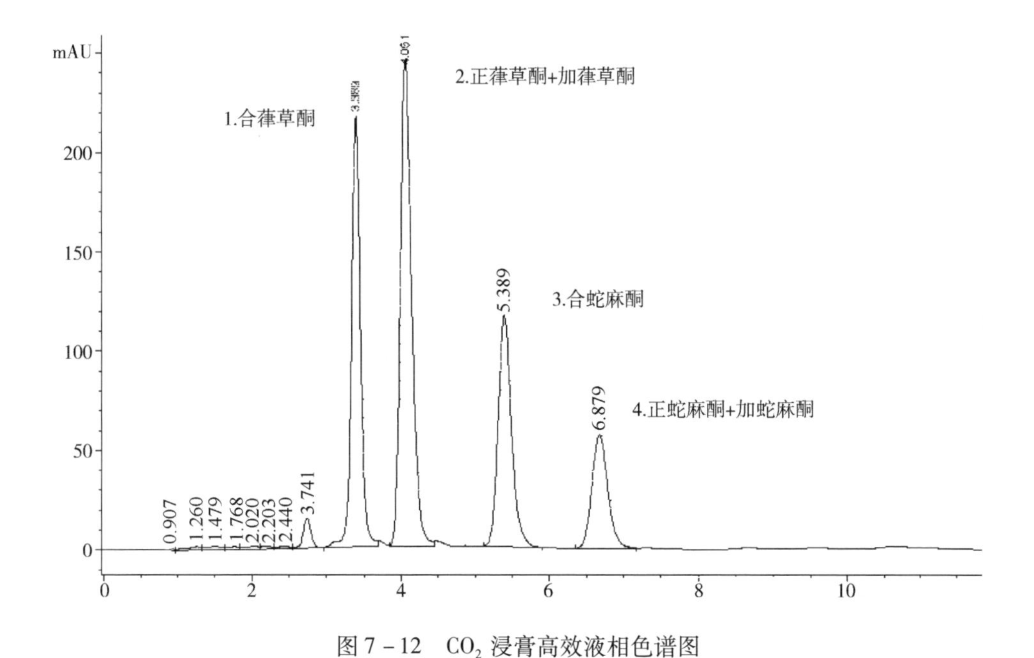

图7-12　CO_2 浸膏高效液相色谱图

第三节　酒花制品在酿造中的利用率

一、酒花和酒花制品的利用率

煮沸锅酒花制品利用率如下：

（1）啤酒花苞和颗粒酒，利用率30%～35%。

（2）CO_2 酒花浸膏，利用率30%～50%。

（3）异 α-酸酒花浸膏（IKE），利用率最高达50%。

（4）钾盐异 α-酸酒花浸膏（PIKE）利用率最高达55%。

（5）酒花油利用率为90%。

非煮沸锅酒花制品：直接加入发酵前后或成品啤酒中，酒花利用率60%～80%。

（1）钾盐异 α-酸的氢氧化钾水溶液浓度为30%～35%。

（2）钾盐二氢异 α-酸的氢氧化钾水溶液浓度为0%～35%。

（3）钾盐四氢异 α-酸的氢氧化钾水溶液浓度为5%～10%。

（4）钾盐六氢异 α-酸的氢氧化钾水溶液浓度为5%～10%。

二、不同酒花产品的利用率

A、B、C、D 四种酒花制品在麦汁煮沸 60min 过程中，α－酸或异 α－酸含量和利用率的变化如表 7－1 所示。B 的利用率最高为 54.0%，在啤酒中的异 α－酸含量达到 35.8mg/L。

A＝萨兹二氧化碳浸膏（22% α－酸）：67.7mg/L α－酸；

B＝萨兹 T90 颗粒（1.73% α－酸）：100.7 mg/L α－酸；

C＝萨兹二氧化碳浸膏（22% α－酸）＋225g 酒花多酚固体：87.0mg/L α－酸；

D＝异构化萨兹浸膏（18.5% 异 α－酸）：39.9 mg/L 异 α－酸。

表 7－1　　煮沸 60min 过程中 α－酸或异 α－酸含量和利用率

		添加时间/min						啤酒中的浓度/（mg/L）
啤酒	酸和产量	60	45	30	20	10	5	
	α－酸	32.1	39.6	50.3	49.2	62.5	38.1	2.1
A	异 α－酸	25.5	22.2	16.0	11.9	6.8	3.8	21.4
	异构化收益率	37.7	32.8	23.6	17.6	10.0	5.6	—
	α－酸	28.3	46.4	51.7	66.6	73.4	87.4	3.9
B	异 α－酸	54.4	47.5	36.7	26.0	15.8	12.8	35.8
	异构化收益率	54.0	47.2	36.4	25.8	15.7	12.7	—
	α－酸	42.2	46.8	50.3	67.3	80.3	—	2.6
C	异 α－酸	40.7	30.9	23.2	16.4	10.4	7.8	28.9
	异构化收益率	46.8	35.5	26.7	18.9	12.0	9.0	—
D	异 α－酸	40.9	37.9	38.4	37.2	36.8	40.7	24.1

注：利用率/%＝啤酒苦味值/添加量 α－酸或异 α－酸×100%（B. Jaskula et al，2009）。

添加 α－酸或异 α－酸，麦汁煮沸 60min 后，D 的利用率最高为 100%，依次递减为 B、C、A。啤酒苦味值 B 最高，为 35.8mg/L（表 7－2）。

表 7－2　　不同酒花制品在麦汁和啤酒中总利用率

	A	B	C	D
添加 α－酸或异 α－酸/（mg/L）	67.7	100.7	87.0	39.9
麦汁煮沸 60min 后利用率/%	37.7	54.0	46.8	100
啤酒苦味值/（mg/L）	21.4	35.8	28.9	24.1

续表

	A	B	C	D
异α-酸发酵和成熟时损失率/%	16.2	34.2	29.0	41.1
最终利用率/%	31.6	35.6	33.2	60.4
合异葎草酮利用率/%	43.7	49.0	46.1	73.1
正异葎草酮利用率/%	27.4	31.0	29.4	51.3
加异葎草酮利用率/%	30.1	33.9	28.6	53.3
合异葎草酮利用率/%	43.7	49.0	46.1	73.1

注：据（B. Jaskula et al，2009）。

第四节　啤酒苦味值计算

一、啤酒苦味值的计算

通常使用紫外（UV）分光光度计测量啤酒苦味值（BU 或 IBU）。

苦味值 =275nm 处吸光度值 ×50

$$酒花利用率 = \frac{麦汁中异\alpha-酸含量}{麦汁中的\alpha-酸添加量} \times 100\%$$

$$苦味值 = \frac{酒花质量 \times \alpha-酸含量/\% \times 利用率/\% \times 0.749}{啤酒体积}$$

酒花用量计算举例：

萨兹 T90 颗粒（1.73%α-酸）煮沸 60min，酒花苦味值的总利用率 27%。20L 啤酒中的苦味值为 15 个苦味值单位（IBU）。

15 IBU =15mg/L ×100/1.73 ×100/27 ×20L =64.22g 酒花

不同地区的啤酒的苦味值变化较大，这主要取决于啤酒的类型。

欧洲淡啤酒 15 ~40 IBU。

英国爱尔啤酒 1 ~50 IBU。

美国淡啤酒 12 ~15 IBU。

美国爱尔啤酒和 IPA 20 ~85 IBU。

澳大利亚爱尔啤酒 14 ~18 IBU。

德国比尔森啤酒 28 ~35 IBU。

酒花制品中苦味值强度由大到小依次为四氢异 α-酸、六氢异 α-酸、异 α-酸和二氢异 α-酸（图 7-13）。

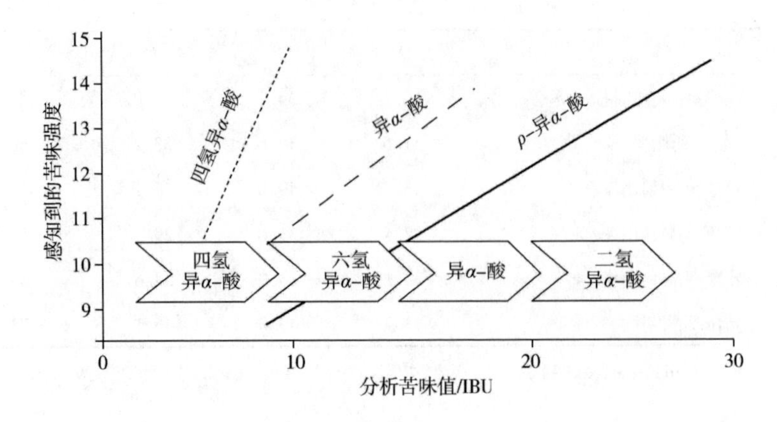

图 7-13　酒花苦味值与感知的苦味强度的关系

二、啤酒苦味值与异 α-酸相关性分析

异 α-酸与苦味值之间的关系呈线性相关性（图 7-14），但是 1BU≠1mg/L 异 α-酸（分析值）。

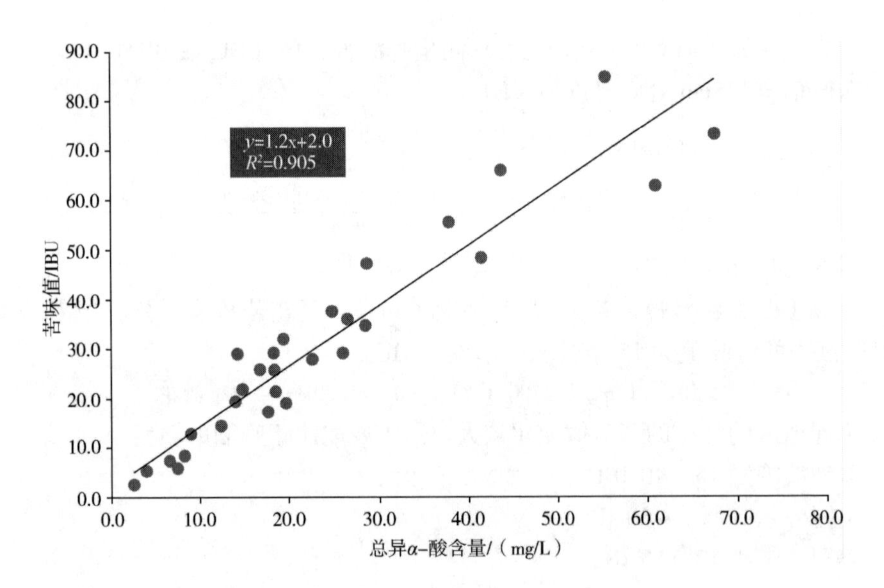

图 7-14　总异 α-酸和苦味值的相关性

通过对啤酒的苦味分析可以看出，啤酒中的苦味物质，不仅有异 α-酸，还有很多影响苦味的其他化合物，如从啤酒中液液萃取出的苦味化合物（图 7-15），如氧化的酒花酸、多酚、非苦味化合物、α-酸等组成。在分析过程中强

酸和非极性溶剂都会对啤酒的感官苦味值产生影响。研究发现，啤酒的感官苦味值与苦味值（BU）和异 α - 酸不相关（图 7 - 16）。

因此，不能简单地通过啤酒中的异 α - 酸含量来判断酒花的苦味值。苦味是由舌头上一组 G 蛋白组成的味觉细胞，称为味蕾或味觉受体 2（TAS2R 或 T2R），检测和感知苦味化合物。通常情况下，感官苦味值低于实际检测的苦味值。1 BU ≠ 1mg/L 异 α - 酸（分析值）。

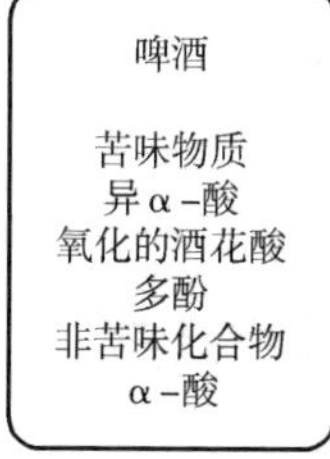

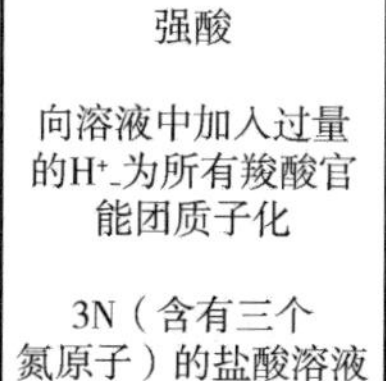

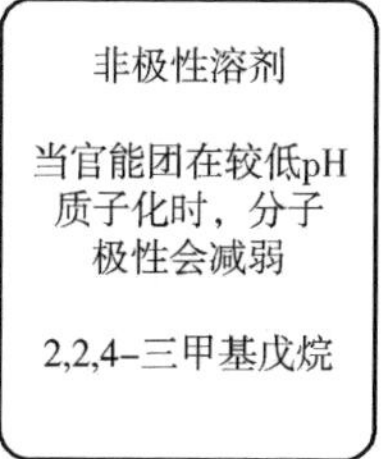

图 7 - 15　啤酒中液液萃取出苦味化合物

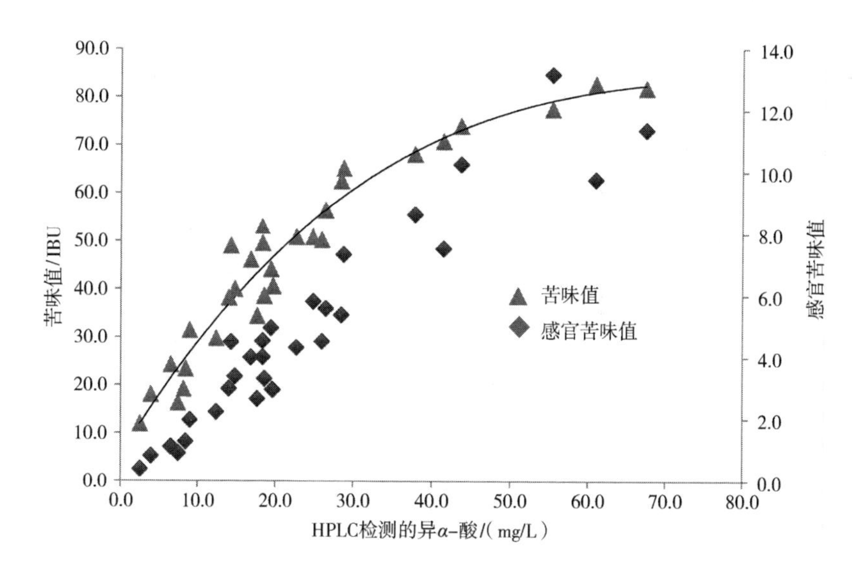

图 7 - 16　感官苦味值与苦味值和异 α - 酸呈非相关性

第八章 酒花香气和风味演变

第一节 酒花的香气来源及组成

一、酒花油的物质组成

酒花能赋予啤酒愉快的香气，酒花香气主要源于酒花花苞内部蛇麻腺中的酒花精油（Essential oil）。酒花精油是酒花腺体的重要组成成分，经蒸馏后得到黄绿色油状物，是啤酒重要的香气来源，特别是它容易挥发，是啤酒开瓶闻香的主要成分。酒花精油成分复杂，包含500多种化合物，其中70%属于萜烯类、倍半萜烯类；30%属于萜烯醇、有机酸、酯、酮；以及少量含硫化合物（表8-1）。生酒花香气（Raw hops flavor）是指酒花中的原有香气，其主要来源于酒花中的低沸点的挥发性香气物质。

表8-1 酒花油中的物质组成及含量

物质组成	含量
单萜烯类	大约40%
倍半萜烯	大约40%
碳氢酸酯	大约15%
碳氢酸	大约1%
单萜烯类氧化物	大约1%
倍半萜烯氧化物	大约1%
醛、酮	大约1%
脂肪烃	<1%
含硫化合物	<0.1%
结合糖苷的芳香族化合物	未知

二、酒花香气化合物的分类

萜烯类和倍半萜烯类化合物主要包括石竹烯、葎草烯、柠檬烯、香叶烯、法呢烯，月桂烯和蒎烯等；萜烯醇主要包括里那醇、香叶醇和芳樟醇等。这些化合物统一构成了酒花复杂的香气，但主要来源为萜烯类化合物，在啤酒中检测到的萜烯类物质见表 8－2。α－蒎烯、β－蒎烯、香叶烯、柠檬烯、葎草烯、法呢烯、石竹烯等在啤酒发酵过程中并不发生转化，且具有强疏水性，而在麦汁煮沸时因高温而大量损失，使其在啤酒中的含量远远低于其感官阈值，因此对啤酒酒花香气强度的贡献可以忽略。而萜醇类及其衍生物如里那醇、香叶醇、香茅醇、α－萜品醇、橙花叔醇、香叶酸甲酯、乙酸香叶酯等存在于啤酒中，其含量较少，但对啤酒酒花香气的贡献显著，尤其是在前三者的共同作用下更具有酒花香气特征。此外，一些研究者认为里那醇是酒花中的关键香气物质。

表 8－2　　酒花中香气化合物的分类及香气描述

化合物名称	分类	描述
α－蒎烯	碳氢化合物，单体萜烯	菠萝味
β－蒎烯	碳氢化合物，单体萜烯	花苞松木，松木味
β－月桂烯	碳氢化合物，单体萜烯	绿色蔬菜味，香膏味，轻微金属味
柠檬烯	碳氢化合物，单体萜烯	柑橘味，橘子味
ρ－异苯丙烯	碳氢化合物，单体萜烯类	橘子味，木材味，辛辣味
石竹烯	碳氢化合物，倍半萜烯	木材味，胡萝卜味
E,β－法呢烯	碳氢化合物，倍半萜烯	绿色蔬菜味，木材味，杂草味，草药味，菠萝味，金酒味
葎草烯	碳氢化合物，倍半萜烯	木材味
庚酸甲酯	含氧化合物，酯类	甜味，水果味，桃子味，杏仁味，绿色水果味，浆果味
香叶醇	含氧化合物，单体萜烯醇	花的甜味，香水味
里那醇	含氧化合物，单体萜烯醇	花香，橘子味
香茅醇	含氧化合物，单体萜烯	花香，玫瑰味，柑橘味
法呢醇	含氧化合物，倍半萜烯醇	辛辣味
柠檬醛	含氧化合物，其他	甜柑橘味
乙酸香叶酯	含氧化合物，单体萜烯或酯类	花香，甜柑橘味
葎草烯环氧化合物 1	氧化物，环氧化合物	干草味
葎草烯环氧化合物 2	氧化物，环氧化合物	雪松味，酸橙味

三、酒花中的主要香气和风味组成

酒花种类繁多，按香气划分，可以分为香型酒花、苦型酒花和苦香兼优酒花。不同的酒花香味物质组成不同，组成比例也不同，所以不同的酒花拥有独特的酒花香气。表8－3描述了几种代表性酒花的酒花油的香味物质组成。

表8－3　　常见酒花中香气物质含量

酒花种类 / 占油总量百分比/%	卡斯卡特	奇努克	西楚	西姆科
β－蒎烯	0.5～0.8	0.3～0.5	0.7～1.0	0.5～0.8
香叶烯	45.0～60.0	20.0～30.0	60.0～70.0	40.0～50.0
里那醇	0.3～0.6	0.3～0.5	0.6～0.9	0.5～0.8
石竹烯	5.0～9.0	9.0～11.0	5.0～8.0	8.0～12.0
法呢烯	6.0～9.0	<1.0	<1.0	<1.0
葎草烯	14.0～20.0	18.0～24.0	7.0～12.0	15～20
香叶醇	0.2～0.4	0.7～1.0	0.3～0.5	0.8～1.2

酒花种类不同，各类香味物质所占比例不同，但可明显看出香叶烯、石竹烯和葎草烯含量较高，是主要的香味物质。不同的物质拥有不同的香气。石竹烯带有生酒花的香味，同时具有辛香、木香、柑橘香、樟脑香和温和的丁香香气；香叶烯具有令人愉快的、清淡的香脂气味。沉香醇具有浓青带甜的木青气息，似玫瑰木香气，更似刚出炉的绿茶清香，又有紫丁香、铃兰香与玫瑰的花香。这些香味物质共同组成酒花的香气（表8－4）。

表8－4　　酒花中的风味物质及对应的香气

酒花和啤酒中的风味物质	香气描述
2－甲基丁酸	奶酪味
3－甲基丁酸（异戊酸）	奶酪味
3－巯基己－1－醇	黑加仑子味　葡萄柚味
3－巯基己基乙酸酯	黑加仑子味　葡萄柚味
3－巯基－4－甲基戊烷－1－醇	葡萄柚味　大黄味
4－巯基－4－甲基戊烷－2－酮	黑加仑子味
α－蒎烯	松树枝味　草药味
β－紫罗酮	花香味　浆果味

续表

酒花和啤酒中的风味物质	香气描述
β－蒎烯	松树枝味　香料味
β－石竹烯	杉木味
石竹烯	木头味
顺式－3－己烯醛	青草味　树叶味
顺式－玫瑰醚	果香味　草药味
柠檬醛	甜橙味　柠檬味
香茅醇	柑橘味　果香味
甲基丁酸乙酯	果香味
甲基丙酸乙酯	菠萝味
3－乙基－丁酸甲酯	果香味
4－乙基－甲基戊酸乙酯	果香味
桉叶油醇	香料味
法呢烯	花香味
香叶醇	花香味　香甜味　玫瑰花味
葎草烯	木头味　松树枝味
异丁酸异丁酯	果香味
柠檬烯	柠檬味　橘子味
里那醇	花香味　橘子味
月桂烯	青草味　松脂味
橙花醇	玫瑰味　橙子味
松油醇	木头味

四、酒花常见香气组分特性汇总

在酒花香气中，最常提及的香气组分一共7种，分别是香叶烯，葎草烯，丁子香烯，法呢烯，里那醇，香叶醇和β－蒎烯（表8－5）。最新的研究发现，酒花中的香气物质已超过500种，每种酒花的香气成分差异较大，有些香气成分只在个别酒花中才能检测到，酒花的香气差别主要受到品种和种植地域的影响，这也是造成酒花千差万别的主要原因。

表 8－5　　酒花常见香气组分特性汇总

香气组分	香叶烯 Myrcene	葎草烯 Humulene	丁子香烯 Caryophyllene	法呢烯 Farnesene	里那醇 Linalool	香叶醇 Geraniol	β－蒎烯 β－pinene
其他名称	月桂烯	葎草烯；α－石竹烯	β－石竹烯	金合欢烯，倍半香茅烯	芳樟醇，芫荽醇，伽罗木醇	牦牛儿醇，香天竺葵醇	
属性	烯	单环倍半萜烯	双环倍半萜烯		链状萜烯醇	无环单萜化合物	蒎烯
化学式	$C_{10}H_{16}$	$C_{15}H_{24}$	$C_{15}H_{24}$	$C_{15}H_{12}$	$C_{10}H_{18}O$	$C_{10}H_{18}O$	$C_{10}H_{16}$
相对分子质量	136. 23	204. 35	204. 35	204. 35	154. 25	154. 25	136. 23
密度/（g/cm^3）	0. 792～0. 798	0. 889	0. 897～0. 910	0. 812	0. 858～0. 868	0. 8894	0. 864～0. 872
沸点/℃	165	132～134（2. 13kPa）	254～257	138～140（1. 2kPa）	198～199	229～230	166
香气描述	愉快清淡的气味，类似古龙香水	药草香	辛香，木香，柑橘香，樟脑香以及丁香	花香，青香	铃兰香，紫丁香，玫瑰花香，玫瑰木香，果香	略带苦感的玫瑰花香，是玫瑰香的主体成分	松节油香气，干燥木材或松脂的气味
其他描述	酒花油中极其重要的一部分，对干投尤为重要，带来菠萝药草辛辣柑橘的气味	它及其氧化物水解产物是构成酒花特殊香气的重要物质，具有抗炎功效	辛香为主	与贵族酒花的特殊香气密切相关，是贵族香气的代表组分	衡量香气强烈程度的一个指标		松木香的来源

注：资料源自美国酒花种植者协会（HGA－Hop Grower of American）。

（1）每种组分的物理数据都是通过 CAS 号查询所得，出现了分子式不同，分子质量相同的情况，在此存疑。

（2）酒花香气给人的感官感觉并非各组分简单罗列而成，不同组分之间，酒花香气物质和酵母及酵母代谢物之间，会存在互相转化、协同增强、拮抗减弱等现象，所以数据并不代表香气强度，大量存在的香气也并非一定会在成品啤酒中体现。如何利用香气，需要经过漫长的摸索，酿友间的经验交流可以大大缩短这个过程。

第二节　常用的酒花香气分析方法

啤酒风味和酒花香气的检测部分多是易挥发组分，这就要求提取技术要尽可能保证样品的完整性，检测装置应快速准确地做出反应。气相色谱法是现代仪器分析法的重要分支，是一种简单利用物化原理分离分析混合物的方法。同时，啤酒是一种发酵酒，其成分复杂，与风味相关的化合物不下几百种。因此，研究啤酒中的微量风味离不开色谱技术。而色谱技术与其他技术联用能够高效有序地检测啤酒中的风味物质。香气物质检测一般分为样品前处理阶段及样品分析阶段。

一、酒花样品的前处理

啤酒中酒花的香气物质种类复杂，大部分的香气物质含量较低，因此在分析酒花香气物质时，需要对啤酒进行处理，将香气物质进行提取，再进行检测分析。目前的主要方法有溶剂提取法、顶空提取法、固相微萃取、搅拌棒萃取法以及超临界 CO_2 顶空固相微萃取法，每一种提取方法都有其优点以及不足之处。溶解提取法所需的设备较简单，操作简单，但是其步骤比较多，所需时间较长，接下来进行气相色谱分析时，容易污染进样器，造成结果偏差。顶空提取法容易与色谱仪联用，减少了样品的损失，但是在检测物质在液相中出现电离、缔合状况等多种情况下不适用。固相微萃取成本较低，操作方便，节省时间但是只可以分析有机物质。搅拌棒萃取法敏感度高，检测限低，重复性好，能够检测出更多的微量物质，但是价格比较昂贵；超临界 CO_2 顶空固相微萃取，分析效率高，速度快，最主要的是对操作人员与环境没有污染。随着科技的发展和技术的创新，各种联用技术开始应用到酒花香气物质的提取中。

二、香气物质的分析

啤酒中酒花香气物质的分析技术实际是通过气相色谱与氢火焰离子化检测器（flame ionization detector，FID）、火焰光度检测器（flame photometric detector，FPD）、质谱检测器（mass spectrometric detectors，MSD）等不同检测器结合以确定其香气物质。由于酒花香气物质中的里那醇、香叶醇等单萜物质在 IPA 啤酒中的含量十分微少，给香气物质的鉴定带来了一定的困难。目前主要的分析方法主要有气相色谱 - 质谱联用技术、气相色谱闻香法、气相色谱 - 香气萃取分析法等。气相色谱－质谱联用技术是指利用气相色谱与可以进行物质定性的质谱联用。这种方法操作比较简单，对单萜类化合物重复性较好，是目前检测酒花香气物质最普遍的方法之一，随着研究的进展，使用不同结合检测器来确定香气物质的复杂方法逐渐被攻克。

顶空固相微萃取是提取样品的处理方法，是一种避开不挥发物的干扰、只分析样品中易挥发成分的简单方法。顶空法提取技术更贴近于嗅觉分析，原因是它省去了对每个样品的蒸馏从而使酒花中易挥发香气得到最大程度的保留，所以顶空提取技术是应用最为广泛的挥发物分析技术之一，它的主要作用就是提取和富集香气物质。

检测啤酒香气物质种类和含量的步骤（图8－1）：准备好要检测的成品酒，然后取样，在40℃下进行顶空固相微萃取，实现香气物质的提取与富集。提取时间为30min，之后将萃取头插入进样口，利用气相色谱质谱联用仪进行香气物质的分析，实现定性定量检验。

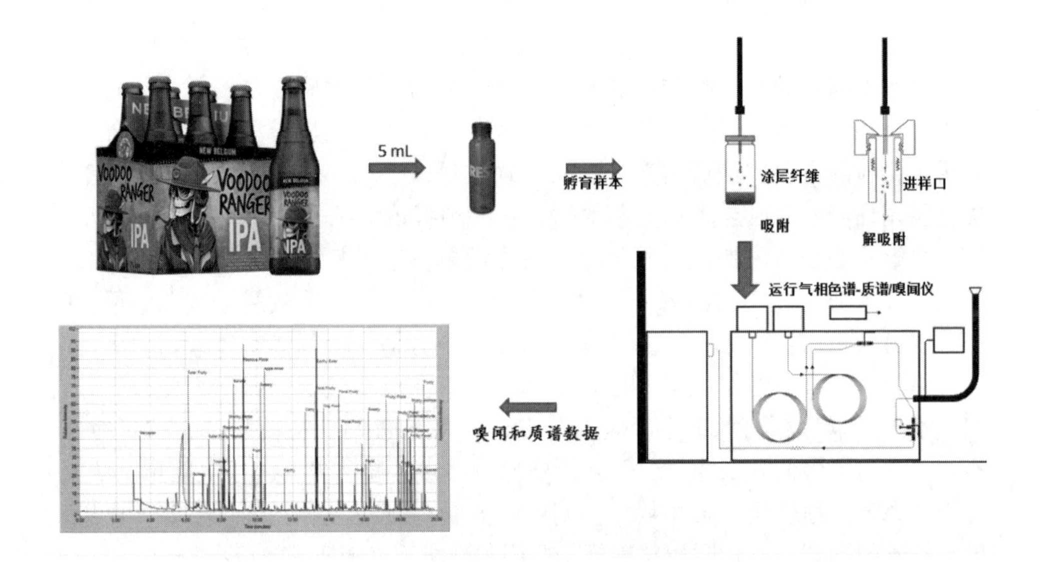

图8－1　啤酒中香气物质的检测流程

顶空固相微萃取（HS－SPME）利用石英纤维表面的吸附作用，将纤维头浸入样品溶液中或顶空气体中一段时间，同时搅拌溶液以加速两相间达到平衡的速度，待平衡后将纤维头取出插入气相色谱汽化室，热解吸涂层上吸附的物质。

气相色谱—质谱联用仪（GC－MS）中，把气相色谱仪作为质谱仪的特殊进样器。利用气相色谱（GC）中吸附剂对每个组分的吸附力不同，使进入系统的混合物被分离成各个单一组分后，按时间顺序依次进入质谱离子源。再利用质谱仪（MS）中质谱离子源的作用将各组分发生电离并生成不同荷质比的带正电荷的离子，离子进入质量分析器后再利用电场和磁场使发生相反的速度色散，将它们分别聚焦而得到质谱图，进而检索分析确定其结构或定量分析。

由于顶空固相微萃能尽可能地保存样品中的挥发组分，而色谱仪又能起定量作用，质谱仪起定性的作用，因此顶空固相微萃取－气相色谱质谱法已经成为检测分析啤酒中的微量风味物质的重要手段。

啤酒中香气和风味物质常规提取及检测过程包括以下三步。

1. 顶空固相微萃取

通常采用的是 HP－5（5%－苯基）－甲基聚硅氧烷，安捷伦（Agilent）毛细管色谱柱（30mm×0.25mm×0.25μm）。

将 20mL 的啤酒样品倒入 50mL 锥形瓶中，放入磁子，保鲜膜封口，放在磁力搅拌器上，设定搅拌速度为 400r/min，45℃预热 5min，插入萃取头，45℃固相微萃取 30min。取样后，拔出萃取头（50/30μm 的 DVB/Carboxen/PDMS），并插入 GC－MS 注射口进行化合物的解吸，被分析物在 280℃解吸 5min。

2. 气相色谱－质谱分析

主要仪器：7890A 气相色谱仪，5975C 质谱仪：Agilent；HP－5（5%－苯基）－甲基聚硅氧烷；毛细管色谱柱（30m×0.25mm×0.25μm）：Agilent。

色谱条件：

载气：高纯氦气；进样口温度：250℃；检测器温度：280℃；载气流速：1mL/min；分流比：50∶1；柱室程序升温：初始柱温 40℃，保持 5min，以 5℃/min速率升至 220℃，保持 10min。

质谱条件：MSD 检测器，EI 电离源，质量扫描范围 m/z30－400，四级杆温度 150℃，离子源温度设为 230℃，设定传输线温度为 280℃，设定电子倍增器电压为 1400V。

对最终啤酒样品取样分别测定三次。

3. 数据分析

挥发性化合物通过面积归一法，与 NIST08 质谱库（Agilent Technologies Inc.）中标准谱图及文献报道的保留时间比对，进行定性和定量分析。

第三节　酒花香气形成途径

一、酒花香气形成途径之一——香气前体物质的分解

酒花香气形成的前体物质（图 8－2）主要是水溶性和非挥发性的一组风味

前体。里那醇是酒花香气的主体成分之一，其前体物质主要由下列一组物质组成。

-糖苷+萜烯醇结合物（香叶醇、里那醇、松油醇）。

-半胱氨基酸+硫化合物

-糖苷+多酚化合物

-多酚

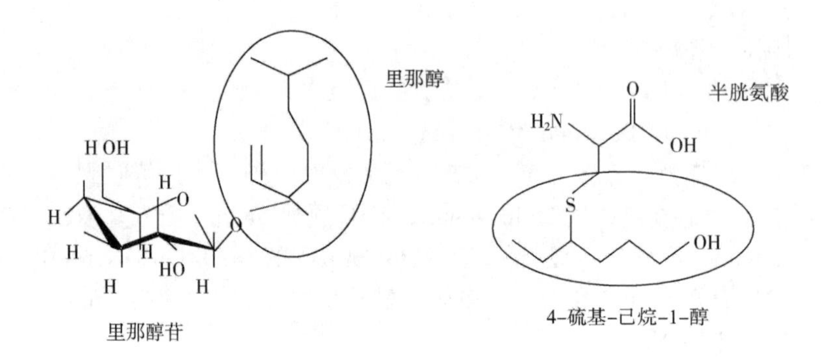

图8-2　形成香气的前体物质（里那醇苷、半胱氨基酸和4-硫基-己烷-1-醇）

在发酵过程中，酵母代谢产生的酯类和芳香族的大部分醇类对啤酒香气起着不小的作用。酯类化合物对啤酒的水果味道和香气做出了重要的贡献，它是酵母自然发酵的副产物。双乙酰在主发酵时形成，在啤酒成熟时消失。一些香气物质会与糖苷键结合在一起，酵母进行发酵分解时，首先将麦汁的可发酵性糖转化为酒精和CO_2，当麦汁中的可发酵糖完全被分解时，酵母处于饥饿状态，在发酵前期，一部分香气物质与糖苷形成的糖苷复合物，在酵母饥饿时，该复合物会在糖苷酶的作用下，其糖苷键被打开，这样香叶醇、里那醇、松油醇和4-硫基-己烷-1-醇就能释放出来（P. Ting，1999）。

二、酒花香气形成途径之二——酒花衍生的硫醇

研究发现，酒花中能衍生出7种硫醇（Toru Kishmoto，2008），它们均能为酒花提供丰富的水果香气，是非常重要的香气化合物。它们具有柑橘柠檬香（柚子，橘子，柠檬，荔枝，芒果）。

主要硫醇化合物为：4-硫基-4-甲基戊烷-2-酮、4-硫基-己烷-1-醇、3-硫基-3-甲基丁烷-1-醇、4-巯基-4-甲基-2-戊酮（4MMP）。

其中4-巯基-4-甲基-2-戊酮（4MMP）是啤酒中的关键柑橘香气化合物，最多见于美国酒花中。美国酒花品种西姆科、顶峰、阿波罗、千禧和卡斯卡特柚子香气突出。由于遗传或环境影响，在欧洲的啤酒花中没有检测到

4 - MMP。

三、酒花香气形成途径之三——萜烯醇的生物转化

在发酵前期，单萜醇在酵母作用下转化，香叶醇主要转化成了 β - 香茅醇，少部分转化成了里那醇。橙花醇可以转化成里那醇和 α - 松油醇。一部分里那醇可以转化为 α - 松油醇。其中，香叶醇转化为 β - 香茅醇的速度很快。在发酵过程中，香气物质发生转化，就形成了不同的香气，使香气更加成熟，这是形成香气的重要途径之一（图 8 -3）。

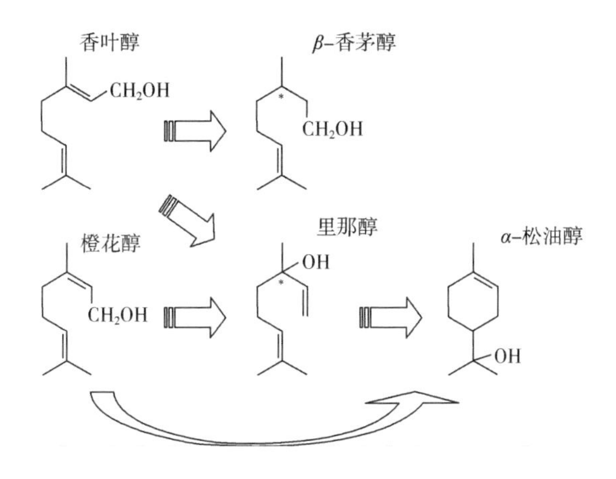

图 8 -3　萜烯醇在发酵前期的转化

第四节　酒花在煮沸过程中香气的变化

在麦汁煮沸过程中，添加酒花形成的香气被称为熟酒花的香气（Kettle Hops Flavor）。麦汁煮沸过程是一个复杂的过程，除酒花中 α - 酸异构化形成苦味的异 α - 酸、酒花中的多酚与蛋白质结合形成复合物、灭酶、麦汁杀菌、水分蒸发和麦汁颜色的加深外，绝大部分酒花中低沸点的挥发性香气物质被蒸发掉。

熟酒花香气指在煮沸过程加入酒花产生的香气，这个阶段主要提供苦味，香气残留很少。为了更大程度地保留香气，一般在煮沸前期加苦型酒花，煮沸后期加香型酒花。酒花油成分非常复杂，有几百种之多，通常分为三大类，香叶烯、葎草烯、石竹烯。其中香叶烯沸点较低，在煮沸过程中大部分被挥发，

而葎草烯和石竹烯部分被留在麦汁中，最终形成啤酒的香气成分。酒花油中低沸点的萜烯类是一种受欢迎的香气物质，为了较大成程度地保留它们，人们倾向于煮沸终了前5~10min添加酒花。

研究者（Takoi等，2010）用Hallertauer Tradition（哈拉道传统），9702A和9803A三种酒花做麦汁煮沸前后香气含量的对比，酒花中的香气物质含量被视为煮沸前的香气物质含量，在105℃高压蒸汽处理5min之后的麦汁中的香气物质含量被视为煮沸后的香气物质含量。对比表8-6中的数据可知，萜类化合物和异丁酸酯类化合物在煮沸后含量大幅度下降，尤其是萜类化合物，含量降低到1g/g以下，不足煮沸前含量的1%。其他一些研究者也报道，大部分来自酒花中的疏水性萜烯烃在成品酒中几乎不存留。

表8-6　　三种酒花的香气物质含量在煮沸前后的变化　　单位:%

	HHT		9702A		9803A	
香气物质	煮沸前	煮沸后	煮沸前	煮沸后	煮沸前	煮沸后
α-葎草烯	50.9	0.1	5.1	痕量	36.1	0.1
β-蒎烯	127	0.1	153	0.8	134	0.2
异丁酸异丁酯	4.5	0.2	3.8	0.3	2.4	0.1
异丁酸异戊酯	1.1	痕量	4.1	0.1	1.3	痕量
2-甲基丁酸	12.2	0.2	16.4	0.4	6.6	0.1
里那醇	37.4	6.9	126	42.3	65.6	17.4
α-松油醇	1.3	0.4	4.0	2.4	3.9	1.7
β-香茅醇	痕量	痕量	痕量	痕量	痕量	痕量
橙花醇	0.1	痕量	0.4	0.2	0.5	0.2
香叶醇	0.8	0.2	5.2	2.0	17.2	4.7

笔者本人以西楚酒花为原料参考前人文献所做的研究（表8-7），以酒花中的香气物质含量视为煮沸前的香气物质含量，100℃煮沸85min后的麦汁中的香气物质含量视为煮沸后的香气物质含量，由表8-7可知，由于酒花中的香气物质属于低沸点的易挥发化合物，所有香气物质在煮沸后含量都是下降的。

表8-7　　西楚酒花煮沸前后香气物质含量　　单位:%

	煮沸前	煮沸后	变化量
β-月桂烯	75.2976	67.1516	-8.1460
石竹烯	10.3952	5.5786	-4.8166
葎草烯	13.7954	12.7871	-1.0083
β-蒎烯	1.8242	1.1971	-0.6271

续表

	煮沸前	煮沸后	变化量
里那醇	1.1673	0.7418	-0.4255
香叶醇	0.4523	0.1098	-0.3425
丁酸异戊酯	0.1724	痕量	-0.1724
乙酸异戊酯	3.5426	0.3	-1.3281
月桂酸乙酯	2.4	0.1	-2.3

近些年来，发现在煮沸结束时或在回旋沉淀槽中添加酒花，也称晚加酒花（Late Hopping）能更好地保留麦汁中酒花油成分，增加酒花香气浓郁程度，使啤酒苦味降低，避免了酒花香气的损失。

第五节　啤酒中“日光臭”形成的机理

异α-酸具有三个缺点：对光不稳定，风味不稳定易氧化，化学性质不稳定。因此，啤酒经过日光照射会产生一种令人厌恶的气味——日光臭，日光臭为啤酒常见的一种风味缺陷。形成日光臭的有效波长为420~520nm，3-甲基-2-丁烯-1-硫醇（MBT）是日光臭的特征风味物质。酒花中的α-酸在麦汁煮沸过程中易氧化生成异α-酸，异α-酸对光不稳定，受光易分解生成3-甲基-2-丁烯，啤酒中的蛋白或含硫氨基酸受光作用生成硫基，二者结合生成3-甲基-2-丁烯-1-硫醇。啤酒的包装材料、日光照射时间及啤酒中的核黄素等因素也会直接导致日光臭的形成。

一、3-甲基-2-丁烯-1-硫醇的特征

1. 一般性质

3-甲基-2-丁烯-1-硫醇含有一个硫基醇，一个未饱和的C=C，软酸性，在啤酒中以未电离的形式存在。

2. 呈味活性

3-甲基-2-丁烯-1-硫醇具有很强的呈味活性，纯的3-甲基-2-丁烯-1-硫醇有青蒜一样的辣味，溶解于水则变成狐臭味或臭鼬味。在水溶液中的阈值为0.1~0.4g/L，不同的啤酒中3-甲基-2-丁烯-1-硫醇具有不同的阈值，有些人对3-甲基-2-丁烯-1-硫醇风味敏感，一般在啤酒中的阈值为

4.4～35g/L。

3. 稳定性

4℃时，3－甲基－2－丁烯－1－硫醇在二氯甲烷的稀释溶液中能稳定地保存几周，纯的3－甲基－2－丁烯－1－硫醇液体是极不稳定的，很容易氧化，发生聚合反应生成二聚物。在己烷中，3－甲基－2－丁烯－1－硫醇经紫外线照射形成环状化合物。

二、啤酒中3－甲基－2－丁烯－1－硫醇的形成机理

啤酒中的异α－酸在光的作用下降解，形成3－甲基－2－丁烯基团类物质，进一步与硫氨基化合物形成3－甲基－2－丁烯－1－硫醇（图8－4）。

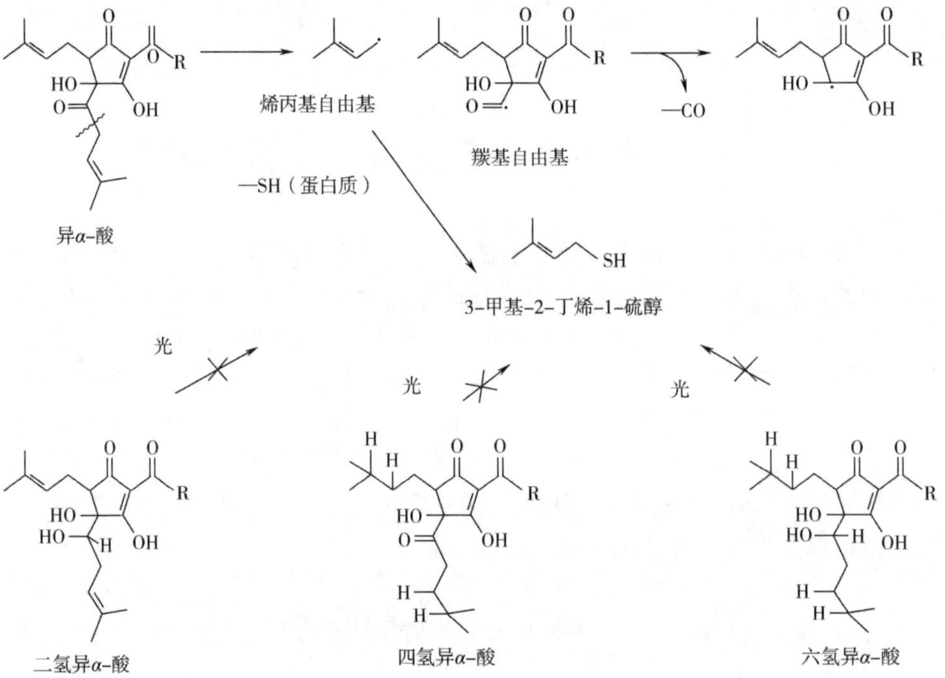

图8－4　3－甲基－2－丁烯－1－硫醇形成途径

三、影响3－甲基－2－丁烯－1－硫醇形成的因素

1. 日光的影响

日光中的蓝光、紫光和接近紫外线的光能最大，一定程度上可以促进日光臭特征风味的生成。在光波420～520nm，啤酒的还原能力消失，350～500nm的

光波危害最大。从啤酒瓶比较而言，绿色和无色透明玻璃瓶比棕色玻璃瓶更容易透过这一范围的光线，因此更容易受到影响（图8－5，图8－6）。

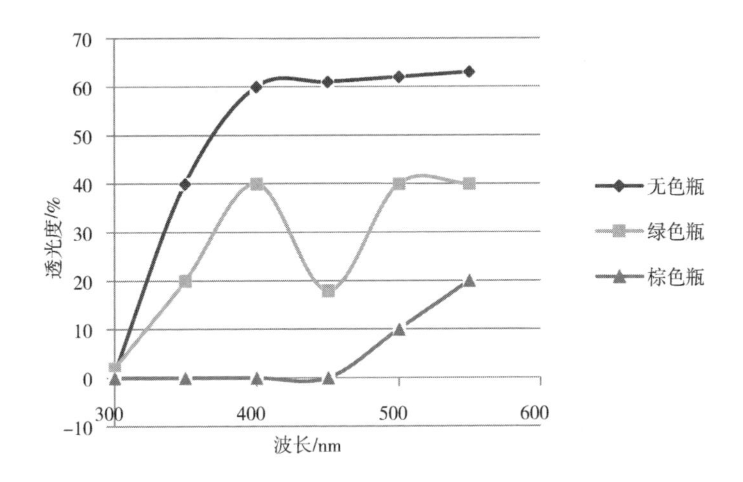

图8－5　三种颜色瓶子的透光度

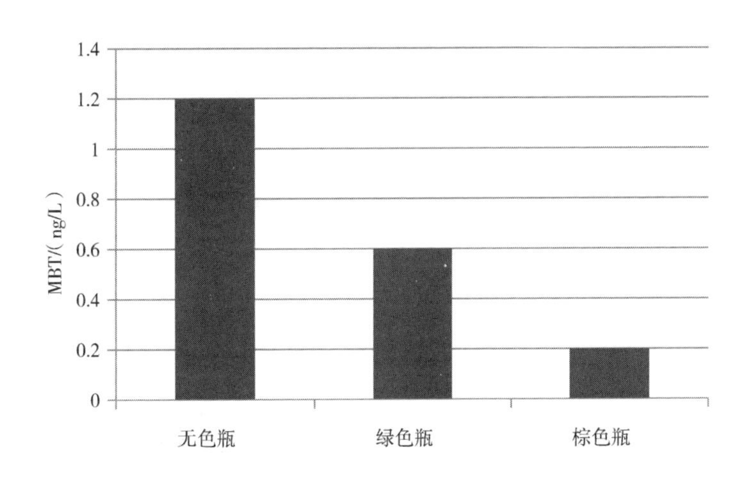

图8－6　三种瓶子中3－甲基－2－丁烯－1－硫醇浓度［紫外线强度82J/cm^2］

2. 酒花中苦味酸的影响

酒花中某些化合物的衍生物如异α－酸的异苯基侧链是形成日光臭的主要基团。紫外线照射下的异α－酸在276nm处有最大光吸收峰，并呈独立的激活态，这种状态在内部系统中交叉碰撞，形成3－甲基－2－丁烯－1－硫醇的前体物质——3－甲基－2－乙烯基。

3. 含硫化合物的影响

研究表明，当啤酒的氧化能力下降时，只能由硫化氢来生成3－甲基－2－

丁烯－1－硫醇，啤酒3－甲基－2－丁烯－1－硫醇分子中硫原子的来源，目前还不清楚，但是从某种程度来讲，啤酒中的蛋白质、多肽、自由氨基酸都参与了日光臭特征风味物质生成的有关反应。这些反应受啤酒中氧化还原电位的影响。

四、控制啤酒中3－甲基－2－丁烯－1－硫醇生成的措施

1. 啤酒包装形式

（1）尽量使用棕色或者黑琥珀色等不透光的玻璃瓶，以降低350～500nm光波对玻璃瓶的透过率，尽量少使用绿色瓶或透明玻璃瓶。如使用无色透明玻璃瓶必须采取相应措施，除了在原料、工艺方面采取措施外，关键是要添加四氢或六氢异构化α－酸酒花浸膏取代异α－酸。因为其侧链经过还原，稳定性增强，不易断裂，能抑制日光臭的形成。

（2）使用更大的商标或用纸包在玻璃瓶上，其目的是避免日光的照射。

2. 在啤酒中添加铜离子，可以抑制硫化氢的形成，阻止日光臭的形成，但对啤酒风味有负作用。

3. 美国科研人员发现，在麦汁煮沸过程中添加微量水溶性锌盐可抑制成品啤酒中产生日光臭味。加入微量锌盐的麦汁，酵母细胞能将发酵过程中产生的硫化氢大量释放，随二氧化碳逸出，使成品啤酒中的硫化氢含量降低，以提高啤酒抗日光臭能力。因为酵母的利用，锌离子在成品啤酒中不会存在过多。

4. 可以通过降低核黄素类物质在啤酒中的含量，来降低啤酒的光敏感性。目前解决“日光臭”的问题，以使用异构化的酒花制品最为实用。使用异构化的酒花制品，不仅操作方便，还能抗氧化，增强泡持性，增加苦味，而且对啤酒日光臭特征风味物质的形成具有抑制作用。

第六节　影响酒花香气风味的因素

影响酒花香气风味的因素有很多，可以归纳为以下几点：酒花的品种，酒花及啤酒的贮存条件，酒花的添加方式，煮沸时间和发酵过程。

一、酒花品种

酒花品种不同，所包含的香气物质的种类和含量也不尽相同，这样使不同的酒花具有不同的香气。酒花中的香气成分主要包括萜烯类和萜烯醇醇类物质，其中萜烯类主要包括α－蒎烯、β－蒎烯、香叶烯、柠檬烯、葎草烯、法呢烯、

石竹烯等，萜烯醇类主要包括里那醇和香叶醇。萜烯类物质进入到啤酒中的含量较少，对啤酒酒花香气强度的贡献可以忽略。表8－8列举了几个具有代表性的酒花及其所有的香气物质和含量。

表8－8　　常见酒花中香气物质含量

	卡斯卡特	世纪	奇努克	西楚	水晶	千禧
β－蒎烯/%	0.5－0.8	0.8－1.0	0.3－0.5	0.7－1.0	0.1－0.2	0.4－0.5
香叶烯/%	45.0－60.0	52.0－60.0	20.0－30.0	60.0－70.0	6.0－14.0	38.0－45.0
里那醇/%	0.3－0.6	0.6－0.9	0.3－0.5	0.6－0.9	0.3－0.6	0.3－0.6
石竹烯/%	5.0－9.0	5.0－7.0	9.0－11.0	5.0－8.0	12.0－14.0	8.0－10.0
法呢烯/%	6.0－9.0	<1.0	<1.0	<1.0	<1.0	<1.0

欧洲酒花和美国酒花中萜烯类香气物质的含量差别较大（图8－7），因为种植环境和品种的影响，美国酒花中呈现橘香的香叶烯和橙花醇含量普遍高于欧洲酒花（Takoi等，2010），这也是为什么酒花干投时大多选用美国酒花的缘故。

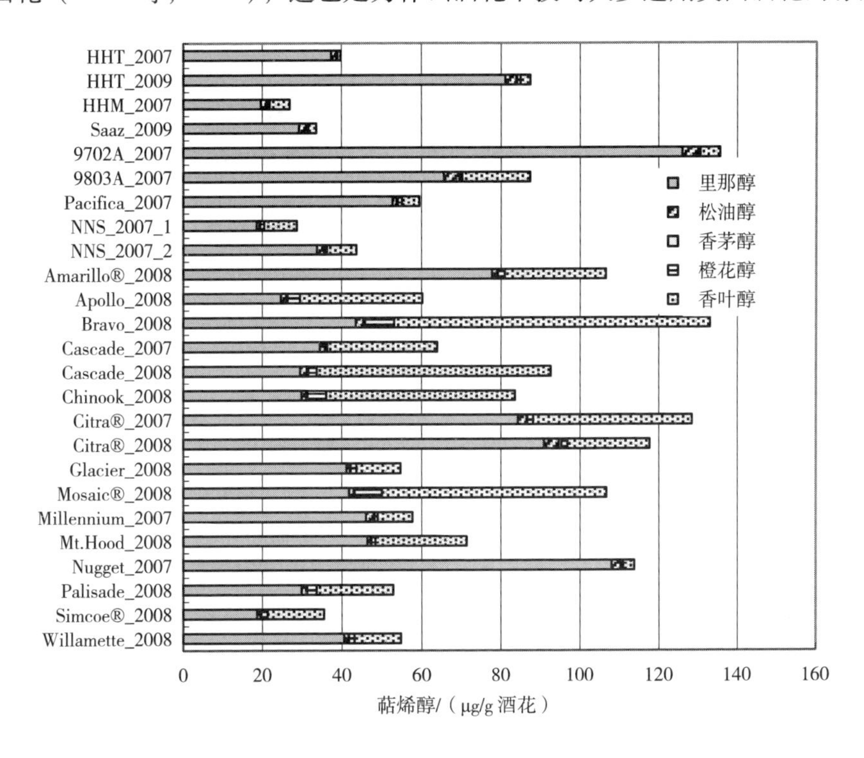

图8－7　欧洲酒花和美国酒花中萜烯醇的含量*

注：德国：HHT（哈拉道传统）、HHM（哈拉道中早熟）、9702A、9803A；新西兰：NNS（尼尔森苏维）；捷克：Saaz（萨兹）；美国：Amarillo（亚麻黄），Apollo（阿波罗），Bravo（喝彩），Cascade（卡斯卡特），Chinook（奇努克），Citra（西楚），Mosaic（摩西），Millennium（千禧），Mt. hood（胡德峰），Nugget（拿格特），Palisade（芭乐西），Simcoe（西姆科），Willamette（威廉麦特）。数字表示采摘年份。

二、酒花及啤酒的贮存条件的影响

为了研究贮存条件对酒花和啤酒香气的影响，采用了老化法加速对酒花和啤酒进行老化，以此来研究酒花和啤酒在贮存前后香气物质含量的变化。实验以西姆科酒花为原料，来探究新鲜酒花和老化酒花在香气物质种类和含量间的区别。在酿造前，酒花在0℃的冰箱中保存，视为新鲜的酒花，其中一组放在通氧的40℃环境下保存2天，将其视为老化酒花Ⅰ，另一组保存5天，将其视为老化酒花Ⅱ。之后将三组酒花进行GC－MS分析，比较三者的香气物质种类和含量变化，具体结果如表8－9。

表8－9　不同老化程度的酒花的香气物质含量

占油总量的百分比/%	新鲜酒花	老化酒花Ⅰ	老化酒花Ⅱ
α－蒎烯	0.3991	0.2523	0.1746
莰烯	0.1701	0.1516	0.1239
β－蒎烯	0.7951	0.4523	0.3726
侧柏烯	16.5438	14.2312	11.2572
d－柠烯	1.3197	0.0679	0.0412
依兰烯	0.5685	0.4717	0.3423
古巴烯	5.6106	1.7664	1.5126
石竹烯	17.3491	15.9565	15.2273
葎草烯	31.7574	35.057	0.2246
月桂烯	0.2808	0.2163	0.2101
乙酸芳樟酯	0.1453	0.1126	0.0927
里那醇	2.0978	1.0325	0.7446
香叶醛	0.4523	0.2292	0.1438

经过对比分析发现，大部分的香味物质在老化之后含量都是下降的，这说明大部分香味物质都是易挥发的，在高温下挥发，也可能氧化后形成其他物质。

三、酒花添加方式的影响

不同的酒花添加方式对啤酒风味的影响有着很大差别，在麦汁煮沸开始就添加酒花，能使啤酒体现苦味。在煮沸过程中间添加酒花，能使啤酒的苦味和香味都有提高。在煮沸后期添加酒花，主要是能使啤酒获得酒花的香气和风味。但是事实上，大量晚加酒花也会大幅提高啤酒苦味。

酒花干投啤酒具有新鲜的干酒花香气，这与酒花油中单萜类成分紧密相关，多数植物都能产生单萜烯类的芳香物质。在目前啤酒市场处于停滞状态的情况下，对于此种啤酒市场，通过提供新的风味特点的特种啤酒，是激发消费者兴趣的机会。通常情况下，啤酒是在糖化过程中添加酒花和酒花制品的，目的是提高苦味物质的利用率，使利用率最大化。在煮沸前期添加酒花和酒花制品，在经过煮沸几分钟后，酒花香味物质就会挥发。但是在煮沸后期添加酒花，虽然可以得到相当好的酒花香味，但是酒花的品种特性很难实现重复性。因为酒花品种特定的香味物质在加工过程中会挥发，香味物质即使是短暂的暴露仍旧无法避免挥发。那么想要使酒花品种特定的酒花香气保留，理想的酒花添加方式就是：在冷却阶段添加。那么就可在回旋沉淀期间添加酒花或在发酵期间添加酒花。在麦汁冷却阶段添加酒花并不违反现有的法律法规。煮沸期间晚加酒花，酒花香气更多地集中在倍半萜类组分的氧化形式，这是因为这些成分在酒花油中挥发性较弱。

现代美国酒花品种的香气浓郁，并且酒花中酒花油的含量都明显高于其他国家的类似品种。因此这也形成了一种典型的美国风格，即啤酒风味中强烈的干酒花特征。

IPA 啤酒的“干投技术”能够使香叶烯、柠檬烯、法呢烯等香味物质更好地溶解到酒体中，带给啤酒与众不同的香味。“湿投技术”是近几年精酿啤酒者新提出的一个名词，指的是在酿造过程中，加入新鲜的酒花，然而湿投不仅可以在发酵或售酒罐中添加，也可以在煮沸环节中添加。使用新鲜的酒花酿造的 IPA 啤酒，香气更加浓郁，香气层次分明，受到了啤酒爱好者的青睐。但是由于新鲜酒花难以贮存和运输，局限性很大，所以对其香气的研究也受到了限制。不过感官品评者认为，这种湿投工艺所酿造的 IPA 啤酒带来香气的同时，也会造成酿造啤酒中有青草和蔬菜的味道。

四、麦汁煮沸时间的影响

适当的煮沸可以促进酒花的有效组分的浸出，但过长时间的煮沸就会大量蒸发酒花中的萜烯醇等香气物质，甚至几乎全部消失。如：月桂烯（myrcene）、芳樟醇（linalool）、香叶醇（geraniol）、葎草烯（humulene）、石竹烯（caryophyllene）、葎草烯环氧化物（humulene epoxide）、桉叶醇（eudesmol）、金合欢烯（farnescene）、大马酮（damascenone）等在煮沸过程中的浓度变化如图 8－8。

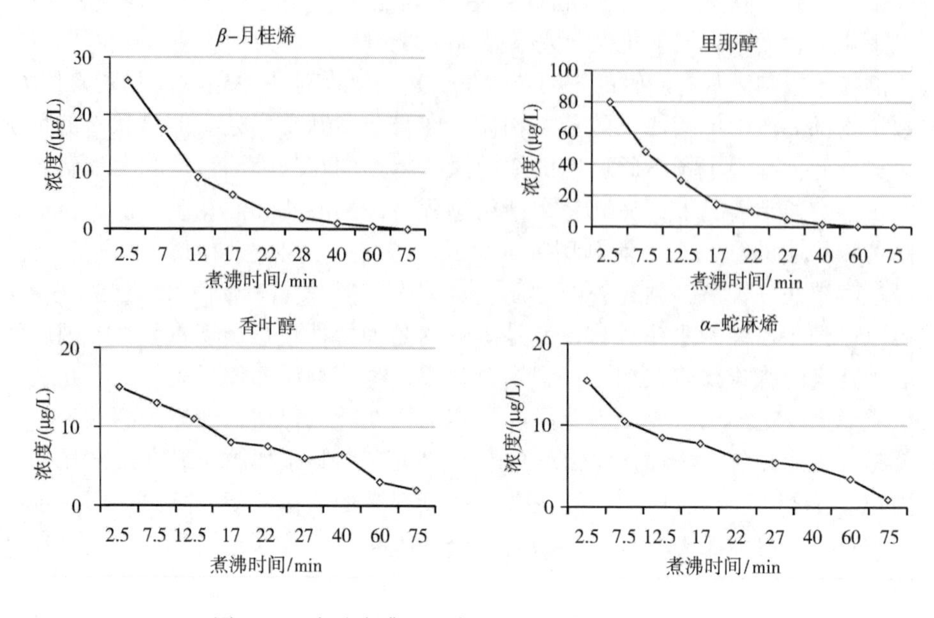

图 8-8 麦汁煮沸过程中主要酒花香气物质的变化

五、发酵过程的影响

酒花香气物质进入麦汁中后并不是一成不变的，它们会通过酵母的生物转化和一些化学作用（氧化还原反应、水解作用等）来进行转化。酒花中的香气物质在这个过程中有的会消失，同时会形成新的香气化合物；有的物质在酒花中没有呈现出香气，但是进入到啤酒中经过转化，对啤酒的香气做出了巨大贡献。同时，同一种香气物质的分子结构和空间结构不同，对啤酒香气的影响也不同。目前，对 IPA 啤酒中酒花香气物质在发酵过程中的变化研究比较少。King 等的实验证明了在麦汁发酵过程中可以观察到香叶醇下降，同时 β - 香茅醇上升，这在一定程度上证明了香叶醇可以转化为 β - 香茅醇，但是并不能证明香茅醇只是由香叶醇衍生来的。Takoi 等发现，啤酒中形成的 β - 香茅醇是由于酵母代谢香叶醇的作用。同时发现，在麦汁的发酵过程中，香叶醇和香茅醇的下降和上升程度并不是相互对应的，这从侧面证实了 β - 香茅醇还有其他合成途径。研究发现，不同类型的酒花转化啤酒中里那醇和其他的酒花香气物质的转化率不同，里那醇的转化率为 50% ~110%，香叶醇转化率为 100% ~240%，这说明在酿造过程中，至少有两种物质产生相同的产物。日本学者发现酒花香气物质中的酯类在发酵前的麦汁中含量很低，在发酵完成后的麦汁中浓度有很大提高，这可能是由于酵母代谢活动的原因。近几年，国内也开始重视对酒花香气物质的研究。

第七节　酒花香气的阈值

酒花中的主要香气物质的阈值很低（μg/L），即便啤酒中含有痕量的物质，也能被嗅闻到（表8-10）。

表8-10　香气物质及其阈值

化合物	香气描述	阈值/（g/L）
4-巯基-4-甲基戊烷-2-酮	麝香葡萄，黑加仑	0.002
β-大马酮	苹果，桃，水果	0.02
3-巯基-4-甲基戊-2-醇	大黄茎，葡萄柚	0.07
（E，Z）-2，6-反二壬烯醛	黄瓜，绿色蔬菜	0.5
β-紫罗兰酮	花香，紫罗兰，浆果	0.6
2-乙基-4-甲基戊酸乙酯	柑橘，菠萝	1~18
乙基-2-甲基丁酸	柑橘，苹果	1.1~45
芳樟醇	薰衣草，花香	2~80
乙基-3-甲基丁酸	柑橘，苹果	2
香叶醇	花香，玫瑰	4~300
乙基-2-甲基丙酸	柑橘，菠萝	6.3~164
β-香茅醇	青柠，荔枝	9~40
月桂烯	草药，树脂，绿色蔬菜	9~1000
环氧葎草烯Ⅰ	草料味	10
（Z）-3-己烯醛	绿色蔬菜，树叶	20
4-（4-羟基苯基）-2-丁酮	柑橘，覆盆子	21.2
橙花醇	花香，酸橙，柑橘	80~500
葎草烯醇Ⅱ	菠萝，艾蒿	150~2500
β-石竹烯	雪松，辛辣，丁香	160~420
α-松油醇	丁香，树脂，玫瑰	330
1-己醛	绿色蔬菜，树叶	350
柠檬烯	柑橘，绿色蔬菜	1493
环氧葎草烯Ⅱ	雪松，青柠	450

续表

化合物	香气描述	阈值/（g/L）
葎草烯	花香，青草味	747
蛇麻二烯酮	—	100
香叶异丁酸	—	450
金合欢烯	—	550
桉叶醇	—	10000

第八节　不同产区的卡斯卡特（Cascade）酒花香气对比

酒花的香气受种植环境的土壤和气候的影响，即便是同一个酒花品种在不同的地区和农场种植其香气和风味也会呈现不同的特色。

一、煮沸过程添加酒花的香气对比

实验中使用来自新西兰、美国和中国的三个不同产区种植的卡斯卡特（Cascade）颗粒酒花，在煮沸过程中添加并检测其香气（表8-11），发现其风味有较大的差别。

表8-11　不同产区的卡斯卡特颗粒酒花中的各香气成分占总香气量的比例 单位：%

香气成分	新西兰	美国	中国
2-甲基-3-丁烯-2-醇	—	—	0.2299
异丁酸异丁酯	0.229	—	—
α-蒎烯	0.3571	0.3001	—
β-蒎烯	0.9094	0.3327	0.821
月桂烯	48.1832	45.5407	39.4091
异丁酸异戊酯	0.1805	0.3573	—
异丁酸-2-甲基丁酯	0.9644	—	—
d-柠烯	1.0831	1.1951	0.6943
罗勒烯	0.2115	—	—
芳樟醇	0.2	0.5414	—
香叶醇	0.5617	0.4839	—

续表

香气成分	新西兰	美国	中国
2-十一酮	0.183	0.2493	—
4-癸烯酸甲酯	0.3297	—	0.5311
香叶酸甲酯	0.2316	0.418	0.5774
依兰烯	0.1791	0.2687	—
古巴烯	0.5766	0.9212	0.633
乙酸香叶酯	0.8304	0.2099	0.7312
石竹烯	7.4699	10.0733	12.4977
荜澄茄烯	0.2596	0.2522	0.6191
香柠檬烯	1.2025	1.3126	0.7832
β-金合欢烯	7	8	8
葎草烯	19.667	20.3	24.4254
2-甲基丁酸香叶酯	0.2616	—	—
γ-杜松烯	1.3046	1.5998	1.4323
β-瑟林烯	1.2903	1.7224	1.8169
2-十三酮	0.18	—	—
α-瑟林烯	1.7795	2.1866	2.9935
α-金合欢烯	0.251	0.3765	—
丁酸香叶酯	0.7674	0.2724	—
γ-杜松烯	0.8825	0.934	1.0733
δ-杜松烯	1.2996	1.7059	2.0722
α-杜松烯	0.1633	—	—
γ-亚麻酸	0.1758	—	—
总计	32	24	18

实验表明，新西兰卡斯卡特的主要香气成分32种，美国卡斯卡特主要香气成分24种，中国卡斯卡特主要香气成分18种。中国卡斯卡特酒花没有检测到异丁酸异丁酯、异丁酸异戊酯、异丁酸-2-甲基丁酯等酯类物质和罗勒烯等烯类物质以及芳樟醇、香叶醇等醇类物质。中国卡斯卡特酒花香味物质不够丰富，没能完全体现卡斯卡特香花的特点。

二、在回旋槽中添加酒花的香气对比

利用顶空固相微萃取-气质联用（HS-SPME-GC-MS）技术，测定了加酒花回旋后酒花的香气成分。将卡斯卡特酒花加入到煮沸锅中煮沸70min，回旋沉淀后将20mL的待测样品倒入50mL锥形瓶中，放入磁子，保鲜膜封口，放在磁力搅拌器上，设定搅拌速度为200r/min，40℃预热5min，40℃固相微萃取30min。三个不同产区的卡斯卡特酒花回旋后香气成分如表8-12所示。

表 8-12 三个不同产区的卡斯卡特酒花回旋槽添加后香气成分占比 单位:%

香气成分	新西兰	美国	中国
异戊醛	—	—	2.2258
2-甲基丁醛	—	—	0.8067
异丁酸异丁酯	0.5476	—	1.1887
丙酸-2-甲基丁酯	0.5	0.5132	—
β-蒎烯	0.3344	—	2.212
月桂烯	76.3731	84.9715	72.3096
异丁酸异戊酯	0.8463	—	—
异丁酸-2-甲基丁酯	4.5153	2.1259	3.436
d-柠烯	1.6499	2.055	1.9491
芳樟醇	1	0.8	0.7
异戊酸-2-甲基丁酯	0.3395	—	—
2-十一酮	0.4019	—	—
4-癸烯酸甲酯	0.6688	—	—
香叶酸甲酯	0.5549	—	—
乙酸香叶酯	1.7882	—	—
石竹烯	0.9554	0.8375	1.2953
葎草烯	5.563	4.5236	6.0547
丁酸香叶酯	0.4416	—	—
氧化石竹烯	0.2473	—	—
总计	17	7	10

结果显示，酿造过程中添加新西兰卡斯卡特酒花煮沸后测得香气物质 17 种，添加美国卡斯卡特酒花煮沸后测得的香气物质有 7 种，添加中国卡斯卡特酒花煮沸后测得的香气物质有 10 种。整体来说，卡斯卡特酒花香气物质损失很大，不适合在煮沸锅中煮沸时间太长，适合在煮沸结束时添加或者干投，这样酒花利用率会提高。中国卡斯卡特酒花煮沸后检测到异戊醛和 2-甲基丁醛两种香气物质。异戊醛天然存在于柑橘、柠檬等精油中。高度稀释时有似苹果香气，浓度低于 10mg/L 时呈桃子香味。说明中国卡斯卡特酒花煮沸后会产生新的柑橘、柠檬、苹果或桃子的香味。而新西兰卡斯卡特和美国卡斯卡特酒花没有检测到异戊醛。

第九节 酒花添加工艺对啤酒风味的影响

一般啤酒发酵工艺要求对经过糖化工序后的麦汁进行煮沸操作，在煮沸过程的不同阶段分批次干投苦型或者香型酒花，这样的做法对于啤酒风味的意义是，酒花中α-酸会通过异构作用反应形成其异构体——异α-酸，它能更好地溶解于麦汁中并且苦味值要大于其异构前驱体α-酸，能赋予啤酒较为和谐的苦味。酒花中80%左右的酒花油在煮沸过程中会损失，但是这些损失的酒花油主要是许多提供不和谐香味的物质，剩余没有因为挥发而损失掉的大部分是主要的酒花香气的提供者，如里那醇等成分，它们赋予啤酒愉悦的水果和花香等香气类型。

酒花干投技术是一种国外流行多年的较为成熟的酒花添加方法，由于这种方式是在发酵阶段干投酒花，发酵期间的温度最高控制在20℃左右。干投酒花可以避免酒花在煮沸阶段高温中被破坏，进而避免了香气物质因高温产生的化学变化，尽可能保证酒花呈香物质的稳定性，保留了酒花的原始香气，对于成品啤酒的香气是有益的。因此，使用酒花干投技术，可通过上面艾尔啤酒的发酵工艺来确定IPA型啤酒的发酵方案。酒精对于酒花中香味物质的溶解性有很大影响，有实验表明，酒精含量越高，酒花中香味物质溶解的越多；酒花的添加量对于成品啤酒酒花香气的浓郁程度有很大影响。因此，应根据对酒的口感的不同需求，选择不同的酒花和酒花添加量。

也可应用下面发酵酵母，进行不同酒花添加工艺的酿造试验，来研究酒花添加工艺对啤酒香气特性的影响。

一、酿造工艺

对煮沸时加酒花方式即传统工艺的酒花添加方式、回旋沉淀时加酒花、在主发酵期间加酒花，这三种酒花添加方式分别编号为工艺A、工艺B、工艺C。添加西楚酒花，上面发酵菌种。

工艺A：在麦汁煮沸过程中添加酒花（熟酒花）：分别在煮沸后第10min，50min，80min处添加酒花，添加总量为麦汁总量的0.2kg/hL，三次添加量分别为酒花总量的30%，50%和20%。

工艺B：在回旋槽沉淀过程中加入酒花（晚加酒花）：添加总量为麦汁总量的0.2kg/hL。

工艺C：在发酵期间加入酒花（酒花干投）：添加总量为麦汁总量的0.2kg/hL。

二、酒花添加方式对风味物质的影响

采用气相色谱质谱联用的方法分别检测工艺A、工艺B、工艺C（即在煮沸期间加酒花、在回旋沉淀期间加酒花、在主发酵期间加酒花）这三种酒花添加工艺所酿造的啤酒的风味物质，检出香气化合物成分及其相对含量，分析如表8－13。

表8－13　不同酒花添加工艺对香气物质的影响　单位：%

组分名称	工艺A	工艺B	工艺C
β－香叶烯	3.781	9.7166	5.6762
β－石竹烯	2.065	3.5968	1.9773
葎草烯	3.799	6.6063	4.5819
β－蒎烯	0	0.0347	0.0201
异丁酸－2－甲基丁酯	0	0.1255	0.0765
柠檬烯	0.0525	0.1526	0.1055
里那醇	0	0.6189	0.5183
香茅醇	0	0.0231	0.0353
β－法呢烯	0	0.2022	0.1187
β－橄香烯	0	0.4134	0.2583
β－瑟林烯	0.2504	0.1027	0.0602
α－法呢烯	0.0546	0.5109	0.3006
异丁酸香叶酯	0	0.0509	0.0528
杜松烯－1	0.0695	0.1221	0.0683
杜松烯－2	0.211	0.283	0.1335

由气质联用分析结果可知，在麦汁煮沸期间添加酒花的啤酒香气物质明显不如酒花干投工艺，这可能是由于在煮沸期间添加酒花，酒花油易挥发的一些香气物质被蒸发掉。在煮沸期间添加酒花所酿造的啤酒，4－乙烯基－2－甲氧基苯酚、香叶酸甲酯、乙酸香茅酯、丁酸芳樟酯、顺式－4－癸烯酸乙酯、Z－四氢－6－（2－戊烯基）－$2H$－吡喃－2－酮、罗勒烯、里那醇、β－法呢烯、古巴烯等这些挥发性的呈香物质没有被检测到，但是在两种酒花干投方式所酿造的啤酒，这些物质均被检测到，并且相对含量也不低，说明煮沸期间添加酒花所酿造的啤酒可能不含有这些物质，这样就会使啤酒口味寡淡，在口感丰富性方面不如酒花干投方式。

有研究称，在传统淡爽型啤酒中，检测到的蒎烯、葎草烯、柠檬烯、香叶烯、法呢烯和石竹烯等萜烯类物质，在煮沸过程中因高温蒸发而大量损失，促使其在啤酒中的含量远远低于其感官阈值，因此对啤酒酒花香气强度的贡献可以忽略。而里那醇等萜醇类化合物及其衍生物对啤酒酒花香气的贡献明显，尤其是里那醇数年来一直被认为是评价啤酒花香气的“标志性化合物”。在回旋沉淀期间添加酒花可以使里那醇的含量相对于在主发酵期间添加酒花要高，因此，在回旋沉淀期间添加酒花啤酒香气会更好一些。

在啤酒中适量的高级醇含量能使酒体丰满，并且能使香气协调。啤酒中主要高级醇有正丙醇、异戊醇、异丁醇，其中“异戊醇”是引起上头的主要物质。从图 8 -9 看出，在煮沸期间添加酒花的酿造工艺所酿造的啤酒，异戊醇的百分含量要比酒花干投的酿造工艺所酿的啤酒的异戊醇含量要高。因此，酒花干投的酿造工艺更不容易引起饮后头晕感，可以放心使用该工艺酿造方法，回旋沉淀期间加酒花和主发酵期间添加酒花相比，在回旋沉淀期间添加酒花异戊醇相对较低。

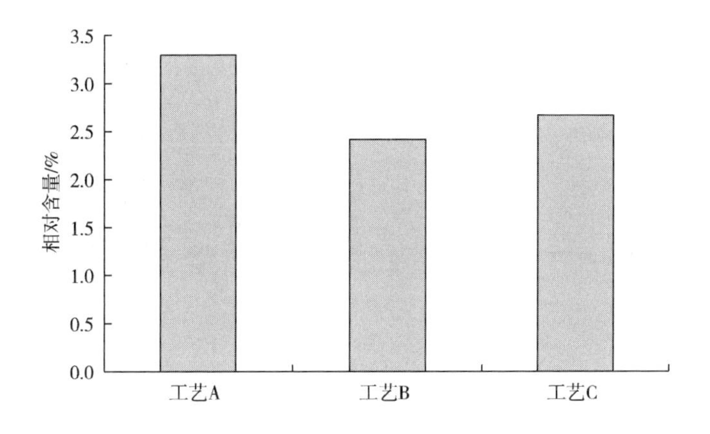

图 8 -9　不同添加工艺异戊醇的含量比较

酯是啤酒风味不可缺少的一类物质。有关专家提出，不仅高级醇含量高会导致啤酒饮后上头，啤酒中的“醇酯比”也会影响啤酒饮后是否上头。由于高级醇在血液中有刺激脑神经的作用，会使之收缩，而酯在血液中则具有使脑神经舒展的作用，所以“醇酯比”低的酒饮后不“上头”。

对不同添加工艺的主要醇类和酯类做分析（图 8 -10a，b），酒花干投工艺的啤酒中酯类与煮沸期间添加酒花的酯类物质相对含量相差不大，但是煮沸期间添加酒花所酿造的啤酒醇类物质相对含量较高，酒花干投的“醇酯比”要比煮沸期间添加酒花的低，因此酒花干投啤酒饮后不“上头”。

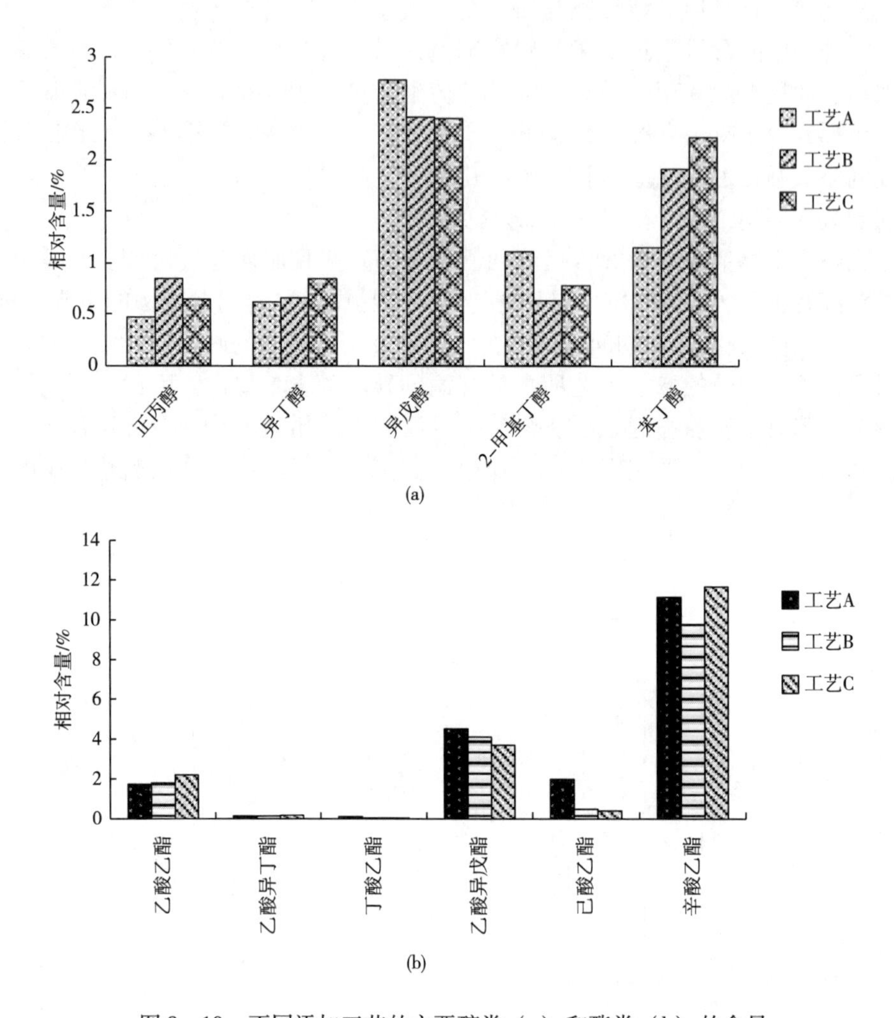

图 8－10　不同添加工艺的主要醇类（a）和酯类（b）的含量

三、啤酒感官品评

分别对工艺 A、工艺 B、工艺 C（即在煮沸期间加酒花、在回旋沉淀期间加酒花、在主发酵期间加酒花）这三种酒花添加工艺所酿造的啤酒取样做感官品评，对啤酒所体现出来的：杀口力、头晕感、醇香、酯香、澄清度、苦味、后苦味、酒花香等感官特性进行打分评判，从 0 分到 5 分，分别代表差、可辨别、轻微、中等、强烈和很强烈。样品分为三组，采用盲评法。根据打分的平均值，做出风味特性雷达图。

由图 8－11 可知，在煮沸期间添加酒花苦味比较明显，在回旋沉淀期间添加酒花和在主发酵期间添加酒花则表现为酒花香味明显；在澄清度方面，在煮沸期间添加酒花工艺表现较好。

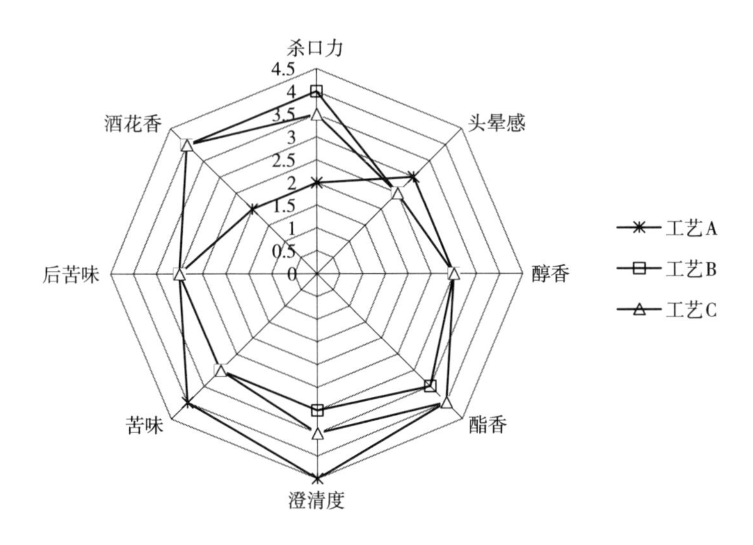

图 8－11　不同酒花添加工艺感官品评风味特性雷达图

三种添加工艺比较小结如下。

不同酒花添加工艺对啤酒风味特性的研究，将工艺 A、工艺 B、工艺 C（即在煮沸期间加酒花、在回旋沉淀期间加酒花、在主发酵期间加酒花）这三种酒花添加工艺所酿造的啤酒进行风味物质检测，分别对总酸、色度、苦味值、总多酚、香气物质进行了检测，并进行感官品评。不同酒花添加工艺对总酸影响不大，三种酒花添加方式的总酸含量没有太大差别；对色度的影响较大，在煮沸期间添加酒花酿造的啤酒色度相对较低，在回旋沉淀期间与主发酵期间添加酒花，这两种酒花添加工艺，均属于酒花干投啤酒酿造工艺，啤酒色度的差别不是很大，但相对于煮沸期间添加酒花来说偏高，因此，传统的啤酒酿造工艺即在煮沸期间加酒花与啤酒酒花干投工艺相比，啤酒酒花干投的啤酒色度会相对较大；不同酒花添加工艺对苦味质的影响较大，这三种酒花添加工艺，在煮沸期间添加酒花的啤酒的苦味质最高，相比于在回旋沉淀期间添加酒花和在主发酵期间添加酒花的啤酒的苦味质都高，在回旋沉淀期间添加酒花和在主发酵期间添加酒花的啤酒的苦味质相差不是很大。不同酒花添加工艺对啤酒香味物质的影响主要在于酒花香气物质上，罗勒烯、里那醇、β－法呢烯、古巴烯等这些挥发性的呈香物质没有被检测到，但是在两种酒花干投方式所酿造的啤酒，这些物质均被检测到，并且相对含量也不低，说明煮沸期间添加酒花所酿造的啤酒可能不含有这些物质，这样就会使啤酒口味寡淡，在口感丰富性方面不如酒花干投方式。引起上头的主要物质是“异戊醇”，酒花干投的酿造工艺的异戊醇含量相比较于在煮沸期间添加酒花还要低，更不容易引起饮后头晕感，可以放心使用该工艺酿造方法，回旋沉淀期间加酒花和主发酵期间添加酒花相比，在回旋沉淀期间添加酒花异戊醇相对更低。

因此，酒花干投与在煮沸期间添加酒花相比较，酒花干投啤酒具有非常丰富的酒花香气的特点，口感丰富，酒体丰满，并且不容易引起饮后头晕感，苦味较低，但是后苦味偏高，酒花干投有助于提高啤酒澄清度和非生物稳定性。

第九章　酒花干投技术

酒花干投和湿投通常在发酵罐或者后储罐中干投酒花，也是区别于其他类型啤酒的一个重要特征。酒花干投没有经过煮沸，能够赋予啤酒丰富的生酒花味和香气，增加酒体中酒花原始的香味物质。酒花干投技术最早起源于英国，目前美国也在使用，并且发展迅速。国外有人在储酒期添加酒花，可以使啤酒具有清新的鲜酒花风味。

数年来关于最佳的酒花添加方法说法很多，目前还没有统一的意见。传统干加酒花工艺使用整花，但酒花干投后极易浮于酒液表面。整花的酒花花苞蛇麻腺是完整的，其整花风味的浸出就会相对较慢，还有整花在贮存过程中容易氧化的问题。目前，酒花干投更多使用的是酒花颗粒。由于颗粒酒花蛇麻腺已经破裂，接触到啤酒后能迅速崩解，因此有效成分能够较快地溶入啤酒。最为传统的颗粒酒花干加方式是直投式，通常是在发酵罐顶直接倒入颗粒酒花。

酒花中很少有能在缺氧、低 pH、高酒精环境下生存的细菌菌株，因此酒花干投工艺一般不会引起啤酒腐败。酒花浸渍的效果跟酒花在啤酒中的接触时间、酒花接触表面积、温度、搅拌程度以及啤酒本身的酒精含量密切相关。

酒花干投（Dry - Hopping）技术已被多数精酿啤酒厂广泛应用于印度淡色爱尔啤酒（IPA）的酿造中。所谓“酒花干投”就是将酒花颗粒或酒花苞在糖化结束后或在啤酒过滤前添加的方法。由于酒花中的低沸点挥发性香气物质在麦汁煮沸过程中几乎散失殆尽，因此在温度相对低的环境下将酒花添加到啤酒中，可以最大限度地保留酒花中的丰富的香气物质，使啤酒呈现出特殊的原酒花味，特别是迷人的柑橘、水果和松木香气。酒花的品种可以选择单一或多品种组合添加，酿造的啤酒香气复杂度高，层次多元化和多变性。所有酒花品种，包括苦型、香型和苦香兼优型酒花，都可以用来进行酒花干投。干投酒花添加量一般在 200 ~ 5000g/kL 啤酒或更多，干投配方主要根据酿酒师的试验来决定。

第一节　酒花干投的历史

酒花干投技术始于何时一直是个谜，下面是有关酒花干投的历史记录。

一、酒花干投在英国

1768年，英国酿酒商清楚地说“如果啤酒被送入温暖的桶中，三分之一以上的酒花是绝对必要的”。

1796年，向麦芽酒和小的酒桶中投放一些酒花，即使是在酿造中被使用过的酒花，你也会发现它同样具有澄清啤酒、减轻苦味，和防止啤酒变酸的作用。尽管它们是用于酿造的，但这些目的它们也能满足。

1835年，William Chadwick建议保留一些酒花在酒桶中，可以使得酒花有令人愉快的味道和香气，相比那些长时间被煮沸的酒花味道更迷人，同时你也会发现这有助于啤酒贮存，防止啤酒变质。

1890年，酒花在酿造和干投中使用量较少。淡色啤酒和生啤酒是当时的主要啤酒类型。

二、酒花干投在德国

1893年，德国重新确定了通过含糖量来决定干投酒花的数量，酿造商使用酒花量为0.23～0.34kg/桶。

1894年，发现“干投酒花”对啤酒风味有调节作用，并开始向成品啤酒中加入少量的干酒花。因此发现了啤酒花花苞中蛇麻腺的存在对啤酒风味的影响。

1901年，啤酒贮藏槽中形成的大量油脂，可刺激神经和消化系统。这可能与大量干投酒花有关。

1901年，德国人认为“Hopfenstopfen”（意为：酒花干投）是浪费时间的，首先考虑的是酒花中酒花油的合理利用，并对酒花严格控制添加工艺，避免过量添加酒花。

三、酒花干投在中国

据德国1904年的报道，2000年前，居住在当今中国满洲里的布里亚特人

（Buryat）的传统酒精饮料（Tarasuns）便使用干投酒花的方式酿造，该工艺更接近于1901年英国和中欧干投酒花的方式。

第二节　酒花干投的基础知识

干投酒花的主要目的：赋予啤酒独一无二的强烈的酒花香气（主要为挥发性化合物）。使啤酒呈现出特定酒花的风味特征。

酒花软树脂中 α - 酸和香油的成分主宰了啤酒的苦味和香气，也创造了许多精酿啤酒的风格。酒花固体或花苞或花叶片部分中的香气前体和多酚化合物对啤酒的风味和口味也很重要。常说的啤酒中的“酒花香”，英语是Hoppy aroma，定义非常复杂，可分为熟酒花香（Kettle hop flavor），晚加酒花香（Late hop flavor）和生酒花或干酒花香（Raw hop flavor）。当然，生酒花的香气取决于添加酒花的品种和数量、添加时间以及工艺过程。啤酒中会呈现出各种复杂的香味如橘橙味、荔枝、芒果、柚子等水果类香气，以及不同酒花品种带来的松香、辛香、花香和酯香味。啤酒中的苦味也是非常重要的口味，其中80%以上是由 α - 酸转化来的，苦味值和苦味较易控制和尝试，苦味值与酒花添加量和添加时间有关。

一、啤酒酿酒过程中酒花干投的常见添加点

酒花中许多成分经过酿造工艺有损失也有转化，特别是酒花香气和风味物质的转化。为保证最大限度地减少酒花低沸点香气物质在啤酒酿造过程中的损失，可以选择在糖化阶段麦汁煮沸结束打入回旋槽后和板式换热器之间，设置一个添加酒花的酒花罐（Hop back），将热麦汁先泵入酒花罐，与罐中的酒花快速交换，将部分苦味物质和酒花香气溶入麦汁中，再进入板式换热器降温后，充氧添加酵母进入发酵罐。因为这种浸提酒花香气的方式是在较高温度和密闭环境下进行，与直接添加酒花到煮沸锅和回旋槽中相比，酒花中香气的损失较少。同样道理，在啤酒发酵过程中，可以在主发酵结束后和啤酒后贮存过程中添加酒花，由于此时的啤酒温度较低，能最大限度地保留酒花中低沸点香气物质，使啤酒弥漫着诱人的生酒花的香气。啤酒酿造过程中酒花干投的主要的添加点如图9－1所示。

二、单一品种酒花干投试验

酒花香气取决于品种、产地、年份等许多因素。因此，需要对每款酒花的

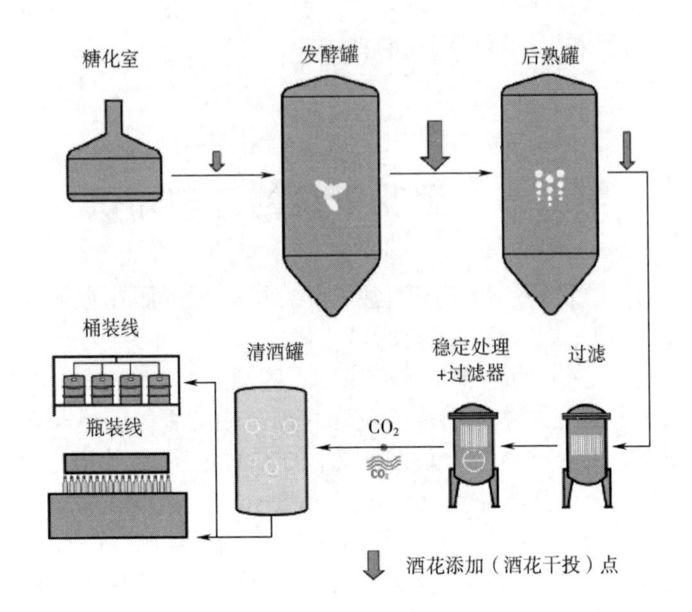

图 9－1　啤酒酿造过程中酒花干投点流程图（资料源于斯丹纳公司）

添加进行独立单一品种的酒花干投试验（图 9－2）。酒花添加到煮沸锅中产生的香气和干投形成的香气完全不同，这就需要进行大量的试验来确定酒花干投最后在啤酒中形成的香气和口感。

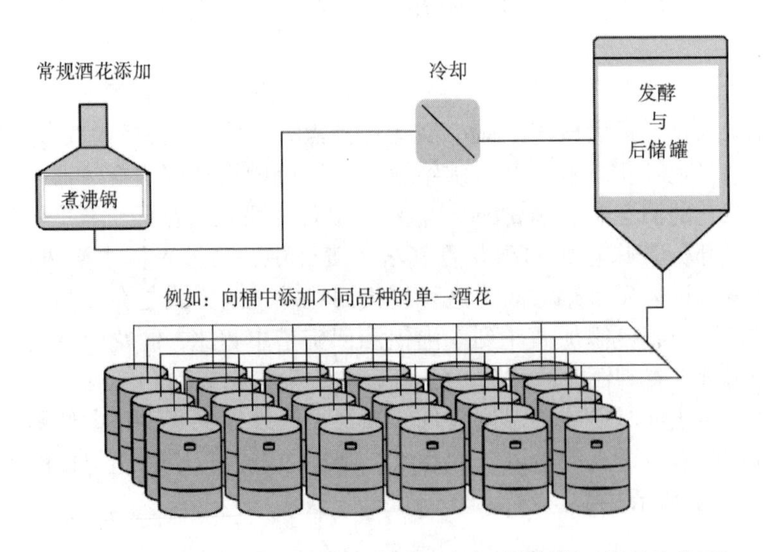

图 9－2　酒花干投的单一品种酒花添加试验（资料源于斯丹纳公司）

三、多品种酒花干投啤酒混合调配试验

酿酒师为酿造出香气复杂浓郁的IPA，通常在酿造过程中会使用多个品种的酒花来平衡啤酒的香气（图9－3）。

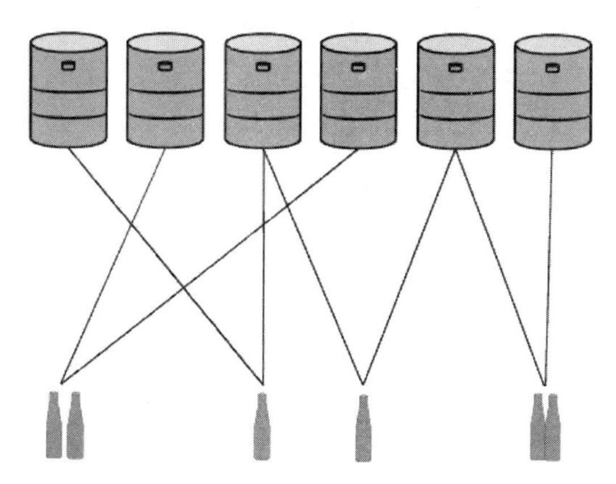

图9－3　多品种酒花干投啤酒混合调配试验（资料源于斯丹纳公司）

第三节　酒花干投技术

一、酒花干投技术1

传统的酒花添加控制要点如下。

（1）通常将酒花（新鲜的原花苞、颗粒酒花，压缩原花苞）直接添加到后熟或后储罐中。

（2）有时可以将酒花先放置于啤酒过滤前的清酒罐（空罐）中，等啤酒过滤后注入清酒罐中，将酒花中的香气物质浸出，赋予啤酒原酒花的香气和风味。

（3）选择通透性良好的酒花袋：添加酒花时可以选用任何可用材料做成的不同形式的酒花添加袋，保证袋子不能有任何异味且具有良好的透气性，有利于酒花与酒液的接触，一些细小的酒花物质易于通过酒花袋溶入酒液，将酒花香气释放到酒液中。

（4）罐体腰部人孔门添加：通常将酒花添加袋子放置于人孔附近，方便酒液空出罐后移除酒花。

罐体顶部添加：在罐体上部干投时，将酒花添加袋通过上部人孔和专用酒

图9-4　发酵罐或储酒罐顶部的酒花干投装置

花手孔添加。新型的酒花干投装置如图9-4，酿酒师可以根据酒花干投量进行容量选择，该装置的容积一般为2~6L。干投时无需将啤酒发酵罐和储罐泄压，通过一个大的蝶阀与罐顶部连接，可以实现等压添加，该设备适合少量酒花干投。优点是避免了二次备压造成的CO_2损失、啤酒的外溢和二次污染等问题。

值得注意的是，酒花添加袋内必须放置有重量的经过消毒的配重物体，一般是放入不锈钢卡箍等，防止酒花袋在酒液上部漂浮，降低浸出效果。另外袋子的容积务必要比添加的酒花体积大5~10倍，特别是颗粒酒花吸附酒液后会膨胀，袋子内部空间不充分，酒花被挤压成团，不利于酒花与酒液的充分接触。另外，可以间隔一定时间从罐体底部填充CO_2来加速酒花香气的溶出。

二、酒花干投技术2

带搅拌的预溶解和循环泵酒花干投控制要点如下。

(1) 最好将酒花（整花或颗粒酒花）加入啤酒或脱氧水中，利用搅拌装置进行充分混合后，再使用注塞泵或循环系统把酒花加入啤酒储罐中（图9-5）。

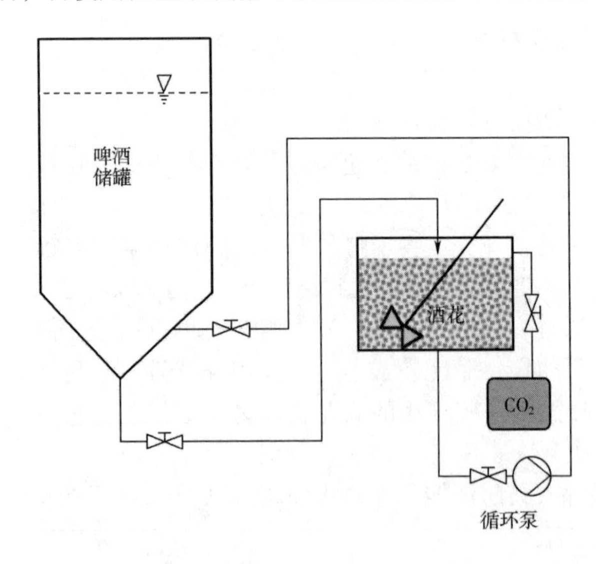

图9-5　酒花干投技术2——带搅拌的预溶解和循环泵干投流程（资料源于斯丹纳公司）

（2）添加过程中酒花添加罐必须先使用 CO_2 备压，避免搅拌和循环过程中造成啤酒中溶解氧的增加。

（3）其他辅助设备　首先使用离心机或过滤系统将酒花中的植物性颗粒去除，再进行常规过滤。

三、干投酒花技术 3

为避免大罐干投酒花时造成溶解氧和微生物污染等问题，通常采用鱼雷式酒花添加罐（Torpedo）与啤酒储罐连接，使用循环泵连续萃取（图 9-6）。多数啤酒厂大多选用该工艺技术进行酒花干投，添加罐有两种结构方式：双端筛板式结构是在添加罐上下两端处安装两个带孔或开槽的端板，酒花放置中间，通过泵循环萃取酒花中的物质；中心管式添加罐是在罐体中心安装一个带网孔的空心管，啤酒在罐体双切向进入与罐内的酒花充分融合后经过中心管流出并连续循环（图 9-7）。

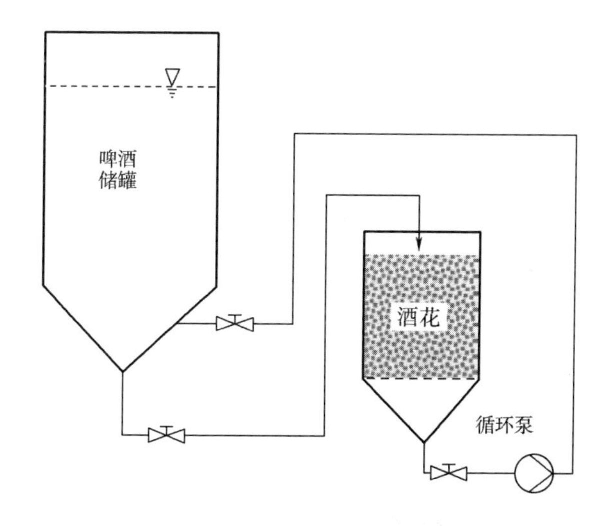

图 9-6　酒花干投罐连续循环萃取流程（资料源于斯丹纳公司）

酒花干投罐连续循环萃取控制要点如下。

（1）把整酒花加入到一个能与酒液易于分离的萃取装置中。

（2）用泵将罐中的酒液通过萃取装置进行循环。

（3）要注意氧和微生物。

（4）鱼雷式干投罐便于快速萃取酒花香味物质。

(1)鱼雷式酒花干投罐

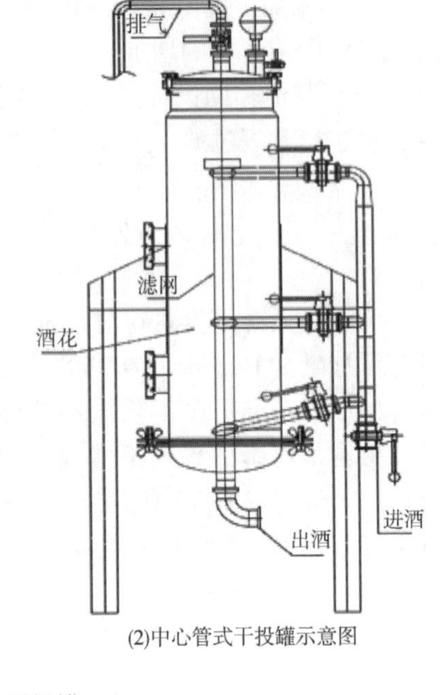

(2)中心管式干投罐示意图

图 9－7 两种酒花干投罐

四、酒花干投技术 4

不锈钢桶式酒花干投控制要点（图 9－8）如下。

(1)桶

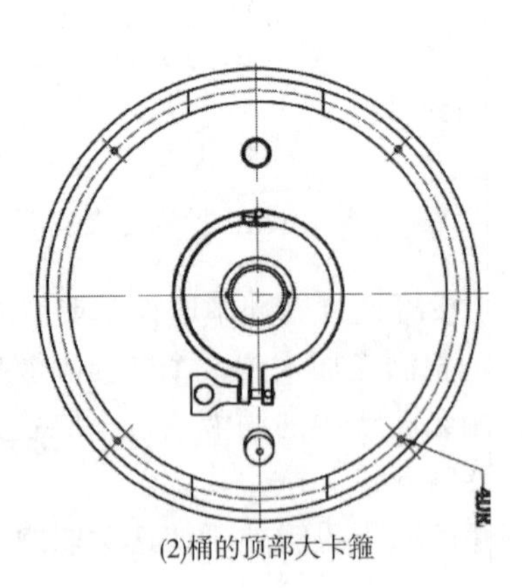

(2)桶的顶部大卡箍

图 9－8 不锈钢桶式干投

（1）将酒花加到最后一道工序装桶后的啤酒中。

（2）在桶装酒中连续进行酒花香气物质的浸出。

（3）使用尼龙袋盛放酒花原花或颗粒酒花（粉碎后添加更佳）。

（4）相比于不过滤，干投酒花后的啤酒有沉淀物，可以通过过滤处理。

使用该方法可以小批量地生产 IPA，不失为进行新品种研发和口味试验的好方法。首先需要购买或定制标准的不锈钢桶，在桶的上部设置可以进行酒花干投的快装卡箍式进口，使用的不锈钢桶规格可以选择 20L、30L 和 50L 不同容量。干投时将颗粒酒花先粉碎后放入预先准备好的尼龙袋子中，加入一个不锈钢卡箍，防止酒花袋子在桶内漂浮，有利于酒花与啤酒的充分接触。酿酒师根据啤酒风味的期望值设定干投时间，通常为 24h 或更长时间。另外准备一个杀过菌的新桶备压后，待干投浸出时间结束后，将啤酒倒入新桶，将干投酒花袋取出，将桶清洗杀菌备用。倒入新桶的酒降温后便可以品评待售了。

五、酒花干投技术 5

该方法近似于在煮沸锅和回旋槽中晚加酒花工艺（图 9 –9），该工艺方法相当于快速热萃取酒花中的苦味和香味物质，在封闭系统中立即降温的一种混合添加方式，该添加设备通常称为酒花后添加器（Hop back）。将 96 ~98℃热麦汁从回旋槽中打出后进入酒花后添加器的上端，与酒花苞和酒花颗粒完全融合浸出风味物质后，经过筛板截留住酒花中的大颗粒物质，再进入板式换热器降温，进而将麦汁通风添加酵母后进入发酵罐。

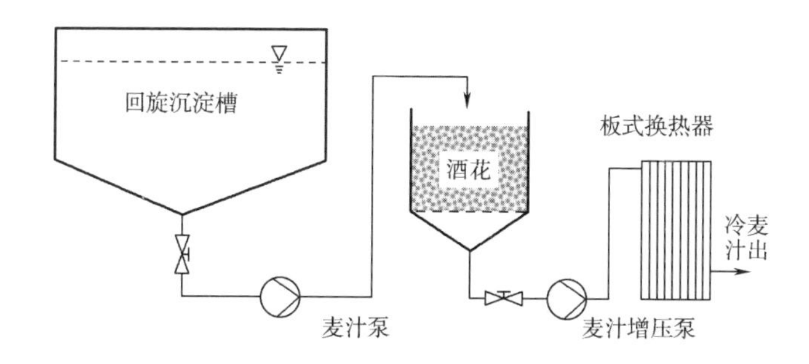

图 9 –9　酒花后添加器（Hop back）工艺流程图（资料源于斯丹纳公司）

酒花干投控制要点如下。

（1）该方法不属于真正意义上的干投。

（2）设备放置于回旋沉淀槽和麦汁冷却换热器之间。

（3）持续萃取酒花中的苦味和香气物质。

（4）一部分酒花香味会在进入发酵后随着通入的无菌风排除，另一部分香气物质在接下来的发酵中发生变化并保留到终产品中。

（5）有时可以使用过滤槽替代该设备，该工艺的微生物污染风险较大。

有些专家建议将麦汁从酒花后添加器的底部流入，再从上端经筛板过滤后流出进入板式换热器，萃取效果更好（图9－10）。

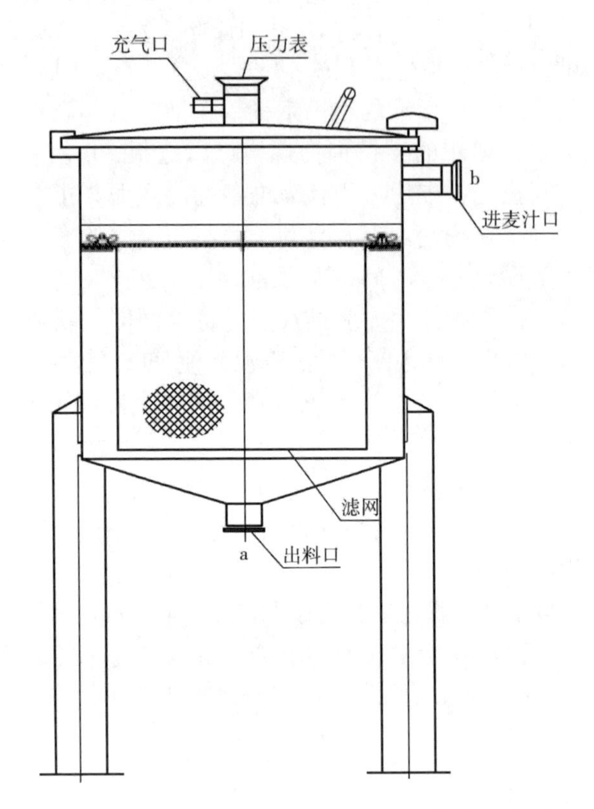

图9－10　酒花后添加器（Hop back）结构示意图

第四节　影响酒花干投的因素

影响酒花干投的因素众多，酒花品种的选择是极其重要的一个环节，复杂和多样的酒花香气取决于酒花品种。清洁的酒花花苞和颗粒的卫生状态会直接影响啤酒的口味纯净性，因此，建议使用酒花油或CO_2浸膏等酒花制品。

值得注意的是酒花的最终香气取决于多种因素，如：酒花种类和收获年份，酒花添加量（国际上常以每百升加颗粒酒花/整酒花苞来计算）。每种酒花都含有不一样的特征酒花油数量，每年总酒花油含量和化学成分会有变动，有条件的企业最好对每个批次酒花进行酒花油的分析，但品评分析最重要。新酒花需要进行小规模的批次试验，对啤酒的口味和香气满意后再做放大实验或应用于实际酿造中。酿酒前要确保酒花有充足的库存量，特种香花需要提前采购。

干投过程的控制对香气影响较大，干投后的啤酒是否需要倒罐还是让酒花始终在罐内停留，需要酿酒师根据产品的特性加以选择。通常情况下，酒花香气在贮存过程，特别是啤酒装瓶后会发生变化。

影响酒花干投的主要因素如下。

（1）干投酒花品种的甄选　低 α-酸含量（小于6%）的香花是干投酒花的首选，这些酒花含有较高的易挥发性酒花油。所有的贵族酒花以及大多数低 α-酸香花和苦香兼优型品种都适用于干投，比如：萨兹、泰特南、哈拉道、卡斯卡特、西楚、西姆科等。应该选择与相应啤酒风格相匹配的酒花——例如：英国的黄金酒花更适用于英式爱尔或印度淡色爱尔，美国的西楚、亚麻黄和西姆科等适合酿造美式风格的 IPA。

（2）使用何种形态的酒花　酒花有颗粒酒花、原酒花花苞和饼状原花，一般首选颗粒酒花，尤其是在使用顶部较小的酒花干投进口时，原花花苞和块状酒花进出发酵罐会很困难。颗粒酒花在添加时，由于其表面积很大，酒花颗粒与 CO_2 相互作用，容易引起泡沫，需要迅速关闭添加口，及时备压。

（3）干投酒花的时间选择　酒花干投的适当时间是主发酵完成后，双乙酰还原结束时。在后熟期间也可以干投酒花避免酒花油挥发掉。其次是直接在售酒桶中干投，这样干投时间不易控制，从而产生“青草”的风味，而酒花可能留在售酒桶中数月之久。干投的酒花在啤酒中驻留的时间也有很大差别。干投时间根据品种和啤酒温度，以最大限度提取酒花油中的香气。酒花干投一般持续 1～3 天时间。将酒花加入售酒桶中可能会使酒花与啤酒接触几个月。干投时间过长，可能会产生“青草”风味，所以应该避免过长时间的酒花干投。实验表明，当啤酒中的里那醇浓度超过 20mg/L 时，酒花香气就已非常明显（图 9-11）。

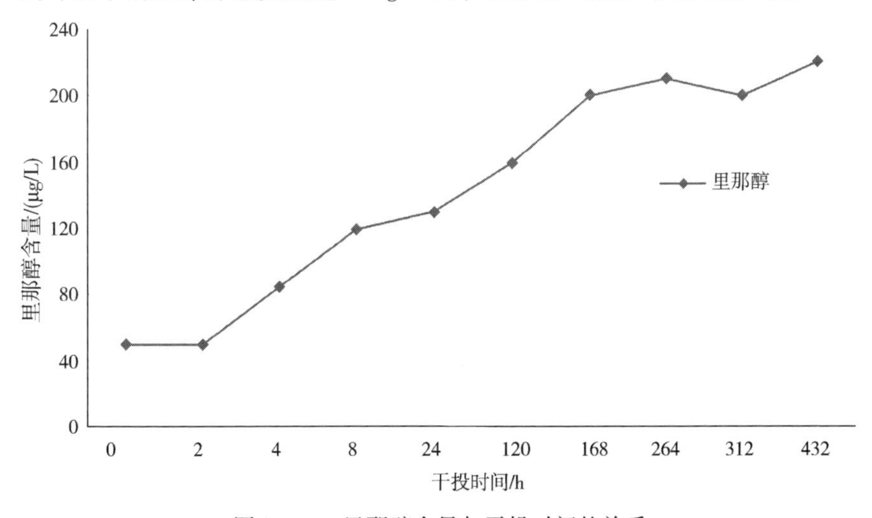

图 9-11　里那醇含量与干投时间的关系

（4）干投温度的选择　啤酒还原双乙酰后一般温度在 18 ~ 20℃，在此温度下干投，酒花的香气物质溶出较快，24 ~ 72h 即可达到要求。如果在 0 ~ 3℃的后储罐中干投酒花，需要 3 ~ 7 天，甚至更长时间才能将酒花的香气浸出完全。

（5）循环和搅拌对干投酒花的影响　实验证明，干投酒花后进行多次循环酒液或适度搅拌酒液，会加快酒花香气物质的溶出，提高干投效果。

（6）袋装和分散式干投对酒花香气的影响　啤酒中酒花香气主要由酒花油的组成决定，里那醇和香叶烯是酒花香气的代表物质，香叶烯属于极易挥发的香气物质，在从酒花添加到成品啤酒的生产过程中损失非常大，里那醇则相对较好，相应的添加可以大大提高里那醇的收得率。实验表明，袋装式干投与分散式干投相比，其啤酒中的 α - 酸和里那醇含量明显偏低，酒花苦味和香气物质的浸出效果不佳，这也是当前推荐使用分散式干投的主要原因（图 9 - 12）。

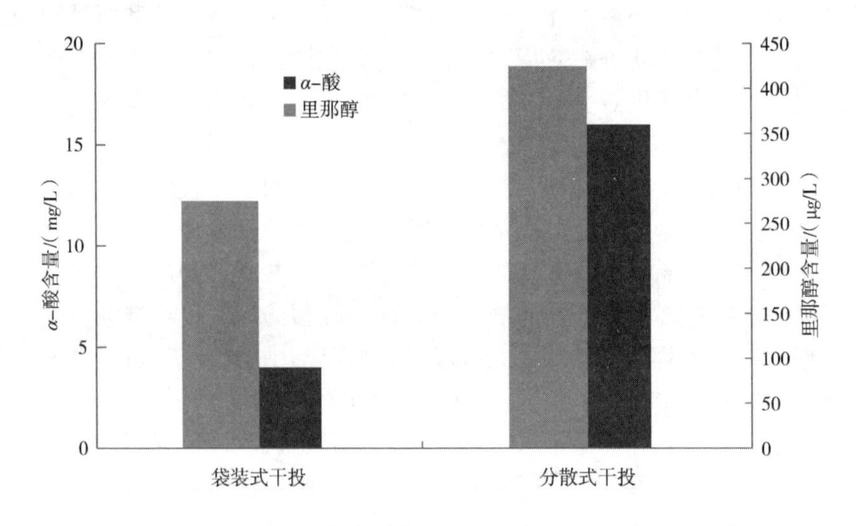

图 9 - 12　酒花干投方式对啤酒中里那醇和 α - 酸含量的影响

第五节　干投酒花的选择

一、如何快速评判酒花香气

1. 香气初品

双手洗净至无异味（包括香皂香味），将一粒酒花颗粒在手心碾碎，双手迅速对搓至手掌发烫，迅速闻香。这个方法有助于对香气有大致了解。必须注意，仅凭借此方法无法正确评价酒花的真实香气，最终以成品酒中呈现的香气为准。

2. 酿造中的啤酒花香气——酒花茶，模拟煮沸

（1）在1000mL的广口锥形瓶中加入600mL水。

（2）加热至100℃。

（3）持续煮沸4min直至水中溶解气体完全逸出，避免酒花油和多酚物质被氧化。

（4）加入2g酒花。

（5）继续煮沸2min（模拟煮沸末期）。1min后摇晃锥形瓶。

（6）滤纸过滤溶液，将滤出的溶液放在凉水中冷却至室温，过程中溶液上加盖以避免空气对其氧化。

（7）溶液装入50mL小瓶中，放置、品评。

3. 酿造中的啤酒花香气——模拟干投

（1）在1000mL的容器中加入94%的酒精溶液53.2mL。

（2）加入946.8mL水，配成5%的酒精溶液。

（3）加入啤酒花。

（4）摇晃容器，混匀，放冰箱保存，品评。

注释：

（1）酒精溶液模仿的是啤酒酒体，酒精度是5%，可以根据自己的实际情况配置与自己酒体相同的酒精浓度。

（2）加入酒花的量自己决定，每吨啤酒决定干投多少千克酒花，就在1L酒精溶液中干投多少克颗粒酒花。

（3）放冰箱后容器加盖，根据实际的干投天数来确定打开溶液品评香气的时间。

（4）这是模拟排完酵母后低温贮存的干投情况。如果在封罐后干投，可以将溶液放置环境的温度提升至封罐温度。

（5）模拟干投仅提供粗略的结果，任何实验都无法精确预测实际干投效果。

二、生酒花香气描述

酒花不仅增加了啤酒的苦味，更重要的是赋予了啤酒丰富迷人的香气，如花香、柑橘香气和优雅的风味。生酒花香气更加浓郁，口感醇厚，略有点涩味。

生酒花的香气主要来自酒花油，其种类多，化学成分较为复杂。酒花油中含有超过500到1000种化合物，其中碳氢化合物（萜烯）占70%、含氧化合物（萜烯醇，有机酸，酯，酮）占30%和少量的含硫化合物。

通常将生酒花的香气描述为各种水果、花香和生活中熟悉的气味，如表9-1所示。

表 9－1　　生酒花香气术语

分类	描述语
柑橘	葡萄柚，柠檬，柑橘
热带水果	菠萝，番石榴，西番莲
核果	桃，杏
花香	玫瑰，天竺葵，花
松树	松针/松树
雪松	雪松木
香料	丁香，肉桂，胡椒，棕色香料，烘烤香料
草药	绿茶，草药茶
青草	新割草，干草，绿色植物
烟草/泥土	烟草叶，灰尘，土壤，土地
汗味	汗脚，干酪
洋葱/大蒜	洋葱和/或大蒜

三、酒花干投啤酒中的风味化合物

精酿啤酒在中国渐渐兴起，越来越多的人开始寻求酒花香气更加丰满、泡沫更加丰富的啤酒。为了满足消费者的口味需求，酿酒师也发挥了自己独特的想象，进行各种酒花的添加实验，从而酿造出有专属风味的啤酒。但是，酒花并不是加的越多，啤酒就会越好，还需要酿造工艺、啤酒原料、酒体、酵母等各个方面的协调作用。当然，每位酿酒师都希望自己酿造的啤酒在送到消费者的手中时，呈现一个比较理想的酒花香气，给消费者一杯饱满诱人的啤酒。酒花干投到啤酒中使其主要风味化合物非常复杂，经过专业人员品鉴分析后，将主要化合物的香气进行了归类描述（表 9－2）。

表 9－2　　酒花干投啤酒中的风味化合物

香气描述	干投酒花啤酒中可能含有的主要化合物
薄荷	薄荷醇
茶	芳樟醇
绿色水果	β－大马酮，酯
柑橘	柠檬烯，里那醇，月桂烯，乙基－2－甲基丁酸甲酯，α－蒎烯 3－甲基－4－巯基戊酮（3M4MP），3－巯基己酸乙酯（3MHA）
绿色蔬菜	半胱氨酸结合物

续表

香气描述	干投酒花啤酒中可能含有的主要化合物
蔬菜	多官能团硫醇
奶油/焦糖	内酯，香兰素
木质芳香	含氧倍半萜
辛辣/草药	含氧倍半萜，醛类，酮类
红色浆果	4-甲基-4-巯基戊-2-酮（4MMP）
甜味水果	3-巯基己-1-醇（3MH），3-巯基硫醇（3MOal），酯
花香	香叶醇，香茅醇

四、酒花香气与品种的关系

干投酒花品种的选择是决定 IPA 香气和风味的重要环节。

1. 德国和欧洲酒花香气分类

酿酒师通常根据酒花香气特征选择酒花品种，图 9-13 是常用的德国和欧

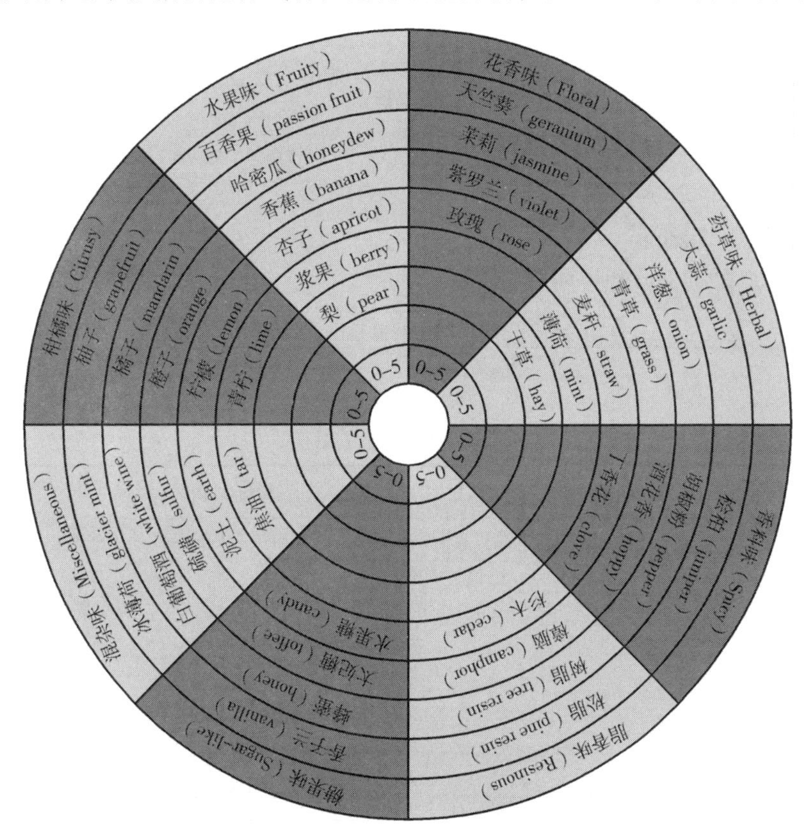

图 9-13 酒花风味旭日图（资料源于斯丹纳官网）

洲酒花香气分类环。可以根据期望酒花在啤酒中呈现的香气特征，在酿造中选择不同的酒花。其实单一品种的酒花和多品种酒花混合使用产生的香气是非常复杂的，各种香气物质间相互作用和香气物质的转化受多种因素的影响，最终还是以酿造的成品啤酒中形成的香气和风味为准，没有统一的标准，这正是IPA啤酒的迷人之处。

酿酒师根据不同酒花的香气和苦味特性选择酒花品种用于酿造不同风格的啤酒，尤其是IPA的干投酒花的香气特征的选择。表9－3A，B，C中列举了多款常用的欧洲酒花的品种香气特征。共分为十二个香气类别：香料/药草、木质芳香、奶油焦糖、植物、绿色蔬菜、柑橘、绿色水果、茶、薄荷、花香、甜味水果和红色浆果。

表9－3　　酒花香气特征（A）

香气特征/强度	香料/药草	木质芳香	奶油焦糖	植物
中度香味酒花	赫斯布鲁克（Hersbrucker）	陶佩兹（Topaz）	卡兹贝克（Kazbek） 特瑞斯可（Triskel）	曙神星（Aurora） 特瑞斯可（Triskel）
强烈香味酒花	珍珠（Perle） 曙神星（Aurora） 蛋白石（Opal） 苏菲亚（Saphir） 赛莱（Celeia）	金牛座（Taurus） 祖母绿（Smaragd） 泰特南（Tettnanger）	哈拉道中早熟（Hallertauer Mittelfrüh） 卡斯卡特（Cascade） 泰特南（Tettnanger）	哈拉道长相思（Hallertauer Blanc） 祖母绿（Smaragd）
超强香味酒花	哈拉道中早熟（Hallertauer Mittelfrüh） 艾拉（Ella）	世纪（Centennial） 法格尔（Fuggle）	千禧（Millennium）	珍珠（Perle） 顶峰（Summit）

表9－3　　酒花香气特征（B）

香气特征/强度	绿色蔬菜	柑橘	绿色水果	茶
中度香味酒花	赛莱（Celeia） 特瑞斯可（Triskel）	卡兹贝克（Kazbek） 巴伐利亚橘香（Mandarina Bavaria）	北极星（Polaris）	法格尔（Fuggle） 拿格特（Nugget） 斯派尔特精选（Spalter Select） 淘若斯（Taurus） CTZ* 泰特南（Tettnanger）

续表

香气特征/强度	绿色蔬菜	柑橘	绿色水果	茶
强烈香味酒花	哈拉道（Hallertauer） 马格努门（Magnum） 海库勒斯（Herkules） 摩西（Mosaic） 斯派尔特精选 （Spalter Select）	北极星（Polaris） 曙神星（Aurora） CTZ* 摩西（Mosaic） 传统（Tradition）	银河（Galaxy） 巴伐利亚橘香 （Mandarina Bavaria） CTZ* 哈拉道长相思 （Hallertauer Blanc）	
超强香味酒花		卡斯卡特（Cascade） 彗星（Comet）	西楚（Citra）	

表 9－3　　　　酒花香气特征（C）

香气特征/强度	薄荷	花香	甜味水果	红色浆果
中度香味酒花	传统（Tradition） 曙神星（Aurora） （CTZ）* 哈拉道长相思 （Hallertauer Blanc）	艾拉（Ella） CTZ* 拿格特（Nugget） 斯派尔特精选 （Spalter Select）	卡兹贝克 （Kazbek）	中早熟哈拉道 （Hallertauer Mittelfrüh）
强烈香味酒花	赛莱（Celeia） 北极星（Polaris）	彗星（Comet）	胡乐香瓜（Hüll Melon） 巴伐利亚橘香 （Mandarina Bavaria） 摩西（Mosaic） 北极星（Polaris）	世纪（Centennial） 千禧（Millennium） 摩西（Mosaic） 蓝宝石（Saphir）
超强香味酒花		西楚（Citra）	西楚（Citra）	卡斯卡特（Cascade） 西楚（Citra） 银河（Galaxy） 陶佩兹（Topaz）

注：CTZ*（Columbus 哥伦布/ Tomahawk 战斧/Zeus 宙斯）三种酒花通常被混合在一起称作 CTZ 酒花，其 α－酸含量在 14.5%～16.5%，属于 α－酸超高含量的品种。

2. 酒花品种与香气的相关性

不同的酒花品种其香气之间存在一定的相关性，这也是为何有些酒花可以彼此替代的原因。图 9－14 显示了常用酒花品种之间的芳香相似性。例如，左上角的亚麻黄和阿塔纳姆，它们的香气既不相似也不相同；而右下角的威廉麦特和勇士有相当相似的香气。在十二种香气类别中所有品种按照 0～9 的香气强度排列。评价是由 Joh Barth & Sohn 及其小组成员完成的，包括啤酒侍酒师和香水师。图 9－14 中呈现的相关关系代表了所有十二种香气类别的整体相似性。

	阿塔纳姆	亚麻黄	喝彩	卡斯卡特	世纪	奇兰	奇努克	西楚	克劳斯特	哥伦布	水晶	哥伦布，战斧，宙斯	格丽娜	冰川	千禧	摩西	胡德峰	拿格特	芭乐西	西姆科	空知王牌	顶峰	超级格丽娜	泰特南	勇士
阿塔纳姆	0.15																								
亚麻黄	0.18	-0.07																							
喝彩	0.34	0.53	-0.08																						
卡斯卡特	0.09	0.37	0.26	0.46																					
世纪	-0.08	0.46	-0.35	0.60	0.43																				
奇兰	0.56	0.63	-0.05	0.73	0.35	0.54																			
奇努克	0.45	0.68	-0.22	0.37	0.30	0.16	0.49																		
西楚	0.36	0.75	-0.02	0.60	0.29	0.39	0.51	0.45																	
克劳斯特	0.24	0.04	0.35	0.02	0.39	-0.08	-0.15	0.14	0.48																
哥伦布	0.06	0.28	0.30	-0.17	-0.20	-0.09	0.21	-0.16	0.10	-0.35															
水晶	0.57	0.12	0.06	0.02	-0.40	0.00	0.41	0.15	0.05	-0.40	0.58														
哥伦布，战斧，宙斯	0.26	0.65	-0.20	0.19	0.02	0.53	0.56	0.45	0.41	-0.24	-0.41	0.64													
格丽娜	-0.47	0.33	-0.33	0.01	0.06	0.12	-0.04	0.03	0.21	-0.11	-0.10	-0.34	0.18												
冰川	0.08	0.34	-0.24	0.70	0.65	0.83	0.51	0.10	0.38	0.05	-0.28	-0.18	0.29	0.23											
千禧	0.03	0.46	-0.22	0.28	-0.10	0.48	0.55	0.24	0.26	-0.31	0.47	0.35	0.44	-0.27	0.03										
摩西	0.49	0.32	0.41	0.37	0.81	0.20	0.44	0.38	0.37	0.59	-0.23	-0.20	0.06	-0.09	0.48	-0.20									
胡德峰	0.21	0.82	-0.19	0.27	0.15	0.45	0.54	0.75	0.52	-0.05	0.33	0.38	0.77	-0.01	0.10	0.69	0.11								
拿格特	0.24	0.89	-0.26	0.78	0.43	0.66	0.75	0.65	0.80	0.08	0.05	0.04	0.53	0.18	0.57	0.55	0.35	0.73							
芭乐西	0.21	0.78	-0.23	0.86	0.50	0.71	0.79	0.53	0.65	-0.06	0.08	0.03	0.41	0.06	0.64	0.60	0.33	0.62	0.95						
西姆科	-0.27	0.72	-0.07	0.58	0.35	0.47	0.41	0.19	0.43	-0.33	0.30	-0.05	0.37	0.50	0.46	0.28	0.00	0.38	0.65	0.68					
空知王牌	0.01	-0.09	0.55	-0.07	0.03	-0.13	0.02	-0.25	-0.04	0.24	0.29	-0.11	-0.34	-0.61	-0.30	0.41	0.13	-0.01	-0.06	0.02	-0.21				
顶峰	0.31	0.48	0.30	0.33	0.17	0.20	0.31	0.26	0.50	0.09	0.58	0.46	0.39	-0.42	0.01	0.49	0.06	0.58	0.44	0.46	0.37	0.28			
超级格丽娜	-0.10	0.29	-0.04	0.35	0.14	-0.07	0.34	0.19	0.23	-0.06	-0.12	-0.28	-0.14	0.58	0.05	-0.01	0.09	-0.05	0.28	0.27	0.39	-0.16	-0.31		
泰特南	0.03	0.24	0.67	0.23	0.69	0.34	0.19	-0.14	0.17	0.28	0.23	-0.08	0.14	-0.18	0.44	-0.03	0.62	0.06	0.16	0.23	0.29	0.37	0.40	-0.27	
勇士	0.24	0.39	0.11	0.58	0.93	0.56	0.44	0.26	0.42	0.37	-0.19	-0.25	0.16	0.05	0.82	-0.10	0.79	0.14	0.51	0.58	0.36	-0.11	0.22	0.01	0.66

图 9－14　酒花香气的相关性

虽然这显示了不同品种之间的数学相似性，但这种相似性并没有考虑到酒花特有的芳香特性。

表 9－4 中，品种 1 和 2 都有着相似的口味，因为它们都是以柑橘香为主，有辛辣/草药香特征。相比之下，品种 3 不同，因为它几乎没有柑橘香，但仍然具有辛辣/草药香和绿色植物香。然而，这三个品种具有一定的数学相关性。

表 9－4　　酒花品种的香气评分

	辛辣/草药香	绿色植物	柑橘
品种 1	7	1	7
品种 2	1	7	7
品种 3	7	7	1

此外，该图表不考虑苦味或酒花油含量。如果两个酒花的气味相似，但是一个有 3% 的 α－酸，而另一个有 18% 的 α－酸，不建议相互替代使用。

3. 美国酒花香气分类

美国酒花的香气独特，深受广大精酿啤酒爱好者的青睐。美国香型和苦香兼优型酒花如：西楚、亚麻黄和西姆科等酒花可以赋予美式 IPA 复杂香气和令人难忘的口感，美国酒花的香气特征更具有人们喜爱的橘香、柚子和松树叶的香气，热带水果的香气（表9－5）。

表9－5　美国酒花的品种和香气特征

酒花香气	花果和酯香（苹果、香蕉、草莓、玫瑰、薰衣草……）	柑橘柠檬香（柚子、橘子、柠檬、荔枝、芒果……）	松叶、薄荷香
酒花品种	奇努克 胡德峰 克劳斯特 超级金牌 斯特林	卡斯卡特 西楚 亚麻黄 西姆 顶峰 世纪 阿波罗	威廉麦特 胡德峰 法格尔 斯特林

4. 常用的美国干投酒花香气雷达图

受酒花品种和种植因素的影响，使用美国酒花酿造的IPA，会有独特的热带水果、柚子和松树枝的味道。酒花干投实验证实，添加亚麻黄、卡斯卡特、奇努克、西楚、西姆科和威廉麦特酒花与基酒（无酒花添加的对照啤酒）香气进行比对品评，可以感受到不同品种的酒花带来的丰富的酒花香气，如：花香，果香、香料、松木、柚子、草药香、青草香、干酪香、木香、洋葱/蒜香和酒花香。新鲜酒花与贮存2个月后的酒花，在啤酒酿造中干投单一品种所显示的香气变化与基酒（未添加酒花的啤酒）进行对比，贮存两个月后的酒花香气会明显减弱。图9－15至图9－20酒花香气雷达图显示了美国酒花的典型香气特征，对酿造不同风格的IPA啤酒有一定的参考价值。

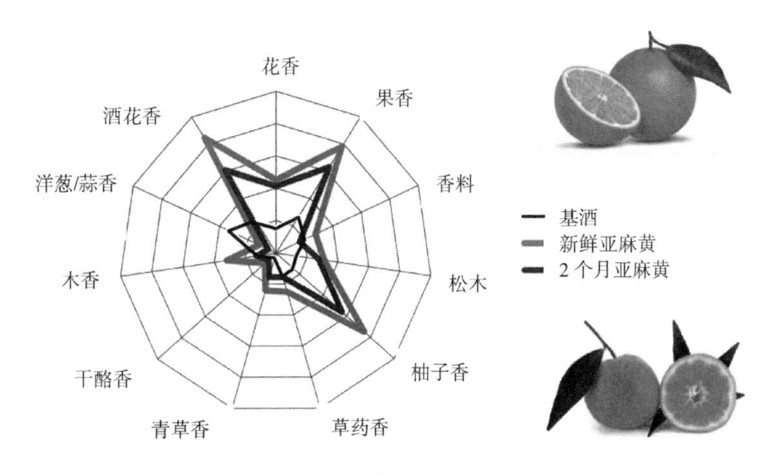

图9－15　亚麻黄酒花干投香气图

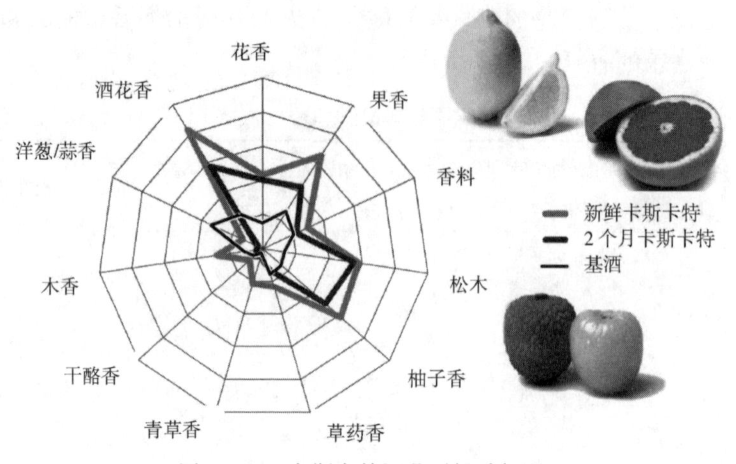

图9－16　卡斯卡特酒花干投香气图

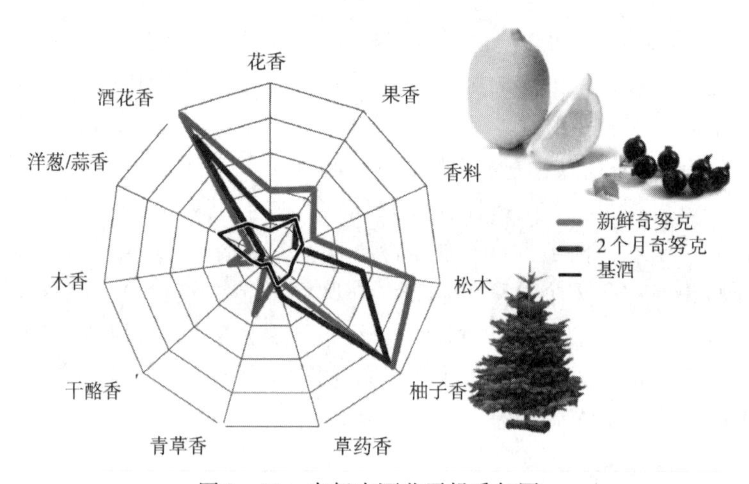

图9－17　奇努克酒花干投香气图

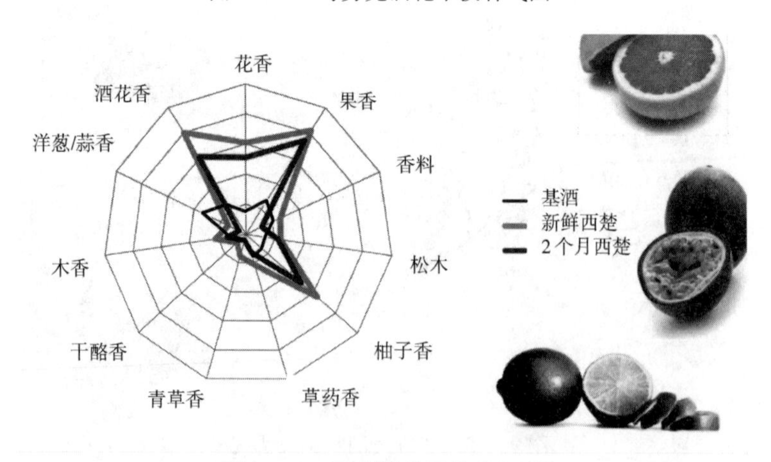

图9－18　西楚酒花干投香气图

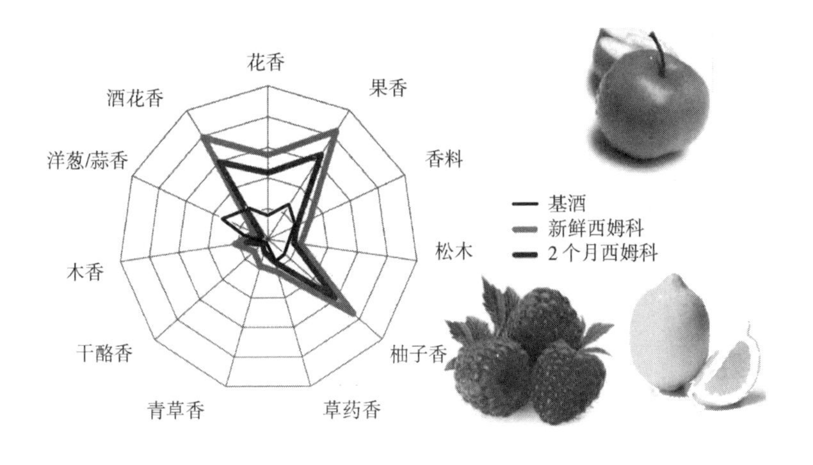

图9－19　西姆科酒花干投香气图

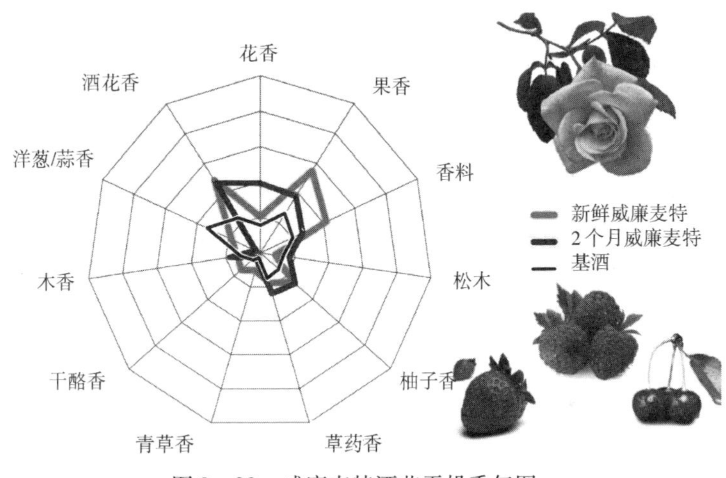

图9－20　威廉麦特酒花干投香气图

如果将多种酒花混合干投将会形成更加迷人和复杂的香气，酒花干投既是一项技术，又是一门艺术，优秀的酿酒师可以完美地将两者有机结合，酿造出香气优雅，口感醇美的啤酒。

第六节　酒花干投的香气变化

一、酒花油成分决定了干投酒花的香气

酒花油是啤酒酒花香气的来源，但它们又是一类成分超过500多种的复杂

的化合物，因此，评价酒花香气对啤酒风味的影响非常困难。而且，在啤酒贮存过程中，酒花中的化合物又会在封闭环境中产生各种各样的物理化学变化，所以要研究啤酒贮存过程中酒花香气物质的变化规律，必须先研究分析酒花油。

究竟啤酒贮存过程酒花油中的哪些化合物起决定性的作用？酒花油大体分为四大类：萜烯类碳氢化合物、萜烯醇类碳氢化合物、含硫有机化合物、含氧碳氢化合物，而且不同研究人员对化合物的分类存在细微的差别。

萜烯碳氢类化合物（如 α－葎草烯、β－石竹烯、β－法呢烯 、β－香叶烯等）具有较强的疏水性，在啤酒中的溶解度很小，而且在高温煮沸过程中会随着蒸汽大量挥发，即使进行了酒花干投也会随着二氧化碳逸出，基本无法保存在啤酒中，即使有很少的一部分也是低于其风味阈值，所以这类化合物对啤酒的香气的影响可以忽略。

萜烯醇类碳氢化合物（如香叶醇、里那醇、β－香茅醇等）和含氧碳氢化合物（其他醇类、环氧化合物、脂类、酮类和酯类物质）中的一部分具有较强的亲水性，能够有效保留，这类物质在啤酒的含量一般高于其风味阈值，容易感知，所以这类物质是啤酒酒花香气的突出的重要的化合物。其中，一些物质会产生协同作用，比如里那醇、香叶醇和香茅醇在含量较低的情况下，会产生的协同作用，从而降低里那醇的阈值，不仅如此，而且萜烯醇类化合物在麦汁煮沸、啤酒发酵等过程中会发生立体异构（立体异构体的香气、感官阈值也会发生变化），这也会导致啤酒香气的变化。

另外，含硫有机化合物（甲硫醚、甲硫醇等）的风味阈值较低，会对啤酒风味产生不好的影响。酒花油品质增加与下列物质正相关，如：α－蒎烯、β－蒎烯、月桂烯、柠檬烯、芳樟醇、甲基庚酸。延迟收获的酒花香气更加浓郁。在不同酒花园种植的同一酒花品种也有明显差异。氧对酒花花苞和颗粒酒花的香气也有影响，中度氧化可能有利形成干酒花香味，氧化可以在酒花中产生果香味。

二、同一品种不同产区的酒花香气物质的对比

利用顶空固相微萃取－气质联用（HS－SPME－GC－MS）技术，对来自新西兰、美国和中国的三个不同产区种植的卡斯卡特（Cascade）颗粒酒花在过滤后的啤酒中干投，7 天后检测其风味成分，其风味有着较大的差别（表 9－6）。

表 9－6　　不同产区的卡斯卡特酒花干投风味成分　　单位：%

香气成分	新西兰	美国	中国
二氧化碳	1.0758	1.0624	0.8052
乙醇	42.0565	54.29	62.9816
丙醇	—	0.2782	0.1518
乙酸乙酯	1.3502	1.1496	1.4421
异丁醇	0.299	0.3342	0.3649
异戊醇	3.9422	3.773	5.3324
2－甲基丁醇	1.5454	1.5238	2.0957
乙酸异戊酯	3.5227	2.1462	3.846
乙酸－2－甲基丁酯	0.5195	—	0.5203
异丙酸异丁酯	0.3657	—	—
丙酸－3－甲基丁酯	0.3071	—	—
月桂烯	17.3821	10.1201	5.605
己酸乙酯	1.0537	0.9057	1.6786
异丁酸异戊酯	0.4514	0.4302	—
异丁酸－2－甲基丁酯	2.4931	—	0.5191
d－柠檬烯	0.6454	0.3743	—
芳樟醇	1.3685	1.3153	0.6529
苯乙醇	1.2743	2.9217	2.0995
辛酸乙酯	4.3989	4.9645	5.3759
乙酸苯乙酯	1.5438	2.326	1.5547
2－十一酮	—	0.2278	—
4－癸烯酸甲酯	0.3721	—	—
香叶酸甲酯	0.31	0.5212	0.2787
乙酸香叶酯	1.1612	—	0.1683
癸酸乙酯	0.6141	0.92	0.7137
石竹烯	1.8283	1.7962	0.9852
葎草烯	8.8188	7.3376	2.8283
β－瑟林烯	—	0.2701	—
α－瑟林烯	0.3009	0.474	—
丁酸芳樟酯	0.3526	—	—
δ－杜松烯	0.252	0.2539	—
总计	28	24	21

结果显示，干投后新西兰卡斯卡特酒花在酒样中检测到 28 种物质，其中有 26 种香气物质。美国卡斯卡特酒花在酒样中检测到 24 种物质，其中有 22 种香

气物质。中国卡斯卡特酒花干投之后，在酒样中检测到21种物质，除了二氧化碳和乙醇外，有19种香气物质。即便是同一个品种的酒花在不同产区生长所形成的酒花香气依然存在较大差别。

相比较而言，卡斯卡特酒花更适合干投，不适合添加到煮沸锅中，这样可以增加酒花的利用率。中国卡斯卡特酒花虽然在颗粒酒花的检测中香气物质不理想，但在干投过程中，酒花的香气物质可以充分体现出来。

第七节　酒花干投量对啤酒风味的影响

采用气相色谱质谱联用的方法分别检测分别对0kg/hL、0.1kg/hL、0.2kg/hL、0.3kg/hL、0.4kg/hL的酒花添加量所酿造的啤酒的风味物质取样并对样品进行编号，样品编号为0、1、2、3、4。各样品谱图形状大体一致，只有各峰高低及峰面积略有差异。

一、酒花干投量对醇类物质的影响

由气质联用分析结果可知，在不添加酒花的情况下，香气物质种类非常少，缺少了酒花香气物质的啤酒不能称之为啤酒，采用干投酒花工艺酿造的啤酒，随着酒花添加量的增多，有一些高级醇呈逐渐降低的趋势；酒花添加量对干投酒花啤酒的酯类影响也比较明显，其中主要的几种酯类物质，如乙酸乙酯、乙酸异丁酯、丁酸乙酯、乙酸异戊酯、乙酸-2-甲基丁酯、己酸乙酯均呈现负相关趋势，酒花萜类有的呈增多趋势，有的呈下降后升高的趋势，并且较为明显；也有无规律可查的香气物质，其中主要的呈香物质里那醇是随着酒花添加量的增多其相对含量增多。

酒花添加量对异戊醇和异丁醇以及2-甲基丁醇影响较为明显，随着酒花添加量的升高，其含量百分比有逐渐降低的趋势，而对苯乙醇的影响没有规律（图9-21）。

二、酒花干投量对酯类物质的影响

酒花添加量对干投酒花啤酒的酯类影响也比较明显（图9-22），其中主要的几种酯类物质，如乙酸乙酯、乙酸异丁酯、丁酸乙酯、乙酸异戊酯、乙酸-2-甲基丁酯、己酸乙酯均呈现负相关趋势，辛酸乙酯除了不添加酒花的0号样品以外，也是随着酒花添加量的增多，其物质相对含量逐渐减少。

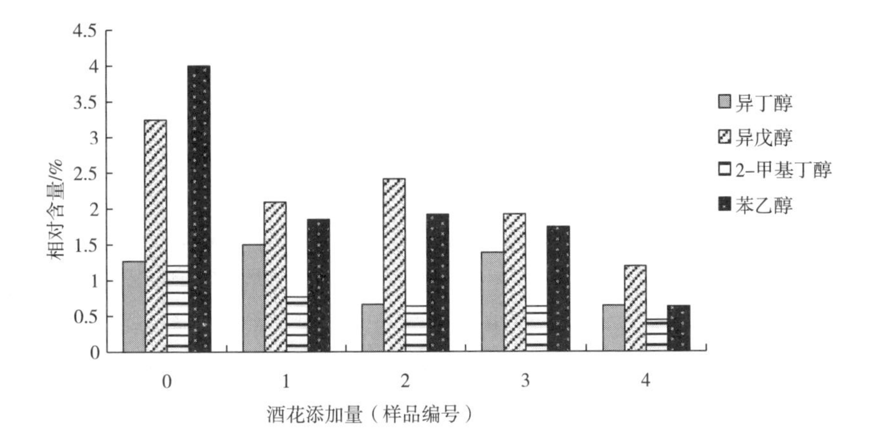

图9－21　酒花添加量对干投酒花啤酒主要醇类的影响

注：样品编号0、1、2、3、4分别对应不添加酒花、酒花添加量为0.1kg/hL、0.2kg/hL、0.3kg/hL、0.4kg/hL酿造的啤酒。此注适用于图9－21～图9－23。

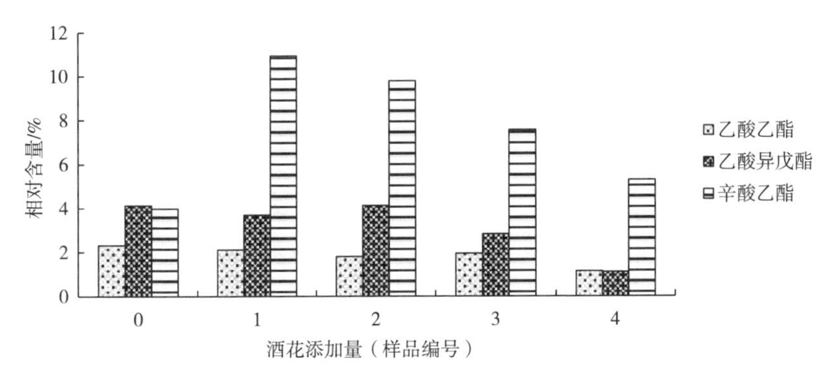

(1) 酒花添加量对干投酒花啤酒中乙酸乙酯、乙酸异戊酯、辛酸乙酯的影响

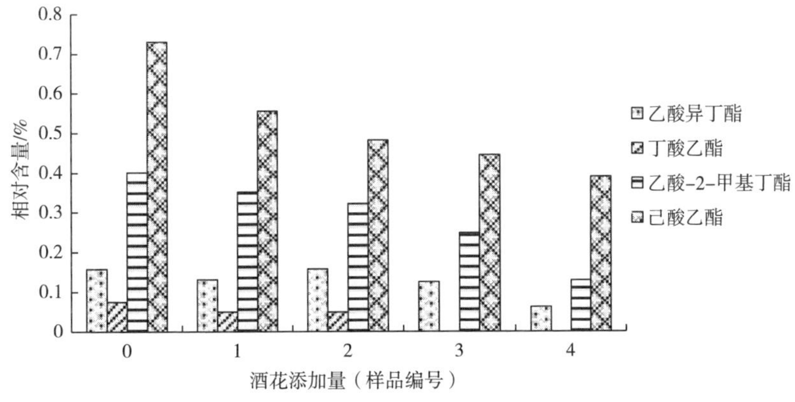

(2) 酒花添加量对干投酒花啤酒中乙酸异丁酯、丁酸乙酯、乙酸-2-甲基丁酯、己酸乙酯的影响

图9－22　酒花添加量对干投酒花啤酒主要酯类的影响

三、酒花干投量对萜烯类物质的影响

由图9－23可知，β－蒎烯、β－香叶烯、d－柠檬烯、罗勒烯、里那醇、香叶酸甲酯、乙酸香茅酯、β－石竹烯、β－法呢烯、葎草烯、马兜铃烯、β－榄香烯、β－瑟林烯、金合欢烯、α－法呢烯、异丁酸香叶酯、γ－杜松烯、古巴烯、δ－杜松烯这几种萜烯醇类随着酒花添加量的增多，呈现出有规律的变化趋势，其中β－蒎烯、β－香叶烯、d－柠檬烯、罗勒烯、里那醇这几种萜烯醇类随着酒花添加量的增多，其相对百分比含量也逐渐增大；葎草烯、马兜铃烯、β－榄香烯、β－瑟林烯、金合欢烯、α－法呢烯、异丁酸香叶酯、γ－杜松烯、古巴烯、δ－杜松烯等这几种香味物质随着酒花添加量的增多，其相对百分比含量先逐渐降低后增加的趋势；香叶酸甲酯、乙酸香茅酯、β－石竹烯、β－法呢烯这几种物质则没有规律可循。

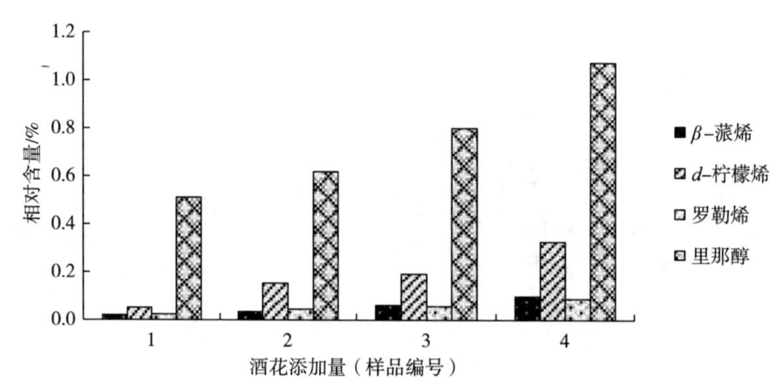

(1) 酒花添加量对干投酒花啤酒中β–蒎烯、d–柠檬烯、罗勒烯和里那醇的影响

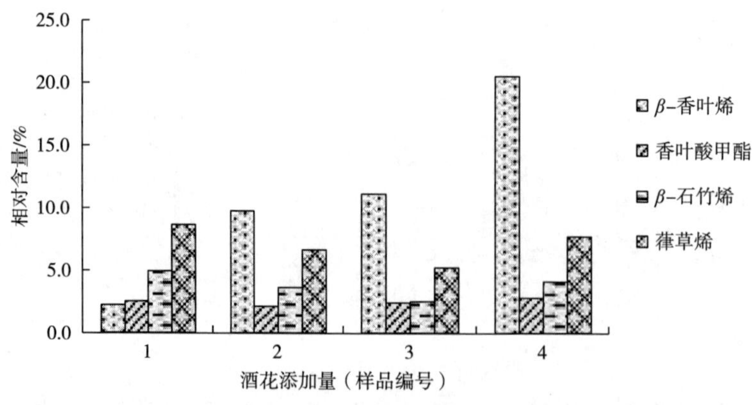

(2) 酒花添加量对干投酒花啤酒中β–香叶烯、香叶酸甲酯、β–石竹烯和葎草烯的影响

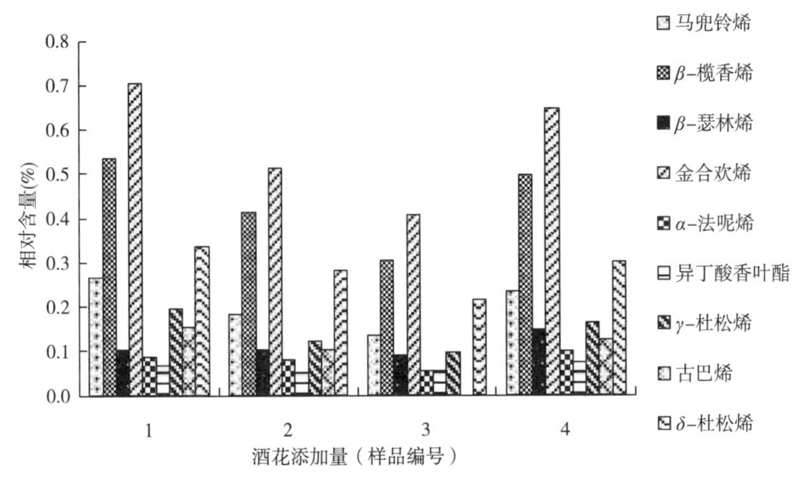

(3) 酒花添加量对干投酒花啤酒中马兜铃烯、β-榄香烯、β-瑟林烯、金合欢烯、α-法呢烯、异丁酸香叶酯、γ-杜松烯、古巴烯和δ-杜松烯的影响

图 9－23　酒花添加量对干投酒花啤酒主要萜烯醇类的影响

注：不添加酒花的 0 号样品中不含以上萜烯醇类物质，故图中不显示。

四、酒花干投量对啤酒感官的影响

对酒花干投后酿造的啤酒取样做感官品评，对啤酒所体现出来的杀口力、头晕感、醇香、酯香、澄清度、苦味、后苦味、酒花香等感官特性进行打分评判，从 0 分到 5 分，分别代表差、可辨别、轻微、中等、强烈和很强烈。样品分为三组，采用盲评法。根据打分的平均值，做出风味特性雷达图（图 9－24）。

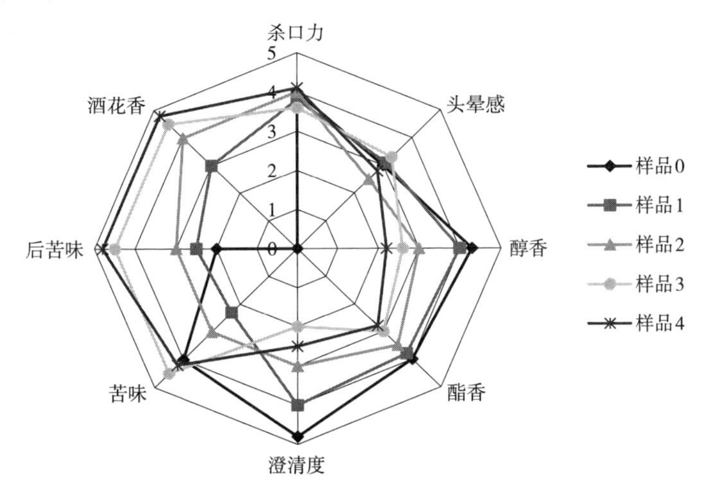

图 9－24　不同酒花添加量的干投酒花啤酒感官品评风味特性雷达图

由感官品评结果可以看出，不添加酒花所酿造的啤酒饮料在澄清度方面表

现突出，但是没有酒花香；0.1kg/hL 的酒花添加量所酿造的啤酒在澄清度方面表现良好；0.2kg/hL 的酒花添加量所酿造的啤酒在酒花香、酯香、杀口力方面表现良好；0.3kg/hL 的酒花添加量所酿造的啤酒在酒花香、苦味、后苦味方面表现突出，有较强的苦味和后苦味；0.4kg/hL 的酒花添加量所酿造的啤酒在酒花香、酯香、苦味和后苦味方面表现都较为良好，但是在澄清度方面表现较差。

第八节　主发酵温度对干投酒花啤酒的影响

啤酒酿造过程中，温度是诸多影响因素中最重要的因素之一。上面发酵啤酒会发生更复杂的生化反应过程，产生更加丰富的发酵副产物，构成了上面啤酒独具特色的风味，以及浓郁的啤酒香味。发酵温度改变，啤酒中高级醇的数量和种类亦会改变，并且还会影响到各高级醇之间的平衡。研究表明，随温度的升高，酵母的发酵能力增大，继而酒精度和发酵度也会受到影响；也有研究发现，不同主酵温度对发酵副产物含量变化影响没有显著差异，其代谢产物高级醇也没有太大的变化。目前，国际上有为了加速发酵，缩短酒龄，采取提高发酵温度的方法。

一、干投酒花主发酵温度对风味物质的影响

采用气相色谱质谱联用的方法分别对主发酵温度设定在 15℃、20℃、25℃三个温度梯度所酿造的啤酒取样并对样品进行编号，样品编号为 15℃、20℃、25℃，各样品谱图形状基本一致，仅各峰高低及峰面积略有差异。经联机检索，检出香气化合物成分及其相对含量，分析如下。

采用气相色谱质谱联用的方法分别对主发酵温度设定在 15℃、20℃、25℃三个温度梯度酿造的啤酒取样检测，各样品谱图形状基本一致，仅各峰高低及峰面积略有差异。但是也有一些成分是某一主发酵温度所特有的，如乙酸橙花酯、三乙基硫代磷酸酯、(*R*)-(+)-*β*-香茅醇仅在主发酵温度为 15℃的酒样中被检测到，古巴烯、丁酸芳樟酯、(*E*)-9-十四碳烯-1-醇乙酸酯只在发酵温度为 20℃的酒样中被检测到。

从图 9-25 至图 9-27 可以看出，主发酵温度不同对主要高级醇的影响较为明显，温度越高，高级醇的含量也随着增加，这使得啤酒饮后容易“上头”，特别是异戊醇和苯乙醇的含量在以 25℃为主发酵温度所酿造的啤酒高的多，20℃发酵的啤酒比 15℃发酵的啤酒的异戊醇和苯乙醇略高，但含量相差不大。主发酵温度对酯类的影响由总体来说，20℃下发酵表现最好，酯类百分比含量最高。主发酵温度对萜烯醇类的影响较为明显，除了在此温度下产生的特有的风味物

质以外，整体呈现出主发酵温度越高，萜烯醇类百分比含量越低的趋势，但是β-法呢烯例外，表现为在主发酵温度为20℃时含量百分比最高。因此，理论上，主发酵温度为20℃时口感表现最好。

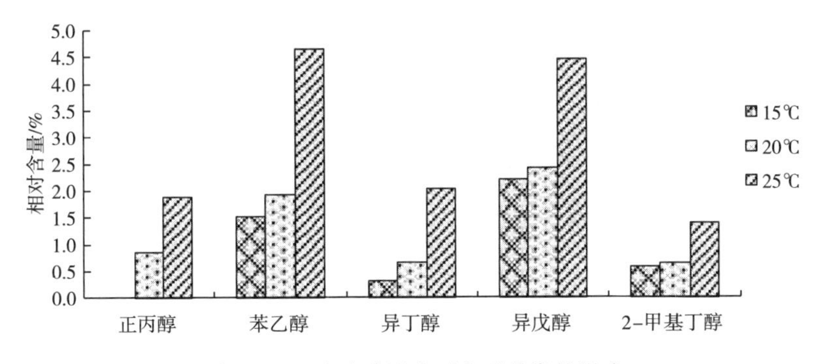

图9-25　主发酵温度对主要醇类的影响

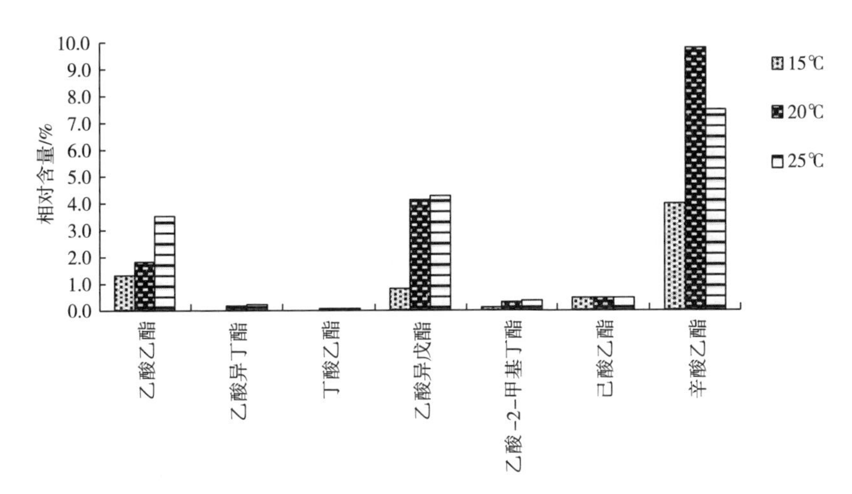

图9-26　主发酵温度对主要酯类的影响

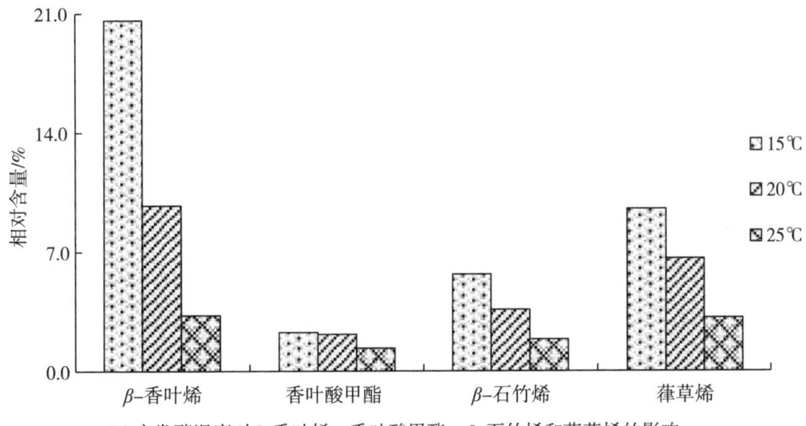

(1) 主发酵温度对β-香叶烯、香叶酸甲酯、β-石竹烯和葎草烯的影响

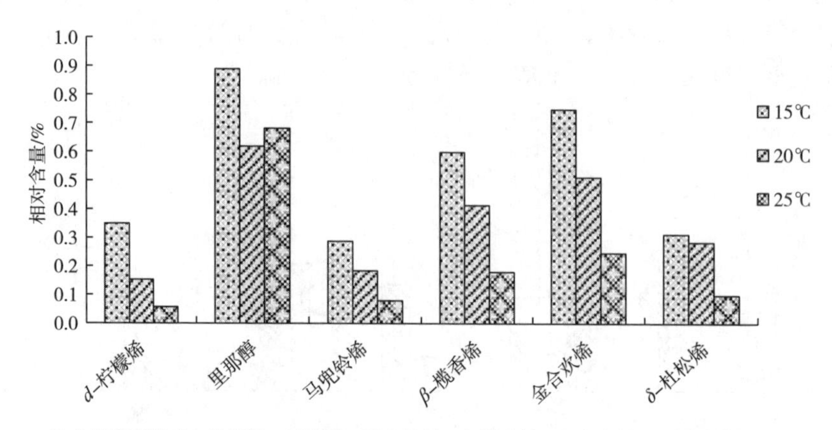

(2) 主发酵温度对d-柠檬烯、里那醇、马兜铃烯、β-榄香烯、金合欢烯和δ-揽香烯的影响

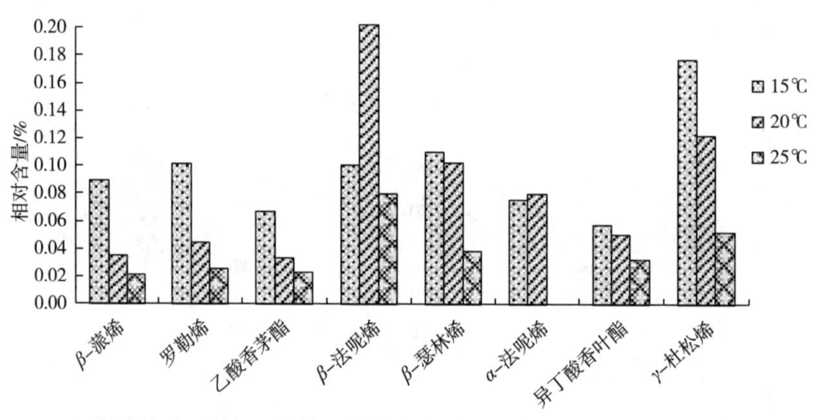

(3) 主发酵温度对β-蒎烯、罗勒烯、乙酸香茅酯、β-法呢烯、β-瑟林烯、α-法呢烯、异丁酸香叶酯和γ-杜松烯的影响

图 9－27　主发酵温度对主要萜类的影响

二、啤酒感官品评

分别对主发酵温度设定在 15℃、20℃、25℃ 三个温度酿造的啤酒做感官品评，对啤酒所体现出来的杀口力、头晕感、醇香、酯香、澄清度、苦味、后苦味、酒花香等感官特性进行打分评判，从 0 分到 5 分，分别代表差、可辨别、轻微、中等、强烈和很强烈。样品分为三组，采用盲评法。根据打分的平均值列表（表 9－7）。

表9－7　　不同主发酵温度啤酒感官品评结果

样品	杀口力	头晕感	醇香	酯香	澄清度	苦味	后苦味	酒花香
15℃	3.8	2	2.8	3.6	4.1	2.8	2	4.2
20℃	4	2.5	3	4.8	3	3	3.6	4.8
25℃	3.6	4.5	3.2	4	2.4	4.8	4.5	3.2

感官品评结果表明，主发酵温度为20℃时口感表现最好，尤其是酒花香和酯香表现突出，有良好的水果香味、柑橘香，苦味和头晕感都不强烈；主发酵温度为25℃时主要表现为苦味强烈，后苦味也特别强，但是苦味强烈程度与发酵温度对苦味质的影响却不相符，这可能是由于干投酒花工艺的一些酒花成分能体现出苦味，但是不能被异辛烷萃取所致，另外，其头晕感较强，这与高级醇含量较高有关。主发酵温度为15℃时口感表现一般，均不是特别突出，但是酒花香气表现为生酒花香气。

第九节　酒花干投成品啤酒在贮存过程中的香气变化

啤酒是一种胶体溶液，其成分复杂、稳定性不强，在贮存过程中易产生混浊沉淀。啤酒的非生物稳定性是指不是由于微生物污染而产生混浊沉淀现象，这种可能性较小则稳定性好，这种可能性大则稳定性差。通过0℃和60℃的冷热强化试验，可以对啤酒在保质期内的非生物稳定性进行快速预测，并以此指导生产工艺的制定、调整，确保啤酒在市场贮存、销售、消费过程中有良好的非生物稳定性。

一、啤酒酿造和强化老化试验

试验中对上面发酵的干投酒花酿造工艺的成品啤酒，在贮存过程中的香气物质的变化做相关研究，并与传统的在煮沸期间添加酒花的方式所酿制的啤酒在贮存过程中的香气物质的变化做对比，研究干投酒花啤酒的老化规律、香气物质变化规律。

1. 样品制备

样品使用以上实验部分的成品啤酒样品，选择煮沸期间添加酒花的酒样、回旋槽中添加酒花主发酵温度为15℃、20℃的酒样、以及主发酵期间添加酒花的酒样，样品编号见表9－8。

表 9－8 样品编号及对应处理方法

样品编号	酒花添加方式	酒花添加量	主发酵温度
1	煮沸期间加酒花	0.2kg/hL	20℃
2	回旋槽中加酒花	0.2kg/hL	15℃
3	回旋槽中加酒花	0.2kg/hL	20℃
4	主发酵期间加酒花	0.2kg/hL	20℃

2. 强化老化试验

使用啤酒保质期快速预测的方法对啤酒样品进行处理，原理是使用恒温水浴或强化试验仪，对样品进行0℃和60℃的冷热循环处理，以加速酒体的胶体变化，每个循环周期（0℃和60℃）与啤酒常温保存1个月时相对应，可根据样品的循环周期的次数来确定保质期。

分别对煮沸期间添加酒花的酒样“1”、回旋槽中添加酒花主发酵温度为15℃“2”、20℃的酒样“3”、以及在主发酵期间添加酒花的酒样“4”取样进行强化老化处理。对样品进行编号，分别为样品强化一个周期1a、2a、3a、4a；强化两个周期1b、2b、3b、4b；强化三个周期1c、2c、3c、4c；强化四个周期1d、2d、3d、4d。

二、啤酒贮存期间的香气物质检测

采用气相色谱质谱联用的方法对酒样进行检测，联机检索，并对结果进行分析。

由图9－28可以看出，在煮沸期间添加酒花的啤酒中醇类物质随着强化周

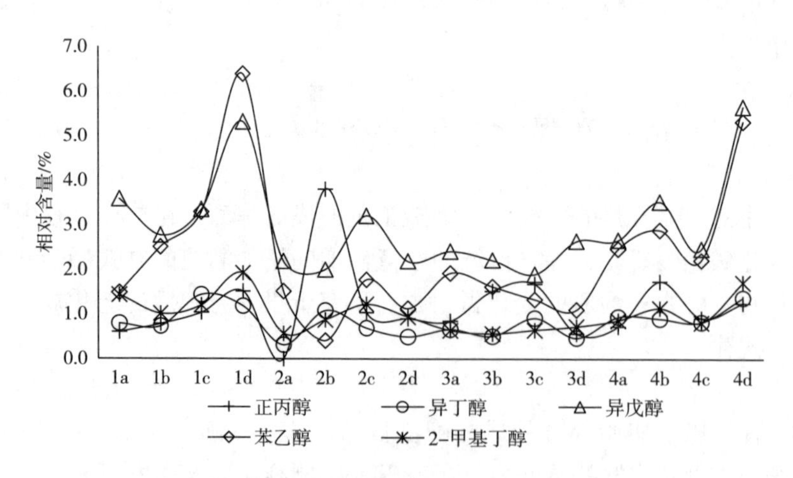

图9－28 不同工艺的啤酒贮存期间主要醇类的变化

期的增多，均有升高的趋势，其中苯乙醇和异戊醇相对百分含量升高趋势最为明显；比较在回旋槽中干投酒花的啤酒的醇类物质均有先升高后降低的趋势，且浮动范围不大，相对于在煮沸期间添加酒花的啤酒变化不太明显；在主发酵期间添加酒花的啤酒醇类相对含量随着强化周期的增多有升高的趋势，浮动范围较大。

图 9－29 主要分析了啤酒中主要酯类的变化趋势，包括乙酸乙酯、乙酸异戊酯、辛酸乙酯和癸酸乙酯。在煮沸期间添加酒花的啤酒中辛酸乙酯和乙酸异戊酯相对百分含量较干投酒花工艺啤酒高，随着强化周期的增多，这几种酯类物质在前三个周期稳定性较好，第四个周期才变化显著。在回旋槽中添加酒花、发酵温度为 15℃的啤酒，酯类物质较其他三种酒样相对百分含量偏低，随着强化周期的增多，几种酯类均有先增多后降低的趋势。在回旋槽中添加酒花、发酵温度为 20℃的啤酒，随着强化周期的增多，几种酯类物质含量相对稳定。在主发酵期间添加酒花的啤酒酯类物质变化明显，但没有规律可循。

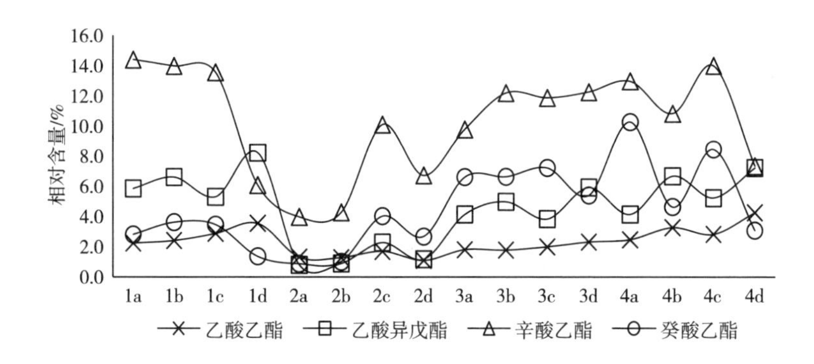

图 9－29　不同工艺酿造的啤酒贮存期间主要酯类的变化

图 9－30 主要描述了 2－甲基丁基异丁酸酯、庚酸乙酯、乙酸异丁酯、丁酸

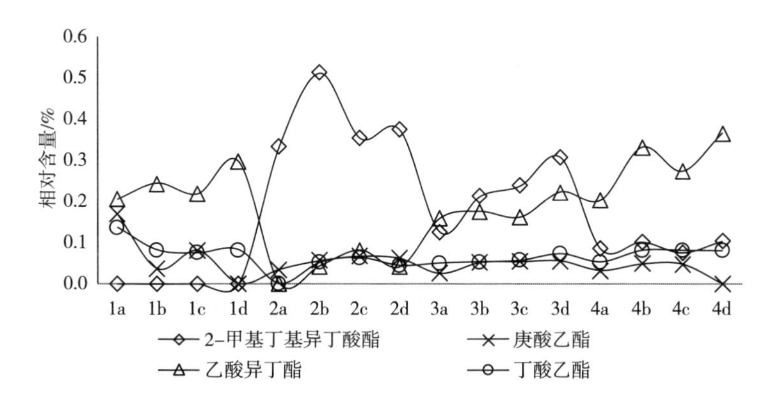

图 9－30　不同工艺酿造的啤酒贮存期间主要酯类的变化

乙酯这几种酯类的变化。从图可以看出，总的来说，随着强化周期的增多，这几种酯类变化不是很明显；在回旋槽中添加酒花发酵温度为15℃的啤酒，2-甲基丁基异丁酸酯的相对百分含量偏高，煮沸期间添加酒花的啤酒没有检测出含有该物质；庚酸乙酯和丁酸乙酯这两种酯类物质的相对含量偏低，并且四种酿造工艺啤酒变化均不明显；在回旋槽中添加酒花、发酵温度为20℃的啤酒，随着强化周期的增多，几种酯类物质相对稳定。

图9-31主要描述了β-蒎烯、d-柠檬烯、β-罗勒烯、γ-松油烯这几种萜烯类化合物，主要为单体萜烯，在啤酒中柠檬烯具有橘子和柠檬味；β-蒎烯、β-罗勒烯、γ-松油烯有松脂味、树木味。从图看出样品2和样品3中柠檬烯相对含量较高，即在回旋槽中添加酒花啤酒，但是随着强化周期的增多，含量变化没有规律，在煮沸期间添加酒花啤酒中几乎不存在这几种物质，在主发酵期间添加酒花单体萜烯较为稳定，但是相对含量较少。

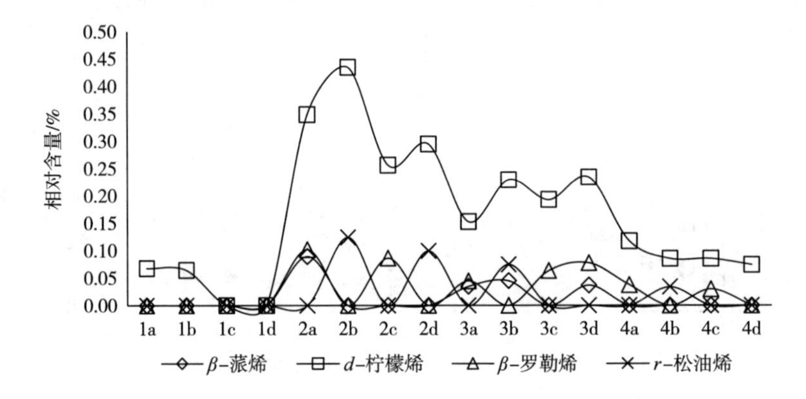

图9-31　不同工艺酿造的啤酒贮存期间主要单体萜烯类的变化

由图9-32可知，在煮沸期间添加酒花的啤酒中里那醇随着强化周期增多，

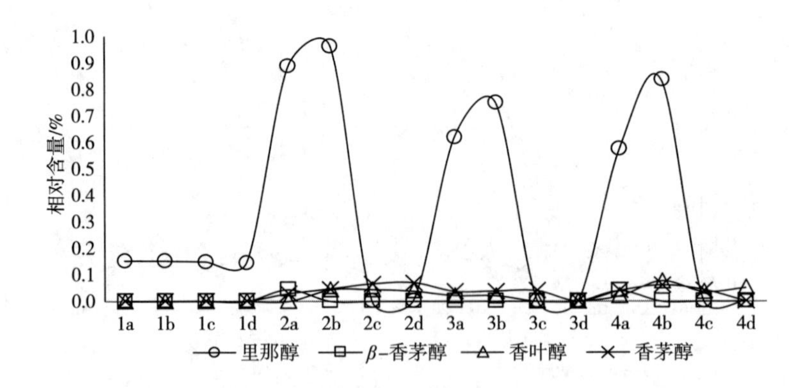

图9-32　不同工艺酿造的啤酒贮存期间主要萜醇类的变化

其相对含量浮动不明显，比较稳定，但是相对含量较低；干投酒花工艺啤酒的里那醇相对含量较高，但是强化三个周期后里那醇就不能被检测到，说明含量极低。β－香茅醇、香叶醇、香茅醇这三种萜醇类物质含量均比较低，在煮沸期间添加酒花的酿造工艺啤酒中几乎没有这几种物质存在，在回旋槽中添加酒花较为稳定，主发酵期间添加酒花浮动较大。

图9－33主要显示了丙酸芳樟酯、乙酸芳樟酯、香叶酸甲酯、乙酸橙花酯这几种香气物质的变化趋势。总体来说，采用不同的酒花添加工艺，啤酒的这几种香气物质均有随着强化周期增多其相对含量先增多后稍微降低的趋势；煮沸期间添加酒花酿造的啤酒中，这几种香气物质相对含量较低，在干投酒花的酿造工艺的啤酒中含量相对较高；其中丙酸芳樟酯、乙酸橙花酯这两种呈香物质含量均比较低，乙酸芳樟酯、香叶酸甲酯相对含量较高；干投酒花工艺啤酒香气更丰富。

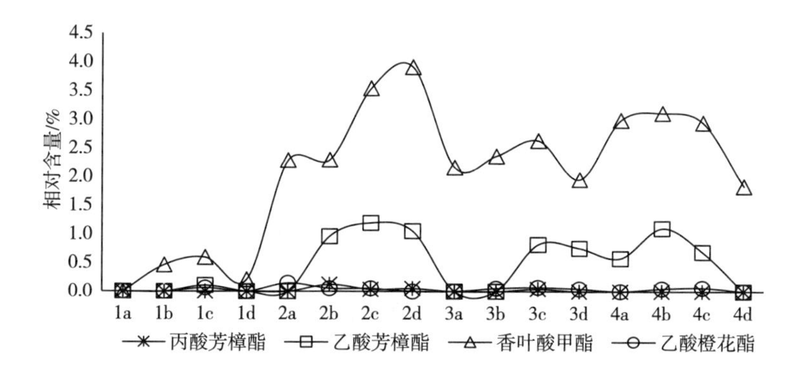

图9－33　不同工艺酿造的啤酒贮存期间主要香气物质的变化

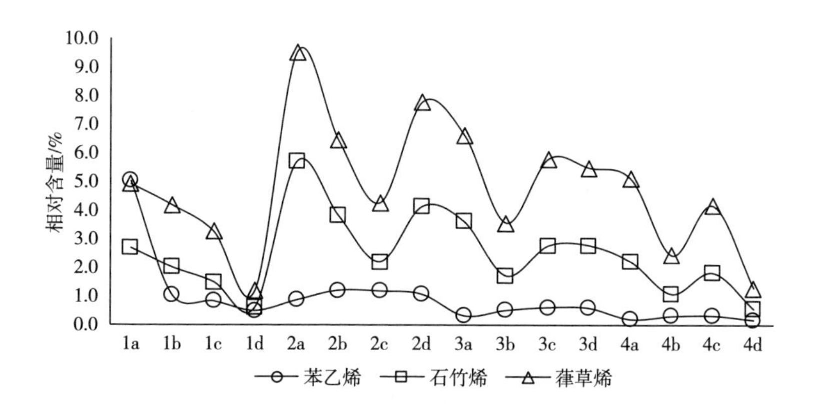

图9－34　不同工艺酿造的啤酒贮存期间主要烯类的变化

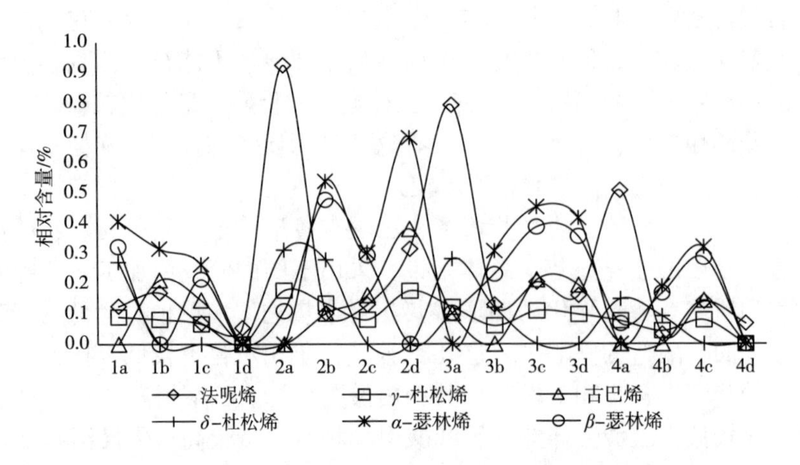

图 9－35　不同工艺酿造的啤酒贮存期间主要萜烯醇类的变化

由图 9－34 和图 9－35 知，石竹烯、葎草烯这两种重要的酒花香气物质，其在煮沸期间添加酒花的工艺的啤酒中相对含量较干投酒花工艺的啤酒少，但变化趋势相似，随着强化周期的增多，相对含量减少；苯乙烯不是酒花提供的啤酒香气物质，其在煮沸期间添加酒花的啤酒相对含量较高，但是随着强化周期的增多，相对含量减少，干投酒花工艺中，苯乙烯的相对含量较为稳定，变化不明显。法呢烯、γ－杜松烯、古巴烯、δ－杜松烯、α－瑟林烯、β－瑟林烯这几种萜烯醇类大多属于倍半萜烯，亲水性较强，酒花添加工艺对它们的影响不明显，随着强化周期的增多，其相对含量变化无规律可循。

三、啤酒强化老化感官品评

分别对上述列出的酒样做感官品评，对啤酒所体现出来的杀口力、头晕感、醇香、老化味、澄清度、苦味、后苦味、酒花香等感官特性进行打分评判，从 0 分到 5 分，分别代表差、可辨别、轻微、中等、强烈和很强烈。样品分为三组，采用盲评法。根据打分的平均值，做出风味特性雷达图。

由图 9－36 至图 9－39 感官品评结果显示，随着强化周期的增多，均有老化表现，前三个周期时老化程度不明显，从第四个周期开始，老化强度增加。在煮沸期间添加酒花的啤酒老化程度较干投酒花啤酒的老化程度较弱，评分是 3.6，干投酒花啤酒感官品评结果在 4 左右，稳定性较干投酒花啤酒强，苦味较强；干投酒花啤酒酒花香气浓郁，随着强化周期的增多，酒花香味逐渐变淡，但是即使在第四周期，依然比煮沸期间添加酒花啤酒第四周期的酒花香气要浓郁，干投酒花啤酒还表现在后苦味较强，但是澄清度表现较差，随着强化周期的增多，酒体出现浑浊的现象。

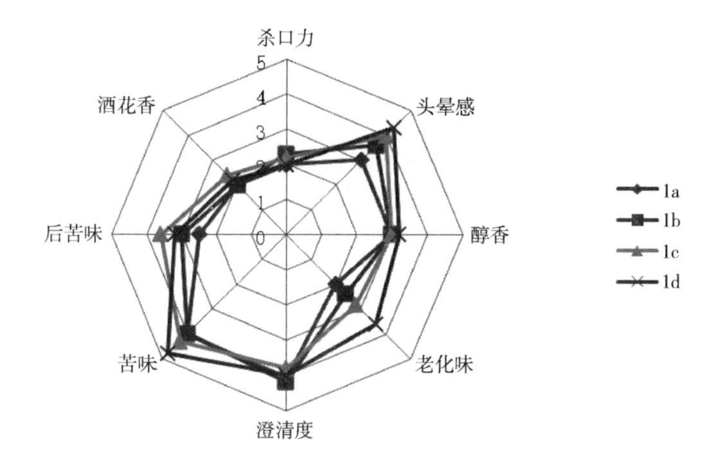

图 9－36　煮沸期间添加酒花的啤酒强化四个周期感官品评剖面图

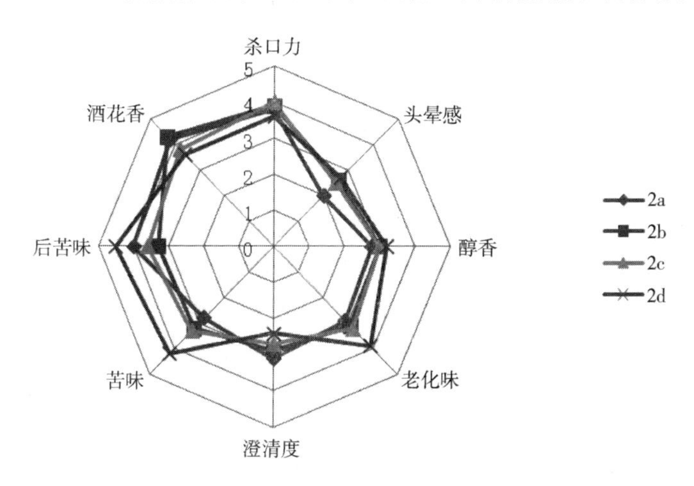

图 9－37　回旋沉淀槽干投酒花、15℃发酵的啤酒强化四个周期感官品评剖面图

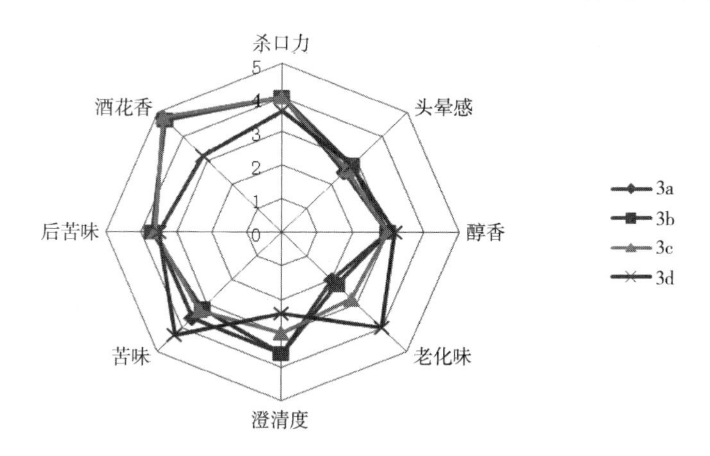

图 9－38　回旋沉淀槽干投酒花、20℃发酵的啤酒强化四个周期感官品评剖面图

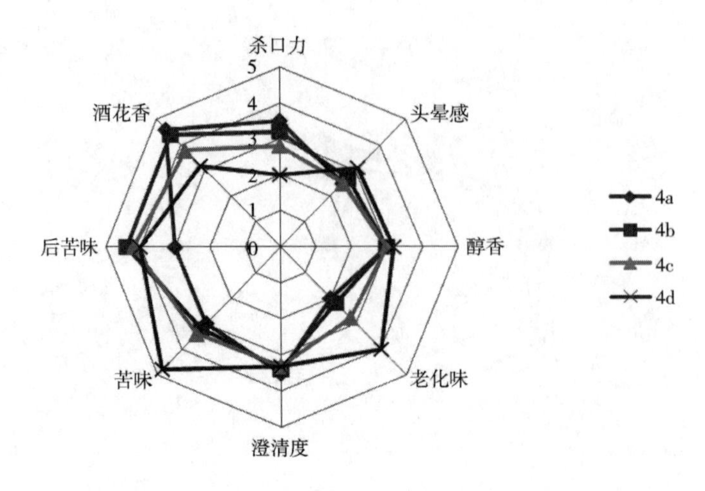

图 9 - 39　主发酵期间添加酒花的啤酒强化四个周期感官品评剖面图

四、啤酒在贮存过程中香气变化小结

干投酒花啤酒中，里那醇随着强化周期的增多，变化较为明显，强化三个周期后便检测不到该物质，说明里那醇在干投酒花啤酒中不稳定；干投酒花啤酒中柠檬烯含量相对较高，其中主要醇类均有先升高后降低的趋势，苯乙醇和异戊醇变化显著；丙酸芳樟酯、乙酸芳樟酯、香叶酸甲酯、乙酸橙花酯这几种香味物质在不同的酒花添加工艺啤酒中均有随着强化周期增多其相对含量先增多后稍微降低的趋势；石竹烯、葎草烯这两种重要酒花香气物质，在煮沸期间添加酒花的工艺的啤酒中相对含量较干投酒花工艺的啤酒少，但变化趋势相似，随着强化周期的增多，相对含量减少。

总体来说，干投酒花啤酒相对于传统淡爽啤酒，啤酒香气更为丰富、饱满，水果香、酒花香、花香、柑橘香等都比较丰富，但是干投酒花的缺点是，有一部分酒花香气物质的稳定性较差。干投酒花啤酒风味特点变化没有规律，重复性难以实现。

第十章　经典 IPA 啤酒酿造技术

第一节　IPA 啤酒的历史演变

IPA（India Pale Ale）又称印度淡色爱尔，是一种英国殖民印度期间从英国出口到印度的啤酒。

首先有必要再简单介绍一下“IPA”一词的来历。英国自 1757 年通过东印度公司发动第一次侵略印度的普拉西之战后，掀开了殖民印度 200 年的序幕，英国人的足迹踏上了这块炎热的南亚大陆。由于没有哪个“英国绅士”有勇气喝下那碗神秘的恒河水，酒精饮料只得暂时充当水源。而且随着大量英军即将驻扎印度，饮水问题就更加迫在眉睫，于是英国人想到了啤酒。

为了让殖民者在炎热的热带能够喝到英国本土啤酒（印度不产大麦也不产酒花），18 世纪末，来自英国弓弩酒厂（Bow Brewery）的酿酒师乔治·霍奇森（George Hodgson）发明了一个新的配方：他将木桶爱尔啤酒的酒精度提高，同时加入大量酒花，在苦度提升的同时大大延长了啤酒保质期，使其在抵达印度时依然能保持好的质量。

19 世纪伊始，刚被殖民的澳大利亚对英国啤酒的需求也开始慢慢增加，不少商人开始考虑这个新市场。但由于澳大利亚太远，只能借道印度，将那里的淡色爱尔啤酒运到澳大利亚。于是澳大利亚的报纸上首次出现了印度的淡色爱尔啤酒的广告，对于一个新殖民地而言，来自一个更古老殖民地的产品是一个更高层次的产品。于是 IPA 这个名字：India Pale Ale，就彻底火爆起来了。

不过好景不长，随着运输和酿酒技术的发展，IPA 的出口需求越来越小。19 世纪末 20 世纪初开展的禁酒运动与第一次世界大战的应急措施都对 IPA 有着或多或少的影响。

从 20 世纪 70 年代开始，美国人开始痴迷 IPA。美国精酿运动的起点就是 IPA，美国人刚开始做精酿啤酒的时候，想到的第一个可以模仿的版本就是英式的苦味啤酒。1975 年，旧金山的 Anchor 酒厂决定在美国独立日推出一款特殊的啤酒以庆祝《独立宣言》发表200周年，同时纪念美国著名的爱国人士Paul Revere。为此当时的酒厂老板Fritz Maytag特意前往英国考察，在走访伦敦、约克、伯顿三地后，他得到了一款浓烈的淡色爱尔（Pale Ale）啤酒的配方。但美国有个最大的问题，就是麦芽，欧洲的麦芽有非常好的层次感，很强的麦芽香，而美国的麦芽就显得单调，风味寡淡了很多，基本不可能做出英式啤酒那种味道；但美国的酒花品种多，香味独特，相比英式的和欧洲大陆的酒花奔放得多，有非常典型的橙香和松脂香，口感浓重。把单调的麦芽和特有的酒花结合在一起，便诞生了第一瓶美式精酿啤酒——自由爱尔（Liberty Ale），这款啤酒在某种程度上定义和塑造了美国的精酿啤酒运动。

酿造IPA的核心是酒花选择和添加技术。IPA的特点在于酿酒生产周期较短，无须长期贮藏并占用发酵设备，采用普通的生产工艺，需要的麦芽品种少。IPA酿造使用的酒花品种多，添加量大，风味复杂度高；其实，原麦汁浓度低、苦味适中、味道香的啤酒更容易为人接受。酿造IPA普遍使用酒花干投技术，这有利于提高啤酒中的原酒花香气、啤酒的泡沫稳定性和酒体的澄清度。

第二节　IPA的风格

IPA代表着一种以酒花风味为最大特色的啤酒，从而衍生出了无数变种。在烈度（酒精含量）上，赛松（Session）啤酒的酒精含量仅为3%（体积分数），普通IPA的酒精含量为5%～6%体积分数，双料IPA的酒精含量8%体积分数，帝国IPA的酒精含量达到10%体积分数。在颜色上，除了常规的金黄色，还有黑色、棕色、白色和红色IPA。在酒体风格，除了古老的英式IPA，还有美式IPA、比利时风格IPA。从使用的酿造原料上，除了大麦IPA，还有小麦IPA、黑麦IPA、燕麦IPA和各种强化风味的IPA。

IPA属于典型的上面酵母发酵型爱尔啤酒，发酵温度较高，一般为16～20℃，因此，发酵过程中形成的代谢副产物较多，特别是酯类物质。IPA与普通爱尔相比，其苦味值和香气尤其突出。由于以美国为代表的精酿运动的迅猛发展，IPA的酒体风格有了很多的衍生类型，目前最常见的IPA风格见图10－1。

1. 英式（English－style）IPA

它是最早被发明出来的IPA。在英国IPA一般是低麦汁浓度的啤酒，其酒精度一般在4%～6.5%（因为酒精税的缘故），但也有人试图将酒精度提升至8%甚至更高。其麦芽用量也不像美国那样大，因为在某种程度上大量的麦芽会打破酿造的平衡。

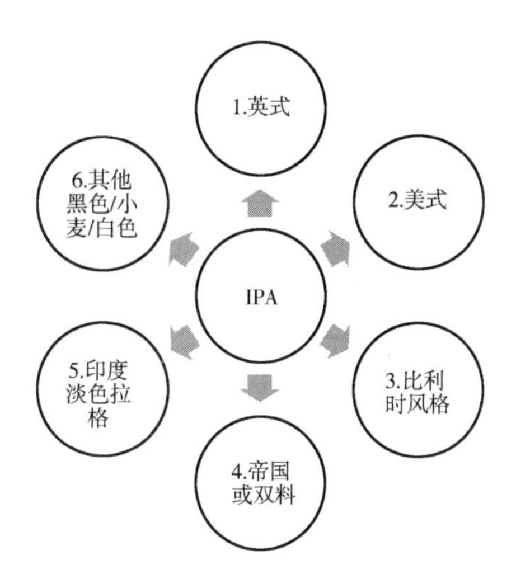

图 10－1　IPA 啤酒的风格

2. 美式（American－style）IPA

美式 IPA 有着与英式 IPA 完全不同的特点，它具有强烈的酒花味，带有明显的美国和新世界酒花风格。虽然美洲大陆的麦芽并不像欧洲的那么好，但是美国酒花的使用完全让人忘记了这一点。美式 IPA 通常使用美国产的酒花，如卡斯卡特、世纪、西楚、哥伦布、奇努克、西姆科、亚麻黄、战斧、勇士和拿格特。美国酒花香气带有明显的草药和柠檬特征，而且苦味值颇高。美式 IPA 从金色到红琥珀色都有，酒精度通常在5.5%～7.5%。东海岸 IPA 与西海岸 IPA 相比，具有更重的麦芽香和平衡浓郁的酒花香。相反西海岸的口味则更倾向于较重的酒花香，这可能是由于西海岸酿酒厂与酒花产地太平洋西北地区较近的缘故。东海岸酿酒厂则更倾向于使用较浓烈的欧洲酒花和特殊麦芽。

3. 比利时风格（Belgian－Style）IPA

比利时 IPA 是受美国 IPA 的启发，在比利时修道院三料啤酒的基础上改进而来，酒花味中有浓烈的酵母味道、香料味，很强的杀口感；它使用多种麦芽（来自比利时），用比利时酵母发酵，加入美国的酒花，还要进行瓶内二次发酵，是一种修道院啤酒风格与美式 IPA 风格交融的啤酒。比利时 IPA 颜色从白色到黑色都有，酒精度在6%～12%。如智美 IPA 鱼雷和舒弗（Chouffe）等比利时 IPA。其他如：印度棕色爱尔（India Brown Ale）、白色 IPA（White IPA）与小麦 IPA（Wheat IPA）都是比利时风格中的子类。

4. 双料或帝国（Double or Imperial）IPA

美国双料 IPA 的酒精度更高、苦度也相应更高，是一种酒花风味浓郁的啤酒。其苦味值往往超过 100 IBU 甚至更高。酒精度也非常高，在7.5%～14%。其口味大多取决于酒花品种，但是风味绝佳，带有一丝甜味，且香气富于变化。

这种风格的啤酒据说是由加利福尼亚州圣塔罗莎的俄罗斯河酿酒公司（Russian River Brewing Company）主人 Vinnie Cilurzo 首创。该公司的著名 IPA“失明的猪”（Blind Pig）深受消费者欢迎。

5. 印度淡色拉格（India Pale Lager）

不少酿酒商开发出“印度淡色拉格”（India Pale Lager：IPL），这种啤酒使用下面发酵酵母并带有类似 IPA 的强烈酒花香，长时间的后储（Lagering）使酒体更轻、更纯而突显酒花的曼妙香气。

6. 其他类型 IPA

黑色 IPA（Black IPA）是一种新兴的啤酒风格。它也被称作印度深色爱尔（India Dark Ale）、印度黑色爱尔（India Black Ale）。酒花用量和品种与普通 IPA 相似，并添加了焙烤黑麦芽，带有咖啡焦香甚至焦糖香，是一款酒精度略高的啤酒。它具有典型世涛（Stout）啤酒的浓郁烤面包味和强劲酒体并同时具有比波特（Porter）啤酒更强的酒花香气。酿造黑色 IPA 通常使用酒花干投技术。

棕色 IPA，使用焦香麦芽、结晶麦芽，残糖带来的甜味与酒花苦味良好平衡；

红色 IPA，美式琥珀爱尔基础上的 IPA 改进型，带有轻微太妃糖、轻焙烤味；

黑麦 IPA，将黑麦引入配方中，引入独特的谷物风味和较干的口感；

白色 IPA，小麦啤酒风格的 IPA，带有明显的小麦风味、面包味，轻微的丁香型花香和酒花香；

此外，还有近些年异常火爆的浑浊 IPA、麻椒 IPA、帝国 IPA、赛松 IPA，极大地扩大了 IPA 这个家族的影响力。

第三节　经典 IPA 啤酒配方及工艺

一、拉格尼塔斯 IPA（Lagunitas IPA）

1. 风格特点

拉格尼塔斯 IPA 是最有价值的美国西海岸风格的 IPA。该酒厂位于美国加州的 Petaluma 市。为了与该地区的特有的风格保持一致，大多数啤酒厂的啤酒都在标签上写上一个小故事：酒标和瓶盖上有一个可爱的小狗的头像，惹人喜爱。这款 IPA 啤酒在啤酒瓶壁上有一层奶油色的米黄色酒标。开瓶后，闻到的是它融合了花香和柑橘的令人愉悦的香气。这款中轻度苦味的 IPA 中酒花的苦味和麦芽的香气达到了完美的融合，酒香回味悠长。

2. 产品技术参数

原麦汁相对密度：1.059～1.060；发酵结束相对密度：1.014～1.015

苦味值：54 IBU；色度：7～8 EBC：酒精含量：5.7%（体积分数）

3. 原料

按照每百升配料（如表 10－1）。

表 10－1　　拉格尼塔斯 IPA 配料表

麦芽	数量（g）/色度（EBC）	比例
德国慕尼黑麦芽	1800/20	50%
美国结晶麦芽	1200/20	33%
美国结晶麦芽	600/80	17%

酵母：第一种选择：Wyeast′s1056（20～22℃发酵）。第二种选择：Wyeast′s1272 美国啤酒酵母（20～22℃发酵）。

4. 酿造工艺

糖化：麦芽粉碎，在 65.5℃的 20L 水中糖化 30min。过滤和洗槽：过滤完头道麦汁后，用 10L 洗槽水分 2～3 次洗槽，向煮沸锅中加入 9.5kg 亚历山大淡干麦芽浸出物，7.4kg 蒙顿超浅干麦芽浸出物，1.2kg 蒙顿干麦芽浸出物，148g 地平线酒花。煮沸：向煮沸锅中加水 50L。煮沸结束前 45min 加入：74g 威廉麦特，74g 卡斯卡特，5mL 爱尔兰卡拉胶；结束前 10min 加入 47.6g 世纪酒花，100.4g 卡斯卡特酒花；结束前 4min 加入 74g 世纪（如表 10－2）。加水到 103L，再煮沸 1min，冷却 15min，将冷却后的麦汁导入发酵罐中，当麦汁温度低于 21℃，接种酵母。在前发酵罐中发酵 7 天直到发酵变慢，然后导入到二次发酵罐中并添加：74g 卡斯卡特，37g 世纪。等发酵完成后装瓶。

表 10－2　　拉格尼塔斯 IPA 酒花添加表

酒花品种及添加时间	添加量/（g/hL）
Horizon（地平线）－（头道麦汁时添加）收集头道麦汁时投酒花，即洗槽前	148
Willamette（威廉麦特）（风味酒花）－45min	74
Cascade（卡斯卡特）（风味酒花）－45min	74
Centennial（世纪）（香型酒花）－10min	48
Cascade（卡斯卡特）（香型酒花）－10min	100
Centennial（世纪）（香型酒花）－4min	74
Cascade（卡斯卡特）（干酒花）－干投	74
Centennial（世纪）（干酒花）－干投	37

注：表中所列 45min、10min 等时间是指煮沸结束前 45min、10min 时添加酒花。下表同。

二、绿闪 IPA（Green FlashIPA）

1. 风格特点

绿闪（Green Flash）是以一种罕见的大气现象而命名的品牌，该酒厂位于美国加州圣地亚哥附近的 Vista。观赏绿闪的最佳地点是海岸线边，只有在日出和日落时才能看到。当空气变清新或者太阳改变颜色的时候，就会出现。虽然闪光稍纵即逝，却给人留下难忘的记忆。该酒颜色从深金色到铜色，泡沫细腻。有独特的麦芽香和酒花的花香、柑橘香气。松树香气与麦芽香气相平衡，酒花的香气始终在杯口弥漫。酿酒厂的格言是：尝一口，念一生。在品尝以后，你将永远不会忘记它。

2. 产品技术参数

原麦汁相对密度：1.076；发酵结束相对密度：1018～1.019

苦味值：94 IBU；色度：8 EBC；酒精含量：7.4%（体积分数）

3. 原料

按照每百升配料（如表 10－3）。

表 10－3　绿闪 IPA 配料表

麦芽	数量（g）/色度（EBC）	比例
美国结晶麦芽	2100/40	100%

酵母：第一种选择：Wyeast'sWLP001 加州啤酒酵母（20～22℃发酵）。第二种选择：Wyeast's1056 美国啤酒酵母（20～22℃发酵）。

4. 酿造工艺

糖化：麦芽粉碎，在 65.5℃的 20L 水中糖化 30min。过滤和洗糟：过滤洗糟，把 10L 洗糟水分 2～3 次洗糟，向煮沸锅中加入：13.2kg 蒙顿超浅干麦芽浸出物（Muntons DME），9.5kg 亚历山大淡干麦芽浸出物，148g 西姆科苦酒花，180g 哥伦布酒花。煮沸：向煮沸锅中加水 50L。煮沸结束前 45min 加入：74g 世纪，74g 西姆科，5mL 爱尔兰卡拉胶；煮沸结束前 14min 加入 74g 世纪，74g 卡斯卡特（如表 10－4）；加水到 103L，再煮沸 1min，冷却 15min，将冷却后的麦汁导入前发酵罐中，当麦汁温度低于 21℃，接种酵母。在发酵罐中发酵 7 天直到发酵变慢，然后导入到二次发酵罐中并添加：37g 卡斯卡特（干酒花），37g 世纪（干酒花），37g 哥伦布（干酒花）。发酵完成后装瓶。

表 10－4　　绿闪 IPA 酒花添加表

酒花品种及添加时间	添加量/（g/hL）
Simcoe（西姆科）－（头道麦汁时添加）收集头道麦汁时添加酒花，即洗糟前	148
Columbus（哥伦布）－（头道麦汁时添加）收集头道麦汁时投酒花，即洗糟前	180
Centennial（世纪）－45min	74
Simcoe（西姆科）－45min	74
Centennial（世纪）－14min	74
Cascade（卡斯卡特）－14min	74
Cascade（卡斯卡特）（干酒花）－干投	37
Centennial（世纪）（干酒花）－干投	37
Columbus（哥伦布）（干酒花）－干投	37

三、“3C” IPA

1. 风格特点

该酒的名称源于使用了三款酒花开头字母为“C”的美国酒花：Cascade（卡斯卡特）、Centennial（世纪）和 Columbus（哥伦布）。哥伦布酒花的 α－酸值较高，是一款极好的苦型酒花。此外，不像其他高 α－酸值的酒花，哥伦布也有很好的酒花香气，是一款全能型的酒花，也是酿造单一酒花爱尔啤酒和 IPA 的不错选择。由于三种酒花香气的叠加，使这款 IPA 味道偏辛辣、带柑橘味，且酒体温和，没有突兀感。

2. 产品技术参数

原麦汁相对密度：1.073；发酵结束相对密度：1.012（假定糖化室收得率 75%）；

酒精含量：8%（体积分数）；苦味值：64 IBU

3. 原料

按照每百升配料（如表 10－5）。

表 10－5　　“3C” IPA 配料表

麦芽	数量（g）/色度（EBC）	比例
二棱麦芽	28700	80%
结晶麦芽	2400/40	6.7%
慕尼黑麦芽	2400	6.7%
维多利亚麦芽	1200	3.3%
片状小麦	1200	3.3%

酵母：Wyeast's 爱尔酵母（WLP001），可考虑使用 US－05 等酵母代替。

4. 酿造工艺

糖化：糖化温度 66～68℃。洗糟：常规洗糟。煮沸：煮沸结束前 60min 第一次添加哥伦布酒花，煮沸结束前 15min 添加世纪酒花，煮沸结束前 5min 添加世纪酒花，煮沸结束前 1min 添加卡斯卡特酒花。麦汁冷却，通风，添加酵母，进行发酵。发酵温度 19～21℃。后储时，干投哥伦布和卡斯卡特酒花。

表 10－6　“3C”IPA 酒花添加表

酒花	添加量（g/hL）
Columbus（哥伦布）	164
Centennial（世纪）	164
Centennial（世纪）	164
Cascade（卡斯卡特）	164
Columbus（哥伦布）	164
Cascade（卡斯卡特）	164

四、爱尔史密斯 IPA（Ale Smith IPA）

1. 风格特点

爱尔史密斯啤酒厂位于美国加州圣地亚哥附近，它荣获过很多奖项。它所有的啤酒都是瓶装，只用最纯净的原料进行手工制作。优质的爱尔史密斯啤酒，是印度淡色爱尔啤酒的典范。这款啤酒倒入杯中后，泡沫洁白细腻，草黄色的啤酒上部的白色泡沫犹如一道光亮。令人感兴趣的是这款啤酒有强烈的芳香气味，你会感觉像是在一片温暖的田野中间跳舞。它的香气特点是有着甜甜的味道和清新的感觉，草绿色的颜色和令人愉快的酒花之间达到了完美的平衡。它最后伴随着酒花的记忆缓慢消失，杯子上部的残余泡沫最终会落下。

爱尔史密斯 IPA 是一款美国西海岸 IPA，柑橘味，清新，酒花味足。金色的酒体，被酒花气味环绕。这款酒的麦芽使用很有特色，蜂蜜麦芽提供了轻微的甜味，慕尼黑麦芽提供了丰富的麦香味。

2. 产品技术参数

原麦汁相对密度：1.075；发酵结束相对密度：1.017（糖化室收得率 75%）

酒精含量：7.6%（体积分数）；苦味值：72 IBU

3. 原料

按照每百升配料（如表 10－7）。

表 10 －7　　爱尔史密斯 IPA 配料表

麦芽	数量（g）/色度（EBC）	比例
二棱浅色麦芽	33500	95.5%
结晶麦芽	327/30	1%
焦香皮尔森麦芽	327	1%
慕尼黑麦芽	327	1%
小麦麦芽	327	1%
蜂蜜麦芽	163	0.5%

酵母：Wyeast′s 爱尔酵母（WLP001）用 01800mL 酵母液活化；可考虑使用 US－05 等酵母代替。

4. 酿造工艺

糖化：糖化温度 66～68℃。洗糟：向头道麦汁中添加西姆科酒花和哥伦布酒花。煮沸：煮沸结束前 60min 第一次添加哥伦布酒花，煮沸结束前 30min 添加亚麻黄酒花，煮沸结束前 15min 添加西姆科酒花，煮沸结束前 10min 添加哥伦布酒花，煮沸结束前 5min 添加卡斯卡特酒花，煮沸结束（如表 10－8）。麦汁冷却，通风，添加酵母，进行发酵。发酵温度 19～21℃。后储时干投哥伦布酒花、亚麻黄酒花、卡斯卡特酒花、西姆科酒花和奇努克酒花。

表 10 －8　　爱尔史密斯 IPA 酒花添加表

酒花品种及添加时间	g/hL
Columbus（哥伦布）－（头道麦汁时添加）收集头道麦汁时投酒花	82
Simcoe（西姆科）－（头道麦汁时添加）同上	82
Columbus（哥伦布）－60min	123
Amarillo（亚麻黄）－30min	123
Simcoe（西姆科）－15min	82
Columbus（哥伦布）－10min	82
Cascade（卡斯卡特）－5min	82
Columbus（哥伦布）－干投	82
Amarillo（亚麻黄）－干投	82
Cascade（卡斯卡特）－干投	82
Simcoe（西姆科）－干投	41
Chinook（奇努克）－干投	41

五、安德森谷 IPA（Anderson Valley Ottin IPA）

1. 风格特点

安德森谷啤酒厂位于加州的 Boonville 市，该酒使用大量高 α－酸值的西北太平洋海岸酒花，加上传统的酒花干投，使这款酒有着浓郁的柑橘香气和口感。酒体细腻丝滑，绝对是酒花爱好者的不二之选。

2. 产品特征

原麦汁相对密度：1.068；发酵结束相对密度：1.015（糖化室收得率75%）。

酒精含量：7%（体积分数）；苦味值：79 IBU

3. 原料

按照每百升配料（如表 10－9）。

表 10－9　　安德森谷 IPA 配料表

麦芽	数量（g）/色度（EBC）	比例
二棱浅色麦芽	28700	76%
慕尼黑麦芽	4780	12%
结晶麦芽	2400/80	6%
蜂蜜麦芽（选用，能提供轻微的蜂蜜甜味）	2400	6%

酵母：Wyeast′s 爱尔酵母（WLP001）用 1800mL 酵母液活化；可考虑使用 US－05 等酵母代替。

4. 酿造工艺

糖化：糖化温度 66～68℃。洗糟：头道麦汁时添加哥伦布酒花。煮沸：煮沸结束前 60min 第一次添加哥伦布酒花，前 20min 添加哥伦布酒花，前 10min 添加卡斯卡特酒花，前 5min 添加哥伦布酒花，煮沸结束（如表 10－10）。麦汁冷却，通风，添加酵母，进行发酵。发酵温度 19～21℃。后储时干投卡斯卡特酒花。

表 10－10　　安德森谷 IPA 酒花添加表

酒花品种及添加时间	添加量/（g/hL）
Columbus（哥伦布）－头道麦汁添加（收集头道麦汁时投酒花）	164
Columbus（哥伦布）－60min	164
Columbus（哥伦布）－20min	82
Cascade（卡斯卡特）－10min	205

续表

酒花品种及添加时间	添加量/（g/hL）
Columbus（哥伦布）－5min	246
Cascade（卡斯卡特）－干投	328

六、喝彩 IPA（Bravo IPA）

1. 风格特点

喝彩酒花是美国近期研发的，属于宙斯酒花的变种。喝彩酒花是一款苦型酒花，α－酸值较高，为 14% ~17%。当美国西海岸 IPA 酒花紧缺的时候，喝彩是一个不错的选择。适于酿造啤酒的风格：美式 IPA、淡色爱尔。类似酒花：拿格特。

2. 产品技术参数

原麦汁相对密度：1.063；发酵结束相对密度：1.014（糖化室收得率 75%）；

酒精含量：8%（体积分数）；苦味值：53 IBU

3. 原料

按照每百升配料（如表 10－11）。

表 10－11　　喝彩 IPA 配料表

麦芽	数量（g）/色度（EBC）	比例
浅色麦芽	28700	83%
慕尼黑麦芽	2400	7%
胜利麦芽	2400	7%
结晶麦芽	1200/80	3%

酵母：Wyeast's WLP001/Wyeast's 1056/Safale US－05 皆可

4. 酿造工艺

糖化：糖化温度 66 ~68℃。洗糟：常规洗糟。煮沸：煮沸结束前 60min 头道次添加喝彩酒花，前 15min 添加喝彩酒花，煮沸结束前 1min 添加卡斯卡特酒花（如表 10－12）。麦汁冷却，通风，添加酵母，进行发酵。发酵温度为 20℃。

表 10－12　　喝彩 IPA 酒花添加表

酒花品种及添加时间	添加量/（g/hL）
Bravo（喝彩）－60min	150
Bravo（喝彩）－15min	75
Cascade（卡斯卡特）－1min	299

七、角鲨头60分钟IPA（Dogfish Head 60 Minute IPA）

1. 风格特点

1995年6月，角鲨头啤酒厂在特拉华州瑞霍布斯（Rehoboth）海滨建立了第一个精酿啤酒厂，从那之后角鲨头啤酒突飞猛进。它以酿造高浓度和高酒花含量的啤酒而远近闻名，经常使用一些有趣和奇异的原料用于啤酒酿造。

这款60minIPA可能是其销量最好的一款啤酒。它充满了青草味和酒花独特的香气，而不是麦芽香气。因为酒花的原因酒体干爽。酒精度6.1%和苦度60IBU，需要60min酒花煮沸时间。这就是其名称的由来。

2. 产品技术参数

原麦汁相对密度：1.063～1.064；发酵结束相对密度：1.015～1.016

苦味值：60 IBU；色度：9 EBC；酒精含量：6.1%（体积分数）

3. 原料

按照每百升配料（如表10－13）。

表10－13　　角鲨头60分钟IPA配料表

麦芽	数量（g）/色度（EBC）	比例
二棱淡色麦芽	31100	97%
琥珀麦芽	985	3%

酵母：Wyeast's 1187林伍德爱尔酵母，用1800mL酵母液扩培。可考虑使用英式酵母代替，也可以考虑BRY－97，US－05，S－04等酵母。

4. 酿造工艺

糖化：糖化温度66～68℃。洗糟：常规洗糟。煮沸：煮沸结束前60～35min头道麦汁添加猎户酒花，煮沸结束前35～25min添加西姆科酒花，煮沸结束前25min至煮沸结束时添加芭乐西酒花（如表10－14）。麦汁冷却，通风，添加酵母，进行发酵。发酵温度22℃。后储时，干投亚麻黄、西姆科和冰川酒花。

表10－14　　角鲨头60分钟IPA酒花添加表

酒花品种及添加时间	添加量/（g/hL）
Orion（猎户星座）－60～35min/连续添加	123
Simcoe（西姆科）－35～25min/连续添加	55
Palisade（芭乐西）－25～0min/连续添加	123
Amarillo（亚麻黄）－干投	82
Simcoe（西姆科）－干投	82
Glacier（冰川）－干投	82

八、神仙 IPA（Immortal IPA）

1. 风格特点

这款酒又称为“不朽”的 IPA，使用了美国独特风格的奇努克、亚麻黄和世纪酒花，酒花香气复杂、浓郁，散发出一种辛辣、类似柑橘的香气。外观呈现深琥珀色，酒体醇厚，酒花的苦味和麦芽中焦糖与巧克力味道交织在一起，给人带来无限的回味。

2. 产品技术参数

原麦汁相对密度：1.059；发酵结束相对密度：1.012

酒精含量：6.2%（体积分数）；苦味值：54 IBU

3. 原料

按照每百升配方（如表 10-15）。

表 10-15　　神仙 IPA 配料表

麦芽	数量（g）/色度（EBC）	比例
二棱淡色麦芽	25100	92%
结晶麦芽	600/140	2%
慕尼黑麦芽	1200	4%
维耶曼焦香皮尔森或浅色焦香麦芽	600	2%

酵母：Wyeast's 啤酒酵母（WLP001），可考虑使用 US-05 等酵母代替。

4. 酿造工艺

糖化：67℃糖化 60min。洗糟：常规洗糟。煮沸：煮沸 90min，煮沸结束前 60min 头道麦汁添加奇努克酒花，前 2min 添加亚麻黄酒花和世纪酒花，结束时添加世纪酒花（如表 10-16）。煮沸结束后，干投世纪酒花。麦汁冷却，通风，添加酵母（WLP001），进行发酵。发酵温度为 18~20℃。

表 10-16　　神仙 IPA 酒花添加表

酒花品种及添加时间	添加量/（g/hL）
Chinook（奇努克）-60min	328
Amarillo（亚麻黄）-2min	164
Centennial（世纪）-2min	82
Centennial（世纪）-0min	41
Centennial（世纪）-（干投）	164

九、老普林尼（Pliny the Elder）

1. 风格特点

该酒是一款俄罗斯河酿造酒厂的帝国 IPA 大作。这款酒有复杂的酒花味，香气弥漫。麦芽的配方比较简洁，带来一种美好的轻微烘烤的味道。

2. 产品技术参数

原麦汁相对密度：1.074；发酵结束相对密度：1.012

酒精含量：8.12%（体积分数）；苦味值：100 IBU

3. 原料

按照每百升配料（如表 10－17）。

表 10－17　　老普林尼 IPA 配料表

麦芽	数量（g）/色度（EBC）	比例
美国二棱淡色麦芽	28700	84%
玉米糖浆	2400	7%
结晶麦芽	800/90	2%
焦香麦芽	2400	7%

酵母：Wyeast's 加州啤酒酵母（WLP001），可考虑使用 US－05 等酵母代替。

4. 酿造工艺

糖化：66℃糖化 60min。洗糟：头道麦汁时添加奇努克酒花。煮沸：煮沸 90min，初沸时头道麦汁添加猎户星座和奇努克酒花，45min 时添加西姆科酒花，30min 时添加哥伦布酒花，结束时添加世纪和西姆科酒花（如表 10－18）。麦汁冷却，通风，添加酵母，进行发酵。发酵温度为 18～20℃。后储时，干投世纪、哥伦布和西姆科酒花。

表 10－18　　老普林尼 IPA 酒花添加表

酒花品种及添加时间	添加量/（g/hL）
Chinook（奇努克）－（头道麦汁添加）	248
Orion（猎户星座）－90min	454
Chinook（奇努克）－90min	84
Simcoe（西姆科）－45min	164
Columbus（哥伦布）－30min	164
Centennial（世纪）－0min	369

续表

酒花品种及添加时间	添加量/（g/hL）
Simcoe（西姆科）-0min	164
Columbus（哥伦布）-（干投）	533
Centennial（世纪）-（干投）	290
Simcoe（西姆科）-（干投）	290

十、黑麦 IPA（Rye IPA）

1. 风格特点

该款 IPA 使用普通的二棱、结晶麦芽和少量焦糖味的甜麦芽。有趣的是，为了增加啤酒的泡持性，加入了片状小麦。这款啤酒的独特之处在于添加了黑麦。黑麦增加了一种辛辣味道，也许是胡椒味。所用酒花为美国西海岸的哥伦布和胡德峰酒花，酒体干净，有柑橘的香气和清新的苦味，口感丝滑。

2. 原料

按照每百升配料（如表 10－19）。

表 10－19　　黑麦 IPA 配料表

麦芽	数量（g）/色度（EBC）	比例
二棱浅色麦芽	26300	80%
黑麦芽	7200/30	11%
结晶麦芽	3000/120	5%
焦香麦芽	1200	2%
片状小麦	1200	2%

酵母：最好的为 Wyeast′s（1450），也可使用 Denny 或 Wyeast′s（1272）美国爱尔Ⅱ，用 1800mL 酵母液活化。

3. 酿造工艺

糖化：66.9℃糖化 60min。洗糟：头道麦汁时加入胡德峰酒花（如表 10－20）。煮沸：煮沸结束前 60min 头道麦汁添加哥伦布酒花，前 30min 添加胡德峰酒花，前 1min 添加胡德峰酒花。麦汁冷却，通风，添加酵母，进行发酵。后储时，干投哥伦布酒花。

表 10-20　　黑麦 IPA 酒花添加表

酒花品种及添加时间	添加量/（g/hL）
Mt. Hood（胡德峰）-（头道麦汁）	150
Columbus（哥伦布）-60min	150
Mt. Hood（胡德峰）-30min	75
Mt. Hood（胡德峰）-1min	224
Columbus（哥伦布）-（干投）	75

十一、内华达山脉庆典（Sierra Nevada Celebration）IPA

1. 风格特点

内华达山脉啤酒厂位于加州的奇科市（Chico）。该酒具有柑橘和草本植物的味道，酒体呈深橙色色调。是消费者喜爱的一款啤酒。

2. 原料

按照每百升配料（如表 10-21）。

表 10-21　　内华达山脉庆典 IPA 配料表

麦芽	数量（g）/色度（EBC）	比例
二棱浅色麦芽	28700	90%
结晶麦芽	2400/120	7%
特制 B 麦芽	600	2%
焦香麦芽	300	1%

酵母：Wyeast's 加州啤酒酵母（WLP001），用 1800mL 酵母液活化。

3. 酿造工艺

糖化：在 66.9～68.3℃下料，糖化 60min。洗糟/过滤：常规洗糟。煮沸：煮沸结束前 60min 第一次添加世纪酒花，前 30min 添加猎户星座酒花，前 15min 添加卡斯卡特酒花，前 5min 添加世纪酒花（如表 10-22）。煮沸结束后，干投世纪和哥伦布酒花。麦汁冷却，通风，添加酵母，进行发酵。通常喷水冷却，发酵温度为19～21℃。

表 10-22　　内华达山脉庆典 IPA 酒花添加表

酒花品种及添加时间	添加量/（g/hL）
Centennial（世纪）-60min	150
Orion（猎户星座）-30min	75

续表

酒花品种及添加时间	添加量/（g/hL）
Cascade（卡斯卡特）－15min	150
Centennial（世纪）－5min	224
Centennial（世纪）－（干投）	150
Columbus（哥伦布）－（干投）	150

十二、美国简约 IPA（Simple American IPA）

1. 风格特点

地平线酒花是一个干净，有点柑橘/花香味，高 α－酸，但合葎草酮含量较低的品种。它起源于美国，通常生长在华盛顿州和俄勒冈州。因为它具有干净、典型的美国香气，作为一个基础（60min 的添加）啤酒，地平线酒花是一个很好的选择，如美国白啤，美国 IPA/IIPA 和美国布朗啤酒。

2. 原料

按照每百升配料（如表 10－23）。

表 10－23　　美国简约 IPA 配料表

麦芽	数量（g）/色度（EBC）	比例
二棱浅色麦芽	28700	89%
胜利麦芽	2400	7%
结晶麦芽	1200/80	4%

酵母：Wyeast′s WLP001/Wyeast′s 1056/Safale US－05 酵母。

3. 酿造工艺

糖化：在 67℃ 下糖化 60min。洗糟/过滤：常规洗糟。煮沸：煮沸结束前 60min 第一次添加地平线酒花，煮沸结束前 20min 添加地平线酒花，煮沸结束前 1min 添加卡斯卡特酒花，煮沸结束（如表 10－24）。麦汁冷却，通风，添加酵母，进行发酵。通常喷水冷却，发酵温度为 19～21℃。

表 10－24　　美国简约 IPA 酒花添加表

酒花品种及添加时间	添加量/（g/hL）
Horizon（地平线）－60min	224
Horizon（地平线）－20min	75
Cascade（卡斯卡特）－1min	299

十三、石头傲慢的“混蛋”（Stone Arrogant Bastard）

1. 风格特点

石头啤酒厂位于加州南部圣地亚哥以北的埃斯孔迪多（Escondido）市。傲慢的“混蛋”是石头啤酒厂除浅色爱尔，IPA 和双料 IPA 系列以外的另一个伟大的混合啤酒。傲慢的混蛋不是琥珀色，而是比麦芽和酒花颜色更加“浅”的 IPA。傲慢的混蛋啤酒的麦芽虽然不是压倒性的，但却拥有丰富的焦糖味，还有些葡萄干面包的味道，肯定比标准 IPA 更丰富。

奇努克酒花的香味很丰富。奇努克给傲慢的混蛋带来了不错的西海岸柑橘苦涩味道，而且还有更丰富的药草味，甚至还有一点辛辣元素。

2. 原料

按照每百升配料（如表 10－25）。

表 10－25　　石头傲慢的“混蛋”IPA 配料表

麦芽	数量（g）/色度（EBC）	比例
二棱浅色麦芽	31100	82%
焦香麦芽	3000	8%
慕尼黑麦芽	2400	7%
特殊 B 麦芽	1200	3%

酵母：Wyeast's 加州艾尔酵母（WLP001），用 1000mL 酵母液活化。

3. 酿造工艺

糖化：在 66.5～66.9℃下糖化 60min。洗糟/过滤：常规洗糟。煮沸：煮沸结束前 60min 向头道麦汁中添加奇努克酒花，煮沸结束前 20min 添加奇努克酒花，煮沸结束前 1min 添加奇努克酒花，煮沸结束（如表 10－26）。麦汁冷却，通风，添加酵母，进行发酵。

表 10－26　　石头傲慢的“混蛋”IPA 酒花添加表

酒花品种及添加时间	添加量/（g/hL）
Chinook（奇努克）－60min	224
Chinook（奇努克）－20min	150
Chinook（奇努克）－1min	224

十四、石头 IPA（Stone IPA）

1. 风格特点

从 55000 平方英尺（约 5110m^2）的啤酒厂到在巴伐利亚的罗尔克酿造的啤酒，到美丽的石头花园中令人难以忘怀的餐厅，石头酿酒厂是美式精酿啤酒厂中的最华丽的一员。啤酒好喝得令人难以置信，餐厅的美食也同样出色，2000 年以来他们一直在不断扩大生产规模。

石头啤酒在大西洋西北地区引发“大爆炸”。使用优良麦芽为原料，该款啤酒的麦芽香气与酒花口味完美结合。酒体呈金色，弥漫着复杂柑橘香。这款代表性的西海岸 IPA 无疑是啤酒爱好者的首选。

2. 产品技术参数

原麦汁相对密度：1.071 ~ 1.072；发酵结束相对密度：1.017 ~ 1.018

苦味值：77 IBU；色度：6 ~ 7 EBC；酒精含量：6.9%（体积分数）

3. 原料

按照每百升配料（如表 10 - 27）。

表 10 - 27　　石头 IPA 配料表

麦芽	数量（g）/色度（EBC）	比例
二棱浅色麦芽	31100	93%
结晶麦芽	1200/20	3.5%
结晶麦芽	1200/40	3.5%

酵母：Wyeast's 加州啤酒酵母（WLP001），用 1800mL 酵母液活化。

4. 酿造工艺

糖化：将麦芽粉碎，在 65.5℃的 10L 水中糖化 30min。过滤和洗糟：用 10L 洗糟水分 2 ~ 3 次洗糟，并加入：12.2kg 蒙顿超浅麦芽浸出物，9.5kg 亚历山大淡色麦芽浸出物，74g 马格努门酒花，148g 奇努克酒花。煮沸：向煮沸锅中加水 70L。煮沸结束前 45min 加入：148g 哥伦比亚酒花，5mL 爱尔兰卡拉胶；煮沸结束前 14min 加入 148g 世纪酒花（如表 10 - 28）；加入水到 103L，煮沸 1min，冷却 15min，将冷却后的麦汁导入前发酵罐中，当麦汁温度低于 21℃，接种酵母。在发酵罐中发酵 7 天直到发酵变慢，然后导入二次发酵罐中并添加 148g 世纪酒花。发酵完成后装瓶。

表 10 - 28　　石头 IPA 酒花添加表

酒花品种及添加时间	添加量/（g/hL）
Magnum（马格努门）- 75min	150

续表

酒花品种及添加时间	添加量/（g/hL）
Centennial（世纪）－结束	150
Centennial（世纪）－二次发酵时干投	299

十五、石头毁灭 IPA（Stone Ruination IPA）

1. 风格特点

石头毁灭 IPA 是一款帝国 IPA 风格的啤酒，酒体浓重，麦芽香气和酒花风味复杂，弥漫着烟熏的味道。

2. 原料

按照每百升配料（如表 10－29）。

表 10－29　　石头毁灭 IPA 配料表

麦芽	数量（g）/色度（EBC）	比例
二棱浅色麦芽	33500	82%
结晶麦芽	2400/80	6%
慕尼黑麦芽	2400/20	6%
焦香麦芽	2400	6%

酵母：Wyeast's 啤酒酵母（WLP001），用 1800mL 酵母液活化。

3. 酿造工艺

糖化：在 66.5～66.9℃糖化 60min。洗槽/过滤：常规洗槽。煮沸：煮沸结束前 60min 头道麦汁中添加马格努门酒花、前 30min 添加世纪酒花、前 10min 添加世纪酒花、前 1min 添加世纪酒花（如表 10－30）。麦汁冷却，通风，添加酵母，进行发酵。后储时，干投世纪酒花。

表 10－30　　石头毁灭 IPA 酒花添加表

酒花品种及添加时间	添加量/（g/hL）
Magnum（马格努门）－60min	262
Centennial（世纪）－30min	150
Centennial（世纪）－10min	150
Centennial（世纪）－1min	150
Centennial（世纪）－二次干投	299

十六、夏季 IPA（Summer IPA）

1. 风格特点

亚麻黄酒花是一个相对较新的美国酒花品种。亚麻黄的 α－酸含量在 5% ~ 11%，香气复杂，具有明显的橘香味，它是酿造 IPA 风格啤酒的不二选择。

2. 原料

按照每百升配料（如表 10－31）。

表 10－31　　　夏季 IPA 配料表

麦芽	数量（g）/色度（EBC）	比例
浅色麦芽	33500	93%
结晶麦芽	1200/120	3.5%
焦香麦芽	1200	3.5%

酵母：Wyeast's 加州艾尔酵母（WLP001），用 1800mL 酵母液活化。

3. 酿造工艺

糖化：在 66.2℃ 糖化 60min。洗糟/过滤：常规洗糟。煮沸：煮沸 90min。煮沸结束前 60min 头道麦汁中添加马格努门酒花、前 45min 添加马格努门酒花、前 20min 添加卡斯卡特酒花、前 10min 添加亚麻黄酒花、前 5min 添加亚麻黄和卡斯卡特酒花（如表 10－32）。麦汁冷却，通风，添加酵母，进行发酵。后储时，干投亚麻黄酒花。

表 10－32　　　夏季 IPA 酒花添加表

酒花品种及添加时间	添加量/（g/hL）
Magnum（马格努门）－60min	75
Magnum（马格努门）－45min	75
Cascade（卡斯卡特）－20min	150
Amarillo（亚麻黄）－10min	150
Amarillo（亚麻黄）－5min	150
Cascade（卡斯卡特）－5min	150
Amarillo（亚麻黄）－结束	150

第十一章　酒花的抑菌及对啤酒泡沫的影响

第一节　酒花的抑菌原理

在19世纪90年代早期，Simpson通过啤酒腐败菌被抑制建立了一个分子机制。在早期的研究中，Simpson和Smith证明了未解离的酒花化合物和酒花衍生物主要担负抗菌作用。Simpson提出了反式异葎草烯作为离子载体的作用，反式异葎草烯会引起质子渗透率的增加。离子载体是抗菌的工作者，给特定的离子增加细胞膜的通透性。酒花化合物作为离子载体是通过一个电中性的过程催化质子交换（如H^+）细胞二价阳离子，如Mn^{2+}，来抑制革兰阳性细菌（G^+）的生长。细胞内的pH的变化由离子载体诱导。细胞内的pH降低抑制了营养物质的转化，达到微生物饥饿致死效果。

在乳酸菌中，反式异葎草烯降低细胞的有效跨膜pH梯度和积累亮氨酸的能力，并且引起积累的亮氨酸泄露。相反，膜电位只被削减很小的程度。一些细胞质膜化合物可能会降低酒花对乳酸菌的抵抗力，这些化合物具有限制反式异葎草烯引导质子或二价阳离子穿过细菌细胞质膜的能力的角色，增加质子被驱逐出细胞内部的比率。酒花抑菌的研究是酒花化学成分复杂性的研究，不只是由于化合物的化学转换，也与天然产物有关。

Sami等证明*horA*是一个抵抗酒花抗菌的基因。他们利用*horA*作为标记基因，开发了一个快速、准确的聚合酶链反应方法，能够检测啤酒中的乳酸杆菌。异α-酸阻止细菌繁殖的作用可能被*horA*表达的蛋白质抵消，*horA*表达的蛋白质作为抗药性的运输载体将酒花化合物运载到外面介质中，并调节细胞中异α-酸或其他有毒化合物的合成积累。

另外还发现了两个协调酒花抗性的标记基因。一个是*horB*，可以调节基因的转录，确保转运蛋白的翻译。另一个是*horC*基因，可以表达多药性转运蛋白。

近些年来，其他三个与啤酒腐败相关基因已经被提出，它们是*hitA*，

horC 和 ORF5。*HorA* 和 *hitA* 基因分别编译多药物运载体的两个类型。第一是磷酸腺苷结合运载蛋白取决于 ATP－捆绑/水解，第二是活性多药运载体结合质子驱动势穿越细胞膜。Haakensen 等在另外一个研究中发现片球菌属是独立于啤酒破坏基因单独存在的。片球菌的 *bsrA* 和 *bsrB* 基因对啤酒破坏性和酒花抵抗性高度相关。*bsrA* 和 *bsrB* 基因没有在任何乳酸菌种中找到。不管它们是否能够在啤酒中生长，这使得区分破坏啤酒乳酸杆菌和片球菌属成为可能。

其他的酒花抗性机制包括 *hitA* 基因，这种基因在大多数啤酒腐败菌中都存在。乳酸菌的细胞膜在保护乳酸菌时起到了重要作用。膜结合的腺苷三磷酸酶是通过消耗能量的方式排出细胞内的质子来减少酒花苦味酸质子载体运输的能力。

分离的乳酸杆菌对酒花化合物的抗性需要多个相互依赖的抵抗机制。Shimwell 后来提出酒花成分的抗菌能力与细菌细胞壁的通透性改变有关。

近 35 年后，Teuber 和 Schmalreck 证实了酒花化合物及其衍生物能够引起好氧微生物枯草芽孢杆菌细胞质膜的泄漏，这将完全抑制糖和氨基酸的主动运输，随后抑制呼吸链和蛋白质、RNA 和 DNA 合成作用。

第二节　酒花抑菌的效果

植物源性抗菌剂用来防止食物变质。啤酒花的防腐剂价值在 12 世纪被认可（Singer 等，1954）。啤酒花用于啤酒酿造中，因为它具有苦味和防止腐败的能力。啤酒花中的蛇麻腺含有的抗菌活性成分如蛇麻酮、葎草酮，以及它们的异构体。

早在 1888 年，就证明了酒花有助于啤酒微生物稳定性并且有保护啤酒免于感染的作用。从此以后，酒花的抗菌活性化合物和酒花对乳酸菌的抑制作用被广泛研究。在 1937 年，Shimwell 发现酒花的抗菌性能和抑制细菌繁殖的能力只局限于革兰阳性细菌，然而革兰阴性菌种通常不受酒花酸的影响。革兰阳性细菌中某些种类的乳酸菌对酒花类化合物不敏感并且能在啤酒中生长。有些微生物不能在啤酒中生长，是由于这些啤酒腐败菌在细胞膜生理上与枯草芽孢杆菌细胞有微小差别。

一些酒花化合物及其衍生物的活性受培养基的 pH 的影响。这种影响关系第一次被 Simpson 和 Smith 定量描述。他们在培养基上确定了酒花抑菌效果对 pH 的依赖性，较低的 pH 有利于抗菌活性，高的 pH 降低了抗菌活性。反式异葎草烯抗菌活性可以通过添加一些一价阳离子 K^+、Na^+、NH_4^+、Rb^+、Li^+ 等来提高，然而，二价阳离子（例如 Mg^{2+}、Mn^{2+}、Ni^{2+}、Ca^{2+}）会减少反式异葎草烯的抗菌活性。

啤酒中由于二氧化碳含量高，氧气含量极低以及酒精的存在，非常不适合革兰阳性菌生长。细菌为了在啤酒中存活和生长，几种机制参与抵制有不利条件的环境，特别是抵抗酒花，从而引起啤酒腐败。

啤酒花中的蛇麻酮和葎草酮类化合物均有很好的抑菌作用，尤其是对于 G^+ 和结核菌的抑制效果尤为明显。在抑菌效果上，蛇麻酮的作用要优于葎草酮，这可能是由于蛇麻酮具有良好溶解性的缘故。酒花成分中除了蛇麻酮和葎草酮有抑菌效果之外，酒花多酚也具有很好的抑菌作用，正因如此，啤酒花已经被作为治疗肺结核和淋巴结核等结核病的主要药物原料之一。

最近，化合物黄腐酚已被分离。其中，蛇麻酮（又称 β－酸）是研究最多的抗菌成分。酒花化合物的抗菌活性虽然在酿造工业中应用广泛，但在其他领域中却很少被关注。此外，黄腐酚已被报道是一种广谱抗感染剂对许多细菌、病毒、真菌和原生动物有抑制作用。

在一些研究报告中，酒花酸化合物也可以抑制微生物的生长，只是抑制效果不同。在酵母酸洗时，四氢异 α－酸是抗微生物最有效的酒花酸（图 11－1）。四氢异 α－酸对接种片球菌（耐酸）（10^6/mL）啤酒酵母在 pH2.4 酸洗时的影响如图 11－2。

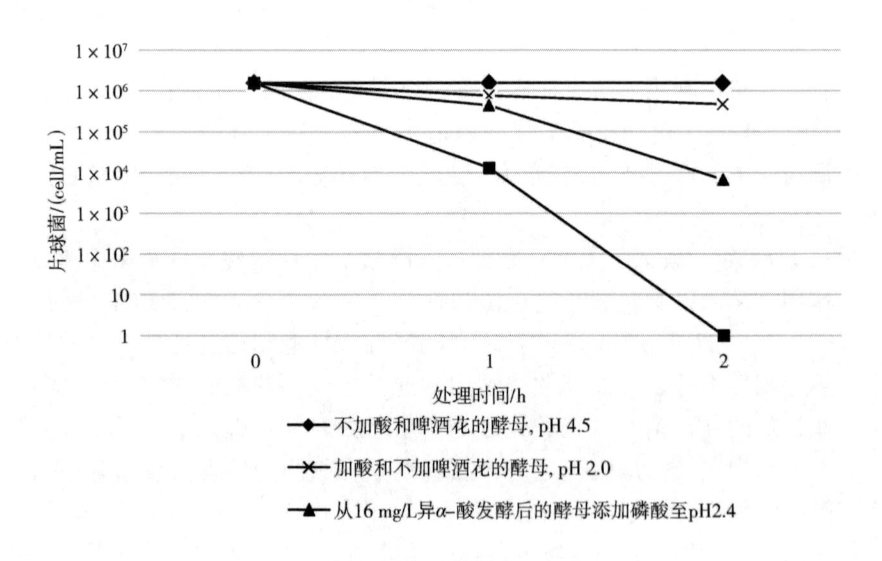

图 11－1　酵母酸洗时四氢异 α－酸对微生物影响

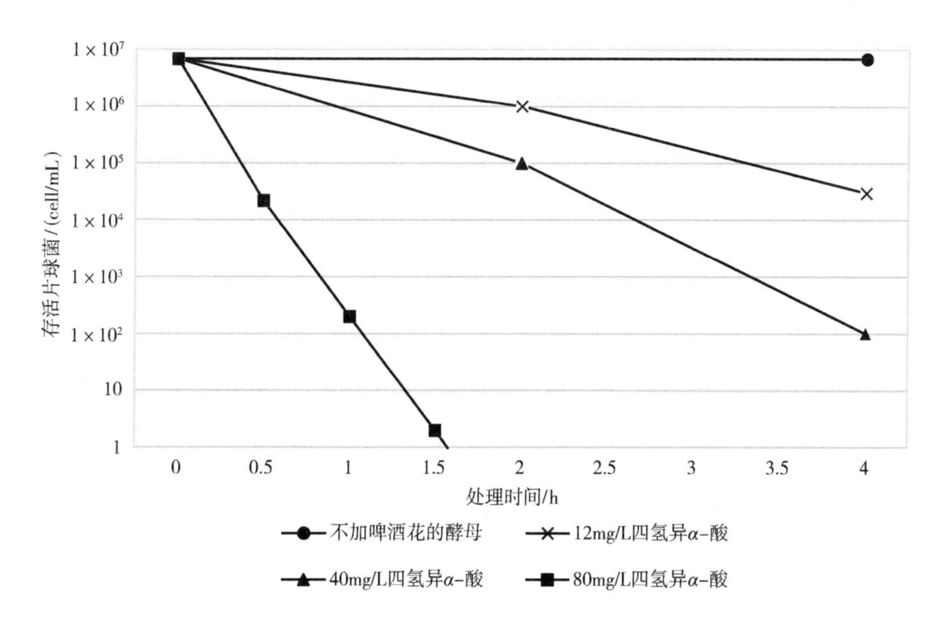

图 11－2　四氢异 α－酸对接种耐酸球菌啤酒酵母在 pH2.4 酸洗时的影响

酒花酸化合物抗微生物活性的比较如表 11－1 所示。

表 11－1　　酒花酸化合物抗微生物活性的比较

酒花酸	抗微生物活性
四氢异 α－酸	＋＋＋
异 α－酸	＋＋
二氢异 α－酸	＋

注："＋"代表抗微生物活性强度。

第三节　酒花对啤酒泡沫的影响

一、啤酒泡沫的组成

啤酒泡沫的形成过程较为复杂，在开启啤酒瓶及倾倒啤酒时，瓶内气压突然减小，啤酒中溶解的过饱和的 CO_2 形成气泡晶核并释放出来，气泡逐渐上浮膨胀堆积，最终形成啤酒泡沫。上升过程中气泡吸附表面活性物质使液体的表面张力减弱，得以形成较为稳定的泡沫。研究发现，啤酒泡沫组分含量复杂，包括水、蛋白质、CO_2、糖类、异 α - 酸、酯类、醇、金属离子等，各组分共同作用使啤酒泡沫形成并维持较为稳定的形态。

啤酒泡沫是啤酒主要的外观特征之一，丰富、稳定的泡沫能够赋予啤酒良好的口感，阻止风味损失及空气中的氧带来的氧化，同时，优雅的泡沫可以给消费者带来美好的嗅觉、视觉享受。

根据欧洲酿造协会的规定，啤酒的泡沫性能评价指标包括起泡性、稳定性、挂杯性、泡沫外观四个部分。

泡沫稳定性（泡持性）是指啤酒倾倒入杯中，所产生的泡沫从形成到消失所能持续的时间。良好的啤酒泡沫，最长可持续 5 ~ 6min，往往消费者在饮用完毕后泡沫仍未完全消失（GB/T 4928—2008）。对酿酒工作者和消费者而言，泡沫稳定性是评价泡沫质量的重要指标之一，众多学者对泡沫稳定性的机理及其对啤酒质量的影响进行了一系列的研究。Jackson 等通过添加海藻酸丙二醇酯对啤酒泡沫稳定性的机理进行了研究，发现海藻酸丙二醇酯的存在能显著提高啤酒的泡沫稳定性；Takashi 等对大麦 α - 淀粉酶抑制剂 - 1（BDAI - 1）和类燕麦储藏蛋白 - α（ALP）进行了提取纯化，发现 BDAI - 1 的存在对泡沫稳定性起积极作用，而 ALP 与泡沫稳定性无相关性。

起泡性是指将啤酒倾倒入杯中，泡沫激发的强弱能力和形成的高度。起泡性的强弱主要与啤酒中气体含量的多少相关，而啤酒间其他组分的差异对起泡性并无太大影响。Ludivine 等对麦芽中脂转移蛋白（LTP1）与泡沫稳定性的关系进行了研究，发现 LTP1 在高温条件下发生非酶糖基化修饰作用，使啤酒具有很强的起泡性。

挂杯性又称附着力，是指泡沫附着于杯壁的能力。通过使用照相技术定性测定泡沫附着在杯壁的程度来评价泡沫的挂杯性能。挂杯性能好的啤酒，在饮用完毕后，杯壁上应均匀布满残留的泡沫。

泡沫强度是指啤酒泡沫在抑制剂的存在下维持和挂杯的能力。通过把啤酒倾倒入含有渐增的抑制剂的玻璃杯中，泡沫强度值则是指啤酒泡沫能忍受的最大剂量的抑制剂，而不出现很明显的反效果。这种评价泡沫强度的方法十分有效，也可用于预测泡沫保护剂的效果，同时也能用于识别各种清洁剂和去垢剂的有效性。

其中，啤酒泡沫稳定性最能体现啤酒泡沫质量，也是国标中用来评价啤酒质量的指标。目前，评价啤酒泡沫稳定性的方法有 20 多种，其中常用的是秒表法、Sigma 法、NIBEM 法和 Rudin 法。

二、影响啤酒泡沫的因素及酒花对啤酒泡沫的影响

啤酒泡沫的影响因素很多，如蛋白质、二氧化碳、添加剂（PGA）、多糖和

金属离子等。

1. 蛋白质对泡沫稳定性的影响

研究发现，蛋白质作为啤酒中含量较大的一类物质，是啤酒泡沫的骨架成分，对啤酒泡沫质量有较大影响。原料中的水溶性蛋白是啤酒泡沫蛋白的最主要来源，其次为酵母在发酵过程中代谢产生的蛋白质。前者能够耐高温、抗酶解，经过糖化煮沸发酵等一系列过程，最终存在于啤酒中。目前已经鉴定出来的主要有蛋白质 Z，脂转移蛋白（LTP），大麦 α - 淀粉酶抑制剂二聚体 - 1（BADI - 1）和大麦醇溶蛋白等。其中，分子质量量为 43ku 的蛋白质 Z 是最早被发现与泡沫性能有关的蛋白质。研究认为，蛋白质 Z 对啤酒泡沫稳定性有积极的影响，而 LTP 能够提高啤酒的起泡性。国内外对于啤酒中蛋白质的研究主要集中于蛋白质种类的鉴定和检测，而近几年学者们发现，在酿造过程中，蛋白质 Z 和 LTP 均能与游离糖发生共价结合，使自身结构和性质发生变化，进而增强泡沫的稳定性。

2. 糖类对泡沫稳定性的影响

糖类是啤酒中含量最丰富的物质之一，对啤酒泡沫稳定性也有着十分重要的作用。研究人员认为，一方面，糖类能够提高啤酒的黏度，减少泡沫中液体的排出从而提高其泡持性；另一方面，糖类可以与蛋白质等其他组分结合在一起，共同提高啤酒泡持性。

3. 异 α - 酸对泡沫稳定性的影响

国内外很多研究认为，异 α - 酸可以增强啤酒的泡沫性能。啤酒中的异 α - 酸来源于酒花，Bamforth 等认为，离子化的异 α - 酸可以通过离子键与多酚发生作用从而改善啤酒泡沫稳定性。当啤酒中的酒花添加量较大时，泡沫中的苦味物质和异 α - 酸含量会相应地增加，因此苦味较重的啤酒泡沫稳定性相对较好。Euston 等的仿真研究发现异 α - 酸可以结合到 LTP1 的疏水区，使蛋白质吸附层增强，减少泡沫的破裂，从而使啤酒泡沫稳定性增强。

4. 多酚对泡沫稳定性的影响

目前关于多酚与啤酒泡沫之间的关系的研究较少。Bamforth 认为多酚与异 α - 酸作用相似，通过与蛋白质结合以提高泡沫稳定性。有研究发现多酚的含量与泡沫稳定性有很强的相关性。而另一方面，在煮沸和酿造的过程中，多酚会引起蛋白质特别是浑浊活性蛋白沉淀析出，因此会对啤酒产生一定的负面作用。

5. 脂质对泡沫稳定性的影响

啤酒酿造中比较重要的脂质主要有脂肪酸、甘油酯、磷脂、糖脂以及甾醇等，主要来自于麦芽。脂质对于啤酒泡沫的影响目前已经有较为明确的结论。研究表明，脂质能够促进啤酒泡沫中气泡聚集，使泡沫迅速崩塌，对泡沫稳定性有着非常消极的影响。有学者认为，脂肪酸链越长越能破坏泡沫的稳定性，但也有学者认为短链脂肪酸更能抑制泡沫挂杯性。长链饱和脂肪酸疏水性越强，对泡沫性能的破坏力越大。

6. 其他组分对泡沫稳定性的影响

啤酒中的其他组分还包括酒精、金属离子、CO_2等。通常认为酒精对啤酒泡沫有负面的影响，高浓度的乙醇加入泡沫中会直接导致泡沫坍塌。而金属离子的存在有利于提高泡沫稳定性，但在极端情况下可能会导致喷涌。而CO_2则无疑是决定啤酒泡沫质量的重要因素，提高CO_2的浓度会形成更多的气泡晶核并提高泡沫稳定性。

酒花酸不仅有助于啤酒苦味，在啤酒泡沫的形成和稳定中也有重要作用。啤酒花对啤酒泡沫的作用是稳定泡沫复合物。泡沫是啤酒生产过程中重要的质量指标。根据中欧酿造分析协会（MEBAK）的标准，一个泡沫稳定性好的全麦啤酒（11.0～15.9°P）泡沫保留时间在220～300s。在1976年，Chicoye等人第一次观察酒花异α-酸在啤酒泡沫构造中的作用。他们研究之后，很多研究者研究了不同酒花化合物对泡沫性能的影响（图11-3）。研究表明，疏水性是决定一种酒花化合物对啤酒泡沫稳定性影响的关键因素，这些疏水性化合物可以使啤酒泡沫更集中，因此增强了泡沫的稳定性。

图11-3 酒花制品对啤酒泡沫的稳定与挂杯性的比较

四氢异 α－酸是最有力的泡沫稳定剂。非巴氏杀菌的啤酒（纯生）中的酵母自杀蛋白酶会破坏泡沫蛋白，四氢异 α－酸可辅助纯生啤酒的泡沫稳定性。

众所周知，苦的异 α－酸来自酒花中的 α－酸，是提高啤酒泡沫稳定性的主要贡献者。Diffor 等进一步发现，异 α－酸类似物异葎草酮比异辅葎草酮提供了更稳定的泡沫。这种差别是由于异葎草酮在啤酒中溶解度低，它与啤酒泡沫生成物质有关。然而，这并不意味着异辅葎草酮对泡沫有负面影响，相反，异葎草酮提供了更加稳定的泡沫。其他少量的天然的酒花组分，比如，异葎草烯、二氢异葎草酮、四氢异辅葎草酮和四氢异葎草烯也已经被证明与泡沫稳定性有关。

随着啤酒被饮用，啤酒泡沫质地从液体到固体改变，这种固体或干泡沫会粘着在杯壁。泡沫粘着在杯壁的能力称为挂杯性或花边。在 1994 年，Glenister 和 Sege 提出了挂杯的主要性和次要性。主要的挂杯创造了起初的泡沫。次要的挂杯是一次次的啤酒液面下降留在杯壁上的。迄今为止，对挂杯的衡量还没有明确的标准，然而不容忽视。

附录　酒花的常规分析方法和酒花品种汇总

附录一　啤酒花制品（GB/T 20369—2006）

1　范围

本标准规定了啤酒花制品的术语和定义、产品分类、要求、分析方法、检验规则和标志、包装、运输、贮存。

本标准适用于经烘烤加工压缩成包的压缩啤酒花、经粉碎压缩成型的颗粒啤酒花和经萃取而成的二氧化碳酒花浸膏。

2　规范性引用文件

下列文件中的条款通过本标准的引用而成为本标准的条款。凡是注日期的引用文件，其随后所有的修改单（不包括勘误的内容）或修订版均不适用于本标准，然而，鼓励根据本标准达成协议的各方研究是否可使用这些文件的最新版本。凡是不注日期的引用文件，其最新版本适用于本标准。

GB/T 191 包装储运图示标示

GB/T 601 化学试剂　滴定分析（容量分析）用标准溶液的制备

GB/T 603 化学试剂　试验方法中所用制剂及制品的制备

GB/T 6682 分析实验室用水规格和试验方法（neq ISO 3696：1987）

3　术语和定义

下列术语和定义适用于本标准。

3.1　压缩啤酒花 Compressed Hop Cone

将采摘的新鲜酒花花苞经烘烤、回潮，垫以包装材料，打包成型制得的产品。

3.2　颗粒啤酒花 90 型 Type 90 Hop Pellet

压缩啤酒花经粉碎、筛分、混合、压粒、包装后制得的颗粒产品。

3.3　颗粒啤酒花 45 型 Type 45 Hop Pellet

压缩啤酒花经粉碎、深冷、筛分、混合、压粒、包装后制得的浓缩型颗粒产品。

3.4 二氧化碳酒花浸膏 CO_2 Hop Extract

压缩酒花或颗粒酒花经二氧化碳萃取酒花中有效成分后制得的浸膏产品。

3.5 褐色花片 Brownish Bract

浅棕色至褐色部分超过花片面积的三分之一的花片。

3.6 崩解时间 Collapsed Time

颗粒啤酒花在沸水中完全松散所需的时间。

3.7 散碎颗粒（匀整度）Scattered Pellet

散碎及长度小于正常颗粒直径二分之一的颗粒。

3.8 贮藏指数 Hop Storage Index，HSI

啤酒花的碱性甲醇浸出液在波长275/325nm下吸光度之比。

3.9 夹杂物 Impurity

压缩酒花中含有的非酒花球果的植株部分。如啤酒花中的茎、叶、花梗等。

4 产品分类

按形态分为：

4.1 压缩啤酒花

4.2 颗粒啤酒花，按加工方法又分为：

a）颗粒啤酒花90型；

b）颗粒啤酒花45型。

4.3 二氧化碳酒花浸膏，按萃取方式又分为：

a）超临界二氧化碳萃取酒花浸膏；

b）液态二氧化碳萃取酒花浸膏。

5 要求

5.1 感官要求

5.1.1 压缩啤酒花

应符合表1的要求。

表1 压缩啤酒花感官要求

项目	优级	一级	二级
色泽	浅黄绿色，有光泽		浅黄色
香气	具有明显的、新鲜正常的酒花香气，无异杂气味		有正常的酒花香气，无异杂气味
花体状态	花体基本完整	有少量破碎花片	破碎花片较多

5.1.2 颗粒啤酒花

应符合表2的要求。

表 2　　**颗粒啤酒花感官要求**

项目	90 型	45 型
色泽	黄绿色或绿色	
香气	具有明显的、新鲜正常的酒花香气，无异杂气味	

5.2　理化要求

5.2.1　压缩啤酒花

应符合表 3 的要求。

表 3　　**压缩啤酒花理化要求**

项目	优级	一级	二级
夹杂物[a]/% ≤	1.0		1.5
褐色花片/% ≤	2.0	5.0	8.0
水分/%		7.0 ~ 9.0	
α - 酸（干态计）[b]/% ≥	7.0	6.5	6.0
β - 酸（干态计）[b]/% ≥	4.0	3.0	
贮藏指数（HSI）[b] ≤	0.35	0.40	0.45

注：(a) 不允许有植株以外的任何金属、沙石、泥土等有害物质。

(b) 已正式定名的芳香型、高 α - 酸型酒花品种，其 α - 酸、β - 酸、贮藏指数不受此要求限制。

5.2.2　颗粒啤酒花

应符合表 4 的要求。

表 4　　**颗粒啤酒花理化要求**

项目	90 型		45 型
	优级	一级	
散碎颗粒（匀整度）/% ≤		4.0	
崩解时间/s ≤		15	
水分/%		6.5 ~ 8.5	
α - 酸（干态计）[a]/% ≥	6.7	6.2	11.0
β - 酸（干态计）[a]/% ≥	3.0		5.0
贮藏指数（HSI）[a] ≤	0.40	0.45	0.45

注：(a) 已正式定名的芳香型、高 α - 酸型酒花品种，其 α - 酸、β - 酸、贮藏指数不受此要求限制。

5.2.3　二氧化碳酒花浸膏

应符合表5的要求。

表5　二氧化碳酒花浸膏理化要求

项目	超临界二氧化碳萃取	液态二氧化碳萃取
α-酸（干态计）/%≥	35	30
水分/（%）≤	5.0	

6　分析方法

本方法中所用的水，在没有注明其他要求时，应符合GB/T 6682中三级（含三级）以上水要求。所用试剂，在未注明其他规格时，均指分析纯（A.R）。配制的“溶液”，除另有说明，均指水溶液。

同一检测项目，有两个或两个以上分析方法时，实验室可根据各自条件选用，但以第一法为仲裁法。

分析中所使用的压缩啤酒花、颗粒啤酒花、二氧化碳酒花浸膏样品，均采用按7.2.3.1、7.2.3.2和7.2.3.3的抽样方法抽取的样品。

6.1　色泽与香气

将压缩啤酒花（或颗粒啤酒花）试样，在光线充足（避免直射阳光）、无不良气味的场所，观看颜色并嗅其气味，做好记录，依据表1（或表2）要求，评价试样的色泽与香气。

6.2　花体状态

取压缩啤酒花试样，仔细观看其花体完整程度，做好记录，并依据表1要求，评价花体状态。

6.3　褐色花片

称取压缩啤酒花试样20g，拣出褐色花片，在天平（感量±0.1g）上称量，以其质量分数表示。并依据表3要求，进行判定。

6.4　夹杂物

称取压缩啤酒花试样20g，拣出茎、叶、花梗等，在天平（感量±0.1g）上称量，以其质量分数表示。并按照表3要求，进行判定。

6.5　散碎颗粒（匀整度）

称取颗粒啤酒花试样20g，观察颗粒之间是否大小匀整，收集小于颗粒直径二分之一的散碎颗粒及碎末，在天平（感量±0.1g）上称量，以其质量分数表示。并依据表4要求，进行判定。

6.6　崩解时间

于400mL烧杯中盛入约200mL自来水，放在电炉上加热，在沸腾状态下，投入（2~3）粒颗粒啤酒花试样，投入时立即按下秒表计时，观察颗粒啤酒花在沸水中已完全松散时，停止秒表计时，记录时间（s）。

6.7 水分

6.7.1 原理

样品于103～105℃直接干燥，所失质量的百分数即为该试样的水分。

6.7.2 仪器

分析天平：感量±0.1mg；电热干燥箱：控温精度±1℃；玻璃称量皿：30mm×70mm；干燥器：用变色硅胶作干燥剂。

6.7.3 分析步骤

称取压缩啤酒花试样3g（或颗粒啤酒花粉碎试样4g），精确至0.001g。置于已烘至恒重的称量皿中，连同盖一并放入（104±1）℃的电热干燥箱中烘1h，加盖取出，放入干燥器中冷却至室温，称量。

称取二氧化碳酒花浸膏样品5g，精确至0.001g，置于已烘至恒重的称量皿中，连同盖一并放入（60±1）℃的电热干燥箱中烘15min，加盖取出，放入干燥器中冷却至室温，称量。

6.7.4 结果计算

$$w_1 = \frac{m_1 - m_2}{m_1 - m} \times 100 \tag{1}$$

式中：

w_1——试样中水分的质量分数,%；

m_1——干燥前称量皿加试样的质量，g；

m_2——干燥后称量皿加试样的质量，g；

m——称量皿的质量，g。

所得结果表示至一位小数。

6.7.5 允许差

同一试样两次测定值之差，不得超过平均值的3%。

6.8 α-酸和β-酸

6.8.1 紫外分光光度法（第一法）

6.8.1.1 原理

用有机溶剂萃取酒花中的α-酸和β-酸，然后，使用紫外分光光度计在波长275nm、325nm、355nm下测定吸光度，通过方程式计算出试样中α-酸和β-酸的含量。

6.8.1.2 试剂和材料

（a）甲苯；吸取此试剂1mL，用碱性甲醇稀释至100mL，用1cm比色皿在275nm测定吸光度（用水作参比），其吸光度应小于0.11；

（b）甲醇：用1cm比色皿以水为空白，在275nm下吸光度应小于0.06；

（c）氢氧化钠饱和溶液：将氢氧化钠配成饱和溶液，注入塑料瓶中，密闭放置至溶液清亮；

（d）无二氧化碳的水：按 GB/T 603 制备；

（e）氢氧化钠溶液［c（NaOH）＝6.0mol/L］：吸取 31.2mL 氢氧化钠饱和溶液［6.8.1.2（c）］，加入无二氧化碳的水中，并用水定容至 100mL；

（f）碱性甲醇溶液：于 100mL 甲醇中加入 0.2mL 氢氧化钠溶液［6.8.1.2（e）］，此溶液需在使用当天配制。

6.8.1.3　仪器

紫外分光光度计：波长 200～800nm，备有 10mm 石英比色皿；分析天平：感量 ±0.1mg；粉碎机：5000r/min；具塞锥形瓶：250mL；振荡器。

6.8.1.4　试样的制备

6.8.1.4.1　压缩啤酒花（或颗粒啤酒花）：取试样约 20g 进行粉碎，混合均匀。称取两份试样各 5g，精确至 0.001g，分别投入两个 250mL 具塞锥形瓶中，用移液管移入 100mL 甲苯，盖塞称重后，在振荡器上振摇（或用手摇动）30min，将锥形瓶倾斜静置，令其澄清备用。倘若摇动 30min 后失重超过 0.3g，则应重新称取试样进行处理。

6.8.1.4.2　二氧化碳酒花浸膏：取试样 1 听，放入 40℃ 水浴中保温 30min，使膏体变成流体状，然后开罐，用取样勺将样品混合均匀，称取两份试样各 0.5g，精确至 0.001g，分别投入两个 250mL 具塞锥形瓶中，用移液管移入 100mL 甲苯，盖塞称重后，置于振荡器上（或用手摇动）30min，将锥形瓶倾斜静置，令其澄清备用。倘若摇动 30min 后失重超过 0.3g，则应重新称取样品进行处理。

6.8.1.5　分析步骤

（a）稀释 A 液：吸取试样萃取液 5.0mL，用甲醇稀释定容至 100mL。

（b）稀释 B 液：吸取稀释 A 液 3.0mL，用碱性甲醇稀释定容至 50mL。

（c）参比液：吸取 5.0mL 甲苯，用甲醇稀释定容至 100mL。然后吸取该溶液 3.0mL，再用碱性甲醇稀释定容至 50mL。

（d）按仪器说明书调整紫外分光光度计处于正常工作状态，用 10mm 石英比色皿，以参比液校正仪器吸光度为零，然后在波长 275nm、325nm、355nm 下分别测定稀释 B 液的吸光度 A。测定时，应迅速读数。

6.8.1.6　结果计算

6.8.1.6.1　稀释系数按式（2）计算。

$$n = \frac{V_A \times V_B}{100 \times m \times V_1 \times V} \quad (2)$$

式中：

n——稀释系数；

V_A——稀释 A 液的体积，单位为毫升（mL）；

V_B——稀释 B 液的体积，单位为毫升（mL）；

100——转换系数；

m——称取试样的质量，单位为克（g）；

V_1——吸取试样萃取液的体积，单位为毫升（mL）；

V——制备稀释B液时吸取稀释A液的体积，单位为毫升（mL）。

所得结果表示至两位小数。

6.8.1.6.2　试样中α-酸的质量分数按式（3）、（4）计算，数值以%表示。

$$w_2 = n \times [-(51.56 \times A_{355}) + (73.79 \times A_{325}) - (19.07 \times A_{275})] \tag{3}$$

$$w_3 = \frac{w_2}{1 - w_1} \tag{4}$$

式中：

n——稀释系数；

w_2——试样的α-酸含量，%；

w_3——试样的α-酸含量（以干态计），%；

w_1——试样的水分，%；

A_{355}——稀释B液在波长355nm下的吸光度；

A_{325}——稀释B液在波长325nm下的吸光度；

A_{275}——稀释B液在波长275nm下的吸光度；

所得结果表示至一位小数。

6.8.1.6.3　试样中β-酸含量按式（5）、（6）计算，数值以%表示

$$w_4 = n \times [+(55.57 \times A_{355}) - (47.59 \times A_{325}) + (5.10 \times A_{275})] \tag{5}$$

$$w_5 = \frac{w_2}{1 - w_1} \times 100 \tag{6}$$

式中：

w_4——试样中β-酸的质量分数，%；

n——稀释系数；

A_{355}——稀释B液在波长355nm下的吸光度；

A_{325}——稀释B液在波长325nm下的吸光度；

A_{275}——稀释B液在波长275nm下的吸光度；

w_5——试样中β-酸的质量分数（以干态计），%；

w_1——试样中水分的质量分数，%。

所得结果表示至一位小数。

6.8.1.7　允许差

同一试样两次测定值之差，不得超过平均值的5%。

6.8.2　电导滴定法（第二法）

6.8.2.1　原理

用有机溶剂萃取酒花中α-酸，并配成混合液，当向混合液滴加醋酸铅溶液时，α-酸与铅离子形成络合物，溶液的电导稳定不变。当到达络合反应的终点

后，随着过量铅离子浓度的增大，溶液的电导也增大。通过作图，求出拐点即为滴定终点，进而计算出α－酸的含量。

6.8.2.2　试剂和材料

甲苯；甲醇；二甲亚砜；冰乙酸；电极浸泡液：甲醇＋冰乙酸＝1＋1，混匀备用。硫酸标准溶液［c（$1/2H_2SO_4$）＝0.1mol/L］：按 GB/T 601 配制与标定；乙酸铅溶液（2%）

配制：称取乙酸铅［$Pb(C_2H_3O_2)_2 \cdot 3H_2O$］10g，精确至0.0002g，放入小烧杯中，加少量甲醇和2～3滴冰乙酸使其溶解，再用甲醇稀释定容至500mL，摇匀备用；

标定：于80mL甲醇中加入4mL硫酸标准溶液（6.8.2.2f），用乙酸铅溶液滴定。每滴入0.1mL或0.2mL记录一次读数，当电导率急剧升高后，再滴6～7次，并记录各次的电导率读数。将每次滴定消耗2%乙酸铅溶液的毫升数与其相应的电导率读数在坐标纸上作点，连接各点，得起始近似水平的直线和电导率急增的直线，两条直线的交点即为终点。

计算：

$$X = \frac{c \times 4 \times 189.67}{1000 \times V} \times 100 \qquad (7)$$

式中：

X——乙酸铅溶液的浓度,%；

c——硫酸标准溶液的浓度，mol/L；

4——加入硫酸标准溶液的体积，mL；

189.67——1/2乙酸铅摩尔质量，g/mol；

V——标定时消耗乙酸铅的体积，mL。

6.8.2.3　仪器

电导率仪；磁力搅拌器；微量滴定管：5mL；分析天平：感量±0.1mg；具塞锥形瓶：250mL；烧杯：50mL、100mL。

6.8.2.4　试样的制备

同6.8.1.4。

6.8.2.5　分析步骤

6.8.2.5.1　按仪器说明书安装调节电导率仪，使其进入工作状态。

6.8.2.5.2　吸取10.0mL萃取清液于50mL或100mL干净烧杯中，加40mL甲醇（测定陈酒花时，再加10mL二甲亚砜），投入一枚玻璃铁芯转子，将烧杯放在磁力搅拌器平台上，插入铂黑电极于液面下，开启磁力搅拌器，用微量滴定管滴入2%乙酸铅溶液0.1mL或0.2mL，并记录电导率读数。每滴入0.1mL或0.2mL记录一次读数，当电导率急剧升高后，再滴6～7次，并记录各次的电导率，整个滴定操作要求在5min内完成。滴定完毕后将电极插入浸泡液（12.1.6）中数分钟，再用甲醇冲洗，备下次滴定使用。

6.8.2.5.3　作图：在直角毫米坐标纸上以2%乙酸铅溶液的毫升数为横坐

标，电导率为纵坐标，将每次滴定消耗2%乙酸铅溶液的毫升数与其相应的电导率读数在图上作点，连接各点，得起始近似水平的直线和电导率急增的直线，延长两条直线，在两条直线交点处往横坐标上作垂线，即可在横坐标上读得滴定终点时消耗2%乙酸铅溶液的毫升数。

6.8.2.5.4　举例：消耗乙酸铅溶液与电导率读数见表6，根据表6数据作图（见图1）。

表6　　消耗乙酸铅溶液与电导率读数表

2%乙酸铅溶液/mL	电导/（μΩ/cm）	2%乙酸铅溶/mL	电导率/（μΩ/cm）
0.4	0.62	2.6	0.67
0.8	0.65	2.8	0.72
1.0	0.67	3.0	0.79
1.2	0.67	3.2	1.00
1.4	0.67	3.4	1.34
1.6	0.67	3.6	1.65
1.8	0.67	3.8	1.95
2.0	0.67	4.0	2.20
2.2	0.67	4.2	2.50
2.4	0.67		

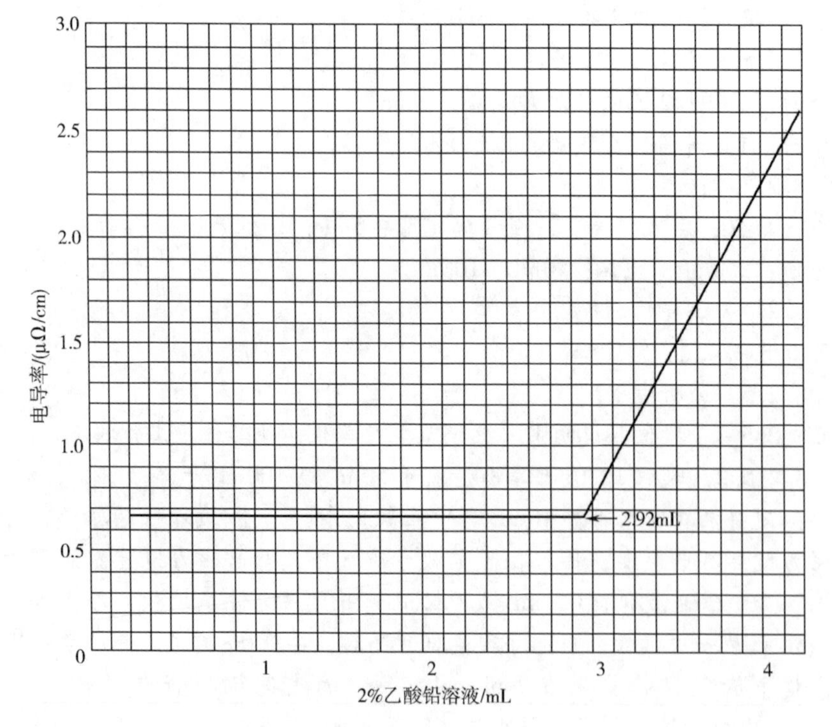

图1　电导滴定法测定α－酸含量

6.8.2.6 结果计算

试样中α-酸的质量分数按式（8）、(9）计算，数值以%表示。

$$w_7 = \frac{c \times V \times 179 \times V_1}{189.67 \times 5 \times 10} \times 100 \tag{8}$$

$$w_8 = \frac{w_7}{1 - w_1} \tag{9}$$

式中：

w_7——试样的α-酸的质量分数,%；

w_8——试样的α-酸的质量分数（以干态计),%；

w_1——试样中水分的质量分数,%；

c——乙酸铅溶液的溶度,%；

V——滴定终了时消耗乙酸铅溶液的体积，mL；

179——1/2α-酸平均摩尔质量，g/mol；

V_1——加入甲苯萃取试样的体积，V_1 = 100mL；

189.67——乙酸铅［1/2Pb（$C_2H_3O_2$)$_2$］摩尔质量，g/mol；

5——称取试样的质量，g；

10——吸取萃取液的体积，mL

所得结果表示至一位小数。

6.8.2.7 允许差

同一样品两次测定值之差，不得超过平均值的5%。

6.9 贮藏指数

6.9.1 原理

酒花和酒花颗粒的加工过程和贮存、运输方法不当时，α-酸和β-酸会发生氧化反应，造成贮藏指数升高，以及陈货酒花的混入也会使贮藏指数升高。采用紫外分光光度计，在波长275nm和325nm下，测定酒花制品的碱性甲醇萃取液的吸光度之比，即为酒花和酒花颗粒的贮藏指数。

6.9.2 试剂和材料

同6.8.1.2。

6.9.3 仪器

同6.8.1.3。

6.9.4 试样的制备

同6.8.1.4。

6.9.5 分析步骤

同6.8.1.5。

6.9.6 结果计算

$$w_9 = \frac{A_{275}}{A_{325}} \tag{10}$$

式中：

w_9——试样的贮藏指数（HSI）；

A_{275}——试样在波长275nm下的吸光度；

A_{325}——试样在波长325nm下的吸光度。

所得结果表示至一位小数。

7 检验规则

7.1 组批

7.1.1 同一生产厂（场）的同一品种，同一时期采摘、烘烤、回潮、打包成型的压缩啤酒花为同一批。每一生产厂（场），每年从开工之日生产第一包起按顺序连续编号，并注明生产年份。压缩啤酒花的批量以质量不超过5t（或相当于5t的包数）为一个检验标准批次。

7.1.2 同一生产厂（场）、用同一加工方法、在同一时期加工的颗粒啤酒花为同一批，并注明加工日期、酒花品种和加工方法（90型或45型）。颗粒啤酒花的批量以质量不超过5t（或相当于5t的包数或箱数）为一个检验标准批次。

7.1.3 同一生产厂在同一时期加工的二氧化碳酒花浸膏为同一批，并注明加工日期、萃取方法和α-酸含量。二氧化碳酒花浸膏的批量以质量不超过0.5~1.0t（或相当于0.5~1.0t的罐数）为一个检验标准批次。

7.2 取样

7.2.1 标准批次的取样数

遵循开平方根的原则。抽取样品数按式（11）计算：

$$N = \sqrt{P} \tag{11}$$

式中：

N——抽取样品数；

P——该批次的总件数。

7.2.2 非标准批次或数量不足一个标准批次的取样数

非标准批次或数量不足一个标准批次按表7抽取样本数。

表7 抽样

批量（包/箱/罐）	抽取样本数（包/箱/罐）
26~90	5
91~150	8
151~500	13
501~1200	20

7.2.3　取样方法及外观检验

7.2.3.1　压缩啤酒花

按7.2的原则从同一批产品的堆垛上下内外部位随机抽取样本数。取样前，对照检验单，核实产品批次、数量、包装等。然后在压缩啤酒花包的任一侧面，用不锈钢刀切口，掀开包装材料，从切口下50~100mm深处取一块不少于50g的样品，迅速装入密闭的容器（干净的金属筒或不透气的塑料袋）中，每批取样总量不得少于600g。取样量少时，可适当加大每件样品的取样量。将所有抽取的样品混匀，用对角四分法分为两份（各约300g）装入密闭容器中，一份封存备查，另一份样品再均分成两份（各约150g）做感官和理化分析。取样时随时注意产品的外观、香气、有害夹杂物、包与包之间的差异，并做好记录。

7.2.3.2　颗粒啤酒花

按7.2的原则从同一批产品中随机抽取样本数。取样前，对照检验单，核实产品批次、数量、包装等。然后从每箱（桶）中抽取一袋（或一盒），用小铲任意铲取25~50g样品，迅速装入密闭的容器（干净的金属筒或不透气的塑料袋）中，每批取样总量不得少于600g。取样量少时，可适当加大每件样品的取样量。将所有抽取的样品混匀，用对角四分法分为两份（各约300g）装入密闭容器中，一份封存备查，另一份样品再均分成两份（各约150g）做感官和理化分析。取样时随时注意产品的外观、香气、有害夹杂物、包与包之间的差异，并做好记录。

7.2.3.3　二氧化碳酒花浸膏

按7.2的原则从同一批产品中随机抽取样本数。取样前，对照检验单，核实产品批次、数量、包装等。用小刀打开包装罐，置于40℃的恒温水浴中加热30min后，搅拌均匀，每罐取样不少于10g，总量不少于200g，混合后加热搅拌均匀，取足分析用量后，余量封存备查。

7.3　出厂检验

7.3.1　产品出厂（场）前，应由生产厂（场）的技术检验部门按本标准规定逐批进行检验，符合本标准要求，并签发产品质量检验合格证明的产品，方可出厂（场）。

7.3.2　检验项目：

压缩啤酒花——夹杂物、水分、α－酸、贮藏指数；

颗粒啤酒花——匀整度、崩解时间、水分、α－酸、贮藏指数；

二氧化碳酒花浸膏——水分、α－酸。

7.4　型式检验

7.4.1　检验项目：本标准要求中规定的全部项目。

7.4.2　一般情况下，同一类产品的型式检验每半年进行一次，有下列情况之一者，亦应进行型式检验：

(a) 原辅材料有较大变化时;

(b) 更改关键工艺或设备;

(c) 新试制的产品或正常生产的产品停产3个月后，重新恢复生产时;

(d) 出厂检验与上次型式检验结果有较大差异时;

(e) 国家质量监督检验机构按有关规定需要抽检时。

7.5 判定规则

7.5.1 检验结果有两项以下（含两项）不合格项目时，应重新自同批产品中抽取两倍量样品对不合格项目进行复检，以复检结果为准。复检结果仍有一项不合格，则判该批产品不合格。

7.5.2 当供需双方对检验结果有异议时，可由相关各方协商解决，或委托有关单位进行仲裁检验，以仲裁检验结果为准。

8 标志、包装、运输、贮存

8.1 标志

8.1.1 销售的产品应标明生产厂（场）名称、厂（场）址、酒花原产地及其采摘年份、产品名称、规格、等级、生产日期、毛重、净重、执行标准号。

8.1.2 储运图示的标志须符合GB/T 191的有关规定，并在醒目的位置标明“防潮”“避光”“避高温”等字样。

8.2 包装

8.2.1 包装材料需符合有关食品卫生要求。

8.2.2 压缩啤酒花用内衬牛皮纸和聚乙烯塑料膜，外包白布和麻布，包的正面和背面各置三根竹片，打六道烤蓝带钢箍，包形尺寸为40cm×60cm×65cm，允许公差±1cm。包装应当严密、整齐，不得有漏缝和破包现象。

8.2.3 压缩啤酒花宜采用传统包装，每包净重为30kg，允许公差为±1.0%。

8.2.4 颗粒啤酒花用内衬聚乙烯的铝复合包装袋包装，必须抽真空并充以惰性气体（如氮气）进行包装。每袋的质量可按袋子（桶）大小和数量酌情而定。

8.2.5 二氧化碳酒花浸膏用避光的符合食品卫生要求的容器包装。

8.3 运输

8.3.1 在运输过程必须要有遮篷严密覆盖或使用密闭车厢，密闭仓货物底部要垫有一定高度的不透水材料。

8.3.2 不得与有异味、有毒物品同仓、同车厢运输。

8.3.3 搬运过程和运输中应轻放，严禁雨淋、受潮、曝晒。

8.4 贮存

在干燥、避光、4℃以下的环境中贮存。不得露天存放。

附录二　高效液相色谱法测定α-酸和β-酸（GB/T 20369—2006 节选）

1　原理

采用C18分析柱，配有紫外或二极管阵列检测器的高效液相色谱分析仪（HPLC），α-酸被分离成合葎草酮峰以及葎草酮、加葎草酮合峰；β-酸被分离成合蛇麻酮峰以及蛇麻酮、加蛇麻酮合峰。通过计算，得到样品中的α-酸和β-酸含量。

2　试剂和材料

甲醇：色谱纯；重蒸水；磷酸：85%；盐酸溶液［c（HCl）=0.1mol/L］：按GB/T 601配制；甲苯；乙醚；α-酸和β-酸酒花浸膏标样。

3. 仪器和装置

高效液相色谱仪系统：紫外或二极管阵列检测器，自动或手动进样阀；一元或多元泵；分析柱保温箱；色谱柱：C18柱（如：Nucleosil—5C18 250×4.6mm或ODS RP18），也可采用其它等同分析效果色谱柱；过滤装置：1000mL真空抽滤器，0.2μm或0.45μm滤膜；除气装置：氦气瓶或超声波清洗器；溶解和浸提装置：超声波水浴和温控摇床；容量瓶：50mL、100mL；移液管：20mL、100mL；具塞锥形瓶：250mL；微量进样器和塑料注射器；分析天平感量±0.1mg；酒花粉碎机。

4　流动相配比及处理方法

甲醇+重蒸水+磷酸（85%）=85+19+0.26。按体积比配制好后，真空抽滤，氦气或超声波清洗器除气。

5　酒花浸膏标样和待测样品的处理

5.1　酒花浸膏标样

将酒花浸膏标样置于25~30℃水浴中，搅匀。称取0.5g，于50mL烧杯中，加入30mL甲醇溶解，置于超声波水浴30min，转移到100mL容量瓶中，用甲醇定容，充分混匀。取20mL于50mL容量瓶中，用甲醇定容，充分混匀。用0.45μm膜过滤，存于样品瓶中，准备进样。样品应低温避光保存，此样品24h内稳定。

5.2　压缩啤酒花和颗粒啤酒花试样的前处理

称取酒花粉末（将压缩啤酒花或颗粒啤酒花样品进行粉碎）试样10g，置于250mL具塞锥形瓶中，用20mL甲醇和100mL乙醚（或甲苯）萃取，于恒温

25℃摇床振荡30min，加入40mL盐酸溶液（12.2.2.4），再摇床振荡10min后，静置20min，分层。取上层乙醚层20mL，用甲醇定容至50mL，充分混匀，用0.45μm膜过滤，存于样品瓶中，准备进样。样品应低温避光保存，此样品24h内稳定。

5.3 二氧化碳酒花浸膏试样的前处理

将二氧化碳酒花浸膏样品置于25～30℃水浴中，搅匀，称取1g。以下操作同5.1。

6 分析步骤

6.1 仪器操作条件

柱温：恒温25～30℃；

检测波长：315nm；

进样量：20μL。

6.2 标样校正因子的测定

酒花浸膏标样，进样20μL，重复进样六次，计算平均校正因子。

6.3 试样的测定

待测样品（5.2或5.3），进样20μL，外标法计算各组分质量分数。

7 结果计算

各组分的校正因子按式（1）计算。

$$f_i = \frac{m \times D_i}{A_i} \quad (1)$$

式中：

f_i——各组分的校正因子；

m_i——标样的质量，g；

i——标样中各组分的质量分数,%；

D_i——标样中各组分的峰面积。

试样中各组分的质量分数按式（2）计算，数值以%表示。

$$w_i = f_i \times \frac{A \times n}{m} \times 100 \quad (2)$$

式中：

w_i——试样中各组分的质量百分含量,%；

f_i——各组分的校正因子；

A——试样中各组分的峰面积；

n——试样的稀释倍数；

m——试样的质量，g。

所得结果表示至一位小数。

8 允许差

同一试样两次测定值之差，不得超过平均值的5%。

附录三　啤酒花农业行业标准（NY/T 702－2003）

1　范围

本标准规定了啤酒花的术语和定义、要求、试验方法、检验规则、标志、包装、运输和贮存。

本标准适用于压缩啤酒花与颗粒啤酒花。

2　规范性引用文件

下列文件中的条款通过本标准的引用而成为本标准的条款。凡是注日期的引用文件，其随后所有的修改单（不包括勘误的内容）或修订版均不适用于本标准，然而，鼓励根据本标准达成协议的各方研究是否可使用这些文件的最新版本。凡是不注日期的引用文件，其最新版本适用于本标准。

GB/T 5009.19　食品中六六六、滴滴涕残留量的测定

QB/T 3770.2—1999　压缩啤酒花及颗粒啤酒花取样和试验方法

《定量包装商品计量监督规定》

3　术语和定义

下列术语和定义适用于本标准。

3.1　压缩啤酒花 pressed hops

通过机械压缩成包的啤酒花。

3.2　颗粒啤酒花 hop pellets

经过物理方法制成的颗粒状啤酒花。

3.3　褐色花片 brown leaf

淡棕色至褐色超过花片面积三分之一。

3.4　崩解时间 expanse time

颗粒啤酒花在沸水中膨胀至松散的时间。

3.5　夹杂物 enclosure

啤酒花中夹杂的梗、叶。

3.6　九〇型颗粒啤酒花 90 hop pellets

每100kg压缩啤酒花加工为90kg颗粒啤酒花。

4　要求

4.1　分级

4.1.1　压缩啤酒花

压缩啤酒花分级要求应符合表1的规定。

表 1　　压缩啤酒花分级要求

<table>
<tr><th colspan="2">项目</th><th>优级</th><th>一级</th><th>二级</th></tr>
<tr><td colspan="2">色泽</td><td>浅黄绿色，有光泽，褐色花片小于2%</td><td>浅黄绿色，有光泽，褐色花片小于5%</td><td>浅黄绿色，有光泽，褐色花片小于8%</td></tr>
<tr><td colspan="2">香气</td><td>富有浓郁的啤酒花香气，无异杂气味</td><td>有明显的啤酒花香气，无异杂气味</td><td>有啤酒花香气，无异杂气味</td></tr>
<tr><td colspan="2">花体完整度</td><td>花体基本完整</td><td>有少量的破碎花片</td><td>有少量的破碎花片</td></tr>
<tr><td colspan="2">夹杂物/%</td><td colspan="2">≤1</td><td>≤1.5</td></tr>
<tr><td colspan="2">植株外杂物</td><td colspan="3">无</td></tr>
<tr><td colspan="2">包装密度/（kg/m³）</td><td colspan="3">≤320</td></tr>
<tr><td colspan="2">水分/%</td><td colspan="3">≤10.0</td></tr>
<tr><td rowspan="2">纯香型啤酒花（干态计）/%</td><td>α－酸</td><td colspan="3">≥2.0</td></tr>
<tr><td>β－酸</td><td colspan="3">≥2.0</td></tr>
<tr><td rowspan="2">苦香兼优型啤酒花（干态计）/%</td><td>α－酸</td><td colspan="3">≥4.5</td></tr>
<tr><td>β－酸</td><td colspan="3">≥2.0</td></tr>
<tr><td rowspan="2">苦型啤酒花（干态计）/%</td><td>α－酸</td><td colspan="3">≥6.0</td></tr>
<tr><td>β－酸</td><td colspan="3">≥2.0</td></tr>
<tr><td rowspan="2">高α－酸型啤酒花（干态计）/%</td><td>α－酸</td><td colspan="3">≥9.0</td></tr>
<tr><td>β－酸</td><td colspan="3">≥3.5</td></tr>
</table>

4.1.2　颗粒啤酒花

颗粒啤酒花分级要求应符合表 2 的规定。

表 2　　颗粒啤酒花分级要求

<table>
<tr><th colspan="2">项目</th><th>一级</th><th>二级</th></tr>
<tr><td colspan="2">色泽</td><td colspan="2">浅黄绿色</td></tr>
<tr><td colspan="2">香气</td><td>富有浓郁的啤酒花香气，无异杂气味</td><td>有明显的啤酒花香气，无异杂气味</td></tr>
<tr><td colspan="2">均整度</td><td>颗粒均匀，散碎颗粒小于4%</td><td>颗粒均匀，散碎颗粒小于6%</td></tr>
<tr><td colspan="2">硬度/N</td><td colspan="2">≥6</td></tr>
<tr><td colspan="2">崩解时间/s</td><td colspan="2">≤10</td></tr>
<tr><td colspan="2">水分/%</td><td colspan="2">≤9.0</td></tr>
<tr><td rowspan="2">纯香型啤酒花（干态计）/%</td><td>α－酸</td><td colspan="2">≥2.0</td></tr>
<tr><td>β－酸</td><td colspan="2">≥2.0</td></tr>
<tr><td rowspan="2">苦香兼优型啤酒花（干态计）/%</td><td>α－酸</td><td colspan="2">≥4.5</td></tr>
<tr><td>β－酸</td><td colspan="2">≥2.0</td></tr>
</table>

续表

项目		一级	二级
苦型啤酒花（干态计）/%	α-酸	≥6.0	
	β-酸	≥2.0	
高α-酸型啤酒花（干态计）/%	α-酸	≥9.0	
	β-酸	≥3.5	

4.2　卫生指标

压缩啤酒花与颗粒啤酒花卫生指标要求应符合表3的规定

表3　　压缩啤酒花与颗粒啤酒花卫生指标要求　　单位：mg/kg

项目	指标
六六六（BHC）	≤0.3
滴滴涕（DDT）	≤0.2

5　试验方法

5.1　分级的测定

按QB/T 3770.2的规定执行。

5.2　六六六、滴滴涕的测定

按GB/T 5009.19的规定执行。

6　检验规程

6.1　检验分类

6.1.1　出厂检验

色泽、香气、花体完整度、夹杂物、植物外杂物、均整度、水分、α-酸等检验项目为必检项目。

6.1.2　型式检验

6.1.2.1　型式检验项目为全部项目。

6.1.2.2　有下列情况之一者，应进行型式检验：

a）更换设备或长期停产再恢复生产时；

b）出厂检验结果与上次型式检验有较大差异时；

c）特征性界限指标有较大波动时；

d）国家质量监督机构进行抽查时。

6.2　批次

6.2.1　同一生产单位的同一品种，同时期采摘、烘烤、打包成型的啤酒花为同一批号，每一生产单位，每年从开工生产第一包起按顺序连续编号，并注明生产日期。

6.2.2　每批压缩啤酒花的批量为100包。

6.2.3　颗粒啤酒花以同一班、同一生产线上生产的包装完好的产品为同一批号，并注明加工日期。

6.3 抽样

按 QB/T 3770.2—1999 第 3 章规定的执行。

6.4 判定规则

6.4.1 凡卫生指标、检出国家明令禁止的农药的、α－酸不合格的，则判该批次产品为不合格产品。

6.4.2 优级产品，可允许色泽、香气、花体完整度、夹杂物、植物外杂物、均整度等项指标中的一项指标达到一级产品的要求，其余项目指标应符合优级产品的要求；一级产品，可允许色泽、香气、花体完整度、夹杂物、植物外杂物、均整度等项指标中的一项指标达到二级产品的要求，其余项目指标应符号一级产品的要求；二级产品，可允许色泽、香气、花体完整度、夹杂物、植物外杂物、均整度等项指标中的一项指标未达到二级产品的要求，其余项目指标应达到二级产品的要求。

7. 标志

啤酒花标志应包括以下内容：

a）产品名称及商标；

b）产品标准编号；

c）生产日期；

d）生产批号；

e）制造者的名称和地址；

f）级别；

g）净含量；

h）产品产地、生产企业详细地址及电话；

i）标明防潮、避光、避高温等标志。

8 包装、运输和贮存

8.1 包装

8.1.1 包装材料和容器

8.1.1.1 压缩啤酒花包内衬牛皮纸和聚乙烯塑料膜，外包白布和麻布，包的正面和背面各置三根竹片，打六道烤蓝钢箍。包装应严密、整齐，不应有漏缝和破包。

8.1.1.2 颗粒啤酒花用聚乙烯塑料袋或内衬聚乙烯的铝复合包装袋包装，也可采用聚乙烯塑料桶或马口铁桶，均应真空或充以惰性气体包装，复合袋应无变形破损，封口不渗漏。

8.1.2 包装计量

8.1.2.1 压缩啤酒花

每包压缩啤酒花净含量根据各单位设备及条件确定，但净含量不应有负偏差。其他规格的包装按《定量包装商品计量监督规定》执行。

8.1.2.2　颗粒啤酒花

每袋（桶）的净含量可按袋（桶）大小而定，宜按《定量包装商品计量监督规定》执行。

8.2　运输

8.2.1　在运输过程应有遮篷严密覆盖或使用密闭车厢，密闭仓货物底部应垫有一定高度的不透水材料。

8.2.2　不得与有异味，有毒物品同仓，同车厢运输。

8.3　贮存

要在干燥、避光、4℃以下的环境中贮存，货物底部应垫有一定高度的不透水材料，高度以确保安全为原则，严禁露天存放。

附录四　酒花及酒花制品中 α - 酸和 β - 酸的测定方法

1. 酒花和酒花颗粒中的 α - 酸和 β - 酸的测定（国际方法）

在啤酒酿造中，酒花的重要作用就是赋予啤酒特有的风味。α - 酸是啤酒苦味物质的主要前驱物质，因此对其含量的测定变得尤为重要。β - 酸在啤酒酿造过程中基本不溶解，但通过它们的氧化产物，对啤酒苦味产生影响。

用一种适当的有机溶剂萃取酒花或颗粒酒花（或酒花粉末）后，再用分光光度计测定 α - 酸和 β - 酸。电导滴定测定法对于 α - 酸的测定同样是行之有效的。两种方法都会受到干扰，尤其是受 α - 酸和 β - 酸氧化产物的影响。其次，当添加陈酒花、腐烂酒花时，也会对两种方法准确性产生影响。

对分光光度计法，用一个三元联立方程能减少由氧化过程所造成的误差。在电导滴定法中，根据铅盐对异 α - 酸的反应，也会发生一定的氧化过程，它并不能和 α - 酸分开，因此由这种方法测得的结果，用电导值（CV）来表示。

在实际运用中，分光光度计法对仪器校准、溶剂的纯度都有较高的要求。分析人员在使用这种方法时应参照有关说明书进行。

分析样品溶液的制备①

（1）试剂　甲苯，试剂纯。以水作空白，碱性甲醇稀释 100 后在 275nm 下的吸光度应高达 0.8。配制空白试验所用试剂时应特别仔细。甲苯应该具有

① 酒花酸类相对不稳定。应连续进行完全分析，不拖延，不暴露在光线或空气中，不受热。

“MCA”危险标志。

(2) 仪器设备　分析天平。机械振荡器。具有封闭的萃取瓶，250mL；例如250mL的锥形瓶，锥度为24/40，用聚四氟乙烯或聚乙烯为封闭盖。

(3) 方法　取（5.000±0.001）g已粉碎的新鲜酒花放入250mL萃取瓶或其他类似的容器内，加入100mL甲苯。

塞紧瓶盖，放入机械振荡器上强烈摇振30min。

以2000r/min的速率离心5min（或液体自然沉降，取出上清液，该过程不应该超过1h），此溶液相当于每1mL含有50mg酒花。

2. 分光光度法测定α-酸和β-酸含量

(1) 试剂　甲醇，试剂级。在275nm波长下，以水作空白时，通过1cm石英比色杯的吸光度应小于0.060；氢氧化钠，6.0mol/L；碱性甲醇。每100mL甲醇中加入0.2mL 6.0mol/L的氢氧化钠溶液，溶液需现配。

(2) 仪器设备　分光光度计。具有紫外线，有1cm的石英杯

(3) 方法[①]　用甲醇稀释5mL萃取液到100mL（此为稀释液A）。再用碱性甲醇稀释一定量的稀释液A得稀释液B，以使在325nm和355nm下，仪器测得的吸光度有最精准的测定值。稀释液B制备好后应立即测定。

首先用空白液将仪器调到零点，空白为采取与样品处理相同的方式对5mL甲苯进行稀释后得到，然后分别在355nm、325nm和275nm下测定稀释液B的吸光度，为防止UV光对组分的降解，读数必须快速。

(4) 计算

①稀释因子，d

$$d=\frac{\text{稀释液}A\text{体积(mL)}\times\text{稀释液}B\text{体积(mL)}}{500\times\text{萃取液体积(mL)}\times\text{稀释液}A\text{的总体积(mL)}}$$

式中500——转换系数，从以下公式得到：

$$d=\frac{100\text{mL 萃取物}\times 100\%}{5\text{g 样品}\times 1000000(\text{g/mL}\rightarrow\text{mg/L})}$$

由于吸光度用在α-酸和β-酸时单位为mg/L，因而需要用转换系数。

②α-酸含量（%）$=d\times(-51.56A_{355}+73.79A_{325}-19.07A_{275})$

③β-酸含量（%）$=d\times(55.57A_{355}-47.59A_{325}+5.10A_{275})$

式中d为稀释因子，355nm、325nm和275nm为在相应波长下测得的稀释液B的吸光度。报告结果保留一位小数。

例如：用100mL甲苯萃取5g酒花。

用甲醇将萃取上清液5mL稀释至100mL（稀释液A）。

---

① 可选择的稀释方法，例如可以使用微量移液管或是注射自动稀释器，前提是这些方法的准确性和精密度可以与标准的两级稀释法进行比对。

用碱性甲醇将3mL稀释液A稀释至50mL（稀释液B）。

吸光度：$A_{355}=0.615$，$A_{325}=0.596$，$A_{275}=0.132$

①$d=\frac{100\times50}{500\times5\times3}=0.667$

②α－酸含量（%）=0.667×（－51.56×0.615＋73.79×0.596－19.07×0.132）=6.50≈6.5

③β－酸含量（%）=0.667×（55.57×0.615－47.59×0.596＋5.10×0.132）=4.33≈4.3

新鲜酒花中α－酸的两个实验室平行试验的校准误差为0.37%～0.46%，如果是陈酒花，平行试验误差在0.26%～0.85%。

注释：联合研究结果指出，用50mL甲苯萃取2.5g酒花颗粒粉末与用100mL甲苯萃取5.0g酒花得到的试验结果相同。

3. 高效液相色谱法测定酒花及酒花浸膏中的α－酸和β－酸（国际方法）

本方法利用反相高效液相色谱法（HPLC），紫外分离和定量酒花和酒花浸膏中的合葎草酮、n⁻＋ad⁻葎草酮，合蛇麻酮，n⁻＋ad⁻蛇麻酮。

（1）试剂　甲醇（HPLC级）。磷酸，85%，d=1.71。盐酸溶液，0.1mol/L。二乙醚，其中不含过氧化物。标准酒花萃取液，作为外标使用，已知其中的α－酸和β－酸含量。

（2）仪器设备

①高效液相色谱仪，具有可变和固定UV波长检测器，能够设定在314nm，10μL进样阀或是可调样品环。

②积分仪。

③容量瓶，50mL和100mL。

④天平，可以精确称量到0.1mg。

⑤酒花颗粒粉末搅拌机。

⑥混合器。

⑦超声波水浴。

⑧色谱柱，250mm×4mm，5－μMods RP18，Nucleosil－5 C18，由Machery Nagel或是其他类似的柱子。

⑨过滤装置，0.45μm的多孔尼龙过滤器。

（3）色谱操作条件

①流动相。甲醇：水：磷酸=85：17：0.25（体积比）。混合均匀后，用0.45μm过滤膜过滤，然后在超声波水浴中超声除气15min或在低压下搅拌5min。

②温度，室温。

③色谱柱条件。为了达到目标物最大分离度，在流速1.0mL/min下平衡柱子1h。

④流速，0.8mL/min。

⑤检测器，314nm。

⑥进样体积，10.0μL。

（4）方法

①酒花浸膏使浸膏温度平衡到30℃，且混合均匀。精确称取约0.5g样品于50mL的容量瓶中，加入30mL甲醇和利用超声水浴超声溶解的浸膏。将浸膏溶液定量转移到100mL容量瓶中，加入30mL甲醇和利用超声水浴超声溶解的浸膏。将浸膏溶液定量转移到100mL容量瓶，用甲醇定容至刻度。小心将容量瓶中物质混合均匀。吸取上述10mL溶液到50mL的容量瓶中，用甲醇将其定容至刻度。小心地将容量瓶中的物质混合均匀。对溶液进行过滤后即可进样分析。样品应该在低温下避光保存。样品在24h内稳定。对标准浸膏样品按照相同的方式进行预处理。

②酒花颗粒用搅拌机对大约15g酒花颗粒进行粉碎。精确称取10g粉碎好的酒花粉末放入250mL萃取瓶或其他类似的容器中。加入20mL甲醇。加入100mL二乙醚。塞紧瓶塞，摇晃30min。然后小心打开瓶塞，加入40mL0.1mol/L盐酸溶液。重新盖好瓶塞后至少再摇晃10min。使瓶子静置10min以便于溶液分层。吸取上层醚相0.5mL放入50mL容量瓶中，用甲醇补足至刻度线。小心地将容量瓶中的物质混合均匀。色谱进样前先将溶液过滤或是离心。样品应在低温避光下保存。样品在24h之内稳定。

对校正标准溶液进样4次，分别计算合葎草酮、n⁻+ad⁻葎草酮，合蛇麻酮，n⁻+ad⁻蛇麻酮的响应因子。然后取其平均值。将其用于样品的计算中。对样品进样两次，取计算值的平均值。

（5）结果的计算

$$\text{响应因子}=\frac{\text{用于校正的样品重(g)}\times\text{校正浸膏中的组分含量(\%)}}{\text{校正浸膏中组分的峰面积}}$$

$$\text{组分含量/\%}=\frac{DF\times\text{校品中组分的平均峰面积}\times RF}{\text{样品重量(g)}}$$

此处，DF为稀释因子，对于酒花浸膏，$DF=1$，对于酒花颗粒，$DF=2$。

例如：每100mL校正浸膏的重量=0.5014g，将10mL样品稀释到50mL。

校正浸膏中的合葎草酮含量=11.1%；标样中合葎草酮的峰面积=383681

样品质量=0.4454g，将10mL样品稀释至50mL。

样品中合葎草酮的峰面积=222848。

$$RF=\frac{0.5014\times 11.1}{383681}=1.451\times 10^{-5}$$

$$\text{合葎草酮含量/\%}=\frac{1\times 222848\times 1.451\times 10^{-5}}{0.4454}=7.26$$

样品中总α-酸含量以总α-酸组分合葎草酮和n⁻+ad⁻葎草酮占样品重量的百分数表示。

样品中总β－酸含量以总β－酸组分合蛇麻酮和n－＋ad－蛇麻酮占样品重量的百分数表示。

精密度：

在酒花浸膏和酒花颗粒协同试验中，可以得到下面重复性误差变异系数。

	α－酸	β－酸
酒花浸膏	1.7～2.3	1.4～2.9
酒花颗粒	1.7～3.0	2.0～4.0

同时可以得到下面的再现性误差变异系数。

	α－酸	β－酸
酒花浸膏	3.4～4.3	2.9～4.0
酒花颗粒	4.9～6.4	4.8～5.2

注释：

①当对色谱图进行评价时，可以注意到在保留时间为18.7min时有一个小峰，这对于充分分离试验来说是非常重要的。在对色谱图进行评价前，必须将这个小峰与合葎草酮峰分离开来。如果分离度不够，可以尝试改变洗提液中的水分含量。

②当对整个酒花样品进行分析时，要注意取得一份具有代表性的酒花样品。所得到的变异系数可能会比酒花浸膏或颗粒中的变异系数偏高。

4. 高效液相色谱法测定异构化酒花颗粒中的异α－酸（国际方法）

此方法介绍了如何从异构酒花颗粒中萃取出异α－酸，在异构酒花颗粒制备过程中加入氧化镁，然后在真空下加热异构化。由于镁盐的存在，需要使用一种酸来使游离异α－酸萃取物最大程度地浸入n－丁基醋酸盐。这种萃取方法对Grant等的方法进行修正。通过高效液相色谱法（HPLC）对稀释液进行分析。

（1）试剂

①n－丁基醋酸盐，试剂级。

②磷酸，85%，试剂级。

③磷酸，3mol/L。向水中加入10.2mL试剂（b），用水定容至50mL。

④甲醇，HPLC级。

⑤水，HPLC级。

⑥四乙酸乙二胺（EDTA），四铵盐，0.1mol/L。

⑦异α－酸标样，异α－酸镁盐或其他已知异α－酸纯度的标准品。

（2）仪器设备

①高效液相色谱仪，具有UV波长检测器，能够设定在270nm，10μL进样阀或可调样品环。

②积分仪。

③分析天平，能够测定到0.1mg。

④机械振荡器。

⑤萃取液，250mL，具有内部关闭阀。

⑥刻度移液管，3mL、5mL和100mL。

⑦刻度烧瓶，25mL和50mL。

⑧色谱柱，250mm×4.6mm，5μm，Nucleosil C18，或是其他类似的柱子。

⑨超声波水浴。

(3) 色谱操作条件

①流动相。甲醇［试剂（d）］：水［试剂（e）］：磷酸［试剂（b）］：EDTA［试剂（f）］=81.2：18.4：0.25：0.10（体积分数）。混合均匀后，在超声波水浴中超声除气。进样前，用流动相平衡柱子至少1h。可以选用Ono等报道的色谱条件和流动相。然而，如果使用异α-酸镁盐，应该在流动相中添加EDTA。

②温度，室温（20~25℃）。

③流速，1.0mL/min。

④检测器，270nm。

⑤进样体积，10.0μL。

(4) 方法　将大约5g精确称量至毫克的新鲜酒花颗粒粉样品置于250mL的萃取瓶中，加入3mL 3mol/L的磷酸溶液［试剂（c）］，然后加入100mLn-丁基醋酸［试剂（a）］。塞紧瓶塞，在机械振荡器上剧烈振荡30min。通过离心或使其静置约15min澄清样品。吸取5.0mL萃取液放入一个50mL的容量瓶中，用甲醇［试剂（d）］补足至刻度。小心地将容量瓶中的物质混合均匀。过滤或离心后取10μL样品进行HPLC分析。

(5) 校正　称取约120mg异α-酸标样［试剂（g）］放入一个25mL的容量瓶中，记录重量到近0.1mg。将其溶解到甲醇［试剂（d）］中，定容至刻度后混合均匀。吸取5.0mL异α-酸贮备液放入50mL容量瓶中，用甲醇［试剂（d）］补足至刻度。小心地将容量瓶中的物质混合均匀。对上述标准液进样4次，其中两次在样品进样前进样，两次在样品进样后进样。

(6) 计算

$$RF = \frac{TA_{std} \times 25(mL)}{M_{std}(g) \times IAA_{std}\%}$$

式中　RF——响应因子

TA_{std}——校正试验中3种异α-酸色谱峰的总峰面积（4次进样的平均值）

M_{std}——所使用的校准标样的质量

IAA_{std}——校准标样中异α-酸的纯度，%

通过下面的公式对异构化酒花颗粒样品中的异α-酸（IAA）含量进行计算：

$$IAA(\text{颗粒酒花})\text{含量}(\%) = \frac{TA \times 100(\text{mL})}{RF \times M(\text{g})}$$

式中 TA——颗粒浸提液中3种异α-酸色谱峰的总峰面积

M——所使用的颗粒的质量

结果以近0.01%的数字表示。

例如：校正标准物质的质量=124.1mg；标样中的异α-酸含量=92.3%。

校正标准物质中异α-酸色谱峰面积的平均值=2.824×10^6。

$$RF = \frac{(2.824 \times 10^6) \times 25(\text{mL})}{0.1241(\text{g}) \times 92.3\%} = 6.164 \times 10^6 \text{mL/g}$$

酒花颗粒样品质量=5.000g；样品中IAA的总峰面积=2.371×10^6

$$IAA(\text{颗粒酒花})\text{含量}(\%) = \frac{(2.371 \times 10^6) \times 100(\text{mL})}{(6.164 \times 10^6 \text{mL/g}) \times 5.000(\text{g})} = 7.69\%$$

精密度：

在协同试验中，异α-酸含量高达12%的异构酒花颗粒的重复性和再现性变异系数分别为1.1%~2.3%和3.5%~3.8%。

注释：

必须将最终的甲醇样品溶液和IAA标准溶液保存在暗处，虽然可以将它们冷冻贮存长达24h，但应该尽快进行HPLC分析。

附录五 水蒸气蒸馏法测定酒花及酒花颗粒中的总酒花精油（国际方法）

酒花或酒花颗粒中的酒花油含量通过对从酒花粉原料和大量水混合物中收集到的蒸馏酒花油收集物进行测定。观测已经经过校准的接收器中的含水冷凝物上漂浮的主要油状物，测定其体积。

1. 仪器设备

煮沸烧瓶，5000mL，圆底，标准锥度45/50。转接头，标准锥度24/40~45/50。蒸馏接收器，5.0mL，标准锥度24/40。冷凝器，Allihn型，42mm×300mm。自动变压器。加热架，5000mL容量。分析天平。

玻璃器具的预处理。玻璃器具的清洁是最基本的要求。每次分析后，需要用甲醇或丙酮彻底对冷凝器和接收器进行清洗。二次测定后，需要用重铬酸盐洗液对接收器进行洗涤，防止其内部污垢层的累积。

2. 方法

从较粗糙酒花粉［见注释（a）］中取出100~200g二次抽样样品，或酒花颗粒粉，准确称重到0.5g，加入煮沸烧瓶中，同时加入3000mL水。为了促进温和煮沸，可以在烧瓶中添加聚四氟乙烯衬垫。开始蒸馏前，用水从冷凝器顶端装填入蒸馏接收器中。

在变压器的最大加热设置下使水翻滚煮沸。这大约需要30min。降低加热设置其旋转煮沸状态。应该将蒸馏速率控制在冷凝器末端液滴滴落速率为25~35滴/min。达到翻滚煮沸后，蒸馏时间还要保持4h。观测和记录下接收器中的酒花油体积，精确到0.05mL［见注释（b）］。

3. 计算

酒花和酒花颗粒中酒花油含量的计算公式如下，单位：mL/100g，

$$酒花油含量（mL/100g）=\frac{V\times 100}{W}$$

式中V——接收器中的酒花油体积，mL

W——酒花样品的重量，g

酒花油含量（mL/100g）结果以一位小数表示。

例如：酒花样品的重量$W=103.5$g，接收器中的酒花油体积$V=1.95$mL；

$$酒花油含量（mL/100g）=\frac{1.95\times 100}{103.5}=1.88=1.9$$

4. 精密度

基于协同试验，实验室间变异系数如下：

压缩酒花样品，低酒花含量（大约为0.45mL/100g）：13.9%；

压缩酒花样品，高酒花含量（大约为1.9mL/100g）：5.9%；

酒花颗粒，低酒花含量（大约为0.5mL/100g）：10.7%；

酒花颗粒，高酒花含量（大约为1.2mL/100g）：8.1%。

注释：

①压缩酒花样品和酒花颗粒样品必须能够代表整体酒花。将压缩酒花样品在一个配有三叶刀片的No.3通用食品粉碎机（或类似的装置）上粉碎处理后进行分析。粉碎设备可以提供一批粗糙的酒花粉。在粉碎过程中，必须避免产热量过大。在进行分析前，直接对酒花样品进行粉碎。对于酒花花苞样品来说，不需要进行样品预处理。

②有时，部分酒花油会吸附在接收器器壁上。当发生此种情况时，可以将一根铜线从冷凝器顶端插入接收器内，搅动以使酒花油从壁上脱离下来。分析后，应该用重铬酸盐洗液对接收器进行洗涤。

另注：酒花检测的国际方法参照李崎和刘春凤翻译的美国《ASBC啤酒分析方法》一书。

附录六　世界酒花品种特征

1. 美国酒花香气特征一览表

酒花英文	中文对照	水果香	核果香	热带水果香	柑橘香	花香	辛辣味	烟草泥土香	雪松香	药草香	松木香	青草香
Ahtanum	阿塔纳姆				√	√						
Alph Aroma	阿尔法香			√	√							
Amarillo	亚麻黄			√	√	√						
Apolo	阿波罗				√		√	√		√	√	
Azacca	尔扎卡	√		√	√							
Bitter Gold	苦金		√	√								
Bravo	喝彩	√				√						
Brewer's Gold	酿造者金	√					√					
Bullion	布林	√										
CTZ	哥伦布/战斧/宙斯				√	√	√			√		
Calypso	卡利泊颂	√		√	√			√				
Cascade	卡斯卡特	√			√	√						
Cashmere	喀什米尔	√			√					√		
Centennial	世纪				√	√						
Chelan	奇兰				√	√						
Chinook	奇努克				√		√				√	
Citra	西楚	√		√	√							
Cluster	克劳斯特				√	√	√					
Columbia	哥伦比亚	√						√				
Columbus	哥伦布						√					

续表

酒花英文	中文对照	水果香	核果香	热带水果香	柑橘香	花香	辛辣味	烟草泥土香	雪松香	药草香	松木香	青草香
Comet	彗星				√			√				
Crystal	水晶					√	√					
Delta	德尔塔	√			√	√	√	√		√	√	
Denali	德纳丽	√		√	√						√	
Ekuanot	春秋			√	√					√		
El Dorado	埃尔德拉多	√	√	√								
Eroica	爱柔卡	√										
Eureka	尤里卡	√	√	√	√					√		
First Gold	第一金	√			√	√	√	√		√	√	
Fuggle	法格尔	√						√				
Galena	格丽娜		√		√		√					
Glacier	冰川	√							√			
Golding	金牌					√	√					
Hallertauer	哈拉道					√	√			√		
Horizon	地平线					√	√					
Idaho 7	爱达荷 7 号	√		√	√					√	√	
Jarrylo	亚利洛	√			√		√					
Lemondrop	柠檬滴	√			√					√		

Liberty	自由				√		√					
Magnum	马格努门	√	√	√	√	√	√	√	√	√	√	√
Meridian	了午线	√		√	√							
Millennium	千禧					√		√		√		
Mosaic	摩西				√	√						√
Mt. Hood	胡德峰						√	√		√		
Mt. Rainer	雷尼尔峰				√	√	√					
Newport	纽波特										√	
N. Brewer	北酿							√			√	
Nugget	拿格特						√			√		
Olympic	奥林匹克				√		√					
Palisade	芭乐西		√							√		√
Pekko	派克			√	√	√				√		
Perle	珍珠					√	√			√		
Saaz	萨兹						√	√				
Santiam	圣西姆					√	√			√		
Serebrianka	赛睿布兰卡	√			√			√				
Simcoe	西姆科				√			√			√	
Sorachi Ace	空知王牌				√					√		√
Spalter	斯派尔特							√		√		

续表

酒花英文	中文对照	水果香	核果香	热带水果香	柑橘香	花香	辛辣味	烟草泥土香	雪松香	药草香	松木香	青草香
Sterling	斯特林				√	√	√					
Strissel Spalter	斯垂瑟斯派尔特				√		√	√		√		√
Summit	顶峰				√		√	√				
Super Galena	超级格丽娜	√			√		√	√		√	√	√
Tahoma	战斧				√				√			
Talisman	塔利斯曼											
Teamaker	茶农					√				√		
Tettnanger	泰特南						√					
Tillicum	特利库姆	√	√		√							
Tomahawk	战斧	√	√					√				
Topaz	陶佩兹			√			√					√
Triple Perle	三倍体珍珠	√			√		√					
Ultra	犹他					√	√					
Vanguard	先锋					√				√		
Warrior	勇士				√					√		√
Willamette	威廉麦特					√	√					
Yakima Gold	雅基玛金	√	√	√	√	√	√	√	√	√		√
Zeus	宙斯				√		√					

注：* 资料源自美国酒花种植者协会（HGA，Hop Grower of American），表格内描述的酒花所含香气类型，与香气含量无关。

2. 美国苦型酒花特征一览表

英文名称（中文对照）	世系	苦味指标			特点
		α-酸/%	β-酸/%	合葎草酮/%	
Apollo（阿波罗）	Zeus（宙斯）(2005)	15.0~19.0	5.5~8.0	24.0~28.0	苦味干净强烈，柑橘香浓郁，可做香花、干投
Azacca（尔扎卡）	顶峰，酿造金(2014)	14.0~16.0	4.0~5.5	38.0~45.0	强烈的柑橘香，熟芒果香，松针气味，香花、极其适合干投，是一种极其受欢迎的兼优酒花
Bravo（喝彩）	Zeus（宙斯）(2006)	12.0~14.0	3.0~5.0	29.0~34.0	苦味质量适中，泥土香草本香花香果香出众，可干投
Cluster（克劳斯特）	US×UK	7.6~8.9	4.9~5.6	37.0~40.0	世界贮存性最好的苦花，果香为主，泥土香辛香百花香为辅，适于所有啤酒类型
Chelan（奇兰）	Galena（格丽娜）(1994)	12.0~14.5	8.5~9.8	33.0~35.0	苦花，β-酸极高，苦味柔和；在美式淡色爱尔中可作香花加在煮沸末期
Chinook（奇努克）	Petham Golding（佩萨姆金）(1985)	12.2~15.3	3.4~3.7	28.0~33.0	苦味干净强烈，松香辛香明显，更多用作香花，在高浓啤酒、世涛以及IPA中有非常杰出的表现
Columbus（哥伦布） Tomahawk（战斧） Zeus（宙斯）	Nugget（拿格特）	14.5~16.5	4.0~5.0	28.0~32.0	合称CTZ，美国种植面积最大的品种，α-酸含量高，苦味优异，酒花油含量远超香花，香气浓郁，啤酒集团和精酿啤酒都大量使用
Galena（格丽娜）	酿造金(1978)	10.0~14.0	7.0~9.0	32.0~42.0	β-酸含量高，苦味极其柔和，耐贮存；香气类似老布林酒花，以柑橘香和甜蜜核果香为主，同时带有木香和青草香
Millennium（千禧）	Nugget（拿格特）(2000)	14.5~16.5	4.3~5.3	28.0~32.0	类似拿格特和哥伦布的苦味，草本香突出

续表

英文名称（中文对照）	世系	苦味指标			特点
		α-酸/%	β-酸/%	合葎草酮/%	
Nugget（拿格特）	酿造金，坎特伯雷金牌（1983）	13.5~15.5	4.4~4.8	23.0~25.0	经典苦花，新型苦花的鼻祖，非常突出的草本香
Newport（纽波特）	Magnum（马格努门）（2002）	13.5~17.0	7.2~9.1	36.0~38.0	β-酸含量高，苦味不够干净，泥土香、柑橘香明显
Summit（顶峰）	Nugget（拿格特），Zeus（宙斯）（2003）	16.9~18.5	5.5~6.6	27.0~29.0	第一款侏儒酒花，柑橘香和葡萄柚香出众，可做IPA和双料IPA
Comet（彗星）	野生（1961）	9.4~12.4	3.0~6.1	40.0~45.0	接骨木花香，干投少量辛辣味就很明显，因此毁誉参半
Warrior（勇士）	未知	15.8~18.2	4.4~5.4	25.0~27.0	极其干净的苦味，突出的草本香柑橘香，新型苦花的佼佼者

3. 世界著名酒花品种及特征

项目 \ 酒花图片					
名称	斯派尔特精选 （Spalter Select）	晚熟赫斯布鲁克 （Hersbrucker Spaet）	卢布林 （Lublin）	珍珠 （Perle）	肯特·金牌 （Kent Golding）
来源	德国	德国	波兰	德国	英国
类型	香型	香型	香型	苦香兼优型	香型
品种	中早熟	晚熟	早熟	中早熟	中晚熟
产量/（kg/hm^2）	2010	1600	1250	1400	1650
α－酸含量/%	4.6	3.3	4.2	8.0	5.6
β－酸含量/%	4.1	4.8	3.9	4.0	2.7
葎草酮含量/%	76	79	74	73	66
合葎草酮含量/%	24	21	26	27	34
酒花油/（mL/100g）	0.7	0.6	0.6	0.9	0.6
葎草烯含量/%	15	25	24	33	41
石竹烯含量/%	7	11	8	11	14
法呢烯含量/%	15	0	14	0	4
典型特征	香型优良，生长速度快，抗病（如萎蔫病和霜霉病）能力强，高产品种	花色鲜绿，香味好，贮藏稳定性差	萨兹酒花变种，圆锥形，黄绿色，香味佳，抗病能力强，喜欢光照及中等疏松土壤	浅绿色，香气优良，抗病能力强，产量中等，贮藏性能良好，可做香花用	著名的香花品种，花体小，圆形，黄绿色，香味极佳，抗病能力弱，产量低

续表

项目 \ 酒花图片					
名称	萨兹 (Saaz)	泰特南 (Tettnanger)	斯派尔特 (Spalt)	哈拉道－中早熟 (Hallertauer Mittelfrüh)	哈拉道传统 (Hallertauer Tradition)
来源	捷克	德国	德国	德国	德国
类型	香型	香型	香型	香型	香型
品种	早熟	中早熟	中早熟	中早熟	中早熟
产量/(kg/hm^2)	1250	1400	1450	1450	2000
α－酸含量/%	3.4	4.6	4.4	3.9	6.1
β－酸含量/%	3.8	4.7	4.6	3.9	4.2
葎草酮含量/%	75	73	74	77	74
合葎草酮含量/%	25	27	26	23	26
酒花油/(mL/100g)	0.5	0.8	0.6	0.7	0.8
葎草烯含量/%	23	24	28	46	37
石竹烯含量/%	9	9	9	13	11
法呢烯含量/%	13	15	11	0	<1
典型特征	花体圆锥型，香味极佳，抗病害及贮藏性能差，特别适宜酿造淡色啤酒	德国传统香花，黄绿色，香味佳，贮藏稳定性差，适合做高档啤酒	花体卵圆形，黄绿色，香味极佳，对土地和气候适应性差，贮藏稳定性差	花体卵圆形，黄绿色，德国传统香花，易感染萎蔫病，较难栽培，产量较高	香型优良，抗病能力强，产量高而且稳定

4. 新西兰酒花特征汇总表

酒花品种英文名称	酒花品种中文名称	α-酸/%	β-酸/%	石竹烯/%	柑橘香类组分/%	异合律草酮/(%/gα-酸)	法呢烯/%	花香类组分/%	葎草烯/%	香叶烯/%	其他组分/%	总油含量/(mL/100g)
Cascade	卡斯卡特	6.0~8.0	5.0~5.5	5.4	6.1	37	6	2.2	14.5	53.6		1.1
Chinook(NZ)	新西兰奇努克	12.1~12.2	7.6	7.56	7.49	29~34	0.08	3.96	17.3	38.5	16.7	0.89
Dr. Rudi	鲁迪博士	10~12.0	7~8.5	10.1	8	33	0.5	2.4	33.2	29.2		1.3
Fuggle(NZ)	新西兰法格尔	6.1	2.8~3.3	12.5	2.65	25~32	0.27	2.99	42.4	29.3		0.86
Golding(NZ)	新西兰黄金	4~4.2	4.6~4.8	13.2	3.66	20~25	0.34	3.26	48.4	13.7		0.3
Green Bullet	绿色子弹	11~14.0	6.5~7.0	9.2	7.9	38~39	0.3	2.3	28.2	38.3		1.1
Kohatu	靠海图	6.0~7.0	4.0~5.0	11.5	3.5	21	0.3	2.7	36.5	35.5		1
Liberty(NZ)	新西兰自由	5.9	4.7	9.57	2.83	24~30	0.25	2.84	35.2	36.7		0.71
Motueka	莫图依卡	6.5~7.5	5.0~5.5	2	18.3	29	12.2	4	3.6	47.7	10.4	0.8
Nelson Sauvin	尼尔森苏维	12~13.0	6~8.0	10.7	7.8	24	0.4	2.8	36.4	22.2	14	1.1
Pacific Gem	太平洋金	13~15	7~9.0	11	9.4	37	0.3	1.8	29.9	33.3		1.2
Pacific Jade	太平洋翡翠	12~14.0	7~8.0	10.2	6.5	24	0.3	2.4	32.9	33.3	14.4	1.4
Pacifica	帕西菲卡	5.0~6.0	6	16.7	6.9	25	0.2	1.6	50.9	12.5	5.7	1

续表

酒花品种英文名称	酒花品种中文名称	α－酸/%	β－酸/%	石竹烯/%	柑橘香类组分/%	异合律草酮/(%/gα－酸)	法呢烯/%	花香类组分/%	葎草烯/%	香叶烯/%	其他组分/%	总油含量/(mL/100g)
Rakau	拉考	10～11.0	5.0～6.5	5.2	5.7	24	4.5	1.2	16.3	56	9	2.15
Riwaka	瑞瓦卡	4.5～6.5	4.0～5.0	4	5.9	32	1	2.8	9	68		1.5
Southern Cross	南部穿越	11～14.0	5～6.0	6.7	6.9	25～28	7.3	2.7	20.8	31.8		1.2
Sticklebract	史迪克大宝	12.3	6.6	12.6	18	38	6.7	4.7	25.5	15.1		0.8
Stvrian Golding	斯特兰黄金	5.1～6.1	2.4～3.5	10.6	3	25～30	10.8	2.89	32	26.9		0.55
Wai～Iti	味之道	2.5～3.5	4.5～5.5	9	8	22～24	13	2.4	28	3		1.6
Waimea	味美	16～19	7～9.0	2.6	6.2	22～24	5	2.1	9.5	60		2.1
Wakatu	哇卡图	6.5～8.5	8.5	8.2	9.5	28～30	6.7	3.2	16.8	35.5	17	1
Willamette(NZ)	威廉麦特	6～7.6	3.8～3.9			30～35	5		20	30		1.5
Wye Challenger	威挑战者	8.9	5.8	6.9	11.5		0.21	2.55	25.8	36		0.6

注：*据北京理博兆禾酒花有限公司新西兰酒花资料

参考文献

[1] 徐基平，张霞，刘海英等．啤酒花的地理分布与中国的野生啤酒花资源［J］．干旱区资源与环境，2008（01）：179－183.

[2] 王小萍．啤酒花地膜覆盖栽培技术［J］．农村科技，2006（01）：9.

[3] 林智平，任光辉，王欣．IPA 啤酒的特色酿造研究［J］．啤酒科技，2013（12）：3－12.

[4] 顾国贤．酿造酒工艺学（第二版）［M］．北京：中国轻工业出版社，1996.

[5] 全巧玲，江伟，王德良等．酒花香气成分的检测及富含典型酒花香气啤酒的试验研究［J］．啤酒科技，2013（02）：28－36.

[6] 陶鑫凉，闫鹏，郝俊光等．气相色谱－质谱法分析啤酒中酒花香气成分［J］．分析试验室，2012，31（06）：24－29.

[7] 周广田，聂聪，崔云前等．啤酒酿造技术［M］．济南：山东大学出版社．2003. 11

[8] 王克全，王佐民．啤酒酒花添加方式及香味物质提取［J］．食品科学，1989（11）：24－27.

[9] 陈活权．啤酒的酒花香［J］．广州食品工业科技，2001（01）：28－29.

[10] 王憬，崔巍伟，王莉娜等．啤酒中酒花香组分分析方法的研究及其在啤酒酒花香气质量评定中的应用［J］．啤酒科技，2007（12）：29－34.

[11] 张志军，王书谦，周月南．干加酒花理论和技术［J］．啤酒科技，2014（07）：66－67.

[12] 王书谦，陈华磊，张志军．添加老化酒花的啤酒中酒花衍生的风味成分增加［J］．啤酒科技，2009（06）：59－63.

[13] 陶鑫凉，闫鹏，郝俊光等．气相色谱－质谱法分析啤酒中酒花香气成分［J］．分析试验室，2012，31（06）：24－29.

[14] 全巧玲，江伟，王德良等．酒花香气成分的检测及富含典型酒花香气啤酒的试验研究［J］．啤酒科技，2013（02）：28－36.

[15] 全巧玲，江伟，王德良等．单萜醇类在啤酒发酵过程中的变化及对酒花香气的贡献［J］．食品与发酵工业，2013，39（05）：170－175.

[16] 陶鑫凉，闫鹏，郝俊光等．啤酒酿造过程中萜烯醇类化合物变化规律［J］．食品与发酵工业，2012，38（03）：1－6.

[17] 王露，江伟，刘翔等．酒花萜烯醇及其立体异构体在啤酒酿造中的检测及其变化研究［J］．食品与发酵工业，2014，40（07）：149－155.

[18] 谢建春，现代香味分析技术及应用［M］．北京：中国标准出版社．2008.

[19] 聂聪，周广田，崔云前等．第八届国际啤酒饮料技术研讨会资料汇编［G］．济南：山东轻工业学院中德啤酒技术中心．2011.

[20] 周广田，聂聪，董小雷等．第九届国际啤酒饮料技术研讨会资料汇编［G］．济南：山东轻工业学院中德啤酒技术中心．2013.

[21] 聂聪，周广田，崔云前等．第十届国际啤酒饮料技术研讨会资料汇编［G］．济南：齐鲁工业大学中德啤酒技术中心．2015.

［22］崔云前，聂聪，董小雷等．第十一届国际啤酒饮料技术研讨会资料汇编［G］．济南：齐鲁工业大学中德啤酒技术中心．2017.

［23］李崎，刘春凤译．ASBC 分析方法［M］．北京：中国轻工业出版社，2012.

［24］Patrick L. Ting，David S. Ryder. The Bitter，Twisted Truth of the Hop：50 Years of Hop Chemistry［J］，J. Am. Soc. Brew. Chem［J］．2017，75（3）：161－180.

［25］Cynthia Almaguer，Christina Sch? nberger，Martina Gastl et al. Humulus lupulus － a story that begs to be told. J. Inst. Brew. 2014，120：289－314.

［26］Rigby. F. L. A theory on the hop flavor of beer［C］．Proceedings of the American Society of Brewing Chemists，1972：46 － 50.

［27］Maye J P，Smith R，Leke R R，Humulinone formation in hops and hop pellets and its implications for dry hopped beers［J］．Technical Quarterly － Master Brewers Association of the Americas，2016，53（1）：23 － 27.

［28］Goiris B J，Aerts G，Cooman L D. Hop α － acids isomerisation and utilisation：an experimental review［J］．Cerevisia，2010，35：57－70.

［29］Fritsch A，Shellhamme R T H. Relative bitterness of reduced and nonreduced iso－α－acids in lager beer［J］．Journal of the American Society of Brewing Chemists，2008，66（2）：88－93.

［30］Ceslova L，Holcapek M，Fidler M，et al. Characterization of prenylflavonoids and hop bitter acids in various classes of Czech beers and hop extracts using highperformance liquid chromatography － mass spectrometry［J］．Journal of Chromatography A，2009，1216（43）：7249－7257.

［31］Mayte J P，Smith R. Dry hopping and its effects oninternational bitterness unit test and beer bitterness［J］．Technical Quarterly－Master Brewers Association of the Americas，2016，53，（1）：134－136.

［32］Iglesias C A，Blanco C A，Blanco J，et al. Mass spectrometry－based metabolomics approach to determine differential metabolites between regular and non－alcohol beers［J］．Food Chemistry，2014，157：205－212.

［33］Malflief S，Opstaelef，Clippelee R J D，et al. Flavor instability of pale lager beers：determination of analytical markers in relation to sensory ageing［J］．Journal of the Institute of Brewing，2008，114（2）：180－192.

［34］Oladokun O，Tarrega A，James S，et al. The impact of hop bitter acid and polyphenol profiles on the perceived bitterness of beer［J］．Food Chemistry，2016，205：212－220.

［35］Oladokun O，Tarrega A，James S，et al. Modification of perceived beer bitterness intensity，character and temporal profile by hop aroma extract．Food Research International，2016，86：104－111.

［36］Steenacher S B，Cooman L D，VOS D D. Chemical transformations of characteristic hop secondary metabolites，in relation to beer properties and the brewing process：A review［J］．Food Chemistry，2015，172：742－756.

［37］Intelmann D，Demmer O，Desmer N. 18 O stable isotope labeling，quantitative model experiments，and molecular dynamics simulation studies on the trans－specific degradation of the bitter tasting iso－α－acids of beer［J］．Journal of Agricultural and Food Chemistry，2009，57（22）：

11014 – 11023.

[38] Intelmann D, Kummer Lowe G, Haseleu G, et al. Structures of storage induced transformation products of the beer's bitter principles, revealed by sophisticated NMR spectroscopic and LC/MS techniques [J]. Chemistry: A European Journal, 2009, 15: 13047 – 13058.

[39] Takoi K, Itoga Y, Koie K, etc. The contribution of geraniol metabolism to the citrus flavour of beer: synergy of geraniol and β – citronellol under coexistence with excess linalool [J]. J Inst Brew, 2010, (116): 251 – 260

[40] King A, Dickinson J. Biotransformation of hop aroma terpenoids by ale and lager yeasts [J]. FEMS Yeast Research, 2003, (3): 53 – 62.

[41] Hanke S. Linalool – A key contributor to hop aroma. Master Brewers Association of America, Global Emerging Issues, 2009. www. mbaa. com.

[42] American Society of Brewing Chemists, Report of Subcommittee on Hop Analysis. Proc. 1959, p. 181; Proc. 1968, p. 249; Proc. 169, p. 217; Proc. 1970, p. 244.

[43] Burkhardt, R., and Kenny, S. J. Am. Soc. Brew. Chem. 50: 30, 1992.

[44] American Society of Brewing Chemists. Report of Subcommittee on Essential Oil in Hops and Hop Pellets. Journal 46: 121, 1988.

[45] American Society of Brewing Chemists. Report of Subcommittee on α – Acids and β – Acids in Hops and Hop Extracts by HPLC. Journal 48: 138 – 140, 1990.

[46] European Brewery Convention. Analytica, 4th ed. Method 7. 4. 1, p. E123. Schweizer Brauerei – Rundschau, CH 9047, Zurich, Switzerland, 1987.

[47] American Society of Brewing Chemists. Report of Subcommittee on Iso – Acids in Isomerized Hop Pellets by High – Performance Liquid Chromatography. Journal 51: 175, 1993

[48] Grant, H. L. J. Am. Soc. Brew. Chem. 38: 34. 1980.

[49] Ono, M., Kakudo, Y., Yamamoto, Y., Nagami, K., andKumada, J. J. Am. Soc. Brew. Chem. 43: 136, 1985.

[50] Wilson, R. J. H. Ferment 2: 241, 1989.

[51] Bremer, B., Bremer, K., Chase, M. W. et al. An update of the angiosperm phylogeny group classification for the orders and families of flowering plants: APG Ⅱ [J]. Bot. J. Linn. Soc. 2003, 141, 399 – 436.

[52] Small, E. A numerical and nomenclatural analysis of morphogeographic taxa of Humulus, System. Bot. 1978, 3: 37 – 76.

[53] Ves, A. W. An experimental inquiry in the chemical properties and economical and medicinal virtues of the Humulus lupulus, or common hop [J]. Ann. Phil. 1821, 17: 194 – 202.

[54] Briant, L., and Meacham, C. S. Estimation of resin in hops [J] J. Fed. Inst. Brew. 1897, 3: 233 – 236.

[55] ASBC and EBC Hop resin nomenclature [J] J. Inst. Brew. 1957, 63: 286 – 288.

[56] Committee, Nomenclature Sub – Committee: Hops Liasion Committee (N. S. – C. H. L). Recommendations concerning nomenclature of hop resin components [J] J. Inst. Brew. 1969, 75: 340 – 342.

[57] Anger, H. – M. Brautechnische Analysenmethoden der Mitteleuropäischen Brautechnisch-

en Analysenkommission [J]. Selbstverlag: Freising. 2006.

[58] Wöllmer, W. Über die Bitterstoffe des Hopfens [J]. Ber. Deutsch. Chemisch. Gesellsch. 1916, 49: 780 - 794.

[59] Wöllmer, W. Über die Bitterstoffe des Hopfens [J]. Ber. Deutsch. Chemisch. Gesellsch. 1925, 58: 672 - 678.

[60] Rigby, F. L. The practical significance of recent developments in the chemical analysis of hops [J]. Brew. Dig. 1958, 33: 50 - 59.

[61] Rigby, F. L., and Bethune, J. L. Cohumulone, a new hop constituent [J]. J. Am. Chem. Soc. 1952, 74: 6118 - 6119.

[62] Rigby, F. L., and Bethune, J. L. Components of the leadprecipitable fraction of Humulus lupulus, Adhumulone [J]. J. Am. Chem. Soc. 1955, 77: 2828 - 2830.

[63] Verzele, M. Sur la séparation du complexe ' humulone' par chromatographie de partage [J]. Bull. Soc. Chim. Belges 1955, 64: 70 - 86.

[64] Verzele, M. Posthumulone, a new 'alpha acid' [J]. Bull. Soc. Chim. Belges 67: 278 - 279.

[65] Verzele, M., and Keukeleire, D. Chemistry and Analysis of Hop and Beer Bitter Acids [J]. Developments in Food Science. 1991, 27.

[66] Lermer, J. C. Der Bitterstoff des Hopfen Krystallinisch rein Dargestellt, PolytechnJ. 1863, 169: 54 - 65.

[67] Lermer, J. C. Notizen - 1. Krystallisirter Bitterstoff des Hopfens [J]. J. Prakt. Chem. 1863, 90: 254.

[68] Howard, G. A., and Tatchell, A. R. Development of resins during the ripening of hops [J]. J. Inst. Brew. 1956, 62: 251 - 256.

[69] Schild, E., and Raum, H. Papierchromatographische Studien über die Bittersäuren und Harze des Hopfens [J]. Brauwissenschaft 1956, 9: 150 - 160.

[70] Ashurst, P. R., and Whitear, L. Hop resins and beer flavour. IV. Observations concerning hard resin [J]. J. Inst. Brew. 1965, 71: 46 - 50.

[71] Burton, J. S., and Stevens, R. Evaluation of hops - XI. The hard resin and presence of hulupinic acid [J]. J. Inst. Brew. 1965, 71: 51 - 56.

[72] Power, F. B., Tutin, F., and Rogerson, H. CXXXV - The constituents of hops [J]. J. Chem. Soc. 1913, 103: 1267 - 1292.

[73] Walker, T. K., Zakomorny, M., and Blakebrough, N. 'Delta resin,' a water - soluble, bitter, bacteriostatic portion of resin of hops [J]. J. Inst. Brew. 1952, 58: 439 - 442.

[74] Abson, J. W., Saleh, M. S. E., and Walker, T. K. Further observations on the δ - resin of hops and a method for its estimation [J]. J. Inst. Brew. 1954, 60: 42 - 46.

[75] Jackson, C. P., and Walker, T. K. Studies on the delta resin of hops - I. Isolation and preliminary fractionation of δ resin and some observations respecting its nature and composition [J]. J. Inst. Brew. 1959, 65: 497 - 503.

[76] Bausch, H. A., Rothenbach, E. F., and Müke, O. Die δ - Harze des Hopfens [J]. Nahrung. 1966, 10: 123 - 133.

[77] Burton, J. S. , and Stevens, R. Evaluation of hops - XI. The hard resin and presence of hulupinic acid [J] . J. Inst. Brew. 1965, 71: 51 - 56

[78] Burton, J. S. , Stevens, R. , and Elvidge, J. A. 185. Chemistry of hop constituents. Part XVIII. Hulupinic acid [J] . J. Chem. Soc. 1964 (MAR): 952 - 955.

[79] Loiseleur - Deslongchamps, J. L. A. Manuel des Plantes Usuelles Indigénes, ou Historie Abrégée des Plantes de France [J] . Chez Méquignon Ané, Pere: Paris. 1819 (2) .

[80] Hanin, L. Cours de Matiere Médicale [J] . Chez Croullebois: Paris. 1819 (1) .

[81] Bullis, D. E. , and Likens, S. T. (1962) Hop oil…Pa · st and present, Brew. Dig. 37, 54 - 59.

[82] Chapman, A. C. VIII - Essential oil of hops [J] . J. Chem. Soc. Trans. 1895, 67: 54 - 63.

[83] Chapman, A. C. LXXX - Some derivatives of humulene [J] . J. Chem. Soc. , Trans. 1895, 67: 780 - 784.

[84] Chapman, A. C. The essential oil of hops [J] . J. Fed. Inst. Brew. 1898, 4: 224 - 235.

[85] Chapman, A. C. LVII - Essential oil of hops [J] . J. Chem. Soc. , Trans. 1903, 83: 505 - 513.

[86] Chapman, A. C. CVI - On the chemical individuality of humulene [J] . J. Chem. Soc. 1928, (Resumed) 785 - 789. Available at: http: //pubs. rsc. org/en/Content/ArticleLanding/1928/JR/jr9280000785#! divAbstract

[87] Chapman, A. C. CLXXII - The higher - boiling constituents of the essential oil of hops [J] . J. Chem. Soc. 1928, (Resumed): 1303 - 1306. Available at: http: //pubs. rsc. org/en/content/articlelanding/1928/JR/jr9280001303#! divAbstract

[88] Chapman, A. C. The essential oil of hops [J] . J. Inst. Brew. 1929, 35: 247 - 255.

[89] Howard, G. A. , and Slater, C. A. Evaluation of hops - VII. Composition of the essential oil of hops [J] . J. Inst. Brew. 1957, 63: 491 - 506.

[90] Likens, S. T. , and Nickerson, G. B. Identification of hop varieties by gas chromatographic analysis of their essential oils. Constancy of oil composition under various environmental influences [J] . J. Agric. Food Chem. 1967, 15: 525 - 530.

[91] Likens, S. T. , and Nickerson, G. B. Identification of the varietal origin of hop extracts [C] . Proc. Am. Soc. Brew. Chem. 1965, 23: 23 - 29.

[92] Buttery, R. G. , and Ling, L. C. Identification of hop varieties by gas chromatographic analysis of their essential oils. Capillary gas chromatography patterns and analyses of hop oils from American grown varieties [J] . J. Agric. Food Chem. 1967, 15: 531 - 535.

[93] Kenny, S. T. Identification of U. S. - grown hop cultivars by hop acid and essential oil analyses [J] . J. Am. Soc. Brew. Chem. 1990, 48: 3 - 8.

[94] Kralj, D. , Zupanec, J. , Vasilj, D. et al. Variability of essential oils of hops, Humulus lupulus L. [J] . J. Inst. Brew. 1991, 97: 197 - 206.

[95] Kovačevič, M. , and Kač, M. Solid - phase microextraction of hop volatiles: Potential use for determination and verification of hop varieties [J] . J. Chromatogr. A, 2001, 918 (1):

159 – 167.

[96] Kovačevič M. , and Kač M. Determination and verification of hop varieties by analysis of essential oils [J] . Food Chem. 2002, 77 (4): 489 – 494.

[97] Perpète, P. , Mélotte, L. , Dupire, S. et al. Varietal discrimination of hop pellets by essential oil analysis I. Comparison of fresh samples [J] . J. Am. Soc. Brew. Chem. 1998, 56 (3): 104 – 108.

[98] Biendl, M. , Engelhard, B. , Forster, A. et al. Hopfen von Anbau bis zum Bier [M] . Fachverlag Hans Carl: Nürnberg. 2012.

[99] Thompson, M. L. , Marriott, R. , Dowle, A. et al. Biotransformation of β – myrcene to geraniol by a strain of Rhodococcus erythropolis isolated by selective enrichment from hop plants [J] . Appl. Microb. Cell Physiol. 2010, 85 (3): 721 – 730.

[100] Barth – Haas – Group. Hop varieties – From Australia to USA. Available at: http: // www. barthhaasgroup. com/en/varieties – and – products/hop – varieties (accessed June 2014) .

[101] Šorm, F. , Mleyiva, J. , Arnold, Z. et al. Terpenes. XIII Sesquiterpenes from the essential oil of hops [J] . Collect. Czech. Chem. Commun. 1949, 14: 699 – 715.

[102] Šorm, F. , Mleyiva, J. , and Arnold, Z. Terpenes. XII. Composition of the oil of hops [J] . Collect. Czech. Chem. Commun. 1949, 14: 693 – 698.

[103] Howard, G. A. , and Slater, C. A. Effect of ripeness and drying of hops on the essential oil [J] . J. Inst. Brew. 1958, 64: 234 – 237.

[104] Murphey, J. M. , and Probasco, G. The development of brewing quality characteristics in hops during maturation [J] . Tech. Q. Master Brew. Assoc. Am. 1996, 33: 149 – 159.

[105] Sharp, D. C. Harvest maturity of Cascade and Willamette hops [J] . Hops – Ripening, 2013.

[106] Sharpe, F. R. , and Laws, D. R. J. The essential oil of hops – A review [J] . J. Inst. Brew. 1981, 87: 96 – 107.

[107] Dieckmann, R. H. , and Palamand, S. R. Autoxidation of some constituents of hops. I. The monoterpene hydrocarbon, myrcene [J] . J. Agric. Food Chem. 1974, 22: 498 – 503.

[108] Meilgaard, M. C. Flavor chemistry of beer: Part II: Flavor and threshold of 239 aroma volatiles [J] . Tech. Q. Master Brew. Assoc. Am. 1975, 12: 151 – 168.

[109] Peacock, V. E. , and Deinzer, M. L. Chemistry of hop aroma in beer [J] . J. Am. Soc. Brew. Chem. 1981, 39: 136 – 141.

[110] Peacock, V. E. , Deinzer, M. L. , Likens, S. T. et al. Floral hop aroma in beer [J] . J. Agric. Food Chem. 1981, 29: 1265 – 1269.

[111] Kaltner, D. , Thum, B. , Forster, C. et al. Hopfen, Brauwelt. 2000, 140: 704 – 706.

[112] Jahnsen, V. J. Composition of hop oil [J] . J. Inst. Brew. 1963, 69: 460 – 466.

[113] Jahnsen, V. J. Complexity of hop oil [J] . Nature. 1962, 196 (4853): 474 – 475.

[114] Guadagni, D. G. , Buttery, R. G. , and Harris, J. Odour intensities of hop oil components [J] . J. Sci. Food Agric. 1966, 17: 142 – 144.

[115] Eyres, G. T. , Marriott, P. J. , and Dufour, J. – P. Comparison of odor – active compounds in the spicy fraction of hop (Humulus lupulus L.) essential oil from four different varieties

[J] . J. Agric. Food Chem. 2007, 55 (15): 6252 - 6261.

[116] Nielsen, T. P. Character - impact hop aroma compounds in ale, in Hop Flavor and Aroma [C] . Proceedings of the 1st International Brewers Symposium (Shellhammer, T. H., Ed.) St Paul, MN. 2009, 59 - 78:

[117] Van Opstaele, F., Praet, T., Aerts, G. et al. Characterization of novel single - variety oxygenated sesquiterpenoid hop oils fractions via headspace solid - phase microextraction and gas chromatography - mass spectrometry/olfactometry [J] . J. Agric. Food Chem. 2013, 61 (44): 10555 - 10564.

[118] Goiris, K., Ridder, M. D., Rouck, G. D. et al. The oxygenated sesquiterpenoid fraction of hops in relation to the spicy hop character of beer [J] . J. Inst. Brew. 2002, 108 (1): 86 - 93.

[119] Wright, R. G., and Connery, F. E. Studies of hop quality [C] . Proc. Am. Soc. Brew. Chem. 1951, 21: 87 - 101.

[120] Naya, Y., and Kotake, M. The constituents of hops (Humulus lupulus L) . VII. The rapid analysis of volatile components [J] . Bull. Chem. Soc. Japan. 1972, 45: 2887 - 2891.

[121] Berger, C., Martin, N., Collin, S. et al. Combinatorial approach to flavor analysis. 2. Olfactory investigation of a library of SMethyl thioesters and sensory evaluation of selected components [J] . J. Agric. Food Chem. 1999, 47: 3274 - 3279.

[122] Kishimoto, T., Kobayashi, M., Yako, N. et al. Comparison of 4 - mercapto - 4 - methylpentan - 2 - one contents in hop cultivars from different growing regions [J] . J. Agric. Food Chem. 2008, 56 (3): 1051 - 1057

[123] Forster, A., Beck, B., and Schmidt, R. Investigations on hop polyphenols [C] . Proc. Eur. Brew. Conv. Congr., Brussels. IRL Press: Oxford. 1995: 143 - 150.

[124] Chadwick, L. R., Pauli, G. F., and Farnsworth, N. R. The pharmacognosy of Humulus lupulus L. (hops) with an emphasis on estrogenic properties [J] . Phytomedicine. 2006, 13 (1 - 2): 119 - 131.

[125] Hänsel, R., and Schulz, J. Desmethylxanthohumol: Isolierung aus Hopfen und Cyclisierung zu Flavanonen [J] . Archiv Pharm. 1988, 321: 37 - 40.

[126] Milligan, S. R., Kalita, J. C., Heyerick, A. et al. Identification of potent phytoestrogen in hops (Humulus lupulus L.) and beer [J] . J. Clin. Endocrinol. Metab. 1999, 83: 2249 - 2252.

[127] Bohr, G., Gerhäuser, C., Knauft, J. et al. Anti - inflammatory acylphloroglucinol derivatives from hops (Humulus lupulus) [J] . J. Nat. Prod. 2005, 68 (10): 1545 - 1548.

[128] Vancraenenbroeck, R., Vanclef, A., and Lontie, R. Caractérisation de flavonols et d'un glucoside de la phloroisobutyrophénone dans le houblon [C] . Proc. Eur. Brew. Conv. Congr., Stockholm, Elsevier, Amsterdam. 1965: 360 - 371.

[129] Callemien, D., Jerkovic, V., Rozenberg, P. et al. Hop as an interesting source of resveratrol for brewers optimization of the extraction and quantitative study by liquid chromatography/ atmospheric pressure chemical ionization tandem mass spectrometry [J] . J. Agric. Food Chem. 2005, 53 (2): 424 - 429.

[130] Baur, J. A. , and Sinclair, D. A. Therapeutic potential of resveratrol: the in vivo evidence [J] . Nat. Rev. Drug Discov. 2006, 5 (6): 493 - 506.

[131] Peleg, H. , Gacon, K. , Schlich, P. et al. Bitterness and astringency of flavan - 3 - ol monomers, dimers and trimers [J] . J. Sci. Food Agric. 1999, 79: 1123 - 1128.

[132] Forster, A. , Beck, B. , and Schmidt, R. Investigations on hop polyphenols [C] . Proc. Eur. Brew. Conv. Congr. , Brussels, IRL Press: Oxford. 1995: 143 - 150.

[133] Aerts, G. , Cooman, L. D. , Rouck, G. D. et al. Use of Hop Polyphenols in Beer [J] . Chemisch en Biochemisch Onderzoekscentrum. 2007.

[134] Goiris, K. , Jaskula - Goiris, B. , Syryn, E. et al. The flavoring potential of hop polyphenols in beer [J] . J. Am. Soc. Brew. Chem. 2014, 72 (2): 135 - 142.

[135] Murakami A, Chicoye E, Goldstein H. Hop Flavor Constituents in Beer by Headspace Analysis [J] . Journal of the American Society of brewing Chemists. 1987, 45 (1): 19 - 23.

[136] Sakuma S, Hayashi S, Kobayashi K. Analytical methods for beer flavor control [J] American Society of Brewing Chemists. 1991, 49 (1): 1 - 3.

[137] Nickerson G. Hop Aroma Component Profile and the Aroma Unit [J] . American Society of Brewing Chemists. 1992, 50 (3): 77 - 81

[138] Fritch H, Brauerei B, Kaltner D, etal. Unloekingtheseeret behindho Paromain beer [J] . Brauwelt Intemationa. 2005, 23 (1): 22 - 23

[139] Rong H, De Keukeleire D, De Cooman L. et al. Narrow - bore HPLC analysis of isoflavonoid aglycones and their O - and C - glycosides from Pueraria lobata [J] . Biomed Chromatog. 1998 , 12 (3): 170 - 171.

[140] Fritsch H, Schieberle, P. Changes in key aroma compounds during boiling of unhopped and hopped wort [C] . EBC (CD 版), 2003: 259 - 267.

[141] Kishimoto T, Wanikawa A, Kono K, etc. Comparison of the odor - active compounds in unhopped beer and beers hopped with different hop varieties [J] . J Agric Food Chem. 2006, (54): 8855 - 8861.

[142] Takoi K, Itoga Y, Koie K, etc. The contribution of geraniol metabolism to the citrus flavour of beer: synergy of geraniol and β - citronellol under coexistence with excess linalool [J] . J Inst Brew. 2010, (116): 251 - 260.

[143] K Takoi, The contribution of geraniol metabolism to the citrus flavour of beer: synergy of geraniol and β - citronellol under coexistence with excess linalool [J] . Journal of the Institute of Brewing. 2012 , 116 (3): 251 - 260.

[144] Kaseleht K, Leitner E, Paalme T. Determining aroma - active compounds in Kama flour using SPME - GC/MS and GC - olfactometry [J] . Flavour and fragrance journal. 2011, 26 (2): 122 - 128.

[145] G Lermusieau, C Liegeois, S Collin. Reducing power of hop cultivars and beer ageing. [J] . Food Chemistry, 2001, 72 (4): 413 - 418.

[146] Takoi K, Itoga Y, Takayanagi J, et al. Control of Hop Aroma Impression of Beer with Blend - Hopping using Geraniol - rich Hop and New Hypothesis of Synergy among Hop - derived Flavour Compounds [J] . 2016, 69: 85 - 93.